国际规则与全球互联网治理

王明国　著

世界知识出版社

北京·2024

图书在版编目（CIP）数据

国际规则与全球互联网治理 / 王明国著. --北京：世界知识出版社，2024.3
ISBN 978-7-5012-6603-6

Ⅰ.①国… Ⅱ.①王… Ⅲ.①互联网络—管理—研究—世界 Ⅳ.① TP393.407

中国版本图书馆CIP数据核字（2022）第236685号

书　名	国际规则与全球互联网治理
	Guoji Guize yu Quanqiu Hulianwang Zhili
作　者	王明国
责任编辑	余　岚
责任出版	李　斌
责任校对	张　琨
封面设计	张　维
出版发行	世界知识出版社
地址邮编	北京市东城区干面胡同51号（100010）
电　话	010-65233645（市场部）
网　址	www.ishizhi.cn
经　销	新华书店
印　刷	北京虎彩文化传播有限公司
开本印张	720毫米×1020毫米　1/16　28½印张
字　数	481千字
版次印次	2024年3月第一版　2024年3月第一次印刷
标准书号	ISBN 978-7-5012-6603-6
定　价	108.00元

本书是 2017 年国家社科基金一般项目"域名监管权移交背景下中国参与国际互联网规则制定研究"（批准号：17BGJ015）的最终成果。

国际规则是全球治理的重要组成部分，也是国际制度的核心要素，事关全球治理的稳定、国际秩序的维持以及国家利益的实现。规则制定是全球治理的重要议题，落脚于提升规则制定权和国际话语权。国际规则至关重要，各国若想在网络空间占据重要地位，不仅应掌握网络资源的分配权、核心技术的控制权，还应掌握国际制度规则的话语权。当前，国际互联网治理正处于新旧体系变迁的深刻转型和复杂博弈之中，发达国家与发展中国家在国际互联网规则制定权和国际话语权方面争夺日益激烈。但现行国际互联网治理要么规则缺位，要么存在模糊和有待澄清之处。国际互联网治理是国际规则制定和实施的过程，即将规则治理运用于互联网领域，其中，规则制定是治理的核心议题。本书通过分析规则层次、影响因素和内在动力，探寻新时期中国参与国际互联网规则制定的方略，探索制定普遍接受的国际互联网治理规则和负责任国家行为规则，推动构建网络空间命运共同体。

互联网及其规则治理是新兴的研究领域。互联网空间的基础打破了国际与国内、和平与战争、国家与非国家行为体，以及技术、政治与经济之间的传统关系，对国际关系理论与实践具有深远的影响。① 从理论上看，如何制定

---

① Jan-Frederik Kremer and Benedikt Müller (eds.), *Cyberspace and International Relations: Theory, Prospects and Challenges* (Heidelberg: Springer, 2013), p. vii.

国际互联网规则，如何维护、加强和更有效地执行规则是全球互联网治理的重要关切。从现实来看，为实现网络强国目标，中国需要从规则接受者转向规则制定者。习近平总书记把网络空间命运共同体建设作为人类命运共同体建设的重要内容，他在给2022年世界互联网大会乌镇峰会的贺信中指出，"中国愿同世界各国一道，携手走出一条数字资源共建共享、数字经济活力迸发、数字治理精准高效、数字文化繁荣发展、数字安全保障有力、数字合作互利共赢的全球数字发展道路，加快构建网络空间命运共同体，为世界和平发展和人类文明进步贡献智慧和力量"[①]。中国要做世界和平的建设者、全球发展的贡献者、国际秩序的维护者，网络空间同样如此。因此，如何进一步拿出影响未来国际互联网治理规则制定进程的"中国方案"是当前亟待明确的重大课题。为此，中国需要充分认识规则博弈的复杂性和重要性，更加积极、深入地参与国际互联网规则治理。

网络空间存在大量的机会，同时也伴随危机和挑战。近年来，全球互联网治理规则体系正经历复杂的变迁。除传统议题中的规则调整外，各国的规则制定权争夺日益激烈，网络空间正处于规则更新的关键时期。发达国家在传统规则上积累了历史优势，而新兴市场国家则开始更为积极地参与新兴领域的规则制定。互联网让世界变成了地球村，推动国际社会越来越成为你中有我、我中有你的命运共同体。[②]作为人类的新空间、新领域、新家园，互联网需要新思想、新规则、新秩序。互联网治理具有特殊性，这些新思想和新规则体现在哪里？在规则制定过程中，以美国为首的西方国家处于相对主动的攻势地位，作为被动地位的新兴市场国家如何应对新规则的挑战？域名监管权移交对国际互联网治理格局和规则制定产生何种影响？中国是互联网大国，为了实现网络强国的目标，中国如何从规则接受者转向规则制定者？国际社会如何加强合作，共同构建网络空间命运共同体？这些问题既具有理论意义，也是中国制定相关政策所无法回避的问题。

---

① 《习近平向2022年世界互联网大会乌镇峰会致贺信》，《人民日报》2022年11月10日，第1版。
② 习近平：《在网络安全和信息化工作座谈会上的讲话》，《人民日报》2016年4月26日，第2版。

一、研究价值

规则汇聚预期、推动合作、维持秩序，具有重要的价值。当前，国际互联网治理出现了"规则滞后"的现象，即国际规则无法充分实施治理功能。科学制定国际互联网规则，维护、加强和更有效地执行规则是全球互联网治理的客观要求。对于国家来说，制定适应全球治理需要和本国利益的国际规则是提升国家影响力和话语权的关键。传统国际政治理论往往聚焦于个体规则，而对国际规则之间、国际规则与国内规则之间的互动关注不足，同时还忽视了国际规则与国内政治之间的紧密联系，因而存在解释力不足的局限性。基于此，本书对于规则制定进行了全面的梳理、更深入的层次分析和多领域的深入探讨。

国际规则制定权的竞争是国家间竞争的重要形式，发达国家与发展中国家在互联网治理和规则制定领域存在明显差异。而在同一机构中，规则制定权也存在明显的差异。规则通常由那些把握权力的机构或人所设定，如互联网名称与数字地址分配机构（ICANN）的董事会成员影响较大，而国家在其中发挥的影响相较其他领域要小得多。在不同的治理机构中，不同行为体存在不同的参与度，在互联网治理论坛（IGF）中，主权国家和政府的参与权和主导权较大。在国际政治权力变迁的大背景下，国际互联网治理的改革进程涉及中国举行的世界互联网大会机制化、域名监管权移交、国际社会围绕互联网规则制定的争夺以及中美在互联网治理中的竞争等。值得一提的是，近年来，发达国家与发展中国家在互联网领域的博弈日益加剧。比如，2012年，作为发展中国家的印度成立了信息技术部，试图在网络安全政策制定中扮演核心角色；2017年，金砖国家发布《金砖国家确保信息通信技术安全使用务实合作路线图》和《金砖国家网络安全务实合作路线图》，引领网络空间国际秩序向更加公正合理的方向变革；2018年，俄罗斯提交议案，建议设立一个联合国信息安全开放式工作组（OEWG），探索"在联合国框架下建立定期对话机制"的可能性。[①] 与此同时，西方国家也积极谋求规则制定的主导权。2018年以来，法国马克龙政府

---

① United Nations General Assembly,"Developments in the Field of Information and Telecommunications in the Context of International Security," p.3, November 19, 2018, https://undocs.org/en/A/73/505.

积极推动网络空间治理，发起旨在增进网络空间信任、安全和稳定的《网络空间信任与安全巴黎倡议》（Paris Call for Trust and Security in Cyberspace）。[①] 其中，2016年10月1日，美国向ICANN移交域名监管权格外引人关注，域名监管权移交对国际互联网规则治理产生了深远影响。

当前，大数据与互联网紧密结合，引发数字经济新时代，对互联网规则制定产生了显著的影响。在大数据背景下，数据体量快速增大、数据速度不断加快、数据多样性日益增加，以大数据为核心的互联网战略竞争正在形成。数字经济既要壮大电子商务、云计算、网络安全等数字产业，也要通过推动互联网、大数据、人工智能同实体经济深度融合，创造出产业互联网、智能制造、远程医疗等数字化产业新业态，促进传统产业转型升级，实现数字化转型。为了实现网络强国的目标，中国不仅需要发展网络技术，还需要从规则接受者转向规则制定者。2015年，习近平总书记提出了网络空间治理的"四项原则"与"五点主张"，系统回答了建构全球互联网治理体系的基本原则和宗旨、建设目标以及发展愿景。这向国际社会宣告了中国在国际互联网治理体系中的立场，提出中国方案，分享中国经验，贡献中国智慧。[②] 这同时也反映出中国致力于在网络空间形成目标清晰、要素匹配、力量配合和态势有利的战略局面。

如何进一步拿出影响未来互联网规则制定的"中国方案"，是当前亟待明确的重大课题。为此，中国相继颁布了《中华人民共和国网络安全法》和《国家网络空间安全战略》，完成了网络强国的顶层设计。为了推动相关法律与战略的落实，中国对互联网规则博弈的重要性和复杂性需要加以充分认识，更加积极、深入地参与互联网规则制定。

二、国内外研究现状

当前，国际互联网治理正处于新旧体系变迁的深刻转型和复杂博弈之中。其中，互联网数字分配监管权移交是ICANN国际化的最重要体现之一，涉及

---

① "Paris Call for Trust and Security in Cyberspace," p.1, November 12, 2018, https://www.diplomatie. Gouv.fr/ IMG/pdf/paris_call_text-en_cle06f918.pdf.

② 徐敬宏、侯伟鹏：《习近平全球互联网治理重要论述研究：理论逻辑与实践路径》，《现代传播》2019年第3期，第72页。

IP地址、通用顶级域名（gTLD）、根服务器、根区文件和根区文件系统等互联网关键资源的管理。ICANN长期缺乏透明度、公开性和可参与的进程，自2003年信息社会世界峰会（WSIS）举行以来备受诟病。2014年3月，为缓解"棱镜门"事件的影响，美国表示将移交互联网监管权，整个移交过程反映了"私有化"和"国际化"博弈的互动。经过国际社会两年多的努力，2016年10月1日，美国向ICANN移交了互联网域名监管权。在此背景下，中国如何积极参与互联网国际规则制定成为重要的关注点。

（一）国外研究现状

目前，国外相关研究主要包括如下三个方面：

1. 国际关系理论中的规则制定研究

其一，规则治理视角下的规则制定研究。规则治理是全球治理的重要组成部分，全球治理的思想流派包括现实主义国际治理观、自由主义规则治理观。在全球治理领域，规则治理是主要的全球治理模式之一，是对基于规则的世界秩序的客观反映。传统国际政治理论主要从权力、利益、观念等角度分析国家参与国际规则制定的行为。[1] 而规则治理聚焦有约束力的指令性规定，关注规则的作用、效果及影响机制。[2] 规则治理的关键在于制定规则，规则制定是治理进程的最重要内容。规则制定权包括治理原则由谁选择，行为规则更适应谁的需要及对谁更易实施等。霸权国家试图主导规则制定权，最大化自身利益；而非霸权国家则致力于争夺规则制定权，维护自身合法利益。[3]

---

[1]　参见：Kenneth N. Waltz, *Theory of International Politics* (New York: McGraw-Hill, 1979); Stephen D. Krasner (ed.), *International Regimes* (Ithaca: Cornell University Press, 1983); Robert Gilpin, *War and Change in World Politics* (Cambridge: Cambridge University Press, 1981); Michael Barnett and Martha Finnemore, *Rules for the World: International Organizations in World Politics* (Ithaca: Cornell University Press, 2004). 有关现实主义基本观点的介绍性论述参见：Robert Jervis, "Realism in the Study of World Politics," in Peter J. Katzenstein, Robert O. Keohane and Stephen D. Krasner (eds.), *Exploration and Contestation in the Study of World Politics* (Mass. : Cambridge University Press, 1999), pp. 331-351。

[2]　James N. Rosenau and Ernst-Otto Czempiel (eds.), *Governance without Government: Order and Change in World Politics* (Cambridge: Cambridge University Press, 1992).

[3]　Charles P. Kindleberger, "Dominance and Leadership in the International Economy: Exploitation, Public Goods, and Free Rides," *International Studies Quarterly* 25, no. 2 (1981): 242-254.

其二，规则制定的形成机制研究。有关规则制定的研究在国际制度理论中长期被忽视，早期的国际制度研究多关注规则等制度要素的形成、维持和有效性，聚焦制度是否以及如何有效。[①] 进入21世纪以来，国家间的规则争夺与博弈日益引起关注，国际规则制定才逐步进入研究视野。比如，在制度理性设计方面，芭芭拉·凯里迈诺斯（Barbara Koremenos）等人认为制度特征涉及成员资格、议题范围、集中程度、控制方式和灵活性，制度设计过程就是根据国家间合作的难题类型，选择不同特征的国际制度。[②] 制度设计聚焦规则制定，该研究把行为体间的规则视为既定的，关注成本—收益、不确定性等对制度形式的选择。其中，国家基于成本—收益的理性选择，谋求制度获益，这是制度设计需要予以重视的核心议题。此外，乔纳斯·塔尔伯格（Jonas Tallberg）等人关注国际制度设计如何解决议程失灵、谈判失效和代表性不足等治理挑战。[③]

总体上，国际规则制定的过程是国家间权力和利益平衡、成本与收益考量的复杂过程。正如美国加利福尼亚大学教授奥兰·扬（Oran R. Young）指出的那样，规则制定旨在通过阐明规则和实施规则来指导关键行为体的行为，阐明要求和禁令，并制定旨在促使行为体依照要求调整其行为的遵约机制。[④] 综合学术界的现有研究，国际规则的形成机制主要包括三类：一是以主权国家为核心的单边机制、双边机制和多边机制；二是以国际组织为依托的全球多边性机制，以区域合作为载体的地区性机制；三是以国际非政府组织、跨国公司、全球公民社会和个体精英为主体的非国家行为机制。

其三，规则制定的影响因素研究。国际规则制定能否顺利实现取决于多种因素的作用，主要包括行为体的整体实力、涉及领域的优势状况、主导国

① Lisa L. Martin and Beth A. Simmons, "Theories and Empirical Studies of International Institutions," in Peter J. Katzenstein, Robert O. Keohane and Stephen D. Krasner(eds.), *Exploration and Contestation in the Study of World Politics* (Cambridge: Cambridge University Press,1999), pp. 89-117.

② Barbara Koremenos, Charles Lipson and Duncan Snidal, "The Rational Design of International Institutions," *International Organization* 55, no.4 (2001):761.

③ Jonas Tallberg et al., "Explaining the Transnational Design of International Organizations," *International Organization* 68, no. 4 (2014): 741-774.

④ 奥兰·扬：《复合系统：人类世的全球治理》，杨剑、孙凯译，上海人民出版社，2019，第119页。

的政治领导以及一国的国内政治等。① 此外，建构主义还特别关注国际规范在规则制定中的作用。② 总体而言，国际规则制定是国家的治理意愿与能力、对内关注与对外关注、观念与利益等多方博弈与平衡的产物，同时还需要考虑议程设置、政策内容制定和政策实施具体阶段性特征。

2. 国际互联网规则制定研究

其一，国际互联网规则制定的总体态势研究。国际互联网领域一直存在着多利益攸关主义和多边主义的争论，形成了国际互联网治理的多利益攸关方治理模式和国家中心治理模式。③ 中国、俄罗斯、印度等发展中国家坚持多边主义，主张对互联网的国家控制；而美英等国则试图维持现有多利益攸关方机制，竭力维持最小化的国家干涉。模式之争使得国际互联网规则制定的主要特征和基本态势呈现出阵营化、碎片化和多样性并存的复杂态势。特别是，国际互联网近年来出现了日益复杂的国际制度集群，且这些制度发展水平不平衡和结构差异较大，出现了国际互联网治理制度复杂性的情况。④ 制度间的互动既可能推动彼此适时调整，进而产生综合性的收益，也有可能产生竞争、冲突甚至对抗。

其二，国际互联网规则制定的主要进程及领域研究。规则制定总体上呈现出从非国家行为体的技术治理、美国等西方国家的霸权治理到以联合国为主导的主权国家治理的趋势。互联网规则制定所涉及的领域众多，不同学者研究的具体规则领域不尽相同。美国雪城大学教授米尔顿·穆勒（Milton L.

---

① 参见：Stephen D. Krasner, "Global Communications and National Power: Life on the Pareto Frontier," *World Politics* 43, no.3 (1991): 336-366; Oran R. Young, "Political Leadership and Regime Formation on Development of Institutions in International Society," *International Organization* 45, no.3 (1991): 281-308; Thomas Risse-Kappen ed., *Bringing Transnational Relations Back in: Non-state Actors, Domestic Structures and International Institutions* (Cambridge: Cambridge University Press, 1995); 潘忠岐《广义国际规则的形成、创制与变革》，《国际关系研究》2016年第5期，第3—23页。

② Michael Barnett and Martha Finnemore, *Rules for the World: International Organizations in World Politics* (Ithaca: Cornell University Press, 2004).

③ Jeremy Malcolm, *Multi-stakeholder Governance and the Internet Governance Forum* (Australia: Terminus Press, 2008); Eric Brousseau and Meryem Marzouki, "Internet Governance: Old Issues, New Framings, Uncertain Implications," in Eric Brousseau, Meryem Marzouki and Cécile Méadel (eds.), *Governance, Regulation and Powers on the Internet* (Cambridge: Cambridge University Press, 2013), p.369.

④ Joseph S. Nye, "The Regime Complex for Managing Global Cyber Activities," Global Commission on Internet Governance Paper Series: No.1, May 2014, https://www.cigionline.org/sites/default/files/gcig_paper_no1.pdf.

Mueller）指出，全球互联网治理主要涉及四个领域：知识产权保护、网络安全、内容管制和关键互联网资源。[①] 还有人认为，全球互联网治理包括互联网资源控制、标准设定、网络接入、网络安全治理、信息流动和知识产权保护六方面。[②] 总体上，互联网空间既有技术属性，也存在明显的公共政策特征。因此，互联网规则制定存在着技术和公共政策两分法，而技术和政策的紧密交织又增加了互联网规则制定领域区分的难度，议题领域的多样化为"议题为导向"的规则制定提供了新选择。当前，现有领域多集中在关键基础设施领域的规则制定，不过，不同的议题领域需要不同的国际规则且不同议题领域规则制定和建设的差异性越来越大。

网络空间规则的制定主要围绕技术、安全等方面展开博弈。技术层面具体包括关键基础设施领域、技术协议领域、软件应用领域和内容领域四个不同层面的规则制定。[③] 其中，关键基础设施网络对国家安全具有基础性作用，关键基础设施包括军事、电力、电信和金融等系统，事关国际信息和交流技术供应链的安全与稳定。在关键互联网基础设施领域，长期存在着政府中心论和自愿选择论的分歧。其中，政府中心论坚持国家应在互联网规则制定中行使主权，而自愿选择论则认为治理各方应从技术层面出发达成大体一致的、粗略的协议。[④] 技术层、应用层和内容层同样涉及政策制定，既可能推动，也可能限制互联网用户的活动，国际社会迫切需要在5G（第五代移动通信技术）联通、信息标准等网络供应链规则制定和最佳实践方面加强合作。与此同时，网络安全事件层出不穷，网络防御挑战日趋严重，国际网络安全领域的规则制定呼声日益突出。美国"棱镜门"事件后，国际社会更加关注网络空间的安全治理，有关国际互联网安全的国际法规则制定备受关注，如武装冲突法在网络空间的适用、网络空间的国家自卫权和国家责任等。

---

① Milton L. Mueller, *Networks and States: The Global Politics of Internet Governance* (Cambridge: The MIT Press, 2010), p.5.

② Mark Raymond and Laura DeNardis, "Multistakeholderism: Anatomy of an Inchoate Global Institution," *International Theory* 7, no.3 (2015): 572-616.

③ 罗伯特·多曼斯基：《谁治理互联网》，华信研究院信息化与信息安全研究所译，电子工业出版社，2018，第21页。

④ Scott Shackelford and Amanda Craig, "Beyond the New 'Digital Divide': Analyzing the Evolving Role of National Governments in Internet Governance and Enhancing Cybersecurity," *Stanford Journal of International Law* 50 (2014): 177.

其三，国际互联网规则制定的影响因素与内在机理研究。一般而言，权力、大国关系、国内政治等是国际互联网规则制定的重要影响因素。国际规则是展现国家间权力关系的竞技场，权力因素导致不同行为体存在不同的参与度，且享有的规则制定权差异明显，反映出发达国家与发展中国家的博弈。[①] 当前，大国关系的影响集中体现在网络空间的中美关系，中美在互联网规则制定中的博弈与合作影响最为关键。近年来，美国政府干预中国互联网企业在美运营、指责中国政府支持商业网络窃密以及双方在5G领域进行博弈等事件时有发生，这是美国政府因中美力量对比和实力转移而产生的焦虑感的体现。新冠疫情暴发后，美国政府在网络上对中国抗疫进行无端指责，之后又将疫情政治化，严重毒化国际舆论，破坏国际抗疫合作的努力。国际规则制定有着深刻国内政治根源，主权国家深刻影响着国际互联网的规则制定、遵守、履行和规则的多边化，因而，国内政治对于国际规则制定具有重要影响。[②] 近来，学界试图发展更系统化的分析框架，如奥兰·扬为评估规则有效性的"问题结构"特征，从议题属性、行为体特征和互动模式出发，阐述规则制定的不同形态并进行有效性分析。[③] 这些规则研究的理论成果有助于国际互联网规则制定的研究框架设计。

其四，国际互联网规则制定的国际法研究。在互联网治理领域，规则治理和规则制定具有从国际习惯法和不成文法转向网络行为准则，从大体一致的粗略原则转为全体同意的约束性条款的趋势。[④] 当前，国际法相关研究存在所谓网络自由主义（cyber libertarianism）和网络家长主义（cyber paterndism）

① Milton L. Mueller and Ben Wagner, "Finding a Formula for Brazil: Representation and Legitimacy in Internet Governance," Center for Global Communication Studies, Annenberg School for Communication, February 2014, http://www. global.asc.upenn.edu/fileLibrary/PDFs/MiltonBenWPdraft_Final.pdf; Chandrakant Chellani, "Internet Governance for the Global South: Conceptualizing Inclusive Models," Prepared on 16 March 2015 for the Annual International Studies Convention-2015, March 2015, http://aisc-india.in/AISC2014_web/papers/papers_final/paper_26. pdf.

② Madeline Carr, "Power Plays in Global Internet Governance," *Millennium: Journal of International Studies* 43, no.2 (2015): 640-659.

③ Oran R. Young, *The Institutional Dimensions of Environmental Change: Fit, Interplay and Scale* (Cambridge, Mass.: MIT Press, 2002), pp. 191-194.

④ Scott Shackelford and Amanda Craig, "Beyond the New 'Digital Divide': Analyzing the Evolving Role of National Governments in Internet Governance and Enhancing Cybersecurity," *Stanford Journal of International Law* 50 (2014): 179.

的争论。网络自由主义强调现有国际法在网络空间的适用，反对制定新的专门性的国际法规则。[1] 相反的观点则认为国际互联网领域不同于其他人类已知领域，应积极进行国际规则制定，在维护民众安全过程中，国家可以在其中发挥重要作用。[2] 中俄两国历来支持在联合国框架内制定互联网领域国际规则。1998年9月23日，俄罗斯外长伊戈尔·伊万诺夫（Igor Ivanov）向联合国秘书长提交了一份信息安全决议草案，这一草案后来在联合国大会上被多次审议。中国主张积极参与国际互联网规则制定，构建网络空间命运共同体。习近平总书记在2015年世界互联网大会乌镇峰会上提出的互联网治理"四项原则"集中反映了各国共同构建网络空间命运共同体的价值取向，是推动互联网治理的中国方案。近年来，西方国家也试图在网络犯罪和网络战领域进行规则制定，如欧盟制定的《网络犯罪公约》（Cyber-crime Convention）和北约牵头制定的《网络战国际法塔林手册》（Tallinn Manual，简称《塔林手册》）。特别是2017年2月颁布的《塔林手册2.0版》，第一次较为系统地论述了主权、管辖权、国家责任等诸多和平时期网络空间国际法规则，并修订了2013年版的《塔林手册》中网络战的国际法适用问题。[3] 《塔林手册》是一份网络空间国际法领域的重量级学术文件，是西方国家为了抢占先机、在网络领域塑造国际规则的重要产物，体现了鲜明的西方国家立场以及浓厚的西方主导色彩。[4] 当前，国际互联网公法的相关规则仍然处于混乱之中，国际互联网公法的制定如果来自国际规则和习惯，并把规范、规则、标准和协议准则结合起来，将有助于阻止网络空间出现的误解、错误和分配问题。[5] 从国际法角度

---

① Lawrence E. Strickling, "Keynote Remarks of Assistant Secretary Strickling at the Internet Society's INET Conference," NTIA, June 14, 2011, http://www.ntia.doc.gov/speechtestimony/2011/keynote-remarks-assistant-secretary-strickling-internet-societys-inet-conferenc; Michael N. Schmitt, "International Law in Cyberspace: The Koh Speech and Tallinn Manual Juxtaposed," *Harvard International Law Journal* 54 (2012): 13-37.

② Jack Goldsmith and Tim Wu, *Who Controls the Internet? Illusions of a Borderless World* (New York: Oxford University Press, 2006); Laura DeNardis, *The Global War for Internet Governance* (New Haven: Yale University Press, 2014); Hannes Ebert and Tim Maurer, "Cyberspace and the Rise of the BRICS," *Third World Quarterly* 34, no. 6 (2013); François Delerue, "The Codification of the International Law Applicable to Cyber Operations: A Matter for the ILC?" *European Society of International Law* 7, no. 4 (2018).

③ 迈克尔·施密特总主编、丽斯·维芙尔执行主编《网络行动国际法塔林手册2.0版》，黄志雄等译，社会科学文献出版社，2017。

④ 龙坤、朱启超：《网络空间国际规则制定——共识与分歧》，《国际展望》2019年第3期，第39页。

⑤ Kriangsak Kittichaisaree, *Public International Law of Cyberspace* (Heidelberg: Springer, 2017), p.1.

看，国际互联网规则的制定可以通过制定条约和形成习惯国际法规则两条路径予以推进。

其五，国际互联网规则制定的发展方向研究。当前，各国已经意识到在维护网络安全和发展共同规范方面具有共同的利益。[①] 在互联网治理中，国际社会在能否形成一个超国家的、中心化的政治权威和技术权威问题上存在争论。尽管国际社会迫切需要规范互联网发展秩序，但学术界对国际规则制定的前景存在着现实主义的悲观派、技术主义的乐观派，以及走中间路线的折中派。[②] 在不同学科领域，学者对未来走向的预期也存在差异。国际政治学者聚焦互联网规则制定权的博弈及互联网秩序演进，认为规则发展主要取决于各方的博弈；而国际法学者关注互联网治理的法律规则在塑造行为预期方面的作用，如武装冲突法、战争法和国际人道法在网络空间的适用等。

3. 监管权移交对国际互联网规则制定的影响研究

2014年3月14日，美国国家电信和信息管理局（NTIA）公布了向全球多方利益社群移交互联网号码分配机构（IANA）运作管理权的构想。经过国际社会的艰苦努力，2016年9月30日，NTIA和ICANN的合同到期后，美国将域名监管权顺利移交给ICANN。监管权移交是互联网国际治理的重要进步，推动ICANN的国际化以及国际社会在通用顶级域名等互联网架构基础方面的改革进程。移交域名监管权反映了国家间、国家与非国家行为体之间围绕互联网规则制定权的激烈争夺。[③] 需要注意的是，美国在监管权移交过程中竭力维持自身利益和主导地位，要求威瑞信公司（VeriSign）和ICANN提交详细方案以保证根区文件的安全、稳定和弹性。同时，美国政府坚持与威瑞信签署的合作协议仍然有效，在移交后，双方视情况签订补充协议。[④]

[①]　Kriangsak Kittichaisaree, *Public International Law of Cyberspace* (Heidelberg: Springer, 2017), p. 184.

[②]　Ronald Deibert, "Authoritarianism Goes Global: Cyberspace under Siege," *Journal of Democracy* 26, no.3 (2015): 64-78; Wolfgang Kleinwächter and Virgilio A.F. Almeida, "The Internet Governance Ecosystem and the Rainforest," *IEEE Internet Computing* 19, no. 2 (2015): 64-67; Joseph S. Nye, "The Regime Complex for Managing Global Cyber Activities," *Global Commission on Internet Governance Paper Series*, no.1 (2014): 1-15.

[③]　Ronald J. Deibert, "Bounding Cyber Power: Escalation and Restraint in Global Cyberspace," *Internet Governance Papers,* no. 6 (2013): 9-15; Laura DeNardis, *The Global War for Internet Governance* (New Haven: Yale University Press, 2014).

[④]　Lawrence E. Strickling, "An Update on the IANA Transition," August 17, 2015, https://www.ntia.doc.gov/blog/2015/update-iana-transition.

对于监管权移交的影响，学界的看法存在分歧。肯定者认为监管权移交是 ICANN 国际化的最重要体现之一，涉及 IP 地址、通用顶级域名等关键互联网资源的管理，监管权移交极具象征意义。[①] 而相反的观点则认为监管权移交后，美国通过以退为进的策略继续主导域名和地址分配。美国技术社群和企业仍是规则的主要设计者，监管权移交不仅没有削弱反而固化了多利益攸关方模式。[②] 之所以这么说，是因为顶级域名具有极高的商业价值，估值数十亿美元。同时，顶级域名具有重要的政治象征意义和道德特征，不少发展中国家往往把域名控制权与互联网监管和内容审查联系在一起，因此，国际社会对于美国的排他性控制一直质疑不断。[③] 总体而言，就国际规则制定而言，监管权移交意味着基于公共政策的联合国《突尼斯议程》取得了重要进展，同时也意味着国际互联网治理体系建设进入了新起点，反映广大发展中国家和新兴市场国家诉求的互联网规则制定已经进入一个新阶段。

（二）国内研究现状

目前，国内相关研究主要集中于如下三个方面：

1. 对规则制定权与制度话语权的理论研究。规则制定权与制度话语权存在着紧密的联系，由于规则制定权的基础是规则能力，不少学者从制度话语权角度分析了规则制定权。制度话语权是指通过规则、程序和制度来间接控制他人的权力。制度话语权通过积极引导国际规则制定和国际组织运行，实现国家安全并以推动国际发展为目标。[④] 其中，制度能力建设是话语权之基，议题设置、规则运作以及规则解释和再解释是三个重要方面。[⑤] 国际规则话

---

① Mark Raymond, "Meeting Global Demand for Institutional Innovation in Internet Governance," in Roland Paris and Taylor Owen (eds.), *The World Won't Wait: Why Canada Needs to Rethink Its International Policies* (Toronto: University of Toronto Press, 2016), pp. 97-108.

② Jonathan Zittrain, "No, Barack Obama Isn't Handing Control of the Internet Over to China: The Misguided Freakout over ICANN," March 24, 2014, http://www.newrepublic.com/article/117093/us-withdraws-icann-why-its-no-big-deal.

③ Jack Goldsmith, "The Tricky Issue of Severing United States 'Control' Over ICANN," February 24, 2015, http://www.hoover.org/research/tricky-issue-severing-us-control-over-icann.

④ 陈伟光、王燕：《全球经济治理与制度性话语权》，人民出版社，2017；陈伟光、王燕：《全球经济治理制度性话语权：一个基本的理论分析框架》，《社会科学》2016 年第 10 期，第 19—20 页。

⑤ 韦宗友：《国际议程设置：一种初步分析框架》，《世界经济与政治》2011 年第 10 期，第 38—52 页。

语权是非常重要的制度话语权，要想提高中国在互联网治理中的制度话语权，首先要提高中国在规则制定中的话语权。习近平总书记曾指出："加快提升我国对网络空间的国际话语权和规则制定权，朝着建设网络强国目标不懈努力。"① 当前，国际互联网领域相关规则尚不成熟，因此，中国参与国际互联网规则制定的目标是提升中国的话语权和影响力，维护中国国家利益。

2. 域名移交对国际互联网治理规则的影响研究。国内学者对于美国移交域名监管权非常关注，不过，学者之间在移交行为对国际互联网治理规则的影响上的看法存在争论。乐观派认为，监管权移交推动了 ICANN 的改革进程，提升了其合法性。② 这一移交进程的最大贡献是基本确认了互联网关键基础设施不应遵循仅由美国控制的原则，这使得全球网络空间治理朝着真正的国际化迈出了坚实的步伐。③ 而相反的观点认为，域名移交并没有触及互联网治理的多利益攸关方模式，多利益攸关方模式是不同的利益团体在平等基础上辨识问题、定义方案、协调角色并为政策发展、履行、监督和评估创造条件。④ 该模式试图排斥主权国家对于互联网监管的主导权，总体上有利于西方国家的治理安排。因此，域名移交给 ICANN，并不意味着国际互联网治理的再主权化。监管权移交后，ICANN 仍然是美国加利福尼亚州的一个非政府组织，美国仍可通过法律等多种方式继续主导域名和地址分配，而以美国为首的西方社会技术社群和互联网企业仍是国际规则的主要设计者与实施者。有学者甚至认为，监管权移交不仅没有削弱多利益攸关方治理模式，反而是固化了这一模式。⑤

3. 中国参与国际互联网治理的方略研究。当前，国际互联网治理规则正处于深度调整阶段，中国越来越发挥关键性作用。伴随着中国互联网的快速发展，中国日益重视并积极参与国际互联网规则制定，加快提升本国在网络

---

① 习近平：《加快推进网络信息技术自主创新　朝着建设网络强国目标不懈努力》，《人民日报》2016年10月10日，第1版。

② 沈逸：《ICANN治理架构变革进程中的方向之争：国际化还是私有化?》，《汕头大学学报（人文社会科学版）》2016年第6期，第61—68页。

③ 沈逸：《为全球网络空间治理良性变革贡献中国方案》，《人民论坛·学术前沿》2020年第2期，第38页。

④ Karen Banks, "Summitry and Strategies," *Index on Censorship* 34, no.3 (2005): 85-91.

⑤ 李艳、李茜：《国际互联网治理规则制定进程及对中国的启示》，《信息安全与通信保密》2016年第11期，第25页。

空间的制度性话语权。当前，中国对国际互联网规则治理已经日益呈现出多元行为主体共建、多领域议题覆盖及多层次路径参与的特点。崔聪聪认为，为建立和平与公正的网络空间国际秩序，中国应推动国际社会共同设立网络安全与发展委员会，并将其纳入联合国框架。① 檀有志认为，在战略布局上，中国参与互联网治理规则制定进程应做到"三种结合"：把握国际大势与明确参与重心相结合，立足核心利益与合理分配资源相结合，加强议程设置与实现有效对接相结合。在互联网关键资源管理等传统议题领域，需要强化网络空间国际规则制定的沟通协调，中国需要推动国际社会加快制定"管控分歧、化解矛盾、促进合作、激发创新"的国际规则。② 杨海军认为，在大数据等新议题领域要加紧规则制定与政策协调，一方面，国际互联网规则和制度尚未成型，这为中国参与国际规则制定提供重要契机；另一方面，中国在互联网治理领域的话语权和影响力仍不足。由于全球互联网治理是一个不断完善的过程，对于个人信息保护、打击网络恐怖主义等具有广泛共识基础的领域，可以率先制定必要的基础规则；对于数据跨境流动等有迫切需求的领域，可以通过其他各种多边和多方国际协议予以确认，最终形成国际共识。③

（三）研究现状评述

通过对国内外学界有关国际规则和互联网治理研究的梳理可以发现，总体而言，现行国际互联网治理要么规则缺位，要么存在模糊和有待澄清之处。现有研究认识到互联网领域具有自身的特殊性，规则制定对于国际互联网治理和发展至关重要。同时，国际规则是中国提升在互联网国际治理中话语权和影响力的重要途径。当前，国际力量对比深刻变迁，百年变局与世纪疫情叠加共振，中国参与互联网规则制定面临着机遇，但同时也有不小的挑战。

不过，现有研究还存在一定的局限性。首先，互联网不同议题需要不同的治理规则，不同议题领域规则建设情况差异越来越大，但是缺乏深入的差异性规则制定分析。比如，网络恐怖主义、网络战这两类治理规则与其他互

_____

① 崔聪聪：《后棱镜时代的国际网络治理：从美国拟移交对ICANN的监管权谈起》，《河北法学》2014年第8期，第26—33页。
② 檀有志：《大数据时代中美网络空间合作研究》，《国际观察》2016年第3期，第35页。
③ 杨海军："序一"，载沈逸、杨海军主编《全球网络空间秩序与规则制定》，时事出版社，2021，第4页。

联网治理规则存在明显的差异。其次，互联网规则制定的领域需要不断拓宽。随着数据体量快速增大、数据速度不断加快、数据多样性日益增加，大数据、人工智能、电子商务等新领域需要加紧规则制定，加大政策协调力度。再次，相关研究缺少对规则制定进程中不同行为体以及不同规则互动的分析，因此需要系统分析西方发达国家与以新兴市场国家为代表的发展中国家围绕互联网国际规则制定产生的争论。可以说，国际规则制定权需要具有更有针对性的层次性分析和比较性分析。最后，中国如何参与互联网规则治理和规则制定，加快构建网络空间命运共同体，需要具有操作性的政策建议。

当前，国际社会正处于一个基于规则的体系中，全球治理具有鲜明的基于国际规则的治理特征。国际互联网治理是国际规则制定和实施的过程，即规则治理的具体体现。本书分析国际关系理论中的规则制定及其影响因素，探讨规则治理及其在国际互联网领域的应用，评析各主要行为体在互联网领域的制度行为和制度影响，探寻新时期中国参与国际互联网规则制定的基本方略。

三、研究框架与主要内容

（一）总体框架

本书以"规则制定"这一关键点切入，探讨美国移交域名监管权背景下国际互联网规则制定与国际治理。国际互联网治理是国际规则制定和实施的过程，即规则治理在互联网领域的具体体现，规则制定是互联网治理的核心议题并落脚于提升规则制定权和国际话语权。本书通过分析规则层次、影响因素和内在动力，探索制定普遍接受的国际互联网治理规则和负责任国家行为规则。同时，探寻新时期中国参与国际互联网规则制定的方略。中国在新的历史时期需要继续发挥负责任大国作用，坚持做网络空间和平的建设者、发展的贡献者、秩序的维护者，与国际社会携手构建网络空间命运共同体。①

---

① 世界互联网大会组委会：《世界互联网大会组委会发布〈携手构建网络空间命运共同体〉概念文件》，中国网信网，2019 年 10 月 16 日，http://www.cac.gov.cn/2019-10/16/c_1572757003996520.htm。

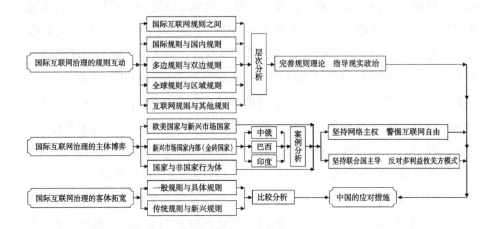

图0.1 国际互联网规则研究框架

（二）基本内容

规则制定是国际互联网治理的核心。本书以域名移交这一历史事件为背景，从国际互联网治理的基本规则领域入手，分析国际互联网治理的主体规则制定与博弈，突出美国、俄罗斯和欧盟以及金砖国家在国际互联网治理的规则制定行为，展示主要国际互联网组织的制度设计及其进程，聚焦中美在国际互联网规则制定中的博弈以及中国参与国际互联网治理的实践与路径，构建中国参与国际互联网规则制定的整体研究框架。研究分七个方面：

1. 探讨国际规则制定的基本理论。规则是现代世界秩序的核心要素，也是国际互联网治理的主要支撑。国际规则具有规范性、约束性、非中性等特征。作为对世界各国国家行为和国际互动有约束力的指令性规定，规则在国际互联网治理中的地位和作用不断增强。规则制定是全球治理和规则治理的核心，规则制定和履行被认为是治理进程的最重要内容。因此，有必要厘清国际规则制定的理论内涵与运作机理、国际规则制定的影响因素，以此推动国际互联网规则制定，最终落脚于提升中国在国际互联网空间的国际话语权。在西方国家规则话语权处于主导地位的背景下，中国要提升国际互联网规则话语权，不仅需要增强改革的政治认同和合作观念，更重要的是进一步提升议题设置、投票规则和规则再解释等方面的能力。

2. 梳理国际互联网治理的基本规则领域。国际互联网规则是互联网治理的核心要素，是网络空间秩序的主要支柱。在关注互联网国际规则与传统国际规则的异同基础上，不仅关注互联网治理的一般规则，还关注互联网特殊性所引发的具体规则。这种具体规则需要纳入历史的、发展的维度予以考察，即一方面关注传统互联网治理围绕物理、逻辑、内容与行为层面展开的规则实践，另一方面关注大数据、人工智能时代互联网相关领域的规则创新。具体而言，在国际互联网安全规则研究方面，包括关键互联网资源安全规则、网络犯罪安全规则、网络恐怖主义安全规则、网络冲突和网络战安全规则等；在国际互联网经济规则研究方面，包括电子商务国际规则、数据流动国际规则、人工智能与国际经济规则等；在国际互联网法律规则研究方面，包括互联网主权规则和更为具体的网络管辖权规则。

3. 聚焦规则制定的国际维度。国际互联网规则制定的国际维度以国际互联网治理的历史演进、西方国家与新兴市场国家的政治博弈作为重要的国际背景，分析域名监管权移交的原因及其对规则制定的影响。在国际社会的共同努力下，2016年10月1日，美国政府完成向ICANN移交互联网号码分配机构职能管理权，表明IANA职能监管权移交完成，成为全球互联网关键资源管理机制的重大调整，构成了互联网国际规则制定的新契机。IANA职能监管权移交进程与ICANN国际化集中体现了全球互联网定规立制方面的新发展态势和新力量对比。域名监管权移交是国际互联网发展的内在诉求，也是美国被迫与其他国家妥协的结果。域名移交是国际互联网治理的重要里程碑事件，不过，美国在移交域名监管权之后不会轻易放弃其主导性权力。

4. 关注治理主体的规则制定与博弈。国家行为体和国际组织、互联网企业、技术社群和社会组织等非国家行为体在互联网国际治理中均发挥着重要作用。既需要关注国家行为体与非国家行为体在功能领域的优势互补，也需要关注国家行为体与非国家行为体在围绕规则制定权方面的争夺。当前，互联网治理正处于新旧体系变迁的深刻转型和复杂博弈之中，国际互联网治理主体的规则制定突出美国、俄罗斯、欧盟和金砖国家等在国际互联网治理的规则制定行为。本书关注拜登政府对国际互联网规则制定产生的严重冲击，并关注欧美间围绕互联网治理既有合作也面临分歧的情况；俄罗斯是国际互联网规则制定的重要成员，在规则制定中发挥了积极作用，而金砖国家在网络空间的崛起对维护发展中国家网络权益意义重大。同时，本书客观审慎分析中国、俄罗斯、印度以及巴西在互联网国际治理中的内部分歧，深入分析美国、俄罗斯等国以及欧盟、金砖国家等主要国际组织在国际互联网规则制定和制度建设中的战略与行为。以上这些内容有助于本书统筹把握国际互联网规则制定的国际背景。

5. 展示主要国际互联网机构的制度设计及其进程。国际互联网治理制度是保障网络空间安全、防范网络犯罪的基础，也是构建网络空间命运共同体的需要。当前，国际互联网治理包括传统的以西方为主导的制度、联合国主导的制度以及新兴市场国家创立的峰会制度，共三大类，反映出不同政治力量在保持传统互联网治理秩序或创建全球网络新秩序方面激烈的碰撞。当前，尤其需要关注联合国信息安全开放式工作组，以及中国主办的世界互联网大会乌镇峰会。不同制度间在价值理念、成员构成等方面差异明显，对网络安全等具体议题的治理存在竞争性的一面。互联网制度改革应该从观念层面、法律层面和具体组织层面进行综合性治理。

6. 聚焦中美在国际互联网规则制定中的博弈。大国关系越来越决定网络空间的发展走向，而中美网络博弈更为突出，影响也更为深远。美国是第一大互联网强国，在网络空间体系中具有显著的实力优势。中国拥有世界上最多的网民，近年来在国际网络空间政治影响不断增强。美国试图维持互联网霸权，遏制中国崛起，美国政府不断加大对网络战和主动网络攻击的投入力度，其对华网络攻击行为不断加剧。拜登政府上台后加大对华科技遏制，在人工智能等领域发动对华全面竞争。中美两国在网络空间的分歧与冲突是两国长期战略互信缺失和现实政治结构性冲突在网络空间的反映与延伸。事实上，中美在国际互联网领域的合作可以实现优势互补，互联网治理需要构建以中美新型网络关系为核心的大国互动机制。

7. 中国参与国际互联网治理的实践与路径。中国参与国际互联网治理包括两个阶段：2003年12月召开的信息社会世界峰会第一阶段会议开启了中国与全球互联网治理的第一个互动阶段，表现为一种对全球互联网事务的参与实践；2014年11月，中国创办的世界互联网大会标志着中国与全球互联网治理的第二个发展阶段，表现在全面、系统、主动的规则实践。当前的网络空间新形势为中国进一步推动国际互联网规则制定提供了契机，中国应加大对互联网规则制定的关注。

四、基本思路、研究方法与创新之处

（一）基本思路

本书基于全球治理与国际规则的相关理论，通过借鉴国际制度理论与全球治理的分析要素，尝试构建互联网国际规则制定的理论框架，全面探讨国际互联网规则制定的起因、形成机制、内在动力及其影响。特别是域名监管权移交、美国政府单边主义等新情况对于国际互联网治理格局、规则制定进程和规则制定权争夺产生的影响。同时，本书认为，中国需要积极参与互联网国际规则制定，从规则接受者转向规则制定者，以便维护中国利益和国际社会共同利益，加快推动网络空间命运共同体建设。简言之，通过参与国际规则制定，对网络空间发展的未来走向进行战略规划与政策安排，提升中国在国际互联网领域的规则制定权和制度话语权。

（二）研究方法

本书的研究方法主要包括：案例研究分析法、结构比较分析法、国际关系学与国际法学关联分析法。具体如下：

1. 微观层面的案例研究分析法和宏观层面的结构比较分析法相结合。案例研究和比较研究是两种基本的社会科学研究方法，可以深化和拓展研究的内容、分析的视角。本书通过案例研究，深入探讨美国移交互联网域名监管权的背景、动因、进程与影响，以及新兴市场国家内部不同成员的差异性政策立场。同时，本书通过具体案例分析美国、俄罗斯、欧盟和金砖国家等主要行为体在国际互联网规则制定中的治理行为；在国际互联网治理制度改革方面，本书通过分析联合国及其下属机构推动构建的互联网制度、西方国家主导的互联网制度、新兴市场国家创建的互联网制度，探讨不同类型互联网制度的改革与完善。通过比较研究，对于西方主导的现有规则和新兴市场国家倡导的相关规则进行分析，比较其差异性与产生的原因，据此总结中国参与现有规则和制定新规则应遵循的指导原则与具体策略。

2. 国际关系学与国际法学关联分析法。自学科诞生起，国际关系学一直通过从相关学科中汲取理论、观念和方法而不断得以发展。其中，国际关系学与国际法学具有相互交叉与部分重叠的研究志趣和研究议程。国际互联网

规则制定既涉及主权国家的国际政治博弈，也涉及法律法规在互联网领域的适用以及适时制定新的国际互联网法律。把国际关系学与国际法学结合起来，有助于全面分析相关规则制定并预测其走向。本书探讨了制定国际互联网法的可能，在批判西方国家有关现有法律适用于网络空间的观点的基础上，具体分析了国际互联网主权规则和网络管辖权规则的主要内容及其发展演变进程。

（三）创新之处

本书主要在两个方面对于互联网国际规则制定具有积极意义。一方面，运用比较深入的层次分析法探讨国际互联网规则制定。比较全面系统地关注治理主体的规则博弈，包括欧美国家与新兴市场国家、新兴市场国家内部、国家与非国家行为体在互联网规则制定中的互动与博弈，特别是聚焦中美网络空间的竞争与博弈。此外，对于金砖国家在互联网领域建章立制也进行了深入分析。同时，在全球治理客体和对象上，关注一般性议题和具体性议题、传统性议题和新兴议题间的关联互动。

另一方面，从国际关系学与国际法学相结合的视角分析国际互联网治理的规则制定。国际关系学与国际法学紧密关联，国际规则制定方面的研究是双方跨学科合作的重要平台。国际关系学与国际法学的跨学科合作之所以吸引人，并不是因为二者占据了"同样的概念空间"，而是因为作为个体，它们很大程度上分享了同样的认识论和方法论假设，即探寻相似的问题并使用类似的方法论。[①] 国际关系学与国际法学内部的持异议者如果能够在实证主义与经验主义方面持相近的立场，无疑有助于双方合作的进一步展开。本书认为，国际互联网规则制定涉及规则制定权争夺的国际政治维度和网络成文法形成的国际法维度，是属于国际关系学与国际法学共同关注的重要新兴领域。为此，本书既关注国际规则制定的国际政治基础，也关注国际规则制定的国际法基础。

[①] Jan Klabbers, "The Bridge Crack'd: A Critical Look at Interdisciplinary Relations," *International Relations* 23, no.1 (2009): 124.

目　录

第一章 全球治理与国际规则制定

21世纪是一个基于国际规则的世纪，规则以及基于规则的行动是人类社会的主要特征。人类行为以规则为基础组织起来，这些规则组合、创建并维持了社会系统。[①] 按规则办事已经成为人类行为的基本准绳，规则对现实政治的影响同样越来越重要。全球治理主要是通过国际规则与组织的相关安排，建立有效的治理框架并实现有效的治理。

第一节 国际关系理论中的国际规则

规则原本是政府管理和公共管理学科的重要研究领域。政府管理学试图寻找通过政府的管理行为对社会经济进行调节的方式和过程，规则提供了一种解决集体问题的重要视角。在公共管理中，规则的运用更多地体现在制度的"发现之旅"，制度是体现在公共政策和/或社会习俗中的一系列策略、规范和规则。究其原因，20世纪60年代之后，西方传统的政府管理和公共管理无法应对庞大的公共赤字开支，不断增加的社会新问题以及低效率的公共服

---

① 詹姆斯·马奇、马丁·舒尔茨、周雪光：《规则的动态演变：成文组织规则的变化》，童根兴译，上海人民出版社，2005，第7页。

务无法满足民众的需求。在此情况之下，西方学界和政界都不得不对传统的管理模式进行反思。规则作为一种重要的治理工具和治理手段被认为是协调国家与社会、政府与市场的创新，基于规则，社会组织才能承接政府职能；基于规则，社会组织才能承揽政府购买公共服务。

一、国际规则及其价值

规则是现代世界秩序的核心要素，具有约束行为方面的普遍性和适用范围方面的广泛性。20世纪70年代后期，国际规则的研究开始受到国际关系学界的关注。新自由制度主义把规则作为国际机制概念的重要组成部分，对国际规则的设计与制定进行了学理分析。建构主义从规则构建社会秩序的高度赋予规则新的内涵，并认为遵守规则等行为就是一种建构行为。在全球治理领域，依托国际组织所制定的各类国际规则，构成了基于规则的全球治理体系。

（一）国际规则的基本内涵

规则是按照某种标准意义理解的秩序。[①] 马克斯·韦伯（Max Weber）在《法律社会学》一书中认为，所谓规则，就是规定什么事情是人们可以做的，什么事情是人们应该做的，什么事情是人们不可以做的，并分别为它们赋予法律上后果的一般性的规范陈述。[②] 而从更宽泛和更一般的视角出发，规则由调节个体行为以及个体之间互动行为明确或隐含的标准、规章和预期所构成。[③] 在国际关系领域，"英国学派"主要代表人物赫德利·布尔（Hedley Bull）认为规则是世界秩序中的规定行为模式，规则就是要求或者准许某一类人或者团体以特定方式行为的一般指令性原则。[④] 在国内学者中，潘忠岐认为国际规则是指对世界各国国家行为和国际互动有约束力的指令性规定。国际规则既是各种原则和规范的具体体现，又与原则和规范一道主要通过国际制

---

① 俞江：《规则的一般原理》，商务印书馆，2017，第100页。
② 马克斯·韦伯：《法律社会学》，康乐、简惠美译，广西师范大学出版社，2005，第31页。
③ 詹姆斯·马奇、马丁·舒尔茨、周雪光：《规则的动态演变：成文组织规则的变化》，第5页。
④ 赫德利·布尔：《无政府社会：世界政治秩序研究》，张小明译，上海人民出版社，2015，第50页。

度得到执行。[①]

　　国际关系理论中的不同学派对于国际规则的概念和内涵进行了深入的探讨。新自由主义学派是从国际机制与国际规则的联系与区别视角对规则进行分析。斯蒂芬·克拉斯纳（Stephen D. Krasner）认为，国际机制是"在国际关系特定领域里行为体愿望汇聚而成的一整套明示或默示的原则（principles）、规范（norms）、规则（rules）和决策程序（decision-making procedures）"。其中，原则是指对事实、因果关系和诚实的信仰；规范是指权利和义务的行为标准；规则是对可以采取哪些行动、禁止采取哪些行动的具体规定；决策程序则是进行集体行动的约定俗成的惯例。[②] 规则是原则和规范的具体化，通过对国家行为方式的具体规定体现指导国家行为的一般原则和规范。也就是说，国际机制中的规则是在国际范围内形成的可以约束行为主体的基本行为规范。不过，原则与规则存在着明显的差异，奥兰·扬认为，"原则不是规则，它们是有助于衡量替代行动方案的利弊的指导方针，而不是无论手头的具体情况如何都要遵守的禁令或要求。原则提供了规范性指导，但它们是依情境而定的，因为它们的应用需要考虑特定案例的相关特征"[③]。作为新自由主义的集大成者，罗伯特·基欧汉（Robert O. Keohane）非常重视国际规则在世界政治中的地位并认为国际制度就是一种规则，规定行为角色、限制活动，并塑造预期的、持久的和相互联系的（正式的和非正式的）成套规则。[④] 这个概念并没有区分原则、规范和规则，同时，"预期"也不再有"汇聚"之义而仅仅是被"塑造"的，因而，这种简单化处理更有利于理解。

　　规则在国际互联网治理中的地位和作用不断增强，规则在网络空间的地位引发了国际社会的广泛关注。2013年6月，旨在为网络空间国家行为设立规范和准则的"从国际安全角度看信息通信领域发展"联合国政府专家组（GGE）首次发布报告并明确指出，"国家主权和源自主权的国际规范和原则适用于国家进行的信息通信技术活动及国家在其领土内对信息通信基础设施

---

① 潘忠岐：《广义国际规则的形成、创制与变革》，《国际关系研究》2016年第5期，第4页。

② Stephen D. Krasner, "Structural Causes and Regime Consequences: Regimes as Intervening Variables," in Stephen D. Krasner (ed.), *International Regimes* (Ithaca: Cornell University Press, 1982), p.2.

③ 奥兰·扬：《复合系统：人类世的全球治理》，第128页。

④ Robert O. Keohane, *International Institutions and State Power: Essays on International Relations Theory* (Boulder: Westview Press, 1989), p.3.

的管辖权"，并进一步认可"《联合国宪章》在网络空间的适用性"。[1] 同样在2013年，欧美国家试图在网络空间建立维护自身利益的国际法规则，提供规则约束各国网络行为，把欧美互联网霸权法律化。北约卓越网络合作防卫中心编撰的适用于网络战的《塔林手册》虽是非正式的法律文件，但明显反映出欧美国家试图抢占国际规则权的重要尝试。[2]

现实主义总体上认为，国际规则是权力的副产品，但国际规则在国际事务和全球治理中的作用不应被忽视。罗伯特·吉尔平（Robert Gilpin）认为，导致国际体系发生变革的变量除了权力分配和威望等级，就是影响国家间互动的一系列规则。[3] 现实主义认为，国际规则是维护国家利益、巩固既有秩序的重要工具，国家既是国际规则旨在约束的客体，也是国际规则得以形成和发挥作用的主体。主权国家制定规则、传达规则、管理规则、解释规则、执行规则、让规则合法化、让规则适应社会的变化，并保护规则。[4] 查尔斯·金德尔伯格（Charles P. Kindleberger）在分析自由贸易维持的条件时提出了现实主义的霸权稳定论，霸权稳定论把国际规则看作霸权国家为国际社会提供的一种公共产品。[5] 因此，霸权国家为了让国际规则对自己更有利就必须牢牢把握规则制定权，而非霸权国家则致力于争夺国际规则的制定权。当前，由于在整体实力上处于劣势，非霸权国家不可能成为整个国际体系的规则制定者，而只能成为个别领域的规则制定者，或国际体系规则制定的积极参与者。

国际互联网治理领域存在明显的西方主导特征。美国是互联网的发明国和起源国，长期以来在互联网芯片、操作系统等核心技术领域以及服务器、域名地址等关键基础设施方面占据绝对优势。同时，美国观点和主张还在

---

① United Nations General Assembly, "Group of Governmental Experts on Developments in the Field of Information and Telecommunications in the Context of International Security," June 24, 2013, http://www.unidir.org/files/medias/pdfs/developments-in-the-international-security-2012-2013-a-68-98-eng-0-578.pdf.

② 北约卓越网络合作防卫中心国际专家小组《塔林网络战国际法手册》，朱莉欣等译，国防工业出版社，2016。

③ Robert Gilpin, *War and Change in World Politics* (Princeton: Princeton University Press, 1981), p.42.

④ Richard Rosecrance, "The Partial Diffusion of Power," *International Studies Review* 12, no. 2 (2014): 199-205; Niilo Kauppi and Mikael R. Madsen, "Fields of Global Governance: How Transnational Power Elites Can Make Global Governance Intelligible," *International Political Sociology* 8, no. 3 (2014): 324-330.

⑤ Charles P. Kindleberger, "Dominance and Leadership in the International Economy: Exploitation, Public Goods, and Free Rides," *International Studies Quarterly* 25, no. 2 (1981): 242-254.

ICANN等国际组织中得到了相当多的体现，这些构成了美国在全球互联网治理中的规则制定权和国际话语权的基础。总之，全球互联网治理的权力结构是由现实空间国家实力与网络空间资源分配状况所决定的。

建构主义同样对规则给予了高度关注，认为人和社会都是在规则的作用下不断发生结构变化。因此，规则能够造就社会秩序，遵守规则、履行规则等行为就是一种建构行为。一旦规则变化，社会秩序也将随之发生变化。建构主义的代表人物尼古拉斯·格林伍德·奥努夫（Nicholas Greenwood Onuf）提出了"规则建构主义"的称谓，他认为国际机制几乎是自我构成的规则系列，实际是指导性规则、指令性规则以及承诺性规则的混合体，每种机制所包含的各类规则的比重不同。① 迈克尔·巴尼特（Michael Barnett）和玛莎·芬尼莫尔（Martha Finnemore）则关注规范在治理中的价值，在《为世界定规则：全球政治中的国际组织》一书中，他们认为，规则是清晰或隐含的规范、规章和预期，它们界定和定制社会性的世界以及行为体在其中的行为。② 总之，规则使得国际关系行为体能够在规则所允许和限制的范围内行事。因此，建构主义作为社会控制工具的规则与现实主义认为的作为特权分配体系的统治之间存在联系。

近年来，互联网规范在指导和协调各国网络行为中的作用越来越突出，而东西方国家在互联网治理体系中倡导和坚持的国际规则存在明显的差异，互联网的出现引发了关于标准与规则的相对价值、多元主义与社会连带主义、安全与隐私的争论。③ 中国在坚持多边参与、多方参与、最大限度协同各方主体力量的基础上，加强沟通对话，搭建全球互联网共享共治的平台，共同推动互联网的健康发展，加快构建合作共赢平等互信的网络空间命运共同体。而西方国家往往以"自由""开放""人权"掩盖网络空间干涉主权的话语实践（cognitive practices），维护不平等的互联网等级秩序。

---

① 尼古拉斯·格林伍德·奥努夫：《我们建构的世界：社会理论与国际关系中的规则与统治》，孙吉胜译，上海人民出版社，2017，第127页。

② 迈克尔·巴尼特、玛莎·芬尼莫尔：《为世界定规则：全球政治中的国际组织》，薄燕译，上海人民出版社，2009，第26页。

③ Madeline Carr, "Power Plays in Global Internet Governance," p. 640.

（二）国际规则的特征

国际规则具有规范性、约束性、非中性等显著特征，进而影响规则的效果。规范性（prescriptiveness）是国际规则所具有的内在特征和具体要求，规范性反映出规则本质上是行为体遵守的适当行为的准则。规范有两个重要的特征：规范是群体成员间的共同协定，规范往往被认为是对社会群体生存需要的响应。因此，关系越紧密，规范的效力就越强大；群体的规模越庞大，规范的有效习得和强制实施的可能性就越小，并且规范或非正式规则就越有可能瓦解和消失。[①] 规则的规范性表现在，对行动主体，规则告诉你一件事情你是否可以做或是否应该做；对行动的评价者，规则告诉你对一件事情的某个行动者你要进行谴责还是赞许。[②] 规则一方面要"向上"，与更加普遍的规则或原则发生关联，以取得正当性（validity）；另一方面要"向下"，与普遍性较低的规则尤其是特定时空范围之内的个案发生关联，以取得实效（efficacy）。[③] 当然，国际规则与规范尽管都是国际机制的组成部分，但也存在明显的区别。规则是对于所规定的内容的外在表现，而规范则是内在的，规则和规范可以被视为同一种现象的两个相似方面。[④]

国际规则具有约束性的显著特征。国际制度和规则在约束国家行为、协调国际关系、减少摩擦冲突等方面发挥着积极作用。从国际体系运转的更大角度分析，规则通过行为约束达到秩序维护。规则具有硬约束和软约束两种类型，正式规则具有较强的约束性，非正式规则的约束程度较弱。具体而言，硬约束规则是指构成某一类行动的规则，违反了这种规则，则会受到惩罚。具有承诺性质的软约束规则一般不对适用该规则的行动作出过于苛刻和明确的约束，而是指出最好该怎么去做，不少非正式规则可以纳入承诺性的规则体系之中，这就涉及规则的正式性和非正式性分类。约束性的强弱主要体现在规则的惩罚性程序的设置上，强约束的规则包含了明确的惩罚机制，可以推广采取集体行动惩罚违规行为；弱约束的规则没有也无法设置严格的

---

① 詹姆斯·马奇、马丁·舒尔茨、周雪光：《规则的动态演变：成文组织规则的变化》，第19—20页。
② 童世骏：《论规则（增订本）》，上海人民出版社，2019，第175—177页。
③ 同上书，第177页。
④ 尼古拉斯·格林伍德·奥努夫：《我们建构的世界：社会理论与国际关系中的规则与统治》，第115页。

惩罚程序，或者通过允许保留条款、重新谈判条款、授权在情势根本改变时可以不遵守条款，或者自动解释条款、选择性违约条款等而无法有力执行国际规则。规则的约束性是其本身所固有的，因此，不应该贬低或否定其拘束力。事实上，相比硬约束规则，软约束规则具有了明显的灵活性、适应性和包容性。

此外，国际规则具有深刻的非中性特点。非中性是指"同一制度对不同人意味着不同的事情，在同一制度下不同的人或人群所获得的往往是各异的东西"。[①] 而非中性规则的歧视性程度高低、适用范围大小和执行力度强弱在很大程度上决定着一国之国家利益的获得、保护及扩展。[②] 非中性揭示出事关各国权力和利益分配的实质问题，因此，非中性意味着国际规则的制定与运用是主导国意志的体现。"英国学派"的主要代表人物赫德利·布尔正确地指出，规则并不是社会所有成员追求共同利益的工具，而是在社会中居于统治地位或主导地位的成员追求自我特殊利益的手段。历史上任何一个规则体系，都是主要服务于在社会中居统治地位或者主导地位的成员利益，而不是主要服务于社会其他成员的利益。[③]

（三）国际规则的分类

一般而言，国际规则的分类是建立在对规则的认知基础之上的。归根溯源，从组织学看，国际社会存在对规则的多种认知：第一种观点将规则视为形成巧妙组织的有意识的、理性的努力；第二种将规则视为具有衍生性特征的有机体；第三种将规则视为组织现实建构的一部分；第四种将规则视为历史的编码。[④] 在日常政治经济和社会生活中，人们有着对规则的通俗分类。比如，依据规则的不同根据，规则可分为技术规则、游戏规则和道德规则。技术规则是指为达到既定目的而采取的有效步骤、手段或方案；游戏规则是以约定为基础，用于约束出于特定"角色"中的人们的行动；道德规则以主体

---

① 张宇燕：《利益集团与制度非中性》，《改革》1994年第2期，第98页。
② 高程：《新帝国体系中的制度霸权与治理路径——兼析国际规则"非中性"视角下的美国对华战略》，《教学与研究》2012年第5期，第58页。
③ 赫德利·布尔：《无政府社会：世界政治秩序研究》，第50—51页。
④ 詹姆斯·马奇、马丁·舒尔茨、周雪光：《规则的动态演变：成文组织规则的变化》，第11页。

间的共识为基础，依据规则实施的行为的结果，或者来自神谕（天启论），或者来自自然（自然法理论），或者来自道德直觉（直觉主义），或者来自实践理性（康德主义）。① 在法律实践中，存在成文规则和不成文规则的划分：成文规则是非人格化、明确的以及可预期的，传递了秩序、权威结构、适当政策以及惯例的形象。成文规则和不成文规则都具有自我强化的机制，这是由于规则不仅包括以书面形式记录的规则，还包括社会规范、默契、标准化操作以及经验法则，这些也是基于规则的世界的重要组成部分。②

当前，国际关系理论中存在多种有关规则的分类。奥努夫从建构主义的视角出发，认为规则可以分为指导性规则、指令性规则以及承诺性规则。指导性规则是稳定的社会安排的基础；指令性规则聚焦规则对人类产生的影响、规则的内化以及违反规则的后果；承诺性规则构成了对于个人来说非常重要的权利和义务结构，同时使得人们产生了责任感、对履行义务失败的负罪感以及对于别人无视这些规则且不能充分意识到社会依赖于这些规则而产生的愤怒感。③ 根据指导性规则、指令性规则与承诺性规则不同的分布，形成了正式规则与非正式规则的区别。英国学派同样把规则作为重要的分析概念，国际规则包括"基本或根本规范性原则""共处规则"和"规范国家间合作的规则"三套规则。基本或根本规范性原则认同国家社会的思想，否定世界帝国、世界共同体、霍布斯的自然状态或者战争状态等理念，它是有关人类政治组织的最高规范性原则；共处规则规定了国际社会成员实现共处的最低条件，包括在世界政治中限制使用暴力的规则、限制战争的规则、有约必守规则、国家管辖规则；规范国家间合作的规则不仅仅包括政治和战略合作，还包括社会和经济合作。④

规则的一种通常划分就是正式规则和非正式规则。正式规则一般是以会议决议的形式正式书写下来，如宪章、条约、公约、协定等，具有确定性、约束性的特征，意味着主权国家对规则的同意。非正式国际规则被定义为国际舞台上存在的非官方准则和实践，并在特定的社会背景下塑造行动者的期

---

① 童世骏：《论规则（增订本）》，第141—148页。
② 詹姆斯·马奇、马丁·舒尔茨、周雪光：《规则的动态演变：成文组织规则的变化》，第16—20页。
③ 尼古拉斯·格林伍德·奥努夫：《我们建构的世界：社会理论与国际关系中的规则与统治》，第104页。
④ 赫德利·布尔：《无政府社会：世界政治秩序研究》，第61—63页。

望和行为。[①]非正式规则不是由政府机构（如立法机构）签署或批准的，也不是由国家机构批准的，不过，其中一些规则可以部分地以承诺性决议或国际组织宣言的形式表述。非正式国际规则在国际体系中无处不在，如非正式会议、不成文规则、非官方程序、非常规做法和临时机构，非正式制度和规则的影响不容忽视。

非正式规则在国际体系中盛行，其原因就在于非正式协议可以考虑并重新分配权威，以便与国际体系中权力、利益差异进行匹配，而这种差异很难被正式的协议所承认。[②]非正式规则具有自身的形成机制，查尔斯·利普森（Charles Lipson）认为，在国际环境变化快且不确定性程度高时，国家倾向于选择非正式机制。[③]在国际社会的无政府状况和国际法碎片化的背景下，非正式机制的灵活性特征可以吸引更多行为体参与进来，推动全球治理和国际法治的完善。随着谅解备忘录、联合声明、临时安排、行政性协议、口头承诺、互换函件等在内的非正式机制在全球治理中的重要性不断凸显，近几年来，有关非正式机制的研究不断增加。

二、国际规则在全球治理中的地位与作用

国际规则是全球治理机制的核心，没有规则就没有治理。一直以来，制定规则、传播规则、执行规则、解释规则、强制执行规则及保护规则等都是推动全球治理体系有效运转的基本方式。当前，全球治理的共商共建共享理念与单边、独占、排他行为之间的分歧日益激烈，其核心就是对规则的制定、解释和实施等方面的分歧和竞争。

赫德利·布尔比较深入地分析和归纳了规则在世界政治中的作用。一般而言，规则具有如下功能：规则必须是制定出来的，也就是说它们必须被加以制定和公布，以作为社会的规则；规则必须被加以传达，它们必须被加以说明和宣传，使得规则所适用的人群了解其内容；规则必须得以实施，在规则必须得

---

① Thomas K. Tieku, "Ruling from the Shadows: The Nature and Functions of Informal International Rules in World Politics," *International Studies Review* 21, no. 2 (2019): 226.

② Jacob Katz Cogan, "Representation and Power in International Organization: The Operational Constitution and Its Critics," *American Journal of International Law* 103, no. 2 (2009): 211-212.

③ Charles Lipson, "Why Are Some International Agreements Informal?" *International Organization* 45, no. 4 (1991): 495-512.

到遵守的情势中，需要采取相关的行为。同时，规则必须能够适应需求和环境的变化，必须要有废除或者修改规则并且以新规则取而代之的途径。[①]

具体而言，一方面，国际规则可以提供规范行为的合作方案，告诉行为者如何行动才能在实现目标方面取得进展。没有目标的规则容易退化为烦琐和官僚的要求，没有人认为这些要求是实现总体目标所必需的。当然，国际规则并不是被动地传递环境的内容，规则可以起到建构和限制的作用。[②] 构成性规则和限制性规则可以明确地阐述目标、结构和行动方案，都是要求人们按规定和禁止的行为去活动的规则，本质上是提供行动指南和活动方案。国际规则的设立和制定、治理活动的开展，国家利益的协调和国际危机的处理，这些都需要通过促进国家间的互动交流，推动广泛的国际合作而得以实现。

另一方面，国际规则提供了解决全球性问题的路径。当前，国际社会面临众多紧迫的全球性问题，无论是国家治理还是全球治理均面临严重治理不足和治理赤字的挑战，规则治理严重滞后。托马斯·荷马-迪克森（Thomas Homer-Dixon）用"创造性鸿沟"（ingenuity gap）来描述一个社会所面临的问题和解决问题的能力之间的矛盾，全球治理就面临着创造性鸿沟的难题。从事实层面理解了问题及其解决方案并不意味着我们能够集中集体的力量以采取行动。在把知识变成实际解决方案之前，我们还欠缺这样做所必需的制度创造力。[③] 参与者之间既有和共享的国际规则是新倡议和新路径的重要基础和来源。[④] 为了解决全球性问题，迫切需要创造性地利用好国际规则。当前，国际规则正处于增量变革的渐进过程。国际关系的不断变迁和转型，必然推动国际规则为适应需求而与时俱进。国际规则的发展过程是人们试图摆脱国际无政府状况、追求国际关系民主化的探索过程。一方面，国际行为体会随着具体问题所产生的需求而制定新的规则；另一方面，由于国际环境的变化，

---

① 赫德利·布尔：《无政府社会：世界政治秩序研究》，第51—52页。
② 尼古拉斯·格林伍德·奥努夫：《我们建构的世界：社会理论与国际关系中的规则与统治》，第99页。
③ 迈克尔·尼尔森：《重塑发现：网络化科学的新时代》，祁澍文、石雨晴译，电子工业出版社，2015，第223—224页。
④ Mark S. Copelovitch and Tonya L. Putnam, "Design in Context: Existing International Agreements and New Cooperation," *International Organization* 68, no. 2 (2014): 471-493.

一种国际规则可能会演化成另一种规则。①

当前，全球治理徘徊不前，单边主义盛行，导致全球治理动荡、治理僵局和治理衰退，引发了推进深度治理和体系重构的广泛呼声。其中，"规则滞后"是全球治理危机的重要原因，即国际规则无法充分实施治理功能，规则治理面临严峻的挑战。如何制定国际规则，如何维护、加强和更有效地执行规则是全球治理的重要关切。对于主权国家来说，制定适应全球治理需要和本国利益的国际规则，是提升规则能力的关键。一国的规则能力主要体现在其倡议的规则对其他国家利益损益的影响程度，大国对其他国家的影响程度往往较强。国家对规则制定权的竞争会促使规则能力在不同维度的建设，从而致力于提升本国的规则优势。中国等新兴市场国家如何参与规则制定进程，则具有重要的现实意义。

第二节　国际规则制定的理论内涵与运作机理

规则制定是规则治理（rule-based governance）的核心，规则制定和履行被认为是治理进程的最重要内容。规则治理是以规则为基础的治理模式，依托国际组织平台，聚焦国际原则与规范，着眼于国际规则制定、实施的整个过程。规则治理的核心内容是规则，关注规则的作用、效果及其影响机制。具体而言，一是规则的制定，二是规则的实施。规则制定是行为体参与全球治理的核心内容，其中，规则能力是全球治理能力建设的关键，也是国家确立国际规则优势的基础。因此，规则制定是规则治理极其重要的组成部分，对于国际机制的有效性和全球善治产生了关键影响。

一、国际规则制定与能力建设

有关规则制定的研究在国际制度理论中长期被忽视。进入21世纪以来，国际规则制定才纳入研究的视野。制度设计运用博弈论推测因变量和自变量之间的关系，其中自变量是合作问题，包括了资源分配、强制执行和不确定

---

① 李明月：《国内规则与国际规则的互动研究》，中国社会科学出版社，2019，第47页。

性，因变量是制度设计特征，如集权化水平、会员资格、规模、控制机制及弹性。[①] 虽然国际制度理性设计聚焦规则制定，但是该研究把行为体间的规则视为既定的，关注成本—收益、不确定性等对制度形式的选择。[②] 制度理性设计解释了国际制度形式多样性的问题，关注国际合作出现的形式，但回避了合作是否可能，忽视国际制度结果的进程。

规则制定具有重要的价值，决定了国家在国际事务中的国际话语权，决定了国家在全球治理中的地位与发挥作用的空间。规则制定权包括治理原则由谁选择，行为规则更能适应谁的需要，技术标准对谁更易实施，乃至谁更能利用技术标准获利等。[③] 规则制定的基础是掌控规则的能力，包括制度性话语权和影响力，而规则制定的核心则是对共同规则中权利与义务的分配。因此，规则制定实际上就是为了提升全球治理中的能力建设水平。

国际规则的能力建设包括三个方面。首先，从理念上看，能力建设涉及国家设计国际规则的能力，提出各种国际原则和国际规范的能力等方面。发展中国家具有高参与意愿但政府能力弱，在议程设置阶段虽有积极的推动作用，但对政策内容的制定和实施尚难以发挥重要影响。因此，需要重视从利益到理念的转化，关注理念创新和原则引领，培养在国际制度平台建构议题、设置议程的综合能力。其次，国际规则的能力建设还涉及与其他利益攸关方协调立场、促进合作的能力。最后，国家制定国际规则的能力还取决于其能否通过提供国际公共产品来吸引追随者。规则制定的能力建设反映出全球治理不仅需要提出国际规则，更要能够共同制定规则。

国际规则制定是意愿和能力、对内关注与对外关注、观念还是利益等方面的博弈与平衡的产物，国际规则制定能力取决于国家整体实力、议题领域的优势和制度建设能力等。[④] 其中，权力是决定规则制定的重要影响因素。美国学者斯蒂芬·克拉斯纳认为，全球化只是在一定程度上侵蚀了国家的权限，

---

① Erik Voeten, "Making Sense of the Design of International Institutions," *Annual Review of Political Science* 22, no.2 (2019): 147-163.

② Barbara Koremenos, Charles Lipson and Duncan Snidal, "The Rational Design of International Institutions," pp. 761-799.

③ 陈琪、管传靖、金峰：《规则流动与国际经济治理——统筹国际国内规则的理论阐释》，《当代亚太》2016年第5期，第15页。

④ 潘忠岐：《广义国际规则的形成、创制与变革》，第19页。

但在国家主权的基本属性方面丝毫没有变化。国家主权的基本属性是指国际法主权、威斯特伐利亚意义上的主权和国内主权。当国家被国际法承认时，拥有的主权为国际法主权；当国家独立或当国家的制度结构自主产生时，形成的以不干涉为核心的主权为威斯特伐利亚主权；国家在领土内规制和控制的主权被称为国内主权。[①] 在全球治理语境下，权力规则揭示的仍是以国家主权为核心的权力博弈。

现实主义认为全球治理建立在权力基础之上，认为由于受到国家是否接受的意愿的限制，以及法律语言的模糊性、强制性缺乏等因素的影响，全球治理与国际法在追逐权力与安全的国际关系中用处不大。因此，现实主义关注权力的存在以及这种权力有可能被滥用的危险，"全球治理仅仅维护并巩固了现有的权力结构现状，尤其是美国等西方国家的权力优势，对南方国家产生了更多的不平等并对劳工、移民、子女教育、发展等领域普通民众生活产生负面影响"[②]。国际关系史的发展历程很大程度上揭示了"强国制定规则，弱国遵守规则"的基本准则。一国如果在某个具体问题领域拥有规则制定的权力资源，就会试图在缺少规则的情况下制定相关规则，或在已有规则但于己不利的情况下改变规则。因此，强国在议题设置方面具有显著的优越性，更有能力和意愿制定规则。随着新兴市场国家和发展中国家的群体性崛起，新兴市场国家国际规则制定能力的提升已经成为其崛起的标志。

二、国际规则制定的运作机理

规则制定具有从议题设置、规则形成到规则执行的一整套流程。美国公共决策学者詹姆斯·安德森（James E. Anderson）将政策过程分为政策议程、政策形成、政策通过、政策执行和政策评估五个阶段。[③] 薛澜和俞晗之认为，国际规则制定涉及议程设置、政策内容制定和政策实施三个阶段。在国际规则议程设置阶段，国家政府通过游说、发起倡议等渠道，将议题纳入国际议

---

① Stephen D. Krasner, "The Persistence of State Sovereignty," in Orfeo Fioretos (ed.), *International Politics and Institutions in Time* (Oxford: Oxford University Press, 2017), p.41.

② 罗伯特·吉尔平：《国际治理的现实主义视角》，载戴维·赫尔德、安东尼·麦克格鲁主编《治理全球化——权力、权威与全球治理》，曹荣湘、龙虎译，社会科学文献出版社，2004，第339—357页。

③ 詹姆斯·E.安德森：《公共政策制定（第5版）》，谢明等译，中国人民大学出版社，2009。

程平台；国际政策的内容制定依赖于多方谈判；在国际规则的实施和评估阶段，政策实施的主体通常仍是国家政府。[①]

国际规则制定的过程是国家间权力和利益平衡的过程，一般性规律是国际规则有时候产生于习惯和先例，然后变成先例，再变成道义原则和规范，最后被纳入法律文件，成为国际规则。不过，国际规则的制定是一个复杂的过程，没有统一的固定模式和规律，国际规则的变革也是如此，可以是渐进的变革，也可以是突发的变革。针对不同的全球性问题，国际规则实施涵盖不同的流程。一般而言，国际规则制定可以通过如下三种路径予以实施。

其一，以主导大国为核心的单边机制、双边机制和多边机制。国际规则的制定与变革总要以国家间共同利益和价值观为基础，是国家间合作的产物。一方面，主导国家是全球治理的主要"玩家"和博弈者；另一方面，只有国家能够实施强制性法律条款。比如，选择性激励先将规则扩散到愿意接受的国家，进而影响多边规则的制定，这可以成为国家参与国际规则制定的一个策略。[②] 其二，以国际组织为依托的多边机制，以区域合作为抓手的区域机制。多边主义是一种应对问题的基本原则，代表着国家与制度间的行为方式，是全球治理有效解决问题的基础。同时，多边主义是弱者的武器，受到小国的青睐，作为多边主义的主要载体的国际组织则是非霸权国家参与国际规则制定的主要渠道。其三，以非政府组织、跨国公司和个人为主体的其他机制。在推动世界经济和社会发展，探索全球治理和国家治理的解决方案时，国际非政府组织、跨国公司甚至个体精英都具有施加影响力的途径。比如，国际禁雷运动组织推动了世界各国签订、批准和加入《渥太华禁雷公约》，这是国际非政府组织有效参与全球治理、制定规则的成功范例。

三、以规则制定为核心的规则治理

国际规则制定是全球治理的重要基石，对于确保基于规则的国际秩序运作至关重要。有关规则制定和规则运行的治理实践往往被称为规则治理。在西方经济学领域，规则治理是一个重要的研究领域，关注企业行为的履行机

---

① 薛澜、俞晗之：《政策过程视角下的政府参与国际规则制定》，《世界经济与政治》2012年第9期，第33—34页。

② 潘忠岐：《广义国际规则的形成、创制与变革》，第13页。

制和公共信息的成本收益。[①] 在经济运行过程中，规则治理关注设计、解释和履行协定所产生的契约和法律。同时，规则治理需要有效的信息条件，如经济领域的会计、审计、评级系统、法律案例和代码等。总体而言，规则治理具有高度发达的信息系统、第三方监督、交易成本高、退出成本低以及法律架构完备等特征。[②] 同样，规则治理是国际关系学和全球治理中的主要治理模式之一。规则治理认为全球治理是由一系列规则构成的体系，即我们处在一种基于规则的国际秩序之中。

从全球治理的思想流派看，包括现实主义的国际治理观和自由主义的规则治理观。现实主义的国际治理观本质上具有大国中心、强者治理、权力中心、自上而下、消极约束等维持现状的治理属性。[③] 现实主义的国际治理观的一个重要方面是霸权治理（hegemonic governance），霸权治理通过"霸权稳定论"维持一个霸权秩序，而规则治理维持的是基于规则的秩序。[④] 不过，无论是霸权治理还是规则治理，都需要有效的治理，离不开国家间、特别是大国间的互动与协调。因此，规则治理观是新自由制度主义的题中应有之义。

近年来，有学者提出了关系治理（relation-based governance）的概念，关系治理不是依托规则和法律，而是通过协商、协调而达成一致的治理模式，具有非正式性、灵活性及非强制性的特征。关系治理与规则治理对应，在承诺、交易成本等方面存在明显差异。由于市场经济的发展摧毁了关系治理的基础，就未来发展而言，在国际经济领域特别是发展中国家，出现了由关系治理朝着规则治理方向发展的趋势。一方面，这是由于关系治理具有非持续性、不透明性及不兼容性的局限；另一方面，这是由于规则治理同关系治理的竞争所致。[⑤] 尽管如此，与西方社会规则盛行不同，关系治理可以成为非西

---

① Shaomin Li et al., "The Great Leap Forward: The Transition from Relation-Based Governance to Rule-Based Governance," *Organizational Dynamics* 33, no. 1 (2004): 63.

② Ibid., p.66.

③ 星野昭吉：《全球治理的结构与向度》，载陈家刚主编《全球治理：概念与理论》，中央编译出版社，2017，第98页。

④ Qin Yaqing, "International Society as Processes: Institutions, Identity and China's Peaceful Rise," *The Chinese Journal of International Politics* 3, no. 2 (2010): 129-153; Qin Yaqing, "Rule, Rules and Relations," *The Chinese Journal of International Politics* 4, no. 2 (2011): 117-145.

⑤ John Shuhe Li, "Relation-based versus Rule-based Governance: An Explanation of the East Asian Miracle and Asian Crisis," *Review of International Economics* 11, no.4 (2003): 660-662.

方世界考察全球治理的重要视角。比如，非西方世界的文化、社会习俗和道德规范在实施治理过程中发挥了独特的作用。同时，在现实中，全球治理展现的是混合治理模式，既包括规则治理，也包括关系治理，且两种模式可以并存、互补。

第三节　国际规则制定的影响因素

影响国际规则制定的因素众多，主要包括权力政治、国际法、国内政治等。其中，权力是影响国际规则制定的最基本因素，而国际法作用越来越突出。此外，国际规则制定还需要关注不同国家的差异性国情。

一、国际规则与权力政治

权力是国际关系学的核心概念。权力作为国际政治的一个核心概念，可以用不同的方式定义。一般来讲，权力有两种含义：（1）权力是国家所能获得的特殊资产或者物质来源；（2）权力以国家间的互动结果来定义，也就是指一国对其他国家的控制和影响，或者一国迫使另一国去做某事。权力既包括软权力也包括硬权力，既包括认知性权力也包括结构性权力，还包括问题领域的权力和总体性权力。同时它也是一个多面现象，很难准确地测量。在实际运作中，权力所产生的这种支配与反支配及其逆向变化，对国际规则制定产生很大影响。需要强调的是，权力本身与制定规则之间并不矛盾，有时候甚至相辅相成。

权力政治是现实主义的永恒主题。现实主义者接受世界政治中主权国家的中心地位、权力的渗透性、冲突的不可避免性以及无政府状态，这些成为该学派压倒一切的问题。[①] 在此基础上，现实主义对国际规则与权力政治之间的关系进行了深入论述，国际规则基本上是权力分配特别是大国力量对比的反映。芝加哥大学"温得尔·哈里森杰出贡献"政治学教授、"进攻性现实

---

① 詹姆斯·德·代元：《导言：批判性探索》，载詹姆斯·德·代元主编《国际关系理论批判》，秦治来译，浙江人民出版社，2003，第5页。

主义"理论的奠基人约翰·米尔斯海默（John J. Mearsheimer）认为，权力对国际关系具有决定性影响，与之相比，国际规则制定对国家行为的影响微乎其微。也就是说，在国际制度建立和运行中，各国无法摆脱权力因素的影响，权力结构的差异具有决定性的意义。[1] 修正的现实主义注意到国际规则并不完全依附于权力，在自己领域可以持续影响国家的权力属性，但这只是局部的微调，国家安全一直是国家参与国际事务所关注的核心。

权力对国际规则制定的影响，很大程度上是指各个国家的权力差异性，即权力分配。在全球治理领域，行为体之间权力分配极大地影响着共同规则的形成及国际制度的建立，此后的国际制度维持、发展及改革也受权力的显著影响。如果我们将实现个别利益的权力叫"特定权力"，为促进共同利益的权力叫"共同权力"，那么减少国家的"特定权力"，提高"共同权力"意识则是国际规则有效制定与发展的一个关键。一方面，权力分配中的强制力会改变规则制定中不同行为体的行为；另一方面，这种强制力本身并不能保证国际规则一定能够成功被制定。严重的不对称性造成一些成员可以无视规则制定的程序和要求，这样必然会引起其他成员的怨恨。如何发挥权力在制度建立中的作用而又摆脱制度制定中的权力阴影，进而言之，权力政治如何塑造国际制度，国际制度又如何影响国际关系进程，这些无疑是重要的研究命题。[2]

与此同时，围绕影响国际规则制定的权力因素的一个核心问题是：在权力分配中占优势特别是主导国家的自身权力的运用问题。特朗普上台后的一系列退约和单边主义行为，反映出美国对国际规则体系的藐视以及试图制定新规则的偏向性意愿。约瑟夫·奈（Joseph S. Nye）认为，退约或威胁退约这种态度削弱了美国在提供全球公共产品上的带头作用，而这又削弱了对延续美国世纪至关重要的合法性和软实力。[3] 约翰·伊肯伯里（John Ikenberry）从制度主义的视角同样对此进行了探讨，他发展了一种更加"胶黏性"的制度理论，认为

---

① John J. Mearsheimer, "The False Promise of International Institutions," *International Security* 19, no.3 (1994): 7.

② Anders Wivel and T.V. Paul, "Exploring International Institutions and Power Politics," in Anders Wivel and T.V. Paul, eds., *International Institutions and Power Politics: Bridging the Divide* (Washington D. C.: Georgetown University Press, 2019).

③ 约瑟夫·奈：《美国世纪结束了吗？》，邵杜罔译，北京联合出版公司，2016，第144页。

国际制度是根植于更广泛的政治秩序中和限制行为者活动"场景"的正式和非正式的组织、规则、惯例和实践,国际规则可以把国家"锁定"在稳定和持续的联系中,对国家行使权力加以某种限制。限制使用权力和对权力的审慎态度换来了国际社会其他成员对美国领导权的认同。因此,伊肯伯里坚持美国主导的战后自由国际秩序不会受到特朗普政府从根本上的动摇。但是,如果国际制度不能提供制度收益和制度红利(institutional dividends),那么制度很难发挥作用。所谓制度红利,是指国际制度在运行过程中给国家带来经济和战略上的物质收益,制度红利的多少取决于制度内关于成员权力与责任的规则设置。[①]制度红利反映出制度竞争过程中国家基于成本—收益的理性选择,追求谈判收益大于成本。总之,国际制度常常反映霸权的需要,并保护霸权,它们普及适应世界权力结构的规范,这种权力结构通过支持国际制度自身来维持。从这个意义上来看,国际制度是现状的"压舱石"。[②]

总之,在世界政治中,权力对国际规则制定的影响具有决定性的意义,权力构成了国际规则制定的结构性挑战。任何轻视和忽视规则制定中的权力背景的行为,都是极其危险的。与此同时,权力对国际规则制定的影响也是复杂而变化的,关注世界事务中驱动力的权力因素的同时,人们也不要忽视对其他重要因素的关注。

二、国际规则与国际法

(一)国际法视野下的国际规则

国际规则与国际法是两个可通约的概念。因此,国际关系学者与国际法学者从不同方面对国际规则进行了论述。在国际法领域,自然法学派和实证主义法学派探讨了规则为什么或如何能够产生、建构、演变以及影响国家行为。所谓自然法学派,包括各种具有自然法色彩的新流派在内,以自然法作为国际法效力的根据,主张国际法是自然法的组成部分,是自然理性在所有国家之间建立的法,认为自然法是普遍的、绝对公正的、恒久不变的,因而是不能违背的。实证主义法学派同自然法学派相对立,它一般把各国通过国

---

① 汪海宝、贺凯:《国际秩序转型期的中美制度竞争——基于制度制衡理论的分析》,《外交评论》2019年第3期,第64—65页。

② 阿米塔·阿查亚:《美国世界秩序的终结》,袁正清、肖莹莹译,上海人民出版社,2017,第81页。

际习惯和条约表现出来的"共同同意"视为国际法效力的根据。这一学说认为，国际社会的规则不能仅仅因其合理而成为国际法，只有在证明该规则确已为各国所共同同意后才能成为国际法，这种"共同同意"是国际法效力的基础。而批判法学派是晚近出现的国际法理论学派，其内部成员复杂，有的是对政府不满的自由派成员，有的是无政府主义者。批判法学派注重权力和政策的作用，认为国际法概念反映了特定的权力关系。批判法学派使用批判主义方法，解构传统国际法学的分析方法，探求规则的起源以及它们的具体涵义。[①]

国际法律规则是国际规则的重要组成部分，国际法学对规则进行了深入的研究。美国著名法学家罗纳德·德沃金（Ronald M. Dworkin）认为，规则是法律的主要表现形式与基础性架构。[②] 从宽泛的视角分析，规则既可能是国际法、道义准则、习惯或者既定惯例，也可能只是操作规则或者游戏规则，规则的形成由操作规则、既定惯例演变成道义原则，最后被纳入法律文件。[③] 在国际法中，规则往往是通过条约等形式确定下来的，国际法是一套由规则组成的体系，这既是符合人们日常生活习惯的用语，也是国际法中默认的原则。正如奥努夫所指出的，国际机制的核心特点是一系列规则，其中的很大一部分（尤其是那些赋予机制范围和连贯性的机制）是法律规则。[④]

条约是国际规则的主要载体。条约是国际法主体之间以国际法为准则而缔结的确立其相互权利和义务的书面协议。从严格意义上的条约构成要件出发，条约是"两个或多个在国际法中具有法律人格的当事方之间签订的、在国际法范围内运作的、旨在产生法律权利和义务的、具有适当的正式性质的协议"[⑤]。在国际法实践中，国家之间权利义务的表述可以有各种不同的名称，如条约、公约、协议、议定书、宪章、盟约、规约、换文或换函、宣言、联

---

① Robert J. Beck, Anthony Clark Arend and Robert D. Vander Lugt (eds.), *International Rules: Approaches from International Law and International Relations* (New York: Oxford University Press, 1996).

② 罗纳德·德沃金：《认真对待权利》，信春鹰、吴玉章译，中国大百科全书出版社，1998，第30—70页。

③ 赫德利·布尔：《无政府社会：世界政治秩序研究》，第61页。

④ 尼古拉斯·格林伍德·奥努夫：《我们建构的世界：社会理论与国际关系中的规则与统治》，第126—127页。

⑤ 安德鲁·克拉彭：《布赖尔利万国公法：国际法在国际关系中的作用简介（第7版）》，朱利江译，中国政法大学出版社，2018，第181页。

合声明或联合公报、临时协定和谅解备忘录等。一般认为，条约名称不同只反映条约的内容、缔结程序等方面的差异，并不影响其法律拘束力性质。

国际法的规则具有确定性和不确定性的双重特征。规则的确定性是指法律文本能够传递清楚的信息，使得人们能够通过语言理解规则的意义。国际法需要明确的规则，规定哪些行为是允许的，哪些行为是被禁止的。[1] 国际规则的不确定性是指规则通常采用条约形式，条约是国家间妥协的产物，相关条款不可避免地存在"留白"或灰色地带，各方都希望对此作出对己有利的解释。[2]

根据法律规则的约束程度，可以分为硬法规则与软法规则。硬法规则与软法规则类似于正式规则与非正式规则，硬法与软法是两种不同属性的规则系统。所谓硬法，是指具有法律拘束力的规则，如条约、习惯国际法等。所谓软法，是指那些既不具有严格的法律拘束力又非完全没有法律效力的规则，如国际法领域的各类指南、建议、宣言、行动守则等。[3] 硬法与软法相辅相成，软法的优点正是硬法的不足，硬法的长处正是软法的短板。不过，在无政府状态下，硬法与软法的互动有时也会彼此冲突和对抗。同样，正式规则与非正式规则是相辅相成、相互补充的。一方面，非正式规则在国际体系中的主要作用之一是为制定和谈判正式规则和国际规范做好必要的准备；另一方面，非正式规则的作用是填补正式规则的空白。因此，非正式国际规则可以而且确实在塑造国际政治。[4]

（二）国际法对国际规则制定的影响

国际法是制定国际规则时需要予以重视的重要影响因素，同时也是全球治理实践的重要工具。作为解决全球性问题的规则体系，国际法为规则制定提供了善治共识和行为合法性。同时，规则制定进程也对传统国际法的主体结构、调整范围、国家本体观和国家主权原则等方面提出了挑战。当前，全球治理进程与结果的失衡、全球治理需求与供给的不对等以及全球治理机制

---

① Thomas M. Frank, "Legitimacy in the International System," *American Journal of International Law* 82, no.4 (1988): 712.

② 孙劲、黄晨：《善用国际法规则　应对国际关系新挑战》，《武大国际法评论》2019年第4期，第2页。

③ Bryan A. Garner (ed.), *Black's Law Dictionary* (St. Paul: Thomson West, 2004), p.1246.

④ Thomas Kwasi Tieku, "Ruling from the Shadows: The Nature and Functions of Informal International Rules in World Politics," *International Studies Review* 21, no.2 (2019): 231-239.

与组织的制度困境等造成了广泛存在的全球治理失灵，且全球治理鸿沟不断扩大。国际规则制定进程与结果的失衡进一步加剧全球治理需求与供给的不对等，这些迫切需要国际社会在制定规则时予以关注。

当前，全球治理及其实践既是国际法变革的推动因素，也对国际法学产生了不小的挑战，全球治理对国际法的迫切需求也推动了国际法学的理论发展。全球治理领域出现了治理赤字、治理鸿沟等不足与挑战，而国际法学为解决治理失灵或治理鸿沟创造了条件，即全球法律治理。比如，全球治理鸿沟就体现出该议题的理论冲突和实践过程的矛盾性，削弱或阻碍了全球治理的实现和效能提升，并带来全球治理过程和结果的失衡与失当。[①] 为此，国际法必须适应全球治理的客观事实，变革国际法律制度，推动全球治理与国际法的协调发展。德国国际经济法权威学者、世界贸易组织（WTO）前法律总顾问恩斯特–乌尔里希·彼得斯曼（Ernst-Ulrich Petersmann）认为，国家制度和全球经济之间的张力、全球层面再造代议民主的不现实性，都要求必须在世界范围内创设新的、公民驱动的、宪政性自我管理制度。各国宪法、人权理念、民主程序、国际组织和非政府组织对国家间关系的影响表明，法律是可以约束国际权力政治并使其"宪政化"的。[②]

国际法是发展演变的，能够推动国际规则制定从静态的规则转向规则的演变。从国际法学的角度看，全球治理时代已经出现一个以国际法为主实现法治的基本模式，即"国际法之治"。国际法学中纽黑文学派（New Haven School）和批判法学者都对以"规范法学派"为代表的传统实证主义国际法学派提出了挑战，主张国际法的形式不是僵硬的"规则"，而是对国际政治开放的一种"过程"，在此方面，纽黑文学派和国际法律进程学派的学者集中研究了国家协商签订国际条约的具体进程。安妮–玛丽·斯劳特（Anne-Marie Slaughter）早在1993年就强调把作为规则的国际法转移至作为进程的国际法。[③] 因此，作为进程的国际法对于国际规则越来越起到了独特的促进作用。

---

① 臧雷振：《全球治理研究进展及全球治理鸿沟》，《国际关系研究》2013年第5期，第32—33页。

② 恩斯特–乌尔里希·彼得斯曼：《国际贸易中多层司法治理的法治与正义理念》，《东方法学》2013年第5期，第112页。

③ Anne-Marie Slaughter, "International Law and International Relations Theory: A Dual Agenda," *American Journal of International Law* 87, no.1 (1993): 209-214.

三、国际规则与国内政治

（一）国内政治与国际规则的发展演进

当前，国际层面的规则治理同样需要关注国内政治。国际规则进入国内政治领域，即国际规则的国内化是规则治理的重要影响方面。国际规则制定与不同利益攸关者在国内政策制定过程中的博弈紧密相关。在国家间政策协调过程中，国际因素决定国家面临的外部压力，国内因素影响国家对外部压力的反应。长期以来，忽视国际规则的国内政治因素是理性主义的不足。罗伯特·考克斯（Robert W. Cox）很早就指出，对于新自由主义而言，未能将国内政治与国际制度理论加以整合，很大程度上削弱了其说服力。[①] 戴欣媛认为，国际制度研究对国内政治的忽视在于其主要是为了应对现实主义的关切，集中于论述国际制度对国家行为的直接影响。[②] 国际制度研究把国内政治排除在外根源于主流理论的理论假定，罗伯特·基欧汉在《霸权之后：世界政治经济中的合作与纷争》一书中接受了华尔兹有关国家是国际关系中的理性主体以及国家是国际关系中唯一行为体的理论假设，从而使现实主义与自由主义的传统理论由一种描述国际关系实质性内涵的理论转化为一种高度简约的国际政治理论体系。[③]

国内政治一直是影响国际关系的重要因素。华尔兹讨论了影响国家行为体国际行为的三个因素，并创立了三种理论模型，即作为决策者的个人、国家在国际系统中的位置、国际系统本身对国家的国际行为产生的影响。而第二种模型，强调的是国内政治体制的不同所引起的国际合作与冲突，即为国际问题的国内根源。[④] 戴维·辛格（David Singer）认为国家的国际行为在微观层次上受到国内因素的影响，这些因素包括国家的决策程序、决策内容、

---

① Robert W. Cox, "Social Forces, States, and World Orders: Beyond International Relations Theory," *Millennium: A Journal of International Studies* 10, no. 2 (1981): 126-155.

② Xinyuan Dai, *International Institutions and National Policies* (Cambridge: Cambridge University Press, 2007), p. 26.

③ David Baldwin (ed.), *Neorealism and Neoliberalism: The Contemporary Debate* (New York: Columbia University Press, 1993), p.11.

④ 肯尼思·N. 华尔兹：《人、国家与战争》，倪世雄等译，上海译文出版社，1991。

决策人物等。^①但长期以来，国际关系的体系理论和国内层次的外交政策研究在两个独立的领域各自发展。体系理论排除国内政治的因素固然有助于实现其科学简约的目的，但削弱了解释和分析能力。外交政策的研究着眼于国内层面，但影响外交决策的国内诸因素间该如何确定有机的联系，并使之形成一个可以与国际层面类比的体系单位，还是一个问题。以上这些限制了国内政治与国际政治的互动。尽管国内政治与国际政治的相互联系的分析由来已久，但这类研究仍然是不充分的。阿瑟·斯坦（Arthur A. Stein）指出了制度理论打破国际政治与国内政治之间的严格对立对理论发展所起的重要作用，事实证明了两者间的紧密关联，即国际关系的国内根源和国内结构可以很好地运用到国际制度研究中。^②

规则治理的落脚点是规则发挥作用，国际规则生效是指国家采用措施使协议以国内法形式生效。为了改变国内政治履行与国际制度的不兼容性，不仅需要关注国内政治结构如何影响国内政策倡议者对国际规则的运用，还需要关注国际制度对国内政治施加作用的路径。总之，研究互联网国际规则制定时不能忽视各国国内政治因素对其的影响。

（二）国内政治影响国际规则制定的路径

为了使国内政治与国际制度匹配，丹尼尔·德茨纳（Daniel Drezner）曾探讨了国际制度对国内政府转型影响的途径，具体包括订立合约（contracting）、强制（coercion）和说服（persuasion）等。^③国内政治对国际规则制定的影响可以通过国内结构予以推进，关于这方面的研究已经出现。国内结构的概念一般指的是国家的政治制度、社会结构以及连接政治制度与社会结构的政策网。^④国内结构可以提供外交政策制定的国内根源以及国内政治的影响，国家具有两面性（janus-faced）的特征，它既关注国内政策，也关注其外部环境。

①　David Singer, "The Level of Analysis Problem in International Relations," *World Politics* 14, no.1 (1961): 77-92.
②　Arthur A. Stein, "Neoliberal Institutionalism," in Christian Reus-Smit and Duncan Snidal eds., *The Oxford Handbook of International Relations* (Oxford: Oxford University Press, 2008), pp. 214-215.
③　Daniel Drezner, *Locating the Proper Authorities: The Interaction of Domestic and International Institutions* (Cambridge: Cambridge University Press, 2004), pp.8-15.
④　Thomas Risse-Kappen (ed.), *Bringing Transnational Relations Back in: Non-state Actors, Domestic Structures and International Institutions* (Cambridge: Cambridge University Press, 1995), p.20.

国内结构表示国家与社会之间的联系，同时作为分析国家或议事领域的工具，它也常常是国内政治与国际政治联系的一个变量。^① 也就是说，国内结构一方面与国内政治紧密联系，同时也与除国家以外的其他社会行为体发生作用。因而，分析国内结构可以提供一条整合国际规则与国内政治的有效途径。

　　国际规则如何被内部化并在国内获得合法化认同是国际规则研究需要回答的问题。国际规则的内部化与国家对国际化的抵抗是双向互动的，国内结构的分析方法能够说明为什么国家面临相似的国际压力和限制（包括外部环境的改变）而反应各不相同。一方面，可以关注一国国内结构与嵌入在社会历史层面的规范之间的互动；另一方面应关注建构主义对国内结构的研究，规则的形成、动力与转换是建构主义需要着力阐述的。国际规则如果要发挥作用，一方面，需要符合国内结构的条件并与国内政治文化相一致；^② 另一方面，国际规则要融入国内政治，关注国内政治因素协调国际规范对政策选择的影响的能力。^③ 莉萨·马丁（Lisa L. Martin）与贝思·西蒙斯（Beth A. Simmons）指出："它提供了一个把国内政治更系统地带入国际制度的研究——一个到目前为止被这个领域忽略的研究领域——中去的机制。"^④ 可以说，国际规则通过影响国内政治改变国内政治偏好，这对于推动国际规则落实具有重要的意义。

　　尽管国内结构的分析方法提供了一个比较各国治理理念和实践的窗口，但在互联网等专门性全球治理中，国内结构如何影响国际规则制定的因果机制并不清晰。国内结构如何影响了国家的遵约，国内结构是国际规则的推动力量还是抵抗力量等，这些都需要给予持续的关注并进行案例上的论证。

---

① Matthew Evangelist, "Domestic Structure and International Change," in Michael W. Doyle and G. John Ikenberry, eds., *New Thinking In International Relations Theory* (Boulder: Westview, 1997), p.203.

② Jeffrey T. Checkel, "Norms, Institutions and National Identity in Contemporary Europe," *International Studies Quarterly* 43, no.2 (1999) :83-114.

③ Andrew P. Cortell and James W. Davis, "Understanding the Domestic Impact of International Norms: A Research Agenda," *International Studies Review* 2, no.1 (2000): 86.

④ 莉萨·马丁、贝思·西蒙斯：《国际制度的理论和经验研究》，载莉萨·马丁、贝思·西蒙斯编《国际制度》，黄仁伟等译，上海人民出版社，2006，第528页。

第二章

国际互联网治理及其规则

　　互联网治理（internet governance）[①]是全球治理中的新兴领域。国际互联网伴随着电子计算机和网络技术的出现而成为人类社会探索的新边疆。1969年10月29日，美国的阿帕网（ARPANET）发出的第一条消息，通过连接在原型机"接口消息处理器"（IMPs）上的计算机来完成，由美国加州大学洛杉矶分校传输到斯坦福大学，这一行为揭开了国际互联网空间的新序幕。在网络技术发展和大数据时代背景下，网络空间既存在着大量的机会，也伴随着重重危机和挑战。一方面，互联网已经成为各国经济社会发展与管理公共利益方面的全球性资源，推动了世界各国的可持续发展和能力建设进程；另一方面，不平等的互联网治理体系导致的治理失灵，使得人类社会面临前所未有的网络安全困境、网络发展失衡等难题。美国斯坦福大学传播系教授弗雷德·特纳（Fred Turner）曾把互联网的道路称为"历史终结的终结"，不仅仅意味着工业化时代的结束，而且意味着历史本身的结束。[②] 网络空间的安全与

[①] 在该领域，英文文献存在两个相关的概念：internet governance 和 cyberspace governance。前者通常译为"互联网治理"，也译为"网络治理"；后者译为"网络空间治理"。不过，笔者认为"网络治理"的对应词是"network governance"。网络空间包括互联网、电信网、电力网及新兴的物联网等，因而，互联网治理与网络空间法治化治理有密不可分的关系。本章聚焦于互联网相关的模式变迁与组织机制，采用"互联网治理"的说法更为确切，而网络空间治理多围绕网络安全、网络主权等更广泛的领域展开。"网络空间"的详细解释参见：檀有志《网络空间全球治理：国际情势与中国路径》，《世界经济与政治》2013年第12期，第31页。

[②] 弗雷德·特纳：《数字乌托邦：从反主流文化到赛博文化》，张行舟等译，电子工业出版社，2013，第283页。

稳定，有赖于世界各国和不同行为体间的协同合作。因此，互联网治理成为我们所处时代的重要命题，构成了全球治理研究的重要学术前沿。

当前，全球互联网治理模式、制度与规则正在转型，相关制度建设和规则制定正处于关键的博弈时期。受到技术更新速度快、政治经济利益驱动及社会文化认知演变等因素的影响，国际互联网的治理进程变得日趋复杂。

第一节　国际互联网治理的一般理论

人类历史上曾有两次著名的移民，一次是从欧洲向美洲的移民，一次是现实世界向虚拟世界的移民。[1] 国际互联网治理之所以备受关注，成为全球治理领域的新兴命题，一方面在于互联网这一新兴领域对于人类产生的深远影响；另一方面在于互联网与国际政治间具有深层次的矛盾特征。互联网和信息通信技术是实现可持续发展目标贯穿各领域的促进因素，同时也会带来新的挑战，例如数字鸿沟、能力建设、网络安全、互联网用户的隐私保护等。在国内治理领域，互联网同样给政治、经济、文化、社会、国防安全及公民网络权益带来一系列风险及挑战。因此，构建国际互联网治理体系就是在坚持多边参与、多方参与、最大限度协同各方主体力量的基础上，加强沟通交流，完善协商对话机制，搭建全球互联网共享共治平台，共同推动互联网的健康发展。[2]

一、全球互联网治理的兴起

互联网是科技发展的产物，是社会进步的结晶，也是国际合作的结果。20世纪60年代末，互联网的产生源于美国政府的项目，以期在核军备竞赛中预防通信设施受到潜在的破坏。20世纪60年代末，为了在美国主要科研机构之间建立一个通信网络系统，美国高级计划研究署（ARPA）资助建造了阿帕网，这就是互联网的雏形。1971年，阿帕网投入运行。互联网的产生对人类社会产

---

[1] Edward Castronova, *Exodus to the Virtual World* (London: Palgrave Macmillan, 2007).

[2] 徐敬宏、侯伟鹏：《习近平全球互联网治理重要论述研究：理论逻辑与实践路径》，《现代传播》2019年第3期，第71页。

生了深远的影响。早期互联网的实现，主要集中在大学校园的计算机科学系、美国政府研究机构和少数几个对边缘网络研究感兴趣的通信公司。20世纪90年代以来，随着万维网的扩展和互联网广泛地应用于商业领域，推动了互联网热潮的出现，一些大型公司热衷于使用互联网进行企业应用程序的数据传输工作，以便在商业领域收到回报。互联网运营商之间的互联协议是私有的契约安排，受到市场和利益驱动，主要包括对等和传输两种方式，对等互联协议不涉及经费往来，而传输互联协议则需要经济补偿。[①]

电子计算机基于网络互联和通用协议网络发展出覆盖全世界的全球性互联网络被称为互联网，由交换机、路由器等网络设备，服务器及计算机终端组成。"互联网"一词首次使用是在美国学者温顿·瑟夫（Vint Cerf）与鲍勃·卡恩（Bob Kahn）于1974年合著的一篇研究论文《一个用于分组交换网络互联的协议》中，这篇论文描述了一个最终将把全世界所有电脑联结起来的"网络的网络"[②]。《牛津英语词典》（*Oxford English Dictionary*）认为，Internet是指"提供各种信息和通信设施的全球计算机网络，由使用标准化通信协议的互联网络组成"[③]。互联网是当地的、国家的、全球的信息和传播技术以相对开放的标准和协议以及较低的进入门槛形成的一对一、一对多、多对多、多对一的网络之网络。[④]互联网是一个由网络线等设备所构成的物理基础设施的通信网络。互联网由不同的信息系统层构成，不在乎地理位置，它只是机械地把数字信息传输到用数字IP地址表示的目的地。因此，互联网穿越边界、打破障碍、消除距离的能力常常被认为是其最显著的特征之一。[⑤]

在互联网构成层次方面，美国学者尤查·本科勒（Yochai Benkler）的观点具有代表性，他提出了三层协议观：物理架构层、逻辑架构层以及内容

① 劳拉·德拉迪斯：《互联网治理全球博弈》，覃庆玲、陈慧慧等译，中国人民大学出版社，2017，第134页。

② Vint Cerf and Bob Kahn, "A Protocol for Packet Network Interconnection," May 1974, http://www.cs.princeton.edu/courses/archive/fall06/cos561/papers/cerf74.pdf.

③ Nils Melzer, *Cyberwarfare and International Law* (Geneva: UNIDIR Resources, 2011), p.4.

④ 安德鲁·查德威克：《互联网政治学：国家、公民与新传播技术》，任孟山译，华夏出版社，2010，第9页。

⑤ 理查德·斯皮内洛：《铁笼，还是乌托邦——网络空间的道德与法律》，李伦等译，北京大学出版社，2007，第50页。

层。[1] 乔纳森·齐特林（Jonathan Zittrain）则认为网络中存在着四层具有紧密联系的关系：最底层是物理层，再往上是服务层，紧接着是应用层，最后是内容和社会交互层。[2] 基础设施是互联网的物质基础。互联网的基础设施主要为互联网运行中的技术性基础问题，包括三个领域：电信基础设施，所有互联网通信流量均通过该层传输；与标准（技术和网络标准）和关键互联网资源（IP地址、域名系统和根区）有关的技术问题；跨领域问题，包括网络中立、云计算、物联网以及融合。[3]

互联网不仅是一种技术架构，更重要的是一种政治架构。也就是说，互联网具有技术和政治的双重属性，互联网是对权力和权威的映射，包括各种政府机构、有影响力的组织以及可以直接影响网络环境改变的政策制定者之间的各种关系。在观察互联网时，不能忽视互联网政治化的属性。罗伯特·多曼斯基（Robert Domanski）从基础架构层、协议层、应用程序层以及内容层出发，给出了互联网治理的路线图（见表2.1），具有一定的参考价值。

表2.1　互联网架构示意表[4]

网络层	为什么重要	谁治理	如何制定政策
基础架构	使网络设备间能互连	各国政府和私营电信公司	有线：倡导联盟 无线：知识共同体
协议	设备在网络上通信所使用的程序语言	国际工程联合会	"大体一致（粗略共识）原则"
应用程序	让人们能使用网络的工具	私营商业软件公司	"代码就是法律原则"
内容	人们在线看、读、听、下载、互动时使用的实际的材料	私营互联网服务提供商、主机托管公司、网站运营商和国家以及当地政府	TOS协议，议题网络

---

[1]　Yochai Benkler, "Net Regulation: Taking Stock and Looking Forward," *University Columia Law Review* 71, no.2 (2000): 331.

[2]　乔纳森·齐特林：《互联网的未来：光荣、毁灭与救赎的预言》，康国平、刘乃清等译，东方出版社，2011，第14页。

[3]　约万·库尔巴里贾：《互联网治理（第七版）》，鲁传颖、惠志斌、刘越译，清华大学出版社，2019，第36页。

[4]　罗伯特·多曼斯基：《谁治理互联网》，第21页。

网络空间（cyberspace）是一个与互联网紧密相关的术语。互联网是网络空间的重要组成部分，由成千上万独立的网络构成，但它只是网络空间的一部分。网络空间一词最初来源于威廉·吉布森（William Gibson）的科幻小说《燃烧的铬》（*Burning Chrome*），它作为一个非自然空间，成为不同类型主题的代名词。[①] 在英文中，cyberspace是指由数字信息和通信基础设施组成的全球互联网络，包括因特网、电信网络、计算机系统和其中的信息。[②] 网络空间是指通过运用电子设备和电磁频谱构建的相互依赖网络和操作领域，凭借信息交流技术所产生的全球信息领域，通过互联系统和相关联的结构传递信息，具体包括互联网、通信技术、电信网络、计算机系统、嵌入式处理器和控制器。[③] 美国官方很早就对网络空间进行了界定，并于2008年颁布了国家安全第54号总统令。这一被称为"信息安全的曼哈顿计划"的文件指出，网络空间意味着源自信息技术基础设施的相互依存的网络，包括互联网、电信网络、计算机系统以及关键行业中的嵌入式处理器和控制器。网络空间是陆地、海洋、天空和太空之外的第五空间。与其他空间相比，网络空间与其他存在竞争的媒介具有相似性，同时它又不同于其他空间，具有自身差异性。网络空间安全（cyberspace security）是网络空间关注的核心，也是国际安全领域亟待解决的重要命题。

总之，互联网创造了很多新的有别于传统的国家和国际层面信息交流治理方式。互联网对全球治理有两个重要的影响，一个是大力推动全球公民社会的形成，这是全球治理的重要主体；另一个是互联网产生的深度全球化，促进全球治理理念和行动的趋同。当前，互联网已经成为全球化之外世界政治的重要背景因素。互联网与物联网、云计算等结合起来，不仅是一种信息技术和信息载体的创新和变革，更是一种生产方式和思维观念的创新，是推动世界政治变革的革命力量，其重要性越来越凸显。不过，与互联网技术的迅猛发展相比，国际社会治理互联网的机制与组织还远远不能满足需要。如何推动网络经济

---

① William Gibson, "Burning Chrome," Omni Magazine, July 1982, https://archive.org/stream/omni-magazine-1982-07/OMNI_1982_07#page/n37/mode/2up.

② Nils Melzer, *Cyberwarfare and International Law*, p.4.

③ Daniel T. Kuehl, "From Cyberspace to Cyberpower: Defining the Problem," in Franklin D. Kramer, Stuart Starr and Larry K. Wentz, eds., *Cyberpower and National Security* (Washington D. C.: National Defense University Press, 2009), pp.26-28.

可持续发展，打击网络恐怖主义和网络犯罪活动，推进网络空间法治化和网络空间的"共享共治"，加快构建网络空间命运共同体，是国际社会面临的共同挑战。

二、国际互联网治理的基本概念和主要内容

21世纪以来，国际社会出现的网络威胁要求进行全球层面的互联网治理。2007年，爱沙尼亚银行和政府机构受到了分布式拒绝服务（DDoS）的攻击，爱沙尼亚由此成为历史上第一个政府关键基础设施经历大规模网络攻击的国家，引起了国际社会对于网络攻击的关注。2008年，英国网络观察基金会（IF Internet Watch Foundation）以"可能违反"现行英国儿童保护法为理由，将网络百科全书维基百科中一些与《处女杀手》（*Virgin Killer*）有关的页面列入互联网黑名单中。这使得英国的大量用户无法编辑维基百科，同时引起了公众对网络观察基金会这一决定的广泛争论，因此，网络观察基金会不得不将维基百科的页面从黑名单中删除。无论是爱沙尼亚的网络骚乱还是维基百科事件，均已反映出互联网领域全球治理的紧迫性和必要性，互联网治理由此构成独特的新型治理议题。

（一）国际互联网治理的基本概念

国际互联网治理引发的问题正在改变基于主权国家的全球治理模式。1998年，在美国明尼阿波利斯召开的国际电信联盟（ITU）第19届全权代表大会正式提出"互联网治理"这一概念。简单来说，互联网治理可以被看作关注信息和经济交换的跨国方式，以便维护互联网的可操作性。[1] 从广义的视角看，互联网治理是指互联网领域的一系列政策制定进程及其效果；从狭义的角度看，互联网治理仅与互联网架构和协议等关键性互联网资源紧密相关。

2005年7月18日，联合国互联网治理工作组（WGIG）公布了一份研究报告，对互联网治理进行了权威界定，所谓互联网治理是"政府、私营部门

---

① Ryan D. Kiggins, "Open for Expansion: US Policy and the Purpose for the Internet in the Post-Cold War Era," *International Studies Perspectives* 16, no.1 (2015): 88.

和民间社会根据各自的作用制定和实施的旨在规范互联网发展和运用的共同原则、规范、规则、决策程序和方案"[1]。该定义肯定了公私营部门和多利益攸关方在互联网不同问题和功能中发挥的作用。互联网治理工作组认为，互联网治理包含了广泛的政策议题领域，塑造互联网演进和运用方面的一系列共享原则、规则、政策决策程序和项目。其治理内容不仅仅包括互联网名称和地址，还包括其他重大的公共政策问题，比如重要的互联网资源、互联网安全保障以及互联网经济发展方面。不过，互联网治理工作组更多地围绕联合国等正式组织进行政策制定。在很短的时间里，全球互联网治理受到广泛关注，成为全球治理领域的新兴命题，这主要缘于互联网的独特性及其与国际政治间的深层次矛盾。

对于人类发生在线行为的虚拟环境治理这一新兴治理议题，学术界进行了深入的分析。目前，已有多名互联网治理的知名学者对全球互联网治理进行了概念的界定，美国耶鲁信息社会项目执行主任、耶鲁法学院讲师劳拉·德拉迪斯（Laura DeNardis）认为，对互联网协议和物质架构的设计、监督和操纵即互联网治理，比文本层面上的互联网使用更为重要。这一架构与国际政治、文化紧密相关，最终决定了许可信息、开拓创新及个体网络自由。[2] 她认为互联网治理是一种分配的、网络化的多利益攸关方治理模式，涉及传统的公共权威和国际协议、通过私人秩序和技术结构安排的新制度。[3] 米尔顿·穆勒认为，互联网治理是指如何协调、管理并反映互联网领域的政策。从较窄的范围看，互联网治理与互联网域名地址的全球协调紧密相关。[4] 罗伯特·多曼斯基指出，互联网治理可以被界定为权力决策机构通过展现其才能制定政策来约束或达成目的性成果的行为。其中，制定有效政策约束或驱动互联网行为的权威政策制定机构，被称为治理者。[5] 总之，学术界对于互联网治理的概念众说纷纭、莫衷一是。

[1]　Working Group on Internet Governance, "Report from the Working Group on Internet Governance," Document WSIS-II/PC-3/DOC/5-E, p.3, August 3, 2005, http://www.itu.int/wsis/docs2/pc3/off5.pdf.

[2]　Laura DeNardis, "The Emerging Field of Internet Governance," SSRN, p.1, September 2010, http://papers.ssrn.com/sol3/papers.cfm?abstract_id=1678343.

[3]　Laura DeNardis, *The Global War for Internet Governance*, p.23.

[4]　Milton L. Mueller, *Networks and States: The Global Politics of Internet Governance*, p.9.

[5]　罗伯特·多曼斯基：《谁治理互联网》，第8页。

　　互联网治理与网络空间治理、信息技术治理、电子政务（e-governance）等相近术语彼此间存在显著的差异。在具体治理内容方面，网络空间治理的内容要比国际互联网治理宽泛得多。具体而言，网络空间全球治理包括技术层面的互联网治理、数据层面关于自由与秩序的治理、虚拟现实交互层面网络空间的行为体规范治理等内容。[①] 互联网治理与信息技术治理相比范围要小得多，仅涉及互联网所独有的网络安全、互联网媒介、互联网地址、域名系统、互联网架构管理技术以及网络运营商之间的关联协议等关键互联网技术以及互联网运作中的标准管理。互联网治理一般将这些必要的、具有互联网自身特征的制度系统作为研究的首要目标，而技术资源并非互联网专门所有，是信息技术治理关注的领域。此外，互联网治理应该与电子商务区别开来，电子商务是指政府运用互联网，而互联网治理并不强调各种具体的互联网使用技巧。

　　全球互联网治理具有技术和政治的双重属性，这是由于互联网不仅存在技术属性，还有隐藏其后的政治属性。互联网领域的治理命题不仅涉及技术和经济效率，也是有关公共安全、个体自由、创新政策和知识产权等社会价值的媒体表达。这就需要全球互联网治理在上述价值之间进行平衡和协调。

（二）代码与国际互联网治理

　　在国际互联网治理的界定中，美国学者劳伦斯·莱斯格（Lawrence Lessig）提出了"代码即治理"的著名观点。"代码"一词最初由美国学者威廉·米切尔（William J. Mitchell）提出，他认为代码就是网络空间中的法律。[②] 劳伦斯·莱斯格认为，在网络空间中存在对行为体行为的规制，这种规制来自代码，代码决定了网络空间自由与约束的程度。开放性代码架构是对政府规制权的一个重要制约，而封闭代码的作用则大不相同，它可以产生持续的、潜移默化的影响，从而使一切向宣传人员所希望的方向发展。[③] 在现实空间里，国家主要通过宪法、法律及其他规范性文件来规制行为，而在网络空间中，代码的约束机理就是网络空间的法律。代码具有明显的政治特征，对代码的

---

① 鲁传颖：《网络空间治理与多利益攸关方理论》，时事出版社，2016，第93页。
② William J. Mitchell, *City of Bits: Space, Place, and the Infobahn* (Cambridge: MIT Press, 1995), p.111.
③ 劳伦斯·莱斯格：《代码2.0：网络空间中的法律》，李旭、沈伟伟译，清华大学出版社，2009，第167页。

控制就是权力，当前，代码已经成为政治角逐的焦点。[①]

在技术治理模式中，代码的设计者越来越多地成为国际互联网治理的立法者。代码的设计者根据时间顺序分为三类：第一代网络架构和代码由科研人员所创造，第二代网络架构为商务领域和网络经济需求所创设，第三代网络架构则主要由国家和政府来创设。他们决定互联网的设置应该是什么；隐私是否被保护；所允许的匿名程度；所保证的连接范围。代码如何规制，代码作者是谁，以及谁控制代码设计者，这些是在网络时代必须关注的问题。网络空间被规制且此规制正在改变，它的规制就是它的代码，它的代码正在改变。[②] 当前，在充斥着垃圾邮件、电脑病毒、网络欺诈和盗版侵权的网络空间，发展中国家越来越要求对代码进行有效的互联网国家治理和互联网全球治理。

在网络空间中，代码对于人类产生了深远的影响，它可以修改环境和自然规则。人们亦可以通过改变代码消除危害。代码是社会生活的"预设环境"，是社会生活的"架构"，它根植于软件和硬件中，塑造网络空间。[③] 由于网络架构独立于网络行为的约束之外，设计出的软件就是用程序设定的行为规则，因此，代码及代码设计者是权力的核心，技术决策具有内在的政治后果。目前，通过编写代码，政府可以反映自身的治理理念，实现规制网络行为的目标。

不过，也有学者认为代码不能成为治理工具。美国著名计算机伦理学家理查德·斯皮内洛（Richard A. Spinello）指出，既然代码是给予的，代码也是可以被剥夺的。代码不是固定不变和永恒的，固定不变和永恒都不是网络空间的本质。能够识别不同国家用户的过滤器、防火墙和地理定位软件使互联网最初的简单架构变得复杂起来。随着互联网架构的改变，超脱主权国家及其规范力的日子一去不复返了。[④] 哥伦比亚大学法学院教授吴修铭（Tim Wu）认为，"代码不是法律"，虽然代码能够影响法律实施的成败，但是代码只是利益集团用来规避法律的工具，代码不可能改变法律。具体而言，一方

---

①　William J. Mitchell, *City of Bits: Space, Place, and the Infobahn*, p.112.

②　劳伦斯·莱斯格：《代码2.0：网络空间中的法律》，第89页。

③　同上书，第133页。

④　理查德·斯皮内洛：《铁笼，还是乌托邦——网络空间的道德与法律》，第50页。

面，代码能作为监管机制代替传统的法律或其他规范的形式；另一方面，代码能作为反监察机制，也就是作为降低法律成本的工具。[1]

应该说，劳伦斯·莱斯格提出的"代码就是网络空间的法律"的观点极具价值，客观揭露出规则是如何让人们在网络空间中互动的。事实上，劳伦斯·莱斯格也承认政府可以对互联网进行有效治理，政府可以采取措施把不可规制的架构转变为可规制的架构，无论是采取间接的手段（通过加大追踪行为的力度），还是采取直接的手段（通过改变代码影响政府的规制）。[2] 但是，随着开放源代码（open source code）的出现，制作软件的源代码可以被公众使用，使得政府的规制行为难以隐藏于代码空间。因此，开放源代码的出现客观上要求法律的制定必须公开透明。同时，代码必须遵守国家法律，因为网络空间软件架构及大多数人们使用的软件都是私营商业公司编写的，这些私营商业公司必须遵守其所在地区及经营地区的政府管辖法律。因此，毋庸置疑，它们所编写的代码也必须是以遵守当地的法律为前提的。[3] 代码不一定会增强规制和管控，但可以用来对抗规制行为。比如，欺诈技术本身就是代码，它们弱化了互联网规制准则。P2P共享协议也是代码，它们大大削弱了版权规制的效果。总之，判断一个特定的规制手段是否有效，必须考虑到技术、政策和法律等因素的交互作用，以及它所造成的基于代码的对抗作用。[4]

（三）国际互联网治理的主要内容

国际互联网治理涉及两个方面：一是互联网领域相关问题的治理，如国际安全、军事、经济、社会、文化等；二是互联网本身的国际治理，如基础设施、数据编码、技术规范等，而互联网领域的关键基础设施和技术规范自建立起就被脱离于国家监管的私营部门掌控。从治理要素出发，国际互联网治理包括了治理的主体、客体、规则、理念和结果五大构成要素，通过制定和实施全球或地区的治理规则来实现共同目标和解决共同问题。在上述要素中，治理制度与组织是全球互联网治理的核心要素。全球治理需要制度与组

---

[1] Tim Wu, "When Code Isn't Law," *Virginia Law Review* 89, no. 3 (2003): 679-751.
[2] 劳伦斯·莱斯格：《代码2.0：网络空间中的法律》，第168页。
[3] 罗伯特·多曼斯基：《谁治理互联网》，第103页。
[4] 劳伦斯·莱斯格：《代码2.0：网络空间中的法律》，第134页。

织来发挥重要作用。同时，全球治理实践也有助于完善具体组织与制度。简言之，互联网治理制度实质上是为应对互联网议题而采取的由多元行为体合作提供全球公共产品的集体行动机制。

国际互联网治理的主体包括主权国家、国际组织、非政府组织、私营商业公司、个人行为体，它们共同参与国际互联网治理。国际互联网治理的首要任务是技术设计和监管，维持互联网的运作并实施持续性的政策。美国通常认为互联网治理是私人行为体控制互联网功能的习惯性管理实践。但是，现在有更多的国家认可信息社会世界峰会于2015年给出的互联网治理的定义。全球地缘政治的转移、网络攻击的增加以及社会媒体授权的政治运动的扩展进一步加剧了国家间在互联网治理问题上的分歧，产生了所谓的"网络家长式治理"和"网络自由式治理"，其提倡者分别是网络家长主义和网络自由主义。①

国际互联网治理的客体是互联网涉及的议题，主要包括内容审查、知识产权保护、交流服务的经济管制以及技术标准形成。国际互联网治理的核心包括在线言论自由、互联网基础设施安全与稳定、互联网公司的政策角色、互联网协议的效率、互联网控制系统的全球协调、知识产权保护与互联网基础设施之间的关系。在系统层面包括互联网技术标准、关键性互联网资源、域名系统（DNS）、居间信息系统以及网络水平系统。②此外，从公共政策的角度分析，互联网治理的客体还包括互联网领域治理所独有的网络安全与网络攻击，资源分配方面的协调政策和网络政策承诺等。当前，国际互联网治理领域的重点对象包括互联网基础资源、互联网协议、互联网治理相关的知识产权争论以及互联网安全架构的管理。③在国际互联网经济、安全、社会等众多治理领域中，互联网安全处于国际互联网治理的核心。

互联网安全的发展历史一直以来既是国家间政治的历史，也是科技发展的历史。互联网安全已经成为国家基础设施保护的核心，是国际互联网治理

---

① Scott Shackelford and Amanda Craig, "Beyond the New 'Digital Divide': Analyzing the Evolving Role of National Governments in Internet Governance and Enhancing Cybersecurity," p. 121.

② Laura DeNardis, *The Global War for Internet Governance*, pp.6-7.

③ Laura DeNardis, "The Emerging Field of Internet Governance," Yale Information Society Project Working Paper Series, p.2, September 2010, http://papers.ssrn.com/so13/papers.cfm?abstract_id=1678343.

工作中一项非常重要的使命，主要涉及保护网络上传输的数据、交易和个人身份信息等。比如，2013年出现了一种名为Crypto Locker的勒索病毒，它借助网页木马传播、与其他恶意软件捆绑发布的行为愈演愈烈，引发国际社会的广泛关注。2014年8月，一种名为Scare Package的勒索软件在一个月时间里感染了约90万部手机，手机用户需支付数百美元赎金才能正常使用手机。勒索病毒以勒索软件为载体，通过骚扰、恐吓甚至采用"绑架"用户文件等方式，以非对称加密方法加密用户的文件，使用户数据资产和网络资源无法正常使用，并以此为条件向用户勒索钱财。

全球互联网安全威胁引发了国际社会的广泛关注。劳拉·德拉迪斯认为互联网安全需要多部门的合作应对，比如，公私合营的计算机应急响应小组（CERT）对互联网安全事件进行响应，避免蠕虫病毒、勒索病毒带来的威胁和危害；认证机构通过验证网络加密密钥来建立信任体系，以确保在用户受病毒威胁时发挥作用；保护互联网路由、寻址和域名系统等安全核心系统的机制和技术体系。特别要指出的是，需要重点关注与网络相关的关键基础设施的安全。从国内层面看，这样的基础设施主要包括污水处理设施、核电站、交通运输系统、医疗网站以及电力网络；从全球层面看，主要包括陆地光纤、海底光缆、卫星链路以及双绞线电缆。

国际互联网治理的基本价值理念与不同行为主体的分歧相关。当前，存在三种不同的互联网治理理念：第一种是自我治理的已有观念，即"大致共识与运行代码"，这种理念认为，在互联网技术发展方面有开发兴趣与开发能力的人就应该是治理互联网的人；第二种理念强调由具有重大商业利益的私人部门进行自我治理，包括互联网服务供应商、电信运营商、硬件与软件公司以及媒体内容供应商；第三种理念称之为公民自我治理，强调技术人员要有民主自由理念，普通网民应该通过公民协会组织起来进行合作。①

互联网治理具有内在的政治属性和政治诉求，这是互联网治理需要特别引起重视的方面。互联网空间是一个人为产生的全新领域，其开放性和匿名性的特点缩小了行为体间的某些特定权力差异，成为当前全球政治中权力扩散的一个明显例子。但是，网络空间的权力扩散并不意味着实现各国的权力

---

① 安德鲁·查德威克：《互联网政治学：国家、公民与新传播技术》，第439—440页。

均等和利益平衡，更不意味着政府已不再是最有影响力的行为主体。互联网的背后隐藏着政治权力、经济权力和文化权力等，是一国综合实力的重要体现。美国学者约瑟夫·奈认为，国际互联网领域的权力包括强制性权力、议程设置权力和塑造偏好的权力。[①] 总之，全球互联网治理赋予各国权力和权威的新内涵，各国围绕关键基础设施等资源的控制权、互联网技术标准制定的能力以及互联网规则议题设置的能力等方面的竞争日趋激烈。

三、国际互联网治理的模式变迁

互联网诞生已50余年。1969年9月2日，为了在全美主要科研机构之间建立通信网络系统，由美国军方的高级计划研究署研发的"阿帕网"在加利福尼亚大学洛杉矶分校实现了数据交换测试，这一天被视为互联网的"诞生日"。互联网产生至今，国际互联网治理制度由最初的科研机构转移到ICANN、联合国信息社会世界峰会以及互联网治理论坛等，经历了技术治理模式、多利益攸关方治理模式、联合国治理模式和国家中心治理模式的变迁。对上述治理制度和模式的考察，有助于辨别现有全球互联网治理制度的利弊，也利于把握互联网治理制度的未来演变。

（一）技术治理模式

早期的互联网治理体现了技术治理的显著特征，是技术决定论在互联网领域的反映。技术决定论是指技术发展是内生动力的唯一结果而不被其他因素所影响，塑造社会来适应技术模式。[②] 早期的互联网治理一般是指互联网领域信息交流相关的政策和技术交流议题，这是由于早期的互联网领域一般被视为科学研究的私人空间。由于数字技术允许非中心式的控制方式和个体行动，导致更多包容性和参与性的政策制定，技术的开放和中性特征是互联网得以发展的必要条件。[③]

---

① 约瑟夫·奈：《权力大未来》，王吉美译，中信出版社，2012，第160—176页。

② 安德鲁·查德威克：《互联网政治学：国家、公民与新传播技术》，第22页。

③ Eric Brousseau, Meryem Marzouki and Cécile Méadel, "Governance, Networks and Information Technologies: Societal, Political and Organizational Innovations," in Eric Brousseau, Meryem Marzouki and Cécile Méadel, eds., *Governance, Regulation and Powers on the Internet* (Cambridge: Cambridge University Press, 2013), p. 8.

　　互联网治理的早期阶段具有技术治理的特点，即政府不能干涉互联网的运行与发展。在互联网产生的初期，普遍认为网络空间只能是自由开放的，自由是它的本质。以互联网为主的网络空间造就了在现实空间绝对不允许出现的一种社会——有自由而不混乱，有管理而无政府，有共识而无特权。[①] 国际互联网协议最初由美国政府与IANA签署，授权设立在美国南加州大学的信息科学研究所，通过向地区性互联网注册机构分配一组国际协议地址编号，同时对传输层协议TCP/UDP公共服务的端口进行定义。同时，域名的注册则由斯坦福大学信息研究中心负责管理。当然，无论是信息科学研究所还是信息研究中心，均与美国国防部通信局存在紧密的联系，受到美国国防部资助，反映了美国军方的诉求。

　　由于互联网在早期主要用于科学研究，所以，技术专家在其中发挥了重要的作用。安德鲁·查德威克形象地描述了当时的情况：在冷战阴影之下，一群聪明而又动力十足的技术人员、工程师与学者，加上他们拥有充分的公共资金和私人资金，使得这个研究团队有足够动力进行工作，而且他们还看到了网络技术将会带来更为深远的意义，以及他们孜孜以求的纯粹的科学精神。[②] 其中，乔纳森·波斯特尔（Jonathan B. Postel）在早期互联网发展中具有举足轻重的地位，他创立了很多互联网领域的技术规范和基础文件，并得到了学术界的普遍认可与遵守。不过，1998年9月，乔纳森·波斯特尔突然去世，加之互联网的政治属性和经济效应显现，这些因素让专家型技术治理模式难以维系。

　　在互联网发展早期，互联网架构委员会（IAB）、互联网工程任务组（IETF）和计算机应急响应小组是技术治理模式的明显体现。互联网技术治理形成的第一步是1983年创建的互联网架构委员会，它取代了美国国防部高级研究计划局于1979年成立的互联网项目咨询委员会。该咨询委员会作为国防部高级研究计划局的一个分支，是互联网技术人员自我选举产生的小组，没有法定的身份。[③] 成立于1985年的互联网工程任务组是全球互联网领域最具

---

① 劳伦斯·莱斯格：《代码2.0：网络空间中的法律》，第2页。
② 安德鲁·查德威克：《互联网政治学：国家、公民与新传播技术》，第53页。
③ 米尔顿·穆勒：《从根上治理互联网：互联网治理与网络空间的驯化》，段海新、胡泳等译，电子工业出版社，2019，第83页。

权威的技术标准化组织，主要任务是负责互联网相关技术规范的研发和制定。互联网工程任务组采取公开参与的方式，不涉及成员的投票权问题，其主要任务是对文本进行协商，因而与一般意义上的政治性协定存在很大差异。互联网协议普遍建立在逻辑语言基础之上，是具有开放性、异步性和不可视特征的蓝图或标准，很难把握，而互联网工程任务组制定了互联网协议IPv4、IPv6以及用户数据协议TCP/UDP，推动了互联网用户协议的快速发展。计算机应急响应小组为了应对网络病毒的攻击而建立，是技术治理模式的另一体现。1988年11月，美国康奈尔大学学生罗伯特·莫里斯（Robert Morris）发布到网络上的一个蠕虫病毒造成了数千台计算机瘫痪。为此，美国国防部高级研究计划局于1989年成立了计算机应急响应小组及其协调中心（CERT/CC）并将其设立在美国卡内基–梅隆大学内，试图加强对蠕虫病毒的动态监控。

技术治理模式具有松散性、自发性和独立性的特征，是早期互联网发展的客观产物。但是，随着互联网技术发展，涉及范围和用户对象不断扩大，特别是互联网开始突破科学研究的范畴运用于商业领域，传统的技术治理模式无法适应新情况的要求。互联网治理已经从技术治理领域转移到一个纷争不断的领域，互联网领域的合作难题不断出现，且由于互联网领域行为体的不断增加，现有问题协调难度增加。此后，对互联网协议和物理架构的设计、监督和操纵的过程构成了互联网治理，相比文本层面上的互联网使用和科学研究更为重要。这一架构与政治、文化紧密相关，最终决定了信息许可、开拓创新及个体网络自由。[①] 因而，互联网治理第一阶段的技术治理模式很快便被各方参与的多利益攸关方治理模式取而代之。

（二）多利益攸关方治理模式

多利益攸关方治理模式的提出是互联网治理进入第二阶段的显著特征。所谓多利益攸关方治理模式是指政府、商业团体和公民社会等利益攸关者出于自身利益和政策优先选项考虑所进行的博弈。[②] 多利益攸关方治理模式以

---

① Laura DeNardis, "The Emerging Field of Internet Governance," p.1.

② Eric Brousseau, Meryem Marzouki and Cécile Méadel, "Governance, Networks and Information Technologies: Societal, Political and Organizational Innovations," p.12.

全球公民社会为主体，这一治理模式的出现为不同利益团体在平等基础上辨识问题、定义方案、协调角色并为政策发展、履行、监督和评估创造了条件。多利益攸关方治理模式形成于冷战结束后的1991年，美国国防部高级研究计划局的部分骨干人员试图为互联网技术社区寻求一个机构作为保护自身成果的法律实体，于是就创办了一个私营的、非营利的组织，即国际互联网协会（ISOC）。这一形成过程存在潜在的矛盾，最明显的是与美国政府模糊不清的关系，为20世纪90年代末互联网治理的斗争埋下伏笔。

域名系统管理和监督是互联网全球治理的中心任务之一，也是多利益攸关方治理模式的重要关注内容。20世纪90年代初，由美国国家科学基金会（NSF）为互联网研发提供资金并代表美国政府与负责互联网地址注册的网络解决方案公司（NSI）签订5年合同，把顶级域名系统的注册与维护交予网络解决方案公司，并实行"先申请、先注册"原则。互联网的地址资源则交由IANA来分配。但是，互联网根注册、通用顶级域名、地址注册都是由美国国防部下属机构掌控。随着互联网向国际社会的扩展以及互联网经济效应的凸显，越来越多的国家对美国单独管理互联网的方式表达了不满。

为了应对国际社会的指责，1997年7月1日，美国克林顿政府发表了《全球电子商务纲要》文件，要求美国商务部（DOC）协调创建以契约为基础的互联网管理机构，通过该机构来处理域名使用和《商标法》间的可能冲突。[①]自1998年开始，美国电信与信息管理局（NTIA）为了始终保留对域名系统的控制权，通过私人契约的方式把互联网治理授权给私营的、非营利的部门。美国商务部在1998年1月30日发布了题为"关于促进互联网名称和地址技术管理的建议"（简称"绿皮书"）的报告。尽管"绿皮书"表示以鼓励竞争和全球参与的方式设计全球互联网域名与地址的管理方案，但实际上美国仍继续掌控域名及地址系统的管理。"绿皮书"引起了国际舆论的反对，认为美国政府违背了民众的利益，仍试图控制域名的管理。

为此，美国不得不对"绿皮书"作了一定的修改。NTIA于1998年6月5日公布了"管理互联网名称和地址的政策声明"（简称"白皮书"）。主要内容

---

① Wolfgang Kleinwächter, "From Self-Governance to Public-Private Partnership: The Changing Role of Governments in the Management of the Internet's Core Resources," *Loyola of Los Angeles Law Review* 36 (2003): 1110.

包括：建立一个管理域名系统的非营利组织；通过竞争方式选择合适公司担任域名注册机构；建议世界知识产权组织（WIPO）制定域名争端解决方案。同时，"白皮书"明确指出域名注册的四大原则：稳定性（stability）、竞争性（competition）、非官方的自下而上的协作（private, bottom-up coordination）及代表性（representation）。"白皮书"的核心是确保非营利组织在域名管理中处于领导地位，但并没有触及美国政府对域名管理系统的垄断。尽管美国声称新建立的ICANN是一个全球性的、不以营利为目标的、谋求协商一致的组织，但ICANN的权力来源于美国商务部与ICANN签署的一系列协议及谅解备忘录对ICANN的授权。

在此声明基础之上，ICANN在1998年9月18日正式成立，它是多利益攸关方治理的重要体现。ICANN定位为美国加利福尼亚的非营利社团，主要由互联网协会的原有成员组成，是互联网治理领域最重要的行为体之一，其主要任务包括：互联网协议地址的空间分配、协议参数的指派、通用顶级域名与国家和地区顶级域名（ccTLD）系统的管理及根服务器系统的管理。可以说，ICANN控制着互联网的核心职能，监督域名系统和各国的域名登记，维护整个互联网系统的稳定。但实际上，ICANN是IANA的代理人，本身并不分配域名。具体而言，IANA把ICANN的政策决定转化为具体的技术指令，同时，IANA还要把这些技术指令传递到域名根目录文件的维护商威瑞信公司，由这家公司做出具体编辑、修改并分配给根区文件服务运营商。

此外，ICANN还通过吸引跨国网络倡议的加入，力图体现自下而上和谋求协商一致的程序来制定与其使命相符合的政策。ICANN是互联网中技术、商业、政治派别及学术团体的联合体，其内部存在众多行为体，包括地区互联网地址登记机构、技术联络组、科学研究人员、利益集团代表等。[1] 总体而言，ICANN体现了美国的诉求，美国试图依靠自身的技术优势阻止其他国家获取网络空间的管辖权，继续维持互联网霸权和统治地位。当然，除了ICANN，在多利益攸关方治理模式中还存在一些其他制度组织且多为非正式的治理制度。

---

[1]　John Mathiason, *Internet Governance: The New Frontier of Global Institutions* (London: Routledge, 2009), pp.70-96.

多利益攸关方治理模式关涉全球互联网治理的一个核心问题，即治理应该由国家或国家间组织实施监管还是由“自下而上”的公民个人审慎地自我实施和自我执行？多利益攸关方治理模式属于自下而上的方法，这一方法具有灵活性和弹性特征，可以通过协商寻求解决方案，为非国家行为体和公民社会的参与提供了渠道并通过多利益攸关方进程得以具体实现。但多利益攸关方治理模式并不是处理各种互联网治理难题的万能药，存在自身的不足。多利益攸关方治理模式掩盖了美国主导网络霸权的企图，内在合法性不足，引发人们对其治理效果的担忧。比如，ICANN设立了首席执行官、董事会和下属机构，作为重要决策部门的董事会，最初建立时的九位成员均来自与美国商务部签署协议的国际组织，且这些董事会成员均由推选产生。面对不断高涨的指责，ICANN于2002年12月出台了《内部规程草案》，试图改变推荐等非公开选举的方式，但唯一一名从网络用户中选出的代表只通过“特别建议委员会”的形式反映意见，且只能推选一名没有投票权的成员进入决策层的董事会。[1] 在移交域名监管权之前，ICANN内部机构人员主要由欧美国家垄断，来自北美国家的人员占75%，欧洲国家占15%，其余10%来自亚洲、非洲、拉丁美洲国家。由于ICANN深受美国政府和军方的影响，无法真正作为独立的、多利益攸关方的治理制度。对于事关各国利益的全球互联网治理而言，美国拥有的排他性权威显然是不合时宜的。[2] 瑞士日内瓦国际与发展问题研究所罗克珊娜·拉杜（Roxana Radu）等人认为，多利益攸关方治理模式存在的合法性、参与性和责任性问题是国际互联网治理关注的核心，这关涉更大范围的国际治理体系，是不平等的国际政治现实的反映。[3] 为此，在互联网全球治理中，需要深入把握多利益攸关方治理模式的实质。

总之，美国通过掌握不对称甚至压倒性的网络信息技术优势，试图独占互联网治理议程设定权、规则制定权和资源分配权。网络主权方面的国际共

---

① Dan Hunter,"ICANN and the Concept of Democratic Deficit," *Loyola of Los Angeles Law Review* 36 (2003): 1156.

② Milton L. Mueller and Brenden Kuerbis, "Roadmap for Globalizing IANA: Four Principles and a Proposal for Reform," Internet Governance Project, p.2, March 3, 2014, http://www.internetgovernance.org/2014/03/03/a-roadmap-for-globalizing-iana/.

③ Roxana Radu, Jean-Marie Chenou, and Rolf H. Weber (eds.), *The Evolution of Global Internet Governance: Principles and Policies in the Making* (London: Springer, 2014).

识不断增强，越来越多的国家坚持网络主权是国家主权在网络空间的自然延伸，强调应尊重和保障各国平等参与全球互联网治理的权利。在此背景下，发展中国家试图通过联合国来主导全球互联网治理，其治理模式由网格化治理模式开始转向政府间国际组织主导的治理模式。

（三）联合国治理模式

长期以来，联合国致力于促进各会员国在国际法、国际安全、经济发展、社会进步、人权及实现世界和平方面的合作。在国际互联网领域，2003 年举行的联合国信息社会世界峰会被视为联合国试图主导国际互联网治理的开端。不同于建立在私人机构和跨国网络倡议基础之上并无法摆脱美国霸权的ICANN，联合国信息社会世界峰会力图恪守国家主权原则，达成主权国家间的协议。总体而言，联合国信息社会世界峰会是互联网治理进程的重要转折点，是政府间国际组织治理模式在互联网领域的具体体现。

1998 年，国际电信联盟全权代表大会最早提出了召开信息社会世界峰会的倡议，并得到联合国及多数成员的支持。2002 年 1 月 31 日，联合国大会第56/183 号决议赞同国际电信联盟通过的信息社会世界峰会的会议框架，峰会目标是"建设一个以人为本、具有包容性和面向发展的信息社会。在这个社会中，人人可以创造、获取、使用和分享信息和知识，使个人、社区和各国人民都能充分发挥各自的潜力，促进实现可持续发展并提高生活质量"[1]。信息社会世界峰会分两个阶段召开，即 2003 年 12 月 10 日至 12 日第一阶段的日内瓦会议和 2005 年 11 月 16 日至 18 日第二阶段的突尼斯会议。日内瓦会议的成果是《原则宣言》和《行动计划》，会议责成联合国秘书长成立联合国互联网治理工作组（WGIG）；突尼斯会议则达成了《信息社会突尼斯议程》并提请联合国秘书长召集举行一个"新的多利益攸关方对话论坛"，即后来成立的互联网治理论坛（IGF）。[2]

信息社会世界峰会在全球互联网治理发展进程中具有重要的地位与作用。

---

① UN General Assembly, "World Summit on the Information Society," December 21, 2001, www.itu.int/wsis/docs/background/resolutions/56_183_unga_2002.pdf.

② WSIS, "Report of the Tunis Phase of the World Summit on the Information Society," p.15, November 16-18, 2005, http://www.itu.int/wsis/docs2/tunis/off/9rev1.pdf.

一方面，信息社会世界峰会促使不同类型行为体思考互联网治理的基本原则和实施路径，各行为体应该坚持多边主义原则，寻求协商对话和多元共治的理念开始深入人心，进而推动了互联网领域国际合作的开展。另一方面，信息社会世界峰会扩大了互联网治理的范围，除了原有信息和交流进程中涉及的技术因素，治理对象还扩展到政治经济和公共政策领域。总之，信息社会世界峰会推动了信息技术、互联网、知识产权和通信等相关领域全球治理的制度变迁进程。

然而，信息社会世界峰会并没有最终确认政府间国际组织对互联网治理的主导地位。信息社会世界峰会致力于与联合国及其他国际组织一起制定统一规划来解决全球数字鸿沟问题，但缺乏政策的一致性和连贯性，也缺少来自发达国家的财政支持。《信息社会突尼斯议程》肯定了互联网治理的既有制度安排，认为现有互联网治理的安排是行之有效的，促使互联网成为如今的极为强健、充满活力且覆盖不同地域的媒介。信息社会世界峰会对现有制度的默认让不少对联合国寄予期望的发展中国家感到失望。虽然一年一度的互联网治理论坛的设立似乎树立了多元主体共同协商的形象，也为国际社会利益攸关方提供了各抒己见并推进共识的制度化平台，但其始终未能在具体问题上形成一致的、有效的解决方案，也未改变在美国主导下的ICANN等机构对互联网资源的垄断现状。①

近年来，各国尤其是发展中国家越来越重视联合国在全球互联网治理以及网络空间规则制定中的地位与作用。联合国不断加大对互联网治理的投入，多次成立互联网政府专家组开展网络空间规则制定工作。第一届专家组成员共15个国家，目前已增长到25个。2019年，联合国对互联网协调机制进行了重要调整，信息安全政府专家组和信息安全开放式工作组并行发展，同时还设置了网络犯罪开放式政府间专家委员会，推动互联网领域规则制定。2022年以来，联合国对双轨制进行了合并，统一在信息安全开放式工作组下开展网络空间规则制定。

随着中国、俄罗斯、巴西等国互联网实力的增强和互联网技术的普及，新兴市场国家和广大发展中国家为了维持自身网络主权，主张坚持符合国际

---

① 刘杨钺：《全球网络治理机制：演变、冲突与前景》，《国际论坛》2012年第1期，第16页。

社会共同利益的、政府主导的国家中心治理模式。由此，互联网治理模式和制度建设进入第四个发展阶段，即国家中心治理模式，这一阶段突出体现为发展中国家对网络主权的关注，国家中心治理模式是对联合国主导的治理模式发展和必要补充。

（四）国家中心治理模式

尽管网络空间存在特殊性，但是国家和政府不能置身事外，需要设计、维持网络空间的物理层、逻辑层和结构层。自1998年开始，美国商务部为了始终保留对域名系统的控制权，通过私人契约的方式把互联网治理授权给私营的、非营利的ICANN。但是，发展中国家认为多利益攸关方模式存在很大不足，希望由主权国家治理来取代美国主导的多利益攸关方治理模式。近年来，由于被寄予厚望的全球治理呈现出一些内在的缺陷，国家重新回到国际政治的舞台中心。① 同样，网络空间也出现了所谓的"国家的回归"和"再主权化"，国家主权的理念与实践重新占据互联网政治的话语体系。虽然网络空间存在着开放性、虚拟性、异质性、不确定性和无国界性的特征，但并不代表国家无法实施有效的互联网治理。劳伦斯·莱斯格承认，政府可以通过修改网络空间中任何一层的代码（网络空间的法律）来改变互联网架构的实际约束力。比如，如果缺乏身份验证技术，那么政府就可以采取措施，引导身份验证技术的发展。② 事实上，即使在互联网治理的早期阶段，互联网也并非没有规则的约束。

当前，越来越多的国家开始认同并接受主权国家对互联网的监管与治理。比如，为了应对网络信息安全挑战，捍卫国家网络主权，俄罗斯于2012年12月3日在迪拜举行的国际电信世界大会（WCIT）上提出"网络主权"倡议，强调应加强主权国家在互联网发展与监管中的作用。2013年1月21日，俄罗斯总统普京签署命令，责成俄联邦安全局建立监测、防范和消除计算机信息隐患的国家计算机信息安全机制。在互联网国际合作领域，巴西历来强调发展中国家应平等地参与互联网治理。巴西成立了互联网指导委员会，负责制

---

① 任剑涛：《找回国家：全球治理中的国家凯旋》，《探索与争鸣》2020年第3期，第26页。
② 劳伦斯·莱斯格：《代码2.0：网络空间中的法律》，第70页。

定该国的互联网战略，协调并整合互联网资源。2014年4月23日，巴西时任总统罗塞夫签订了一份名为《互联网宪法》（Marco Civil）的权利法案，以便保护巴西互联网用户的在线隐私。中国历来坚持维护互联网主权，网络主权原则是中国参与全球互联网治理的最基本原则。

近年来，由于网络恐怖主义威胁等现实考量，美国也出现了网络空间的"再主权化"，网络主权日益受到美国政府的高度关注。美国在版权保护、保护儿童隐私等方面加大了内容监管，并打击网络散播、沟通恐怖主义信息的违法行为。美国司法部原助理部长杰克·戈德史密斯（Jack Goldsmith）在《谁在控制因特网——无国界世界的幻觉》（*Who Controls the Internet? Illusions of a Borderless World*）一书中指出，当前互联网已经更贴近现实世界，它同时也被国界所划分与影响，现在的互联网在很大程度上适应了各国地域的条件，再也不是平坦的世界了。[①] 西方国家纷纷主张国家应该对互联网进行必要监管，所谓的"互联网自由"已被欧美国家的治理实践部分否定。

其实，国家在互联网全球治理中的核心地位最早可以追溯到联合国信息社会世界峰会日内瓦会议上，日内瓦会议《原则宣言》把互联网治理划分为技术和公共政策议题两个方面，其中，公共政策议题体现了国家的主权范围。私人行为体在技术和商业发展领域发挥着重要作用，而公民社会则在共同体层面产生显著影响。[②] 总体而言，联合国信息社会世界峰会认为全球互联网治理应该形成国家、非营利部门、跨国倡议和公民社会的等级性联系。其中，主权国家居于互联网治理的金字塔顶端，拥有议程设置、政策制定与机构改革的权威。

从目前的发展趋势看，国家将在国际互联网治理中扮演愈加重要的角色。比如，在域名本土化方面，发展中国家的努力取得了成功。长期以来，国际互联网域名采用的是美国信息交换标准代码（ASCII）。自确立之日起，这一码字符就以拉丁文为应用语言，排斥了其他语言文本域名运用的可能性，比如中文、阿拉伯文和俄文等。进入21世纪以来，域名系统的进一步国际化使得本土语言文本发展为顶层域名系统成为可能。虽然ICANN曾在2000年成立了多

---

① Jack Goldsmith and Tim Wu, *Who Controls the Internet? Illusions of a Borderless World*, p.41.

② WSIS Executive Secretariat, "Declaration of Principles," December 12, 2003, http://www.itu.int/dms_pub/itu-s/md/03/wsis/doc/S03-WSIS-DOC-0004!!PDF-E. pdf.

语种域名特别工作小组，试图对此予以关注，但并未出台实质性政策。不过，在发展中国家的长期努力和呼吁下，2009年首尔ICANN第36次会议宣布互联网今后可使用中文、俄文、阿拉伯文等非拉丁字母文字注册域名。

总之，出于国家网络安全、综合国力较量以及网络空间的自身独特属性等多重考虑，越来越多的主权国家坚持认为国际互联网治理应采取政府主导的治理模式。通过各种治理论坛、国家间的协商机制以及各国的审查过滤措施，国家和政府逐步加强对互联网空间的规范、塑造甚至干预，自由放任和市场导向的国际互联网规则逐步让位于国家主导的管控。[①]

四、国际互联网治理的制约因素

国际互联网不仅仅与技术相关，更重要的是与人类社会的政治、经济、社会、文化等层面紧密相关，是一个多元的复杂性系统。互联网治理的问题结构是制约互联网治理的体系因素，存在着外在不确定性、市场条件变化、美国互联网霸权的衰落等相互关联的因素，这些因素共同形成了互联网治理的总体问题结构。具体而言，互联网治理制约因素包括国际制度因素、大国因素和规范因素等。

（一）全球网络空间的制度困境

全球网络空间存在严重的制度困境，阻碍了全球网络空间新秩序的形成。具体而言，主要表现在如下四个方面：

第一，制度设计的合法性与代表性不足。ICANN是网络空间的核心治理制度，掌管互联网关键资源和域名系统的分配。但是，ICANN在互联网域名系统领域存在合法性赤字，影响了其在网络空间的权威。西方国家凭借自身的技术优势在ICANN等组织中占据主导地位，而广大发展中国家长期被排斥在该机构的决策层之外。基于此，美国学者乔纳森·温伯格（Jonathan Weinberg）对ICANN的合法性产生很大的质疑。[②]推动建立以ICANN为主的

---

① 蔡翠红：《国家—市场—社会互动中网络空间的全球治理》，《世界经济与政治》2013年第9期，第93页。

② Jonathan Weinberg, "Non-State Actors and Global Informal Governance: The Case of ICANN," in Thomas Christiansen and Christine Neuhold, eds., *International Handbook on Informal Governance* (UK: Edward Elgar Publishing, 2012), pp.292-313.

"多利益攸关方"模式的合法性和问责制，实现ICANN等机构功能全球化成为克服其制度困境的核心要求。此外，网络空间稳定全球委员会等西方国家建立的互联网治理制度同样也面临制度运作的内在困境。网络空间稳定全球委员会试图通过自我赋权的方式，打着"不能损害互联网公共核心"的旗号，透过模棱两可的语言，允许西方军事和情报部门利用海底光缆从事政治活动。这一委员会的规则制定具有欺骗性，需要引起高度关注。[①]2019年11月，"万维网（WEB）之父"蒂姆·伯纳斯-李（Tim Berners-Lee）公布的《互联网契约》（Contract for the Web），受到国际社会瞩目。但同时也要看到，其成员多由西方国家构成。比如，企业成员是以脸书（Facebook）、谷歌（Google）等欧美互联网巨头为主导，仅仅在公共行动工作组里有非洲国家成员，而公共行动工作组所研究的议题对互联网治理相关政策制定的作用微乎其微，签署支持契约的个人大都是欧美国家的既得利益者。[②]

第二，制度实施的有效性与能力限度。当前，由于西方国家与新兴市场国家在网络安全、网络主权、网络反恐等关键议题上存在严重分歧，束缚了现有国际治理制度在解决公共秩序问题、推动社会进步等方面发挥更多作用。无论是传统的以西方为主导的ICANN、子午线会议（Meridian）、事件响应及安全团队论坛（FIRST）或者东、西方共同治理的互联网治理论坛，还是新兴市场国家极力推动的世界电信发展大会（WTDC）和国际电信世界大会，这些互联网治理组织的有效性、遵守和履约的能力建设都有待提高。

第三，制度运作的"巴尔干化"（balkanization）和"碎片化"（fragmentation）特征明显。网络空间的"巴尔干化"是指网络空间分裂为各怀利益动机的众多区域，网络空间审查和过滤常态化以及"网络边界"在国家间的显现是"网络巴尔干化"的重要例证。[③]约瑟夫·奈从国际制度碎片化的一般理论和"竞争性多边主义"（contested multilateralism）出发，分析了网络空间诸多制度组织的运行现状。碎片化反映出互联网全球治理存在的争论，主要体现在如下五个方面：根区文件冲突升级、主权国家对治理中可选择性安排的推动程度、

---

① 徐培喜:《网络空间全球治理：国际规则的起源、分歧及走向》，社会科学文献出版社，2018，第98页。
② 郭丰、黄潇怡:《〈互联网契约〉与网络空间国际规则建构》，《中国信息安全》2020年第1期，第33页。
③ 有关网络空间"巴尔干化"的论述详见：蔡翠红《国家—市场—社会互动中网络空间的全球治理》，第93—96页。

技术架构间的冲突、互联网治理架构取得政治经济目标的共同选项、合法性话语与制度设计。[①] 总体上，网络空间制度碎片化状况源于问题结构、权力分配和国内政治因素。制度碎片化降低了行为体的准入门槛和交易成本，同时造成议题凝聚力下降。

第四，新兴市场国家与西方国家在治理理念上的对立与冲突。西方国家坚持网络空间治理的多利益攸关方模式，反对联合国主导模式。西方国家坚持认为多利益攸关方模式可以保障网络空间的开放性和活力。当前，新兴大国的群体性崛起构成了全球治理结构的新特征，同时也是全球治理结构变迁的重要内生力。新兴市场国家大致是指二战后经济相对快速增长、具有较大经济规模和人口总量、目前人均收入相对较低、经济开放程度较高、具有广泛代表性的发展中经济体。[②] 新兴经济体不仅总体经济规模大，而且在原料资源、国际经贸、国际资本流动和进出口等方面具有世界性影响力，中国和印度等金砖国家便是新兴市场国家的代表。这些新兴市场国家为了维护自身在网络空间的利益，推动自身网络经济发展和能力建设，要求西方国家对现有互联网治理制度进行改革，同时对网络安全等缺少治理制度的疆域进行制度布局。

国际层面互联网制度困境涉及政治、经济、文化等方面的因素。国家在网络空间中的能力大小，特别是技术水平，决定了其选择不同的治理制度和平台。发展中国家在网络空间领域往往更关注经济发展、消除贫困和互联网能力建设，而发达国家聚焦于人权、互联网自由和知识产权保护。现有的全球网络空间治理制度是对国际社会数字鸿沟的固化，把现实国家与社会的不平等在虚拟空间中延伸，造成协调治理的难题。总体而言，现有互联网治理制度既不能适应广大发展中国家对网络通信技术发展的需求，也不能有效解决日益凸显的政治关切及公共秩序问题。当前，国际互联网与大数据的结合已经成为世界各国社会、经济、文化生活运行的基础，且二者的结合越来越稳固。但是，与全球互联网技术的迅猛发展相比，国际社会治理互联网的机

---

① Samantha Bradshaw et al., "The Emergence of Contention in Global Internet Governance," p. 1, July 2015, https://www.cigionline.org/sites/default/files/no17.pdf.

② 张宇燕、田丰:《新兴经济体的界定及其在世界经济格局中的地位》,《国际经济评论》2010年第4期, 第13页。

制与组织还远远不能满足其发展的需要。为此，作为世界政治中新崛起的重要力量，新兴市场国家需要认真思考并回应互联网领域建章立制这一重要的时代命题。

（二）大国博弈对国际互联网规则制定的影响

互联网治理正在经历动荡时期，大国博弈是导致国际互联网规则制定处于停滞的重要原因。尽管不少国家通过获取网络能力提升了在网络空间的影响力，但总体来说，网络空间领域的权力和能力并不均衡。特别是拜登上台后，试图通过打造价值观联盟、竞争性多边主义等行为维护美国在互联网领域的实力优势，这进一步引发了各国战略互信的缺失，而战略不信任又进一步加剧了网络空间的不安全，使得网络空间全球治理的需求与供给严重失衡。

中美两国关系对于互联网国际治理具有关键性影响。当前，中美关系中的"竞争性因素"显著上升，全面竞争成为今后一段时期中美关系的新态势。在美国对华全面竞争的背景下，中美正常的互联网科技交流面临的困境，主要体现在美方以"国家安全"为借口，干扰两国间正常的技术合作。

（三）国际互联网治理的规范争论

规范是国际关系学的重要术语，也是分析国际议题的重要切入点。一般而言，规范是指具有给定身份的行为体适当行为的准则。[①] 根据不同的标准，规范可以区分为不同的类型，通常划分为限制性规范和构成性规范，前者规定和制约行为体的行为，后者通过塑造新的行为体以形成新的利益和认同。规范是一种行为层面的规定或限制，从国际规则制定的角度分析，这其实是规范所具有的不同指向的特性。一方面，规范是肯定性的行为准则，即认为符合某些行为准则的行为是社会所允许或赞同的，这是一种激励或肯定的正指向，同时也有利于塑造积极的社会期许；另一方面，规范是否定性的行为准则，即认为不符合某些行为准则的行为是不可容忍的，是要受到社会的集体或权力的制裁的，这就是一种消极的社会引导，同时也带有惩罚的后果性

---

① 玛莎·芬尼莫尔、凯瑟琳·斯金克：《国际规范的动力与政治变革》，载彼得·卡赞斯坦、罗伯特·基欧汉、斯蒂芬·克拉斯纳主编《世界政治理论的探索与争鸣》，秦亚青等译，上海人民出版社，2006，第299页。

逻辑。[1]

　　国际互联网发展至今尚未形成统一的价值规范。现有国际互联网规则制定的支配性规范主要体现了西方国家有关"互联网自由"和"开放性"的立场。长期以来，美国把谋求全球领导权作为基本的对外政策，而确立网络空间规范则是美国政府关注的重点，是维持全球领导地位的一项基本战略。美国在全球互联网治理中推动管制性规范，如网络攻击门槛、武力运用和惩罚的形式等，从而维护网络空间的开放性。具体而言，这些规范包括保护个人隐私权、信息自由流动、言论自由、网络互操作性和信息完整性等，试图通过支配规范，传播美式价值观，把美国的网络技术优势转化为霸权优势。互联网国际规范反映的是西方国家的意识形态或价值观，广大发展中国家则要求维护自身在网络空间的正当利益。

　　当前，主权原则的回归是网络空间规范的重要转向即主权规范复兴。联合国等主权政府间组织在国际互联网治理中的地位不断增强，与此同时，ICANN等多利益攸关方治理机制通过设置政府咨询委员会等形式架起与主权国家沟通协商的渠道。比如，ICANN近年开始对主权原则进行重新审视，ICANN政府咨询委员会于2005年通过了《关于国家代码顶级域名授权与管理的原则和指南》，明确了相关国家代码顶级域名（ccTLD）的最终公共政策机构的设置取决于相关国家的政府。加拿大多伦多大学教授罗纳德·德贝特（Ronald J. Deibert）等人认为，全球互联网治理出现了所谓的"规范侵入"，即由互联网治理退回到传统的基于国家的信息控制模式。在网络空间，国家监管的最基本手段是互联网过滤或监管，以便规范跨越领土边界的在线信息许可。[2] 目前，包括美国在内的很多国家已经实施互联网过滤和内容监管。主权规范受到重视与主权国家和政府间国际组织的长期努力密不可分。比如，国际电信联盟是推动网络空间主权原则和规范的重要推动力，时任国际电信联盟秘书长哈玛德·图埃（Hamadoun Tour）甚至呼吁达成了以国家为主导的网络空间军备控制条约，推动网络空间的再主权化。

---

①　尹继武:《中国的国际规范创新: 内涵、特性与问题分析》,《人民论坛·学术前沿》2019年第3期, 第74页。

②　Ronald J. Deibert and Masashi Crete-Nishihata, "Global Governance and the Spread of Cyberspace Controls," *Global Governance* 18, no.3 (2012): 343.

网络空间规范的另一个重要特征是国际社会重拾私人行为体在治理制度中的价值与地位。进入21世纪以来，联合国开始重视私人行为体在网络空间治理中的作用。2003年，联大58/199号决议首次使用"攸关方"（stakeholder）的概念。2010年，联合国信息安全政府专家组在报告中首次提出"改善信息安全的措施需要广泛的国际合作才能有效"，报告中的网络合作范围包括政府、私人行为体和公民社会，从而把公民社会作为全球互联网治理的平等行为体。[①] 在美国，谷歌、微软、雅虎、韦伯森斯等互联网企业于2008年组建了"全球互联网倡议"（Global Network Initiative），试图维护言论自由和隐私。此外，很多非政府组织在网络空间治理领域发挥了重要的作用，"万维网之父"蒂姆·伯纳斯–李于2019年公布的《互联网契约》试图通过呼吁包括政府在内的各行为体作出具体承诺，防止互联网被滥用。但非政府组织和私人公司有时也起到了负面的效果，比如，部分美国互联网企业可以充当政府的帮手，在政府的指使下实施互联网审查、信息监管。

不过，网络规范在不同行为体看来具有不同的属性，因而导致互联网规范问题无法取得一致看法。比如，国家主体可能关注网络战争、网络主权等安全议题，而经济领域活动的行为体会关注犯罪议题，公民社会组织更关注隐私权和互联网自由议题，这些规范的不同属性可能会引发规范的冲突。国际互联网规范是现实国际政治规范在网络空间的延伸与补充，因此，作为行为体适当行为的集体预期，国际制度平台上的网络规范的形成是一个漫长的过程，不可能一蹴而就。

第二节　国际互联网规则的基本内涵与主要内容

国际互联网规则是互联网治理的核心要素，是网络空间秩序的主要支柱，是维系国际秩序有效运转和整体有序的重要保障。互联网的发展正在重塑国际权力斗争的传统形式与行为规则并导致一个新地缘政治时代的诞生，对互

---

① United Nations General Assembly, "Group of Governmental Experts on Developments in the Field of Information and Telecommunications in the Context of International Security," p.8, July 30, 2010, https://documents–dds-ny.un.org/ doc/UNDOC/GEN/N10/469/57/PDF/N1046957.pdf?OpenElement.

联网的关注已经由数字基础设施保护延伸至国家间关系等层面。[①] 这是国际互联网规则制定受到越来越多关注的内在原因。

一、国际互联网规则的基本内涵

国际互联网的健康发展需要有效的原则、规范、规则和决策程序来加以约束。所谓国际互联网规则是维持互联网有序运转的一套正式或非正式的行为指南和价值规范。国际互联网规则的形塑具有重要的价值，对于陆、海、空、天这四个空间而言，棋盘设计已经确定下来，现在仅能改变游戏的规则，而在网络空间，可以通过修改影响行为体及其行为的物理架构、协议层或文本层来改变棋盘本身。

当前，国际社会围绕国际互联网规则制定存在如下的争论：首先，"互联网自由"与互联网监管之争。新兴市场国家坚持国家主权原则，反对渲染"互联网自由"和"开放性"。如前所述，互联网的主权边界包括了三个层次（物理层、逻辑层、内容层）和一个维度——互联网用户。在物理层，国家对网络空间物理层的主权权利是与现实空间主权权利最为接近的；在内容层，互联网的信息和数据兼具了虚拟与现实的双重属性；在互联网用户这个维度，互联网主权基本上沿用了现实空间的主权权利，或者说是现实空间主权在网络空间的延伸，每个国家都享有对本国公民的属地和属人管辖权，确保其依法享有网络空间的自由和权利；逻辑层则是无形的、不可见的，国家主权很难有效主导。目前来看，逻辑层的技术标准和域名地址分配（国家或地区域名除外）由全球技术社群和互联网社群负责制定并在全球统一实施，不属于任何一个国家的主权管辖范围。[②] 因此，互联网内容层和逻辑层所体现的互联网主权在何种程度上、以何种方式执行，仍然存在争论。

其次，在治理模式选择上是联合国主导模式和多利益攸关方治理模式之争。新兴市场国家坚持联合国或国家中心治理模式，质疑多利益攸关方治理模式的合理性，并要求改革议题设置和投票规则。联合国治理模式是指联合国针对互联网的特定领域开展活动，使相关成员国之间实现对话与合作，谋

---

　　① 赵瑞琦：《网络安全国际规范博弈：理论争鸣与价值再造》，《南京邮电大学学报（社会科学版）》2018年第5期，第3页。

　　② 郎平：《主权原则在网络空间面临的挑战》，《现代国际关系》2019年第6期，第45页。

求实现共同利益。多利益攸关方治理体现在行为体参与的划分以及行为体权威关联的变化，以ICANN为代表的多利益攸关方模式存在合法性、参与性和责任性问题，一种新的制度架构亟待出现，这就是基于"网络主权"的互联网治理模式。[①]

最后，在制度选择上，新兴市场国家开始逐步探索建立开放包容、互利共赢的新型国际互联网制度。一方面，发展中国家重视联合国及其下属的国际电信联盟全权代表大会等多种组织形式；另一方面，中国、巴西等新兴市场国家通过建立新型国际互联网论坛机制，逐步扩大规制制定的话语权和影响力。与此同时，欧美国家仍然固守ICANN的主导地位，试图继续垄断互联网事务。

二、国际互联网规则的主要内容

全球互联网治理处于分裂状态，国际互联网规则制定仍处于不断探索的过程，尚未完全定型。国际互联网规则总体上包括三个核心且紧密相关的议题：网络安全、网络经济和网络法律，这也是国际社会在国际互联网规则制定中的主要争论点。

其一，互联网安全规则。安全是互联网稳定运行的基础，互联网安全是互联网治理体系的基石。互联网安全议题主要包括：信息技术与安全、数字基础设施保护、电子监视、网络犯罪、网络战、网络恐怖主义和网络间谍行为等。日益严峻的互联网安全形势正逐渐打破互联网信息自由与主权国家网络信息管控间的既有平衡，互联网国际规则的建构开始具备可能性。

由于历史的原因，互联网安全治理早期主要来源于非正式的、基于信任的互联网技术共同体成员，如网络提供商、网络安全事件响应小组、域名登记商和用户信息技术部门等。在互联网治理早期，国家既没有意识也没有施加等级权力的机会。不过，近年来随着主权国家对于互联网安全治理的关注，国家和国际层面的互联网治理不断加强。2001年，西方国家达成的《网络犯罪公约》是世界上第一个打击网络犯罪的国际公约，公约明确了网络犯罪的相关概念，确立了规范引渡及相互协商的国际合作原则。《塔林手册》和"信

---

① 张新宝、许可：《网络空间主权的治理模式及其制度构建》，《中国社会科学》2016年第8期，第145页。

息安全国际行为准则"是国际互联网规则制定领域北约和新兴市场国家近年来分别发布的两份标志性文件和建议性指南，这两份文件均强调需要在打击网络犯罪、网络恐怖主义等领域加强国际合作，使用和平而非武力的手段解决网络领域的国际争端。

其二，互联网经济规则。随着计算机网络的普及与发展，互联网对经济的贡献率不断上升，已经超过教育、农业、能源等其他产业部门，互联网经济俨然成为许多国家国民经济的重要组成部分。近年来，互联网经济对中国国内生产总值（GDP）贡献率持续增加。2018年11月8日，第五届世界互联网大会公布的《世界互联网发展报告2018》显示，2017年，中国以互联网为主导的数字经济总量达27.2万亿元，对GDP增长贡献率达55%。而到2021年底，中国数字经济规模达到45万亿元，占GDP的比重提升至39.8%。[①]

当前，人类已经从互联网时代进入移动互联网时代，互联网已经开始迈向基于物联网的云计算（cloud computing）时代，推动信息分享与互动。云计算包括云平台（cloud platform）和云服务（cloud service），云平台是指基于硬件的服务，提供计算、网络和存储的能力，而云服务是指基于抽象的底层基础设施，且可以弹性扩展的服务。[②] 通过发展云计算平台可以提高设备利用率，降低运行成本，并进行集中化管理和专业化维护。以互联网、移动互联网、物联网为主导的信息技术将引领企业转型升级，网络不再是被动的工具或渠道，而是创造价值的核心，已上升为经济发展的核心基础设施地位。随着互联网与经济融合的深化，互联网经济业务形态和业务需求正在从消费型互联网转向生产型互联网，互联网与电子商务、智慧城市、人工智能和大数据技术应用紧密结合并培育出新的经济增长点，进而对世界政治、文化和人类生活产生更深远的影响。

其三，互联网法律规则。互联网空间是一个不同于现实世界的新空间，国际互联网法律的制定是推动网络空间有效运作的基本保障。刘丹鹤认为，应该以网络伦理为主、网络法规和网络程序为辅，并以自律和他律相结合的原则来控制网络空间和消解虚拟存在带来的生活世界异化危机，即以网络法

---

① 《我国数字经济规模超45万亿元》，《人民日报》2022年7月3日，第1版。
② 张为民等编《物联网与云计算》，电子工业出版社，2012，第54—55页。

规达到强制控制、以网络伦理实现自我控制、以网络程序进行技术控制。[①]
当前，统一的国际互联网法律处于空白状况，对于国际法究竟如何在网络空间适用的许多具体问题，例如，是应当首先立足于将现实世界已有的国际法规则适用于网络空间，还是针对该空间的有关问题专门制定新的国际法规则，各国存在较大分歧，得到各国共同认可和接受的网络空间国际规则仍然缺乏。[②]

在推动国际互联网法律规则建设的进程中，《塔林手册》的尝试具有一定的学术意义。2013年和2017年，北约卓越中心分别颁布了《塔林手册1.0版》《塔林手册2.0版》，手册是探索国际法适用网络行动的多国专家集体研究成果。《塔林手册》关注"实然法"（lex lata）而非"应然法"（lex ferenda）。实然法即国际习惯，是在国际关系中为大多数国家所共同遵守的那些不成文的行为规则，其成为国际法渊源的必备条件是反复前后一致及得到法律确认。国际习惯曾经是国际法最重要的渊源，许多是否遵守国际习惯的证据则可以从各国的具体实践中去寻找。从历史的发展来看，许多重要的国际法规范都起源于国际习惯。《塔林手册》的编撰遵循了《国际法院规约》第38条的规定[③]，所提出的各项规则是习惯国际法的反映。在具体内容上，《塔林手册》主要以国际法上关于约束战争问题的两个重要体系即诉诸武力权（jus ad bellum）和战时法规（jus in bello）为中心。2017年《塔林手册2.0版》还新增了适用于和平时期的"低烈度"网络行动的国际法内容。[④] 但是，《塔林手册2.0版》不是北约官方文件或政策，而只是一份建议性指南。当前，负责任国家行为准则是互联网法规建设的热点，力图约束国家特别是大国在互联网领域的行为。2015年，联合国信息安全政府专家组提出了11项国家网络行为规范，负责任国家行为规范就是其中的重要部分。今后，负责任国家行为准则将成为国际互联网法律制定的方向之一。

---

① 刘丹鹤：《赛博空间与国际互动》，湖南人民出版社，2007，第12页。
② 黄志雄：《网络空间国际规则制定的新趋向——基于〈塔林手册2.0版〉的考察》，《厦门大学学报（哲学社会科学版）》2018年第1期，第2页。
③ 按照《国际法院规约》第38条规定，国际法的渊源有：条约、国际习惯、一般法律原则、司法判例或学者著作和学说等。其中，国际习惯是国际社会公认的重要国际法渊源。
④ 黄志雄：《网络空间国际规则制定的新趋向——基于〈塔林手册2.0版〉的考察》，《厦门大学学报（哲学社会科学版）》2018年第1期，第2页。

除了上述内容，国际互联网规则还存在互联网伦理等规则体系。互联网伦理是网络空间遵循的各种道德准则。和人工智能伦理一样，国际社会对互联网伦理的关注度日益提升。互联网伦理与一般意义上的伦理存在差异性，这主要源于互联网自身的特征。互联网的开放性既是其强大的生命力和活力之源，也为各种网络安全威胁和违法犯罪行为留下了空间。[①] 当前，网络犯罪肆无忌惮、个人隐私暴露无遗、网络诈骗层出不穷，从伦理规则分析，其原因在于国内层面网络伦理失范，造成了个体网络生活的失序，进而严重冲击国际社会生活的伦理秩序。网络社会的各种伦理失范问题亟须从源头进行有针对性的国际治理。国际社会应完善国际互联网立法并予以严格执法，用法律来规范各个行为体的网络行为，并加强网络伦理规范建设，这是促进网络空间健康发展的重要保障。

第三节　国际互联网规则制定的发展历程

一、国际互联网规则制定的演变历程

国际互联网规则制定从国际制度的边缘逐步走向国际制度的中心，从不成文法逐步向成文法迈进，从非国家行为体主导到国家行为体和非国家行为体共同参与的多元治理模式转变，从西方国家主导到新兴市场国家协力引领的历史性阶段转变。更主要的是，国际互联网规则的演变明显从技术领域转变为以政治领域为主导的综合性领域。同时，规则演变进入到国家更多地投入力量参与规则制定的新阶段。

联合国层面的国际互联网规则制定是国际互联网规则制定演变的重点。2004—2005年，联合国成立了信息安全政府专家组，开启了联合国层面网络谈判的序幕。2010年7月，包括美国、俄罗斯和中国在内的15个国家网络安全专家与外交官员，共同向联合国秘书长递交了一系列就达成国际计算机安全条约进行磋商的建议，呼吁各国展开更为有效的合作。这是世界主要国家首次就网络空间战问题达成的共识，具有标志性意义。这虽然只是一个建议，

---

① 余丽：《互联网国际政治学》，中国社会科学出版社，2017，第16—17页。

没有强制约束力，也反映出美国立场的转变。① 联合国信息安全政府专家组经过多次谈判，达成了和平利用网络空间、网络空间同样适用国家主权原则等共识。2017年，该专家组工作因受限于美国的消极做法而陷入停滞。2019年之后，联合国信息安全政府专家组和信息安全开放式工作组并行开展工作，联合国层面的互联网规则制定得以更加深入和多元。

不过，现阶段国际层面互联网规则制定和安全保障还很缺乏，原因有两个方面：一是互联网虚拟世界对现实世界的负面影响尚未达到令相关利益集团做出让步的程度；二是互联网信息传播的负面效应带来的政治或经济收益大于造成的损失。② 互联网具有自身的特征，在规则制定方面没有先例可以参考，而习惯国际法的形成又是一个漫长的过程。比如，网络战对于人类的破坏性更大，国际社会在如何应对网络战方面陷入困境，互联网军事化与主要国家竞争紧密结合起来，网络空间武器装备的高技术性、军事行动领域的特殊性与各国核心利益的密切相关性，决定了网络空间战国际立法困难重重。③当前，互联网与大数据、云计算和物联网紧密结合在一起，更进一步加剧了互联网规则需求与供给之间的矛盾。

二、国际互联网规则演变的动力

尽管国际互联网规则制定仍然处于起步阶段，但是其发展演变具有内在的动力，这一动力决定了国际互联网规则的紧迫性和方向性。美国雪城大学教授米尔顿·穆勒在《网络与国家：互联网治理的全球政治》一书中指出，全球互联网治理规则的变迁动力主要涉及四个方面：知识产权保护的争论、网络安全、内容管制和关键互联网资源。④ 该书关注全球互联网治理中的国际制度作用及其角色，关注国际层面的制度结构和传播信息的政治全球化，对于国际互联网规则的形成、发展中的动力及其影响因素进行了深入的分析。全球互联网治理规则演变的动力影响了治理的行为逻辑以及未来规则演进方

---

① John Markoff, "Step Taken to End Impasse over Cybersecurity Talks," *New York Times*, July 17, 2010, http://www.nytimes.com/2010/07/17/world/17cyber.html.

② 俞婷宁：《互联网国际规则建构：话语策略的公共安全视角》，《国际安全研究》2017年第3期，第83—84页。

③ 吕晶华：《美国网络空间战思想研究》，军事科学出版社，2014，第173页。

④ Milton L. Mueller, *Networks and States: The Global Politics of Internet Governance*, p.5.

向。一般而言，国际互联网规则制定的动力来源既有一般性国际互联网规则制定和设计的结构性因素，同时也体现了互联网空间自身的独特性。具体而言，包括了国际互联网领域的大国政治博弈、信息变革的内在要求以及具体规则制定困境等。

首先，互联网领域的地缘政治斗争从基本面决定了国际互联网规则制定的发展演进，这构成了国际互联网规则制定发展演进的最核心动力。网络空间和网络安全不仅仅是纯粹的技术领域，更反映出各国的意识形态和价值观念的差异和冲突。作为一种思想观念，意识形态和国家利益相互渗透、相互建构，意识形态是国家利益判断的重要因素，影响了国家对自身利益的判断，西方国家所谓的"自由、民主、平等"这套意识形态为其霸权行为提供了有力支持。在互联网技术的外衣下，体现的是维护国家利益的"数字外交"和"价值观外交"。这种网络空间地缘政治尤其体现在中美两国的网络空间博弈。

出于网络安全和网络主权方面的担忧，各国近年来纷纷加大了对网络空间的关注和管辖力度。当前，许多国际性组织都在致力于构建全球信息社会制度，并涵盖了主权国家和跨国企业等非政府行为体。尽管国际互联网规则尚处于初步发展阶段，与互联网的技术创新相比存在着一定的滞后性，但各国在社会与经济发展模式之间的政治斗争与博弈，今后一段时间内会影响到国际互联网规则制定和国际互联网治理制度的发展演化。特别是美国试图通过影响和塑造国际规则来实现本国利益和诉求、争夺国际话语权和主导权。为此，国际社会特别是美国应摈弃冷战思维、零和博弈，践行共同、综合、合作、可持续的安全观，在尊重别国安全、合作共赢的基础上，积极倡导对话合作，维护互联网领域的共同持久安全。

其次，国际互联网的独特属性与互联网技术的快速发展，推动了国际互联网规则的变迁，这构成了互联网治理制度和规则发展的内在动力。不同于一般全球性问题，互联网具有跨越国界、全球联通、多元开放的基本特征。随着网络技术发展和大数据时代的到来，建立于20世纪后期的国际互联网治理技术和治理规则具有滞后性，面临着不小的挑战和冲击。当前，互联网规则面临着大数据带来的机遇与挑战，英国牛津大学学者维克托·迈尔–舍恩伯格（Viktor Mayer-Schönberger）与肯尼思·库克耶（Kenneth Cukier）在《大数据时代》一书中认为，大数据发展的核心动力来源于人类测量、记录和分析世界的渴望。[①] 从这个角度看，互联网规则制定的动力来源于人类对维持开放、合作、共赢的网络空间的期盼，是对推动经济、社会可持续发展的愿景，同时也是对网络空间的安全、稳定与平等的希冀。

当前，围绕互联网引发的知识产权争论是互联网治理的重要驱动力。这一争论主要包括版权拥有者推动规范互联网服务供应商的知识产权、统一协调各国域名，以及作为对抗力量的跨国社会运动推动了"知识许可"的出现等方面。传统的治理规则倾向于保护商业集团的既得利益，不过，当前同样需要鼓励越来越多的国家使用开源代码和开放信息，在推动互联网健康、有序发展的基础上维持互联网内容的多样性。

最后，国际互联网规则制定的制度困境是最直接和最明显的变迁动力。现有国际互联网治理制度存在着合法性、效率和权威方面的不足，对于制度合法性的追求是全球治理变迁的基础，但全球治理制度的规范预期与国际组织的实践要求之间存在着紧张关系。玛格达莱娜·拜科尔（Magdalena Bexel）认为，民主存在代表性民主、参与性民主和协商性民主三种类型，要求实现平等、无偏见和无私。[②] 如果合法性缺失，则意味着制度性权力在可持续运行方面面临挑战。从政治层面分析，合法性不足是推动治理变革的动力，为国际互联网制度设计和改革创造了条件，通过组织代表性与监管、规则制定的一致性以及利益集团的参与程度与方式等予以修改完善。[③] 比如，ICANN的合法性备受关注，尤其是2013年"斯诺登事件"之后，各国纷纷表示要推动"ICANN功能的全球化"。学术界普遍认为ICANN是美国政府的橡皮图章，存在严重的合法性与透明度方面的问题，需要进行彻底的改革，这是导致域名监管权移交的根本原因。近年来，ICANN加快了互联网领域的制度变革，试图缓解外界的批评与质疑。在国际社会的持续努力和斗争下，美国商务部于2016年10月1日终于把"互联网域名监管权"移交给非营利性的ICANN，

---

① 维克托·迈尔－舍恩伯格、肯尼思·库克耶:《大数据时代》，盛杨燕、周涛译，浙江人民出版社，2013，第97页。

② Magdalena Bexel, Jonas Tallberg and Anders Uhlin, "Democracy in Global Governance: The Promises and Pitfalls of Transnational Actors," *Global Governance* 16, no.1 (2010): 81-101.

③ Jonathan G. S. Koppell, *World Rule: Accountability, Legitimacy, and the Design of Global Governance* (Chicago: University of Chicago Press), 2010, p.16.

名义上意味着美国政府对互联网关键基础网络资源的分配与管理权的松绑。

　　总之，公共政策与技术相结合、政治和经济相结合、结构和制度相结合的综合视角，有助于全面把握全球互联网治理制度变迁和规则制定发展演进的内在动力。各国的政治博弈、信息技术变革及国际制度自身改革诉求等方面共同推动形成了互联网国际规则制定的动力基础。其中，国际互联网政治的系统生态图从根本上决定了互联网规则的未来发展演进。正如罗伯特·多曼斯基指出的那样，"规则在不断制定，在制定规则方面，政府的能力常常受限，在诸多不同类型的规则制定者中，存在一种更加复杂的政治架构关系，这就解释了怎样及为什么制定这些规则，也定义了当前的互联网治理是如何构成的"[①]。

---

　　① 罗伯特·多曼斯基:《谁治理互联网》，第213页。

国际互联网安全规则研究

当前，在全球治理的问题领域，互联网安全已经成为最重要的全球性问题之一。互联网安全往往被称为网络安全，网络安全问题牵一发而动全身，没有一国能独善其身，也不存在绝对安全。网络安全包含一套复杂的政策议题，具有政治、经济和政策等多方面的不确定性。自1996年联合国南非"信息社会与发展会议"和巴黎"恐怖主义问题部长级会议"以来，国际社会开始关注国际互联网安全议题并试图从规则方面进行规制。属于欧盟的爱沙尼亚于2007年爆发的网络战极大地引发了国际社会对网络安全的关注，推动了互联网治理的国际化进程。网络犯罪等破坏网络安全的行为导致了极其严重的后果，意大利信息安全协会发布的研究报告显示，2021年全球网络犯罪造成的相关损失超过6万亿美元，而2020年这一数字估计为1万亿美元。① 全球网络安全事件数量快速上升，如何制定有效的国际互联网安全规则，维护国家主权、安全、发展利益，已经成为国际社会的核心关切。

---

① 谢亚宏：《全球网络犯罪急需强化协同打击》，《人民日报》2022年7月11日，第15版。

第一节 国际互联网安全规则的内涵与发展

一、网络安全的概念

网络安全是全球治理的重要问题领域。从词源来看，网络安全属于广义信息安全的一部分，信息安全是指控制访问计算机、网络、硬件、软件与数据的能力，包括保护计算机与系统免受对专有系统或信息的蓄意或意外披露、篡改或销毁的能力，并且还应当包括确保计算机与系统不被用作从事违法犯罪活动的工具的能力。[①] 国际电信联盟在网络安全的定义界定方面发挥了重要作用。国际电信联盟拥有193个成员国以及众多私人企业和非政府组织，是主管信息通信技术事务的联合国机构。2008年4月18日，国际电联电信标准化部门（ITU-T）在约翰内斯堡会议上通过决议案，对网络安全进行了权威界定。网络安全是指保护网络环境、组织和用户资产的工具、政策、安全概念、安全防卫、指南、风险管理方法、行动、训练、最佳实践、保险和技术。其中，组织和用户资产包括关联计算设备、人员、基础架构、运用、设备、通信交流系统以及传输和存储的总体程度。网络安全通过防范网络环境中的安全威胁，确保组织和用户资产安全属性的获取和维护，总体安全目标包括可利用性、完整性（包括真实性和不可否认性）以及保密性。[②]

网络安全的分类较多。英国牛津大学网络安全专家保罗·科尼什（Paul Cornish）等区分了四种网络安全的领域：国家支持的网络攻击，意识形态和政治极端主义，严重的有组织犯罪，以及低水平的个体犯罪。[③] 不过，这个分类存在着议题领域的局限性且混淆了分析的层次性。一般而言，对网络安全的分类主要从行为体施加的工具和手段、威胁的领域等方面进行划分。本书根据网络空间对国家安全的威胁程度，把网络安全威胁大致划分为有组织的

[①] 格拉德·佛里拉：《网络法：课文和案例》，张楚等译，社会科学文献出版社，2004，第267页。

[②] ITU, "Overview of Cybersecurity," pp. 2-3, April 2008, https://www.itu.int/rec/dologin_pub.asp?lang=e&id=T-REC-X.1205-200804-I!!PDF-E&type=items; ITU, "Definition of Cybersecurity," December 2016, http://www.itu.int/en/ITUT/studygroups/2013-2016/17/Pages/cybersecurity.aspx.

[③] Paul Cornish, Rex Hughes and David Livingstone, *Cyberspace and the National Security of the United Kingdom:Threats and Responses* (London: Chatham House, 2009), p.3.

网络犯罪、网络恐怖主义、一般性网络冲突和网络战。

德国波恩大学简–弗雷德里克·克雷默（Jan-Frederik Kremer）等人发展了一个SAM（stakeholder-activities-motives）分析框架，从利益攸关方、活动和动机三个方面分析了网络安全。其中，利益攸关方包括个人、集体、团体、组织和国家以及政府间国际组织。网络空间的行动或活动包括从非破坏性活动到破坏性活动，破坏程度由轻到重依次为窃取（stealing）、支配（influencing）、操纵（manipulating）和破坏（disrupting）。[①] 比如，2010年，美国攻击伊朗核设施的蠕虫病毒就是一种破坏病毒，实际上已经被划分为一种网络武器。

在网络安全中，国家面临着主权直接受到威胁的可能，这种直接威胁是指各种攻击政府或国家机构信息设备的行为。当前，网络安全的保护范围从物理层、信息内容层扩展到控制决策层，时间上从被动的事后审计提前到事中防护和主动的事前监控，措施上从技术防护到管理保障，对网络安全的认识开始上升到纵深防御体系，网络安全已上升到国家战略高度。从国家利益的角度出发，网络安全无论是实体物理空间的安全还是虚拟数字空间的安全，都是一种可能引发对抗状态下的安全，面临着攻防甚至敌对的对抗性和威胁性。

二、网络安全的涵盖领域与基本特征

（一）网络安全的涵盖领域

网络安全是一个涵盖范围非常广泛的概念，主要包括四个领域：一是关键基础设施保护领域。具体而言，关键基础设施保护又分为信息基础设施保护和社会基础设施保护两大部分。关键信息基础设施不仅包括设施和连接（一般被称为网络系统安全）互联网服务提供商、电信运营商等关键互联网资源，还包括协议、数据中心、互联网交换中心等基础设施。关键社会基础设施包括电力和水设备、产业设施和交通设备，甚至还包括军事资产等。[②] 美国学者

---

① Jan-Frederik Kremer and Benedikt Müller, "SAM: A Framework to Understand Emerging Challenges to States in an Interconnected World," in Jan-Frederik Kremer and Benedikt Müller, eds., *Cyberspace and International Relations: Theory, Prospects and Challenges* (London: Springer, 2014), pp. 45-46.

② 约万·库尔巴里贾：《互联网治理（第七版）》，第93页。

劳拉·德拉迪斯认为国际互联网安全具体包括了个人认证、关键基础设施保护、网络恐怖主义、计算机蠕虫病毒、垃圾邮件、间谍活动、拒绝服务攻击、身份窃取以及数据监听和篡改等。[1]其中，关键基础设施对于一国安全具有特别重要性。

二是网络犯罪领域。网络犯罪是指任何涉及计算机和网络的犯罪，例如释放恶意病毒或垃圾软件、欺诈及多种其他行为。[2]日常生活中的网络犯罪主要是指行为主体不正当运用计算机技术进行犯罪的总称，通过计算机和网络实施的犯罪包括各种诈骗、在线儿童性侵犯和性剥削等。当前，网络犯罪越来越具有隐蔽性和匿名性的特征，危害程度日趋严重，给国际社会造成不可估量的损失。今后，随着全球物联网、云服务、智慧城市、人工智能和大数据加密技术等应用的增加，网络犯罪可能还将进一步增长。

三是网络恐怖主义领域。所谓网络恐怖主义是互联网与恐怖主义相结合的产物，即由非国家行为体或秘密组织基于政治动机，有针对性地对计算机信息系统、计算机程序或计算机数据实施的网络袭击。[3]与传统恐怖主义相比，网络恐怖主义主要依靠分散的网络，具有攻击手段多元交错且活动分散隐蔽、网络恐怖活动向团体化方向发展等显著特点，主要表现为实施在线网络恐怖宣传战和发动网络恐怖袭击战。

四是网络攻击与网络战。网络冲突引发网络攻击，网络攻击是一个国家蓄意破坏或者腐蚀另一个国家利益系统的行为，是试图获取计算机网络中存储信息的控制权的尝试行为。网络攻击具体包括网络战争、网络恐怖主义和网络监控。[4]在日常生活中，人们对于网络间谍、黑客泄密、网络武器开发和网络裁军等议题的讨论就涉及网络攻击。个体对国家发动网络攻击以及国家间的低强度网络冲突已成为当今时代的一个特征。由于网络空间的准入门槛

① 劳拉·德拉迪斯：《互联网治理全球博弈》，第99页。

② 米里安·卡维提：《网络安全》，载阿兰·柯林斯主编《当代安全研究》，高望来、王荣译，世界知识出版社，2016，第539页。

③ Barry C. Collin, "The Future of Cyberterrorism: Where the Physical and Virtual Worlds Converge," *Crime and Justice International* 13, no. 2 (1997): 14-18.

④ Ryan D. Kiggins, "US Leadership in Cyberspace: Transnational Cyber Security and Global Governance," in Jan-Frederik Kremer and Benedikt Müller, eds., *Cyberspace and International Relations: Theory, Prospects and Challenges* (London: Springer, 2014), pp. 163-164.

较低，且攻击成本不高，因而常常被描述为"无约束的世界"，仅依赖共识和代码来维持。实施网络攻击既可以通过硬件系统供应链，也可以通过网络恶意软件。比如，黑客通过发布"震网"病毒拖延了伊朗核发展计划或窃取美联社官方账号这样严重的网络攻击行动，而比较普遍的攻击是修改网站主页和刺探破坏活动。网络战往往被称为第四代战争、电子战或网络中心战，是反映网络冲突的最严重领域，是网络冲突的升级。网络战包括战略网络战和战术网络战，战略网络战具有主导性而战术网络战则用于辅助攻击。当前，学术界在有关网络战是否是一种战争的问题上存在争论，现有战争法能否运用于网络空间同样分歧严重。但无论如何，国际社会当前要把重点放在如何遏制某些计算机技术运用带来的严重威胁上。

（二）网络安全的基本特征

一般而言，网络安全具有多样性、隐蔽性和变动性等特征。其一，网络安全具有丰富的多样性。多样性是指网络安全的表现类型多样，包括垃圾邮件、蠕虫病毒、钓鱼网站、远程攻击、窃取数字和隐私信息等。不过，互联网安全最具挑战的议题在于其与政治或军事安全紧密结合在一起，形成一种网络武器。如今，知识产权中的版权保护和网页内容监管都被纳入网络安全领域。

其二，网络安全具有很强的隐蔽性。隐蔽性、匿名性是网络时代的最重要特征，也是经济全球化和技术私有化的一个组成部分。这种隐蔽性、匿名性增加了网络背后潜在威胁的不确定性。习近平总书记对于网络安全的匿名性进行了深入的分析，他指出，一个技术漏洞、安全风险可能隐藏几年都发现不了，结果是"谁进来了不知道、是敌是友不知道、干了什么不知道"，长期"潜伏"在里面，一旦有事就发作了。[1]

其三，网络安全还具有变动性的动态特征。网络空间的威胁没有传统的边界、没有公私领域的界限、不存在距离和实践的界限以及没有既定的法律规则，这些威胁对国际社会提出了独特的挑战。[2] 出于对网络安全的担忧，计

---

[1] 习近平：《在网络安全和信息化工作座谈会上的讲话》，《人民日报》2016年4月26日，第2版。
[2] 肖恩·S.柯斯蒂根、杰克·佩里：《赛博空间与全球事务》，饶岚等译，电子工业出版社，2013，第19页。

算机及其网络已不再仅仅意味着创新和自由，而极有可能会产生网络犯罪。因而，网络安全问题已经成为推动开展互联网治理的重要驱动力。应该看到，网络安全和传统安全存在很大差异，网络空间的不安全感、网络攻防的不对称性等给国际安全带来了极大困扰。因此，受到技术冲击和成员主权担忧等影响，网络空间的国际合作更加困难。[1]

2016年4月，习近平总书记在网络安全和信息化工作座谈会上对网络安全的基本特征作出了精辟的论述：一是网络安全是整体的而不是割裂的。在信息时代，网络安全对国家安全牵一发而动全身，同许多其他方面的安全都有着密切关系。二是网络安全是动态的而不是静态的。信息技术变化越来越快，过去分散独立的网络变得高度关联、相互依赖，网络安全的威胁来源和攻击手段不断变化，那种依靠装几个安全设备和安全软件就想永保安全的想法已不合时宜，需要树立动态、综合的防护理念。三是网络安全是开放的而不是封闭的。只有立足开放环境，加强对外交流、合作、互动、博弈，吸收先进技术，网络安全水平才会不断提高。四是网络安全是相对的而不是绝对的。没有绝对安全，要立足基本国情保安全，避免不计成本追求绝对安全，那样不仅会背上沉重负担，甚至可能顾此失彼。五是网络安全是共同的而不是孤立的。网络安全为人民，网络安全靠人民，维护网络安全是全社会共同责任，需要政府、企业、社会组织、广大网民共同参与，共筑网络安全防线。这几个特点，各有关方面要好好把握。[2] 当前，如何贯彻习近平总书记重要讲话精神，如何通过规则制定维护国家网络主权、安全和发展利益，如何正确处理网络安全和网络经济发展关系等问题，都是重要的时代性命题。

应该看到，国际互联网规则仍处于起步的初级阶段，大部分已有的治理结构既非基于市场也非基于法律构建，而是根据技术设计和现实需要设立的。网络空间是现实属性和虚拟属性混合的独特组织方式，现实基础设施层次遵循竞争性资源和边际成本递增的经济规律，受到主权管辖与控制；虚拟或信息层次具有规模递增的特征，对这一层次的政治实践实施管辖控制是很难的。[3] 国际互联网是国家军事实力的倍增器，是国家安全战略的赋能器，对于

① 鲁传颖：《网络空间大国关系演进与战略稳定机制构建》，《国外社会科学》2020年第2期，第99页。

② 习近平：《在网络安全和信息化工作座谈会上的讲话》，《人民日报》2016年4月26日，第2版。

③ 约瑟夫·奈：《权力大未来》，第170—171页。

发展中国家更具有非常突出的价值。发展中国家要维护自身网络主权和正当权益、实现网络经济发展和能力建设等方面的合理诉求，就需要加快推进国际互联网规则制定和网络空间立法进程。总体上，现有的国际网络规则主要集中在关键互联网资源安全规则、网络犯罪安全规则、网络恐怖主义安全规则及网络攻击和网络战安全规则等领域，本章将对这些内容进行详细分析。

第二节　关键互联网资源安全规则研究

互联网本身是一个由网线和电话线等相互连接的设备组成的物理基础设施所界定的通信网络。关键互联网资源是指互联网独有的逻辑资源，而非物理架构部分或与互联网无关的虚拟资源。网络物理架构包括电网、光纤电缆、路由器和以太网交换机，这些对互联网发展非常重要，但本身并非关键互联网资源。而根据联合国互联网治理工作组的定义，关键互联网资源包括电信基础设施、互联与监控方面的资源，如互联网地址、域名系统（包括根区文件和域名）以及自治系统号（ASN），而诸如电磁频谱分配和管理等虚拟资源往往被排除在关键互联网资源之外。由于互联网发展的客观原因，关键互联网资源并不能在市场中自由交换，也不能由主权国家直接管控，因此，这些关键互联网资源越来越多地由国际层面治理机制控制。由于历史和技术的原因，关键互联网资源更多是由不断凸显的多利益攸关方机制来控制，这涉及这些国际制度的合法性、公正性，争论的核心在于控制这些资源的群体以及这些资源如何被分配。

当前，国家金融交易系统中的主服务器、电力交通系统的网络监控计算机以及航空调度系统的中央服务器都已经成为国家主权的重要标志，这些关键设施时常会受到黑客的威胁。为确保互联网的可操作性，互联网地址、域名和自治系统号成为关键的、有效的网络虚拟资源。同时，关键互联网资源是工业基础设施的一个技术领域。作为现代化国家的关键性基础设施，工业基础设施包括工业控制系统（ICS）、数据采集与监控系统（SCADA）、分布式控制系统（DCS）和程序逻辑控制系统（PLC）等，这些都是通过计算机网络直接操控运营的信息技术系统。[①] 其中，互联网工业控制系统是国家主权的核心关切，关键互联网资源是许多国际政治经济较量所关心的问题。

国际互联网治理的首要功能就是监督关键互联网资源，并监督公共部门、私人机构和全球非政府组织间的分配。由于关键互联网资源是接入互联网的重要先决条件，涉及通用性、唯一性和等级性结构，尽管形式上是全球分布，却需要集中协调的治理架构，历史上更多地由非政府组织所掌控。当前，这些非政府组织包括ICANN、IANA、各个地区性互联网登记机构和域名注册商（domain name registrar）。IANA职能聚焦关键互联网资源管理，包括协议参数、号码（IP地址、自治系统号码等）、域名系统三个方面，长期以来，协议参数和号码两项职能的运行无需美国政府的批准或直接监督，DNS根区管理则需要接受美国政府的监督审核。

网络关键基础设施被赋予强权政治的显著特征。国际互联网治理关注与互联网领域信息交流相关的政策和技术交流议题，重点围绕关键互联网资源展开。劳拉·德拉迪斯指出，网络关键技术基础设施安排是一种权力安排；全球互联网治理技术成为对文本和内容控制的工具；互联网治理的私有化以及互联网全球化过程中出现当地地缘政治和集体行动问题。[②] 当前，以美国为首的西方发达国家的公司垄断了国际海底光缆和根服务器系统。服务器是支撑全球网络空间的枢纽，通过观察世界服务器厂商所占的市场份额，我们可以发现，美国国际商业机器公司（IBM）、戴尔、甲骨文等公司处于压倒性的优势地位。特别是，美国控制了世界大部分根服务器。全世界有13台根服务器，其中美国控制了10台，分别归属4家美国公司、3家美国政府相关机构、2所美国大学和1家美国非营利机构。

关键基础设施对于互联网经济等的重要性毋庸置疑。与陆、海、空、天等其他空间领域相比，网络空间容易受到技术变迁的影响，且不对称性更为突出。这种不对称性表现在参与的行为体数量和参与的机会，当然，它也会导致脆弱性，这在关键互联网资源方面表现得更为明显。因此，关键基础设施的重要性，使之成为国际社会关注网络空间国家主权并尝试进行协调治理

---

① 保罗·沙克瑞恩、亚娜·沙克瑞恩：《网络战：信息空间攻防历史、案例与未来》，吴奕俊等译，金城出版社，2016，第231页。

② Laura DeNardis, *The Global War for Internet Governance*, p.7.

的可行领域。近年来，美国和俄罗斯等国不断加强对关键基础设施的监管并推进立法进程，这客观上为关键基础设施治理提供了可能。美国在维护关键基础设施方面面临的挑战及美国维持网络霸权的政治考量是关键基础设施保护及立法的根本原因。1988年，蠕虫病毒造成了网络服务的严重瘫痪。1989年，美国国防部高级研究计划局成立了计算机应急响应小组并将其设立在卡内基-梅隆大学内，以应对不断增加的网络入侵，拉开了美国网络安全规制建设的序曲。1995年，美国建立了关键基础设施工作组，确立基础设施保护作为国家关注的重点。2009年，谷歌等互联网企业受到攻击，成为美国改变网络空间安全战略的重要转折点，由美国参议院商务委员会民主党籍主席杰伊·洛克菲勒（Jay Rockefeller）和美国共和党参议员奥林匹娅·斯诺（Olympia Snowe）于该年提交的《网络安全法案》，授权总统在危机时刻可以控制私人网络。

为确定国家网络安全和保护重要信息基础设施战略的目标，美国政府于2014年2月12日颁布了由国家标准技术研究所制定的《关键基础设施信息安全框架》（Framework for Improving Critical Infrastructure Cybersecurity），这是奥巴马政府2013年启动保护关键基础设施信息安全战略以来的第一个基础性框架文件，从识别、保护、侦测、响应和恢复五个层面构建关键基础设施信息安全防护体系，这是一种基于生命周期和流程的框架方法。该框架把化学、商业设施、通信、关键制造、大坝、国防工业基础、紧急服务、能源、金融部门、食品与农业、政府设施、医疗与公共健康、信息技术、核反应堆与核材料及废料、交通系统、水与污水系统等16个领域划入国家关键基础设施名单。①

为进一步加强政府和私营企业之间的信息共享，2014年12月，美国国会参议院和众议院通过《国家网络安全保护法》，明确了国家网络安全和通信集成中心（NCCIC）的运行原则：在可能的范围内确保及时分享网络安全风险事件的相关信息；在适当的时候，针对某一行业的具体特点和其他相关信息，分析信息与网络安全风险和事件。此外，国家网络安全和通信集成中心还应基于风险水平进行活动优先级划分，并适时寻求和接受工业部门、学术团体

---

① NIST, "Framework for Improving Critical Infrastructure Cybersecurity," February 12, 2014, https://www.nist. gov/ publications/framework-improving-critical-infrastructure-cybersecurity-version.

和国家实验室的适当专业建议。[①] 2017年5月19日，特朗普签署了搁置已久的《增强联邦政府网络与关键性基础设施网络安全》行政令，按联邦政府、关键基础设施和国家三个领域来规定增强网络安全的措施。这反映出美国政府开始在整个美国政府机构范围内全面管理网络风险，让联邦机构各自负责保护自身网络并将实现联邦信息现代化作为加强计算机安全的核心。[②] 在国际互联网基础资源的分配上，美国还重视西方盟国的作用，得到了英国、日本和瑞典三家拥有根服务器的国家的支持。

针对网络关键基础设施领域面临的安全威胁，俄罗斯于2018年1月1日颁布生效了《关键信息基础设施安全保障法案》，该法案确立了关键信息基础设施安全保障的基本原则，当电信网络、运输管理自动化系统、能源、银行、燃料与能源综合体、核电、国防、火箭与太空、冶金等领域计算机及其设备遭遇网络攻击时，能更好地起到法律保护作用。同时，俄罗斯提出了建立"俄罗斯国家搜索引擎"的设想，把Yandex等搜索引擎都纳入其中，以便俄罗斯政府拥有相对容易控制的搜索引擎系统公司。当前，Yandex是俄罗斯第一大搜索引擎，该引擎创建于1997年，提供搜索、图片共享、社交网络、网络支付、免费网站托管以及其他服务。

近年来，中国的关键信息基础设施保护面临着巨大挑战。习近平总书记在网络安全和信息化工作座谈会上指出，"金融、能源、电力、通信、交通等领域的关键信息基础设施是经济社会运行的神经中枢，是网络安全的重中之重，也是可能遭到重点攻击的目标。……我们必须深入研究，采取有效措施，切实做好国家关键信息基础设施安全防护"[③]。"重中之重"四个字凸显了加快构建关键信息基础设施安全保障体系的重要性和紧迫性，推动关键基础设施建设保护立法，可以为新形势下关键信息基础保护体系的建立和完善贡献中国智慧。2017年以来，中国先后颁布了《中华人民共和国网络安全法》《国家网络空间安全战略》等，提出建立关键信息基础设施安全保护制度，明确

---

① "National Cybersecurity Protection Act of 2014," December 18, 2014, https://www.congress.gov/113/plaws/publ282/PLAW-113publ282.pdf.

② The White House, "Presidential Executive Order on Strengthening the Cybersecurity of Federal Networks and Critical Infrastructure," May 11, 2017, https://www.whitehouse.gov/presidential-actions/presidential–executive-order-strengthening-cybersecurity-federal-networks-critical-infrastructure/.

③ 习近平：《在网络安全和信息化工作座谈会上的讲话》，《人民日报》2016年4月26日，第2版。

关键信息基础设施的具体范围并提出进一步的安全保护要求。值得一提的是，中国于2021年9月实施了《关键信息基础设施安全保护条例》，从法律上对关键信息基础设施的范围和防护措施作出了明确规定，有效保障了关键信息基础设施安全。

近年来，网络空间军事化进程使得"关键基础设施保护"从国内安全事务上升为国际议题，加强关键基础设施监管和立法已成必然。其中，关键基础设施的国内治理是基本的保障和要求，通过国内层面的有效治理可以推动国际层面的关键基础设施保护。在国内层面，加强政府部门和企业之间的合作，如以政府为主导、多部门参与的演习活动成为拓宽关键基础设施风险应对措施的重要渠道。这些演习有助于检验关键基础设施针对潜在网络攻击的防范能力、事件响应速度、消息流通的安全性与顺畅性。[1] 此外，联合国、国际电信联盟等国际层面和东盟、欧盟等区域层面的国际组织也积极采取措施以加强其成员关键基础设施保护的能力建设，防止恐怖分子等实施的网络基础设施攻击行为。

第三节　网络犯罪安全规则研究

网络犯罪具有无国界性的特征，这是网络犯罪国际治理考量的现实动因。网络犯罪主要包括两种类型：一是信息时代的高技术犯罪，如利用技术方法侵入计算机信息系统，这是最早类型的网络犯罪；二是传统犯罪的网络化，无论从犯罪的规模还是危害性来看，传统犯罪的网络化都超过了最初的技术犯罪。[2] 网络犯罪与一般传统犯罪存在很大差异，表现在犯罪对象、犯罪行为、犯罪目的和犯罪结果等方面。美国戴顿大学法学院教授苏珊·布伦纳（Susan W. Brenner）最早对网络犯罪与一般犯罪的差异性进行了研究，她认为，虽然网络增加了人的认知范围和活动领域，但网络空间的利益多数仍是现实空间中利益的延伸，差别只在于表现形式的不同。可以说，传统法律对

---

① 杨楠：《网络空间军事化及其国际政治影响》，《外交评论》2020年第3期，第91—92页。

② 于志刚：《缔结和参加网络犯罪国际公约的中国立场》，《政法论坛》2015年第5期，第96页。

网络空间的适用困境很大程度上是人为臆造的。①本质上，互联网安全问题是人类问题在网络空间的延伸。

一、国际社会在网络犯罪规则制定方面的努力

联合国是最具有合法性的国际组织，理应成为维护国际网络安全和抵制互联网犯罪的主导机制。早在20世纪90年代，联合国便开始关注网络犯罪问题。2000年，联大通过了第56/121号决议，决议授权下属的预防犯罪和刑事司法委员会（CCPCJ）对网络犯罪进行讨论，该委员会曾经在2004年的年度报告中提议制定全球性网络犯罪公约。2010年7月，15个国家向联合国大会提交了一份关于网络安全的草案，但是由于各国特别是欧美国家与新兴市场国家的分歧较大，未能取得实质性进展。第二十届联合国预防犯罪和刑事司法大会召开期间，联合国成立了对网络犯罪问题进行全面研究的不限成员名额政府间专家小组，其目的是全面研究网络犯罪问题及相关应对方法。2011年1月17日至21日，联合国打击网络犯罪政府间专家组第一次会议召开，会议围绕各国打击网络犯罪的立法和实践进行了交流，审议了对网络犯罪问题研究的范围、各种议题和方法，讨论加强各国国内及国际立法，促进国际合作从而打击网络犯罪等问题，还探讨了制定新的打击网络犯罪国际公约的可行性问题。此外，联合国分别于2000年和2003年制定了《联合国打击跨国有组织犯罪公约》与《联合国反腐败公约》，这些都是针对特定犯罪类型的专门性公约。

近年来，联合国下属机构国际电信联盟在打击网络犯罪的立法方面采取了积极的措施。2011年5月19日，国际电信联盟与联合国毒品和犯罪问题办公室签署了一份谅解备忘录，旨在汇集必要的专业力量和资源，推动国家层面采取法律措施并确立立法框架，帮助国际电信联盟与联合国会员国预防和打击网络犯罪所带来的风险，这是联合国系统内的两个组织首次在国际层面就网络犯罪达成正式协议并针对网络安全开展合作。2018年底，联大通过"打击为犯罪目的使用信息通信技术"决议。2019年12月，联大又通过了由俄罗

---

① Susan W. Brenner, "Fantasy Crime: The Role of Criminal Law in Virtual Worlds," *Vanderbilt Journal of Entertainment and Technology Law* 11, no.1 (2008): 18.

斯提出的旨在"打击网络犯罪"的决议草案。这份提案由俄罗斯和其他47个
国家联合起草，呼吁联合国大会成立一个专家委员会以制定一项全面的国际
公约，用于打击信息和通信技术犯罪行为。[①] 该提案以79票赞成、60票反对、
33票弃权的结果获得了通过。决议草案的通过，为世界各国共同制定一项打
击网络犯罪的全新条约铺平了道路，在国际网络犯罪规则制定进程中具有重
要意义。

此外，在中国、俄罗斯、巴西等金砖国家积极推动下，联合国网络犯罪
政府专家组于2017年召开第三次会议，决定以研究报告草案为基础讨论网络
犯罪的实质问题。2018年，专家组召开第四次会议，通过了2018年至2021
年工作计划。根据计划，专家组将每年召开一次会议，分别就打击网络犯罪
的立法、定罪、调查、电子证据、国际合作等实质问题进行讨论，并在2021
年前出台工作建议并提交联合国预防犯罪与刑事司法委员会。[②] 2021年5月，
第75届联合国大会通过了关于启动《联合国打击网络犯罪公约》谈判的决议，
公约特委会第一次谈判会议已于2022年初举行。根据会议的反馈，与会各国
在尽快制定《联合国打击网络犯罪公约》方面具有共识，大多数国家支持按
联大决议如期完成公约谈判。今后，联大将与联合国网络犯罪政府专家组协
调，推动网络犯罪规则制定相关议程的落实，制定针对核心网络犯罪行为进
行刑事定罪、调查取证、执法合作等的示范条款。同时，联合国将尝试建立
网络威胁数据清算中心以开展国际合作，搜集有关人道主义与应急响应的关
键信息，为会员国报告针对信息基础设施的可疑活动及攻击事件，这样做有
助于更为有效地监控日益严重的网络威胁，并跟踪和逮捕违法者。

在预防和打击网络犯罪方面，欧洲一些国家走在了前列。欧盟认为，网
络犯罪具有跨边界的特征，法律履行需要跨边界的协调方法予以应对。2013
年8月12日，欧盟颁布了有关信息系统犯罪的指令，对恶意软件感染大量计
算机、使用僵尸网络攻击等网络刑事犯罪进行界定并给予严厉的处罚。同时，

---

① "Democratic Talks to Replace Club Interests: UNGA Approves Russian-drafted Resolution Against Cybercrime Despite US Opposition," December 28, 2019, https://www.sott.net/article/426456-Democratic-talks-to-replace-club-interests-UNGA-approves-Russian-drafted-resolution-against-cybercrime-despite-US-opposition.

② 张鹏、王渊洁：《联合国网络犯罪政府专家组最新进展》，《信息安全与通信保密》2019年第5期，第16页。

对电站、交通、政府机构等关键基础设施的网络进行攻击，以及对非法侵入或干扰信息系统数据、非法窃听通信、故意生产和销售用于实施犯罪工具的罪犯予以严厉处罚。2015年，欧盟在《网络安全指令建议》中达成共识，一致同意在网络空间进行网络安全立法。2015年12月8日，欧盟议会与成员国经过长时间协商达成欧盟首个网络安全法协议，以应对日益频繁的网络安全风险。同时，欧盟认为，打击网络犯罪与个人隐私需要有效平衡，欧盟声称对于个人数据隐私的保护遵循基本权利和欧盟宪章中基本权利部分所确认的基本原则，并在《保护人权与基本自由公约》（即《欧洲人权公约》）第八条有关"隐私权"的条款中予以确认，数据隐私涉及位置数据、流量数据、交通数据等形态。

在机构能力建设方面，2013年1月11日，欧盟网络犯罪中心（European Cybercrime Centre）在荷兰海牙的欧盟警察机构——欧洲警察署成立，成为欧盟打击网络犯罪的核心机构。欧盟网络犯罪中心通过提供犯罪调查、报告分析、提升预警等方式，维护公民商业及其私人利益。该中心尤其关注针对网上银行和其他影响欧盟关键基础设施和信息系统的有组织犯罪活动。此外，中心还通过网络犯罪数据库进行趋势分析和早期预警等，以此推动欧盟的欧洲网络犯罪中心与欧盟网络应急响应小组（EU-CERT）以及其他私人行为体等保持密切合作，实现信息共享。[①]此外，欧洲警察学院（CEPOL）也增强了有关网络犯罪的培训和科研力度，并与欧洲刑警组织（Europol）、欧洲检察署（Eurojust）等专门机构在打击网络犯罪、调查取证和预警等方面加强合作。当前，欧盟正加紧整合成员国的相关资源和专业技术，计划成立一个专门应对网络攻击的机构，强化联合打击网络犯罪的能力。该机构预计于2023年建成，成员包括来自欧盟成员国、欧洲刑警组织以及欧盟对外行动署等机构的专家。[②]

近年来，英国明显意识到网络安全对自身的威胁。英国认为，网络产生安全问题的一个重要原因就是国际社会缺乏侦查、追寻和惩处网络犯罪的整体方法。为了杜绝网络色情泛滥、恐怖主义及种族主义歧视等信息传播，英

---

① Javier Argomaniz, "European Union Responses to Terrorist Use of the Internet," *Cooperation and Conflict* 50, no.2 (2014): 250-268.

② 谢亚宏：《全球网络犯罪急需强化协同打击》，《人民日报》2022年7月11日，第15版。

国建立了网络观察基金会。该机构是英国网络运营商于1996年9月自发组织成立的一个半官方性质的行业自律组织，在英国工业贸易部、国内事务部和英国城市警察署的支持下进行日常工作，其基金主要由网络服务提供商、移动开发制造商、信息内容提供商以及通信软件公司等私人公司提供。成立基金会的主要目的是为了解决互联网上日益增多的违法犯罪活动，如色情、性虐待、种族歧视等，尤其致力于解决儿童色情问题。英国以英联邦为重点试图建立意愿者同盟，以英国为首的英联邦国家成立了英联邦互联网治理论坛（CIGF），英联邦法律大臣会议也缔结了《英联邦关于计算机和计算机犯罪示范法》。此外，2018年11月26日，英联邦在澳大利亚阿德莱德正式启用联合网络安全中心（JCSC）。2014年以来，英国军方着手成立了一支名叫"脸谱勇士队"的特别部队，即所谓的"第77旅"，在乌克兰危机和"伊斯兰国"（IS）恐怖势力咄咄逼人的网络威胁面前，"第77旅"的组建是为了更有效地应对信息时代的非常规、非致命性战争。①

俄罗斯一直主张在联合国框架下制定网络犯罪的国际公约，认为联合国制定网络犯罪公约具有无可争议的权威性。早在1998年，俄罗斯就向联合国大会裁军与国际安全委员会（即联大第一委员会）提交了"国际安全背景下信息和电信领域的发展"决议草案，在此基础上通过了联大第53/70号决议并被列入联合国大会的议程。2011年9月，中国、俄罗斯、塔吉克斯坦、乌兹别克斯坦联合向第66届联大提交"信息安全国际行为准则"草案，俄罗斯还在上海合作组织中积极推动打击网络犯罪等互联网规则制定议题。2008年，上海合作组织通过了《上海合作组织成员国保障国际信息安全政府间合作协定》，上海合作组织成员国支持所有国家平等管理互联网的权利，支持各国管理和保障各自互联网安全的主权权利，支持联合国在信息领域制定全面的国家行为规定、准则和规则。

中国历来坚持国际合作原则，积极打击网络犯罪。早在2000年10月15日，中国主办的亚洲预防犯罪基金会第八届国际大会通过了《刑事司法与预防犯罪北京宣言》，吁请各国政府将拐卖妇女儿童、走私枪支弹药、贩毒、腐

---

① Ewen MacAskill, "British Army Creates Team of Facebook Warriors," Guardian, January 31, 2015, https://www.theguardian.com/uk-news/2015/jan/31/british-army-facebook-warriors-77th-brig.

败、洗钱列为法定罪行，依法惩处，并与国际社会在引渡和司法援助等方面进行合作；呼请各国政府将计算机犯罪列为法定罪行，依法惩处；倡议各国加强合作，联手打击跨国界计算机网络犯罪。[①] 中国积极推动国际社会在网络犯罪电子证据的收集与认定、网络犯罪行为人引渡的国际合作、外国生效判决承认与执行等方面的法律制定进程。在2013年举行的联合国网络犯罪专家组会议上，中国明确表示"支持制定关于网络犯罪的综合性多边法律文书"，坚持在联合国框架下制定网络犯罪国际公约。此外，2013年4月，中国、俄罗斯、印度、巴西和南非以金砖国家名义向联合国提出《加强国际合作，打击网络犯罪》的决议草案，要求进一步加强联合国对网络犯罪问题的研究和应对，这是金砖国家首次就网络问题联手行动。但是，美国、日本及部分欧洲国家在会场内外阻挠会议讨论网络犯罪的相关问题，致使联合国在打击网络犯罪立法方面的进展有限。在中国等国家积极推动下，2019年3月，联合国网络犯罪政府专家组第五次会议重点探讨了网络犯罪"执法与调查"和"电子证据与刑事司法"两个议题。中国在专家组会议中发挥了积极的作用，提出了有针对性的具体规则建议，并介绍了中国以较宽泛方式界定网络犯罪案件"犯罪发生地"范围，以强化对网络犯罪管辖的实践。[②]

与此同时，当前网络犯罪的形态更迭演进，犯罪跨越国界的发展特征凸显，网络犯罪威胁日益突出。网络犯罪的跨地域性特征与传统管辖原则存在内在紧张关系，网络犯罪面临着司法管辖权方面的挑战，行为人的犯罪行为实施地、犯罪结果发生地通常难以统一，往往涉及多个国家或地区，给执法工作带来挑战。为此，需要通过司法解释的形式对网络犯罪的管辖权进行专门规定。总之，在网络犯罪立法中，各国必须克服在文化认知、犯罪认定、人权共识、利益冲突、缺乏引渡条约等方面存在的一系列问题，建立有效的国际合作联盟并实施全球条约来避免这些争端对司法利益造成的破坏。[③]

二、《网络犯罪公约》的签署及其实质

《网络犯罪公约》是世界上第一个打击网络犯罪的国际公约，由欧洲委员

---

① 崔士鑫：《亚洲预防犯罪基金会第八届国际大会闭幕》，《人民日报》2000年10月16日，第3版。
② 张鹏、王渊洁：《联合国网络犯罪政府专家组最新进展》，第11—16页。
③ 卓丽：《网络犯罪国际治理研究》，《区域与全球发展》2019年第4期，第69页。

会于2001年11月23日在匈牙利布达佩斯通过。《网络犯罪公约》明确了网络犯罪的相关概念，确立了规范引渡及相互合作的国际合作原则，同时规定了四类犯罪：一是侵害计算机数据和计算机系统保密性、完整性和可用性的犯罪，主要包括非法入侵（illegal access）、非法截取（illegal interception）、数据干扰（data interference）、系统干扰（system interference）和不正当使用设备（misuse of devices）等危害行为；二是与计算机相关的犯罪，包括与计算机有关的伪造和与计算机有关的诈骗两类犯罪行为；三是与内容有关的犯罪，如该公约规定的"儿童色情类"犯罪等；四是与侵犯著作权及相关权利有关的犯罪。2003年1月28日，欧洲理事会又通过了《网络犯罪公约》的附加协议，把基于计算机系统实施的种族主义和仇外性质的行为犯罪化。欧盟较早批准了《网络犯罪公约》，并积极推动其尽快在全球生效。不过，欧盟认为网络空间并不需要新的专门针对网络议题的国际法，现存国际法可以应用于网络空间。《网络犯罪公约》为国家网络犯罪立法设计及网络犯罪国际合作提供了可参考的范本，在实践上对于国际社会共同打击跨国网络犯罪起到了一定的推动作用。基于发达国家理论与实践的《网络犯罪公约》，也对其他国家的网络犯罪立法和规则制定起到了借鉴和示范的作用。

《网络犯罪公约》规定了保障开放互联网、相互提供搜查信息和引渡犯人等内容，但由于《网络犯罪公约》参与谈判的国家有限，缺乏广泛代表性，更多的是体现了西方国家的关切。比如，《网络犯罪公约》对著作权犯罪的高度重视，明显反映了西方国家的利益。该公约并不能满足新兴市场国家尤其是广大发展中国家的诉求，对包括中国在内的发展中国家而言是非常不利的。同时，《网络犯罪公约》加入条件严苛、修改程序复杂，使其缺乏开放性，不具备成为全球性标准的条件。此外，它还存在着滞后性和时效性差的弊端，《网络犯罪公约》签署于2001年，当时正是Web 1.0的初级阶段。当前，互联网已经进入Web 2.0的新时代，社会信息化和数字全球化快速扩展，互联网与大数据、人工智能、物联网深度融合，伴随着信息通信技术、数字金融、电子商务的普及，网络犯罪与商业经济更紧密地联系起来，更多呈现出产业化、多样化、复杂化的发展趋势，公约制定时许多网络威胁类型尚未出现或无法认知。尽管之后欧盟通过附加议定书的形式试图解决这一问题，但不可能将新出现的网络犯罪类型完整地载入公约，因此，该公约的法律规范意义被削弱。

《网络犯罪公约》的前景并不明朗。截至2020年1月，共有63个国家加入《网络犯罪公约》，其中，16个发展中国家依据此公约作为自身国内立法的指南。美国于2006年加入《网络犯罪公约》，但美国认为该公约违背了美国国内法律有关言论自由的规定，声明对公约附件采取保留立场。该公约建立在欧美主导的框架下且其中关于网络犯罪的界定基于不同的价值观，同时，公约中的某些条款可能会威胁国家主权。因此，中国和俄罗斯等国采取了不加入的立场。

三、专门领域网络犯罪的规则制定进展

在网络犯罪的专门问题领域，国际社会也加大了规则制定的力度。国际社会早期关注的网络犯罪重点包括垃圾邮件和个人隐私保护，当前，国际社会对于打击儿童性侵犯和性虐待的立法不断完善。

垃圾邮件是指来路不明的、发送给大量互联网用户的电子邮件，垃圾邮件包括钓鱼攻击、字典攻击、IP地址欺骗或使用匿名转发，主要用于商业推销，也包括社会运动、政治竞选。当前，互联网上的垃圾邮件数量呈指数级增长。由于邮件附件通常会链接到被恶意代码感染的网站，致使垃圾邮件越来越具有破坏力。但是，国际社会能够阻拒的垃圾邮件数量非常有限。根据位于瑞典的真实来电公司（Truecaller）的调查报告，2018年在全球范围内查明并阻止垃圾邮件约177亿次，而巴西、印度等新兴市场国家的垃圾邮件数量居前，产生了严重的社会经济问题。

对于垃圾邮件的治理产生了众多技术性的跨国性组织，如全球移动通信系统协会（GSMA）、互联网协会、反信息滥用工作组（MAAWG）等。2004年10月，英国等25个国家成立了《有关垃圾邮件执法合作的伦敦行动计划》（London Action Plan），成员包括电信组织、消费者保护组织以及数据保护机构。该计划致力于国际间反垃圾邮件的合作，同时对网络欺骗和欺诈行为、病毒传播等相关问题进行探讨。在反垃圾邮件的立法方面，欧美国家走在了前列，美国于1998年发布了《反垃圾邮件法》（CanSpan Law），欧盟于2003年颁布了《电子隐私指令》（the e-Privacy Directive），其中含有反垃圾邮件法。近年来，随着网络过滤技术的不断发展，垃圾邮件治理已经取得了较好

的效果。

打击儿童性侵犯和性虐待是近年来国际社会打击有组织犯罪的重点，也是法律制度快速发展的领域。在此方面，国际社会打击与性相关的网络犯罪的立法不断完善。2012年12月，欧盟通过了《打击儿童性侵犯和性虐待以及儿童色情指令》（Directive on Combating the Sexual Exploitation of Children Online and Child Pornography），一方面协调成员国相关的国内法，加大打击力度；另一方面，增加了调查与诉讼环节。欧盟通过意识提升和教育来提高用户安全保障，儿童互联网安全是预防犯罪、欺诈、欺凌的重要内容。[1]

作为一个非营利机构，美国国家失踪和失足儿童研究中心（NCMEC）在打击虐童及网络监管方面发挥了重要作用，在互联网内容监管和治理领域架起了公共与私人权威的桥梁。不过，这一研究中心日益受到美国政府的干涉和控制。在2007年，中心得到了4300万美元的联邦政府资助，因而被指为受到美国司法部少年司法办公室的控制和操纵。[2] 此外，美国"保护儿童与家庭全国联盟"（NCPCF）也要求互联网服务提供商在其提供的网络软件组合中安装过滤技术软件。国际网络热线协会（INHOPE）作为打击儿童犯罪的重要机构，保护青少年免受有害和非法使用互联网的影响。该协会致力于促进欧洲互联网热线提供商之间的合作，建立和利用现有和新的热线促进欧洲的互联网安全意识和教育。[3]

个人隐私是国际互联网安全规则的重要部分。信息隐私是个人隐私的一部分，也是人权领域之一，互联网犯罪对个人的信息隐私提出了严峻的挑战。所谓信息隐私，是关于个人对他的个人数据和基于这些数据的信息或决定所有的和保持的控制。[4] 在美国，与隐私相关的宪法部分即《第四修正案》，是既宽泛又狭窄的，因为它只是防护政府对一个人隐私的侵犯。同时，隐私的立法进程常常滞后于网络技术的发展，该领域的法律主要是某个国家范围内的，国际层面却缺乏有效的法律保护。隐私保护需要多管齐下的综合性措施，

---

① 约万·库尔巴里贾:《互联网治理（第七版）》，第93页。

② Tadd Wilson, "Suffer the Missing Children?" *Reason Magazine* 27, no. 6 (1995): 47.

③ 联合国:《人权事务高级专员关于利用互联网煽动种族仇恨进行种族主义宣传和散布仇外心理以及促进这一领域的国际合作的报告》，联合国网站，2001年6月1日，http://www.un.org/chinese/events/racism/Aconf189pc2-12.pdf.

④ 简·梵·迪克:《网络社会:新媒体的社会层面（第二版）》，蔡静译，清华大学出版社，2014，第120页。

除了法律，隐私保护还需要个体自律和网络防护技术的跟进。

美国在个人隐私立法方面走在了前面。该国学者格拉德·佛里拉（Gerald R. Ferrera）认为隐私权的渊源来源于《美国联邦宪法第九修正案》的规定，"本宪法对某些权利的列举，不得被解释为否定或忽视由人民保留的其他权利"。这条修正案可能是法院和包括沃伦与布兰代斯在内的法学家创造出的一种叫作隐私权的权利来源。[①] 应该看到，隐私已经不被认为是个人的绝对权利，隐私保护在遇到国家安全或紧急管制时，需要服从相关法律的规定。在美国，与网络空间个人隐私有关的最重要的法律是1986年制定的《电子通信隐私法》，即所谓的《窃听法案》。该法案确立了政府部门行使合法的窃听所需要满足的要求，包括取得有效的搜查令，证明被监听的电话和犯罪获得相关联的可能性。该法案包括两篇，第一篇适用于有线通讯、口头通讯和电子通讯的截取和披露，第二篇适用于储存的有线通信、交易通信和电子通信。对于任何一篇的违法都可能导致民事或刑事责任。2019年2月15日，对美国国会负责的审计机构美国政府问责总局（GAO）发布了名为《互联网隐私》的56页报告，试图对个人隐私保护进行立法，规定信息隐私的限度。不过，全球互联网治理视域下的隐私问题保护受到了国际政治等因素的限制和影响，网络隐私保护的核心在于从可执行、可持续、可承受等视角出发，探究包括隐私保护在内的多种目标之间的有效均衡，以及建立在这种均衡基础上的务实且适当的隐私保护。[②]

四、打击网络病毒立法方面的措施

网络病毒伴随着计算机网络发展的历史，它是网络犯罪的重要手段，具有隐蔽性和匿名性等特征。英国学者约翰·诺顿（John Naughton）对于网络病毒出现的原因进行了分析："我们生活在一个越来越依赖软件的世界，可是我们很难编制出不受这些问题干扰的可靠的计算机程序。早先的日子里，问题没有这么严重，那时的软件为了能够放进早期计算机有限的存储空间中，必须编写得紧凑而简洁。但是现在，随机存取存储器可谓便宜至极，这些产

[①] 格拉德·佛里拉：《网络法：课文和案例》，第187—188页。

[②] 沈逸：《美国推进隐私保护立法加剧全球网络空间治理复杂性》，《21世纪经济报道》2019年2月20日，第4版。

品复杂、难懂且庞大得令人难以置信，它们有数百万行的编码，可能发生数十亿次相互作用。"①

莫里斯蠕虫病毒（Morris Worm）是人类历史上首次面临的对互联网安全的严重挑战。莫里斯蠕虫程序是电脑病毒的自我超强繁殖性对互联网造成的首次大规模攻击的实证，即便由训练有素的管理员监管，计算机还是可能被俘获，计算机上的程序会遭到改写，并且如果处理得"巧妙"一点的话，计算机用户甚至都无法察觉到该程序。②1988年11月，美国康奈尔大学学生罗伯特·莫里斯发布到因特网上的一个蠕虫病毒造成了网络服务的严重瘫痪。互联网当时尚未普及，对于大多数人来说，莫里斯事件的影响有限。但是，美国已经开始着手相关的法律规则制定，应美国国会议员要求，美国政府问责局提出了报告，认为美国法律需要完善以便应对蠕虫病毒带来的麻烦。③

"震网"病毒的研发对于军事网络安全具有极其重要的影响。该病毒是第一个专门定向攻击真实世界中基础设施的蠕虫病毒，是一种危害程度高的恶意软件。由于其能对特定目标进行打击，外界难以检测、高度可定制和武器化的计算机软件时代出现了。2009年，美国在以色列的协助下，通过修改伊朗计算机网络的信息，用"震网"病毒攻击伊朗核设施，致使984台离心机瘫痪。"震网"病毒的出现并非普通网络黑客的能力所及，可能需要有8—10名专家组成的高度知识化的团队通过半年时间编制代码。因此，这一病毒的出现估计是得到了政府的支持。伊朗网络攻击事件造成了严重的影响，受到国际社会的广泛关注。随着"震网"病毒作为网络武器对伊朗的计算机网络进行攻击，对于在线军事系统跨国安全而言，蠕虫病毒作为第一个破坏基础设施的代码，构成了一种"数字弹头"（digital warhead）。④

根据计算机应急响应小组的统计，近年来，计算机网络安全事故报告呈现激增态势。比如，乌克兰于2014年遭受了代号为"蛇"的新型网络病毒攻

---

① 约翰·诺顿:《互联网:从神话到现实》，朱萍译，江苏人民出版社，2001，第258页。

② 乔纳森·齐特林:《互联网的未来:光荣、毁灭与救赎的预言》，第27页。

③ 本案的结果是莫里斯本人对其行为进行了道歉，被判缓刑3年并处以10050美元罚款。之后，莫里斯从康奈尔大学转至哈佛大学，现为麻省理工学院的终身教授。

④ Ellen Nakashima, "U.S. Accelerating Cyberweapon Research," The Washington Post, March 18, 2012, https://www.washingtonpost.com/world/national-security/us-accelerating-cyberweapon-research/2012/03/13/gIQAMRGVLS_story.html.

击。"蛇"病毒的构造与2010年袭击伊朗铀浓缩离心机并使其瘫痪的"震网"病毒有相似之处。它能让发动袭击者远程入侵目标系统，而由于它能潜伏休眠多日，所以不易被察觉。除了"震网"等病毒外，勒索病毒也开始出现并呈现扩张之势，造成用户严重的经济损失。在打击网络病毒方面，国际社会不仅需要关注网络安全技术的投入，还需要在教育和培训方面加强投入，加强打击网络犯罪的专门人才培养。由于网络犯罪的发生频繁、影响深远、后果严重，国际社会在网络犯罪领域可能比较容易达成一致性协议，而在互联网其他相关领域则面临着更严重的挑战。同时，网络犯罪的立法需要有多方面的考量，需要平衡社会对安全、隐私和言论自由的需求。

第四节　网络恐怖主义安全规则研究

随着互联网在全世界的普及，恐怖分子通过在互联网上开设网站、推特交流版等方式，传播恐怖思想，实施恐怖袭击，这已经成为当前全球恐怖主义的发展新态势。恐怖主义利用网络空间组织机构小型化、组织边界虚无化、活动成本低廉化、组织工具便捷化等特征，加快恐怖活动的升级越界。恐怖分子借助互联网等新兴媒体搞煽动破坏，利用推特、脸书等新媒体加强其影响力并传播暴力恐怖思想，甚至极大可能发动网络攻击。2015年，索尼影业因拍摄一部电影而受到黑客攻击。其后，该公司向美国国会议员提交了书面信函，将此次攻击描述为"有预谋且极其专业的网络犯罪"，并在信函中首次使用了"网络恐怖分子"这个字眼。

一、国际社会在制定网络恐怖主义规则方面的努力

在打击日益严峻的网络恐怖主义方面，联合国发挥了引领作用。早在1994年12月9日，联合国大会第49/60号决议便发布了《消除国际恐怖主义措施宣言》。1996年12月17日，联合国大会第51/210号决议公布了《补充1994年消除国际恐怖主义措施宣言的宣言》。这些宣言表明了国际社会应对国际恐怖主义的决心。2005年，联合国首脑会议达成了若干《会议成果》，其中之一是：要求应毫不拖延地根据全球反恐发展形势，拟定反恐战略具体内容，以

便通过和实施一项战略,促进在国家、区域和国际各级采取全面、协调、一致的应对措施来打击恐怖主义。在此基础上,联合国大会于2006年9月8日通过了《联合国全球反恐战略》,这是全体会员国首次就一种共同的反恐战略方法达成一致,它不仅发出了一个清楚的信息,即一切形式和表现的恐怖主义都是不可接受的,还决心个别或集体采取切实步骤,防止并打击恐怖主义。[①]《联合国全球反恐战略》的发布是全球反恐领域的重大里程碑,会员国第一次确认并致力于实施战略的四大支柱——消除有利于恐怖主义蔓延的条件、防止和打击恐怖主义、建立各国打击恐怖主义的能力以及在打击恐怖主义的同时坚持人权与法治的原则——所述的行动计划。《联合国全球反恐战略》表明了国际社会应对恐怖主义的决心,有助于加强国家、区域和国际反恐工作。联合国大会每两年审查一次《联合国全球反恐战略》的实施情况,以适应不断发展的恐怖主义新变化,指导和检查联合国应对恐怖主义的措施实施情况。

2017年6月,联大通过第71/291号决议设立了联合国反恐怖主义办公室(反恐办公室),使之成为秘书处内的制度化机构,以确保联合国系统的反恐战略与国际社会的反恐行为协调和一致。此外,联大还专门设立了反恐怖主义中心、区域间犯罪和司法研究所、毒品和犯罪问题办事处、预防恐怖主义办事处,以及执行机构反恐执行工作队,这些机构在全球反恐行动中发挥了重要作用。2014年6月召开的第68届联大将《联合国全球反恐战略》首次明确写入"打击网络恐怖主义"的内容。自2011年联合国设立网络犯罪政府专家组以来,截至2021年12月,专家组已经举办了7届会议,网络犯罪政府专家组在加强打击网络恐怖主义和网络犯罪的国家间合作、密切关注恐怖主义与网络和信息技术的结合趋向、加强联合国反恐办公室的机构设置、强化各国互联网企业配合执法与调查的义务、推动制定《全球性打击网络犯罪公约》等方面取得了重要进展。针对网络恐怖主义的威胁,联合国成立了"制止利用因特网进行恐怖活动工作组"(CTITF),就网络恐怖主义进行专门研究,并制定相应的备选方案。

---

① 联合国:《联合国全球反恐战略》,联合国网站,2006年9月8日,https://www.un.org/counterterrorism/ctitf/zh/un-global-counter-terrorism-strategy。

上海合作组织自建立起，就通过制定法律、军事演习、能力建设、情报交流、司法合作等多种方式打击恐怖主义、分裂主义和极端主义等三股势力，在立法和规范建设方面发挥了极其重要的作用。在上海合作组织框架下，与会各国签署了《打击恐怖主义、分裂主义和极端主义上海公约》《上海合作组织成员国合作打击恐怖主义、分裂主义和极端主义构想》《上海合作组织反恐怖主义公约》《上海合作组织反极端主义公约》《上海合作组织成员国合作打击恐怖主义、分裂主义和极端主义2019—2021年合作纲要》《上海合作组织成员国和阿富汗伊斯兰共和国关于打击恐怖主义、毒品走私和有组织犯罪行动计划》等文件，不仅奠定了区域内打击恐怖主义的立法基础，同时也为国际社会协同打击网络恐怖主义积累了经验。

打击网络恐怖主义是欧盟反恐的重要内容。2015年7月，欧洲刑警组织成立了互联网参照部（Internet Referral Unit，IRU），搜寻疑似恐怖主义的网络内容。互联网参照部通过与企业界的合作，帮助欧盟成员辨别和清除在线暴力极端思想。此外，欧盟还于2015年成立了欧盟层面的网络反恐论坛并与互联网企业合作，共同应对互联网恐怖宣传。

非盟在应对地区恐怖主义和网络恐怖行动方面发挥了重要的作用，特别是非盟首脑峰会及下属的和平与安全理事会。2002年，非盟公布了《非洲联盟预防和打击非洲恐怖主义政府间高级别会议行动计划》，明确提出联合打击恐怖主义和极端思想是非洲各国的共同目标。[1] 作为负责预防、管理和解决冲突的专门机构，非洲联盟和平与安全理事会于2014年9月2日举行有关打击恐怖主义的非洲安全峰会，提议设立反恐特别基金，积极应对包括网络恐怖主义在内的各种恐怖行为。从2011年至今，非盟维和部队在国际社会支持下实施了多次大规模专项行动。

东盟所在的东南亚地区是全球穆斯林主要聚居地之一，也是国际恐怖主义积极扩张和延伸的重要区域。在"基地"组织旧势力与"伊斯兰国"新影响的相互作用下，东南亚的恐怖主义死灰复燃，主要通过极端分子的自我激进化、与域内外恐怖组织勾连、发动恐怖攻击等方式，显示其存在并扩大影

[1] African Union, "Plan of Action of the African Union High-level Inter-Governmental Meeting on the Prevention and Combating of Terrorism in Africa," September 2002, https://www.issafrica.org/af/RegOrg/unity_to_union/pdfs/oau/keydocs/PoAfinal.pdf.

响力。① 近年来，菲律宾的"摩洛伊斯兰自由斗士""阿布沙耶夫"、印尼的"伊斯兰祈祷团"等恐怖组织与境外恐怖组织利用网络宣传极端思想，招募武装人员，策划网络恐怖袭击，已经成为地区安全的新威胁。为此，东盟积极参与打击网络恐怖主义的国际合作进程，并于2007年公布了《东盟反恐公约》。作为东盟成立以来在区域安全领域的第一份有法律效力的区域性打击恐怖主义犯罪公约，《东盟反恐公约》明确规定了东盟反恐的具体举措和联合反恐的工作机制，如简化司法调查、引渡嫌犯程序及加强成员国能力建设等。2005年，东盟为加强成员国间反恐情报交流和分享，正式启动犯罪情报数据库系统建设。在此基础上，东盟于2015年建立了区域机密联系网以交换军事情报，解决东盟各国因技术能力差异引发的反恐能力不足问题。东盟还通过反恐军事演习以及与域外国家合作等多种方式，打击恐怖主义。此外，反恐怖主义洗钱和反恐融资领域的"反洗钱金融行动特别工作组"（FATF）、防止恐怖主义分子获取核武器的"防扩散安全倡议"（PSI）等政府间国际组织在打击网络恐怖主义的专门问题领域同样发挥了重要作用。

美国在网络反恐规则制定方面试图谋求影响力。出于对网络与恐怖主义结合的担忧，美国对网络安全的关注近年来不断增强，所谓"电子珍珠港"（Electronic Pearl Harbor）、"数字珍珠港"（Digital Pearl Harbor）或"数字滑铁卢"（Digital Waterloo）的舆论不绝。② 为了应对网络恐怖主义的匿名进攻，2017年7月20日，由美国联邦调查局、美国缉毒局与荷兰国家警察总局主导，英国、加拿大、法国、德国、立陶宛、泰国以及欧洲刑警组织采取联合行动，关闭了全球最大暗网平台"阿尔法湾"（Alpha Bay），这一平台一直是恐怖分子销售毒品、枪械、色情、被盗信用卡信息等非法物品的黑网市场。为应对"伊斯兰国"等恐怖组织发动的网络恐怖行动，美国加强了国务院反恐通信战略中心的力量，通过设立"数字外联小组"（Digital Outreach Team），参与伊斯兰世界的网站及聊天室讨论，实时反击恐怖组织的宣传战，协调与海外盟

① 张洁：《中国—东盟反恐合作：挑战与深化路径》，《国际问题研究》2017年第3期，第28页。

② "电子珍珠港"（Electronic Pearl Harbor）一词最初于1991年由一名技术专家提出，参见：Michael Stohl, "Cyber Terrorism: A Clear and Present Danger, The Sum of All Fears, Breaking Point or Patriot Games?" *Crime Law and Social Change* 46, no.4 (2006): 224；"数字滑铁卢"（Digital Waterloo）的提法参见：Joshua Green, "The Myth of Cyberterrorism," The Washington Monthly, November 2002, http://www.washingtonmonthly.com/features/2001/0211.green.html.

友的合作。从西方国家应对恐怖主义的行为来看，其网络反恐策略是综合性的，这特别体现在"反激进化"的战略中，这一战略包括去激进化、脱离和预防激进化三个层面的内容。去激进化旨在引导已经激进化的个人放弃其武力观点；脱离激进化意指引导拥有激进观点的个体脱离恐怖组织或恐怖活动；预防激进化则是指防止激进化的进程扎根，这往往针对社会中的一部分而不是个体。[①] 不过，西方国家在打击网络恐怖主义方面也存在着治理意愿与治理能力的不匹配性，同时其网络反恐政策使得自身亦日益成为网络恐怖主义不断滋长的地区。

二、网络反恐立法面临的挑战

网络反恐规则的制定受限于网络恐怖主义的自身特征。网络恐怖主义是互联网技术与恐怖主义相结合的产物，从本质上说是一种发生在虚拟世界中且借用网络技术攻击计算机或网络基础设施的恐怖行为。互联网改变了面对恐怖主义时的风险与收益结构。当前，网络恐怖分子在组织结构上呈现出分散化、国际化和灵活性的特征，同时，互联网则更加国际化和动态化。现代通信技术的发展使得网络恐怖主义呈现出新的特征。网络恐怖主义具有极强的匿名性和隐蔽性，主要网络恐怖组织包括巴基斯坦的"网络军队"、"叙利亚电子军"、俄罗斯"欧亚青年同盟"等。这些网络恐怖组织往往通过发送邮件和推特、盗取账号、在线招募、发布暴恐视频等方式组织网络恐怖袭击。

网络对传统的恐怖主义行为产生了重要的影响。一方面，网络增强了恐怖主义恐怖威胁的能力。在网络空间，通过设置议程、吸引或说服战略，信息技术手段成为网络空间的软实力。恐怖主义组织可以利用网络实行分散化网络运作、招募追随者、筹集资金、提供培训指南并管理攻击行为。匿名性、丰富的信息和低廉的通信成本通过不断增加的网络和不断增强的能力提升了恐怖分子的运行能力。[②] 恐怖行为从20世纪90年代的实体避难所向国际互联网上虚拟避难所的转移，降低了恐怖分子的风险，增加了打击的难度。可以说，网络恐怖主义威胁所产生的最重要的影响是把注意力转移到政府自身如

---

① 刘义、任方圆：《欧洲的恐怖主义与反恐治理困境分析》，《国际关系研究》2019年第1期，第109页。

② David C. Benson, "Why the Internet Is Not Increasing Terrorism," *Security Studies* 23, no.2 (2014): 298.

何来对抗国际犯罪组织或恐怖分子组织。埃米莉·莫利诺（Emily Molfino）认为，网络技术所带来的结果是代表穆斯林身份和团结以及博取对恐怖组织同情的这样一种特殊形式在恐怖分子的支持者中得以不断发展，反动宣传、征募兵员、心理战和资金募集都可以通过互联网迅速开展，她把其称之为赛博"珍珠港"（Cyberspace Pearl Harbor）。[①]

但另一方面，就跨国安全议题而言，互联网是作为威胁的来源而不是威胁本身。国家安全机构同样可以使用互联网限制恐怖袭击，恐怖分子即使在互联网环境下也不能完成恐怖攻击。首先，政府拥有更多的资源和支持力量来遏制网络恐怖袭击，互联网已经成为政府监督和报告恐怖分子袭击的重要工具。其次，网络空间看似匿名，实质上并非完全的虚拟空间，隐藏身份的行为也很难得逞。最后，恐怖分子将网上信息付诸实践面临着重重困难，限制了恐怖行动的效果。与国家的网络专业力量相比，恐怖分子的网络技术和网络设备都相去甚远。各国政府可以通过网络空间国际合作打击恐怖分子，比如与国际恐怖组织搜索情报集团（SITE）、美国全球情报分析机构（Stratfor Global Intelligence）合作。此外，主权国家还可以利用自身的网络系统和数据库追根溯源，通过网络资源获取恐怖组织的相关信息。当前，主权国家采取了越来越多的措施以管控网络空间，最大程度地打击了网络恐怖主义。比如，美国禁止网络赌博，法国和德国严禁网络传播纳粹思想，不少中东国家对恐怖主义和异教思想进行网络屏蔽等。此外，随着信息加密技术、溯源技术和身份登记等的普遍采用，主权国家能够极大地减少信息的模糊性以及来自非国家行为体的跨国攻击。

第五节　网络攻击和网络战安全规则研究

网络攻击类型多样，网络战是网络攻击的最严重形式。1998年，印度军队在克什米尔地区的网站受到巴基斯坦黑客的攻击，以报复印度军队在克什

---

① 埃米莉·莫利诺：《赛博恐怖主义：赛博"珍珠港"迫在眉睫》，载肖恩·S.柯斯蒂根、J.杰克·佩里编著《赛博空间与全球事务》，饶岚等译，电子工业出版社，2013，第102页。

米尔实施的酷刑。1999年，东帝汶历史上首次举行公民投票，投票结果决定独立。在公投结束之后，印度尼西亚政府发动了针对东帝汶分离分子攻击的网络行为，致使东帝汶设置在爱尔兰的服务器瘫痪。2001年，巴勒斯坦的黑客在网上散布了大量的病毒、木马程序和蠕虫病毒，试图使以色列信息基础设施瘫痪。而美国发动伊拉克战争和阿富汗战争，则进一步推动了网络中心战的发展。2010年，美国和以色列联合对伊朗的核设施发动"震网"病毒攻击，造成离心机无法正常运转。震网攻击是通过网络对关键基础设施进行攻击的重要案例。2020年1月4日，美国联邦图书馆寄存计划（FDLP）网站遭到黑客攻击，以回应伊朗伊斯兰革命卫队"圣城旅"指挥官卡西姆·苏莱曼尼（Qasem Soleimani）1月2日被美军袭击身亡。

所谓网络战，是行为体政策或政治在网络空间的扩张，它由国家或者非国家行为体主导，对国家安全构成严重威胁；也可以是出于国家安全目的，为了回应可能的威胁而发起的网络攻击。如果说战争是政策扩张的一种方式，那么，网络战同样是政策扩张的另一种方式。[1] 网络战因其严重的威胁后果引发国际社会关注，如何制定防范网络战的行为规则日益成为国际社会关注的重点。

一、网络攻击与网络战规则制定的紧迫性

网络安全议题的兴起源于频发的国家间网络冲突事件。这些事件成为国际冲突的新形式，并对国际网络空间的战略稳定构成了挑战。[2] 网络攻击的类型多样，其中，网络战后果最为严重。网络攻击和网络战规则制定的紧迫性有网络自身的属性，也有美国等西方国家利用非对称优势发动先发制人网络打击的现实政治考量。此外，恐怖主义等非国家行为体发动的网络攻击和网络战具有很大的不确定性，越来越成为威胁人类安全的重要挑战。

（一）网络空间具有自身的属性

自互联网诞生起，网络攻击便随之而来，并日趋成为治理难题。网络战

---

① 保罗·沙克瑞恩、亚娜·沙克瑞恩：《网络战：信息空间攻防历史、案例与未来》，第2—3页。
② 张耀、许开轶：《攻防制衡与国际网络冲突》，《国际政治科学》2019年第3期，第91页。

作为最高程度的网络攻击行为，包括战略网络战和战术网络战。所谓战略网络战，就是一个实体组织对某国及该国民众所发起的网络战役，其主要目的在于影响目标国政府的行为；战术网络战由战时针对敌方军事目标和军事相关民用目标的网络攻击组成。尽管此类战争不具备自然能量，但是如果能够在绝佳的时机谨慎而又有针对性地运用，它也能成为具有决定意义的军事力量放大器。[①] 当前，战略网络战尚未大规模出现，对美国等主权国家而言，对现实构成威胁较多的是战术网络战。

网络攻击和网络战具有匿名性、非对称性等特征。围绕网络空间战的一个特别棘手的问题是攻击者的高度匿名性，因此难以对其进行识别。相对于传统战争，网络行动的结果具有越来越多的不确定性和匿名性，难以预测。与常规军力相比，提高网络战的能力相对成本和要求要低得多，弱国甚至非国家行为体同样可以通过发动网络战实现不对称的目标攻击。信息网络技术使得传输的信息量激增，即时通信的距离呈现出数量级增加。各国努力追赶和适应网络前沿科技，网络空间因而成为各国发展不对称能力的重要领域。比如，由于美国肆意干涉叙利亚内政，"叙利亚电子军"曾于2014年对美国发动了不对称战争，导致《纽约时报》网站瘫痪。此外，跨域威慑成为网络安全的严重挑战。2019年初，以色列以一次定点空袭回应了此前哈马斯针对它的网络攻击，成为人类历史上首次将跨域威慑转化为实践的案例，即通过现实空间攻击回应网络空间进攻。[②]

总之，网络空间存在明显的安全困境，是引发国家间冲突的重要诱因。所谓安全困境是现实主义理论中的一个主要流派，它是指一国为保障自身安全而采取的措施会降低其他国家的安全感，进而导致该国自身更加不安全的现象，这样一种相互作用的过程是国家难以摆脱的一种困境。在各类网络议题中，网络进攻被认为居于关注的核心地位。由于网络攻击自身的属性，即网络空间缺乏透明度且网络攻击准入门槛低，网络空间威慑很难真正实施。网络空间自身的独特属性要求国际社会共同参与网络攻击和网络战规则制定，不仅仅是主权国家，非国家行为体在其中也可以发挥自身的作用。

---

① 马丁·C.利比基：《兰德报告：美国如何打赢网络战争》，薄建禄译，东方出版社，2013，第115—137页。
② 相关论述参见：杨楠《网络空间军事化及其国际政治影响》，《外交评论》2020年第3期，第89页。

（二）美国发动先发制人网络攻击的危险性增加

美国是世界上最早组建网络部队的国家，是网络战理论和实践的发源地。早在1998年，美国国防信息系统局（DISA）成立了计算机网络防御联合特遣队（JTF-CND）并由美国国防部长直接指挥，这是美军第一个网络行为部队。1999年末，计算机网络防御联合特遣队发展为计算机网络行动联合特遣队（JTF-CNO）。此后，美国不断优化网络空间军事能力，逐步在实际行动中奉行先发制人的网络攻击战略。

2010年以来，美国开始公开放弃自身对网络空间的防御政策，主张积极发展具有攻击能力的所谓"主动防御"战略，通过提升网络战防御和攻击预算、组建网络空间司令部和网络安全分队以及增加网络武器研发力度等方式，积极打造进攻型网络空间能力。美军在网络空间强调的是攻防结合，以实现自身在网络空间的绝对安全、绝对自由和绝对优势。2010年5月21日，美军网络司令部正式启动，该年10月开始全面运作，美国网络战力量由此进入发展"快车道"。美国网络司令部负责指挥、同步和协调网络空间作战计划并执行活动，从而保护美国的国家利益。2014年，美国国防部发布《四年防务评估报告》，明确提出投资新扩展的网络能力建设，形成133支网络任务部队。2015年2月6日，奥巴马政府发布《2015年美国国家安全战略》，在这份长达2.7万余字的报告中，美国把网络霸权作为维持自身的全球领导力的最重要战略要素之一。美国在网络空间提出了"美国特殊论"，即美国作为互联网的诞生地，对于网络安全负有特殊的责任。为了应对信息共享带来的不法网络空间威胁，美国不断增强自身的国防力量。与此同时，美国也意识到自身不具有单独解决全球性问题的能力。美国认为，全球的网络安全需要国家、私人机构、公民社会及世界互联网用户等多利益攸关方共同承担并维护好互联网的责任。[①]2015年4月23日，美国国防部公布了《网络空间战略》，强调应防止美国本土和美国利益受到网络空间的攻击，这一战略关注国防部3个网络任

---

① The White House, "National Security Strategy," February 2015, http://www.whitehouse.gov/sites /default/ files/docs/2015_national_security_strategy_2.pdf.

务部队的网络能力和组织构建。① 这份文件长达33页，成为此后5年美国国防部在网络空间的指导性、纲领性文件。

特朗普上台后，美国从本土防卫的角度进一步加大了网络攻击能力建设。2017年8月18日，根据美国国防部长詹姆斯·马蒂斯（James Mattis）的建议，特朗普宣布把美国网络司令部从战略司令部下属的次级联合司令部，升级为负责网络空间作战行动的联合作战司令部（Unified Combatant Command）。网络司令部的升级被视为网络空间在美国国家安全态势中心地位不断强化、战争本质发生改变的表现。2018年5月，位于马里兰州米德堡的美国网络司令部完成了升级为联合作战司令部以及更换指挥官的结构及人事调整，这标志着美军网络部队建设进入了快速发展的新阶段。截至2018年底，美国具有全面作战能力的网络部队总人数为6187人，已经处于"满编状态"。② 美国网军由3个分支组成，一类是执行进攻任务的作战部队；一类是保护国防部内部网络的网络保护部队；还有一类是国家任务部队，主要保护美国国内电网、核电站等重要基础设施。美国陆军计划在2030年以前将网络部队规模扩大一倍。

经过二十多年的发展，美国国防部网络战略完成了从"被动防御"到"主动防御"再到"靠前防御"（defend forward）的演进，并倡导通过开发"网络武器"、部署威慑体系以及"提前制止"恶意网络行动等方式来确保自身安全，体现出越发强势和主动的进攻性姿态。③ 如今，网络战成为推动美国军事力量变革的主流观点。不过，网络战过分夸大了科技的作用，而忽视了战争中人的因素，虽然美国已经把网络中心战看作解决未来冲突的最佳途径，但是美国网络中心战变革仍处于发展的早期阶段。

（三）恐怖主义等发动网络攻击的危险性增加

行为体参与网络攻击主要通过黑客攻击、有针对性的攻击、执行计算

---

① U.S. Department of Defense, "The Department of Defense Cyber Strategy," April 23, 2015, http://www.defense. gov/home/features/2015/0415_cyber-strategy/Final_2015_DoD_CYBER_STRATEGY_for_web.pdf.

② Admiral Michael S. Rogers, "Statement of Admiral Michael S. Rogers Commander US Cyber Command Before the Senate Committee on Armed Services," p.9, February 27, 2018, https://www.armed-services.senate.gov/imo/media/doc/Rogers_02-27-18.pdf.

③ 李恒阳：《特朗普政府网络安全政策的调整及未来挑战》，《美国研究》2019年第5期，第41—59页。

机网络攻击和开展计算机网络侦察等方式而实现。① 美国学者马丁·利比基
（Martin C. Libicki）认为黑客包括了政府黑客、自由黑客和犯罪集团黑客。②
除主权国家政府谋求网络攻击之外，犯罪分子、恐怖分子等非国家行为体和
团体发动网络攻击的行为越来越普遍。

网络恐怖主义具有隐蔽性、传播快捷性和全球覆盖性，通过互联网开展
恐怖主义活动，可以减少恐怖分子流动的风险。通过互联网组织恐怖活动，
不需要进入目标国领土边界就可以策划实施恐怖袭击。同时，恐怖组织借助
网络，可以便捷地联络、招募世界范围内的恐怖分子。由于网络武器相对比
较便宜，且破坏性的网络攻击会扩大实体战争行动的效果，因此，犯罪分子
等非国家行为体为了谋求自身利益，认为网络战攻击能力是值得发展的一种
优先工具。

鉴于网络恐怖主义引发的严重破坏性，国际社会对于网络恐怖主义规则
制定有了更多的共识，推动制定《打击网络恐怖主义的国际公约》较以往任
何时候更合适。《塔林手册2.0版》较早论述了网络恐怖主义规则，认为互联
网已经被用于恐怖主义的目的，比如，为恐怖主义而进行招募、煽动恐怖主
义以及向恐怖主义提供资助，进而发动恐怖袭击。为此，需要制定打击网络
恐怖主义的国际规则，在此情况下，"国家既有权利也有义务采取有效措施应
对恐怖主义对人权的破坏性影响，即使国家采取的一些措施可能影响诸如表
达自由权和隐私权等人权"③。

不过，各国在恐怖主义的定义上至今仍然无法形成共识，对网络恐怖主
义问题也存在自利考量的严重分歧。比如，美国对恐怖主义的认定执行了"双
重标准"，此举是错误的，严重破坏了反对网络恐怖主义的国际合作进程。本
质上，网络恐怖主义的勃兴受到国际地缘政治的大国博弈以及各种政治势力
的较量等现实政治因素的影响。在网络恐怖主义问题上，国际社会甚至连地
区性的专门条约都还没有产生，更多的是体现为联合声明或指南类弱机制等，
加强具有约束力的网络反恐规则制定是现实所亟须。

① 王孔祥：《互联网治理中的国际法》，法律出版社，2015，第175页。
② Martin C. Libicki, *Cyberdeterrence and Cyberwar* (Santa Monica: RAND, 2009), pp.48-49.
③ 迈克尔·施密特总主编、丽斯·维芙尔执行主编《网络行动国际法塔林手册2.0版》，黄志雄等译，社会科学文献出版社，2017，第220页。

二、网络攻击与网络战的现有国际法规则

（一）国际社会对网络攻击与网络战规则制定的争论

当前，国际层面并不存在统一的网络安全国际法，也没有全球性的网络战规则和法律。国际社会对于《战争法》的界定以及对于自卫权的看法存在严重分歧，这导致网络攻击和网络战规则制定受到限制。一方面，国际社会对于《战争法》存在分歧。《联合国宪章》第一章第二条第四款中对于战争和暴力的界定，明确称"使用动能武器破坏或摧毁其他国家物理财产"或者"在其他国家领土内造成人类伤害或死亡"才能成为暴力行为。① 很显然，网络攻击不具有物理财产损失，也不会像传统战争那样造成大量人员伤亡，因此，网络攻击和网络战很难通过现有国际战争法进行约束。如何实现网络冲突与传统冲突的国际规则兼容或者说如何把规制传统冲突的战争法延伸到网络空间领域，是网络安全规则制定的重要议题。另一方面，国际社会对自卫权存在争议。《联合国宪章》第五十一条规定"联合国任何会员国受武力攻击时，在安全理事会采取必要办法，以维持国际和平及安全以前，本宪章不得认为禁止行使单独或集体自卫之自然权利。会员国因行使此项自卫权而采取之办法，应立刻向安全理事会报告，此项办法于任何方面不得影响该会按照本宪章随时采取其所认为必要行动之权责，以维持或恢复国际和平及安全"②。但是，欧美国家与中俄等新兴市场国家存在严重分歧，欧美国家意图将战争法、国家责任法和自卫权引入网络空间，特别是美军"靠前防御"战略严重威胁别国网络主权和他国内政。而中国和俄罗斯认为，欧美的行为无法缓解网络安全军事化趋势，反而助长了网络单边主义，导致网络安全问题愈演愈烈。

网络战会给政治经济社会造成严重的影响，威胁国际秩序的正常运转。如果说网络空间安全合作较传统安全合作更加困难，那么作为网络安全威胁的最高类型，防范网络攻击的国际合作最为迫切，也最为困难。特别是，互联网在各国的蓬勃发展对现有国际安全法规范提出了新的挑战。在国际法层

---

① 有关《联合国宪章》第二条的内容参见：联合国网站，https://www.un.org/zh/charter-united-nations/index.html。

② 有关《联合国宪章》第五十一条的内容参见：联合国网站，https://www.un.org/zh/charter-united-nations/index.html。

面，这突出地体现在互联网纷争与冲突（特别是网络战）对传统中立原则和区分原则的影响。就中立原则而言，由于网络攻击路线经由中立的第三国，第三国是否具有采取应对措施的权利；就区分原则而言，由于互联网攻击的匿名性等特征，导致较难区分平民和战斗人员、军事目标与非军事目标。①

当前，互联网治理迫切需要国际法的一个重要依据在于网络攻击行为对于普通民众可能造成日益严重的物质、个人隐私等方面的危害。首先，西方国家在互联网技术领域处于绝对领先地位，发展中国家亟须互联网领域的国际立法以约束发达国家的网络空间行为。其次，恐怖分子利用网络发动网络战会对普通民众产生严重影响。最后，美国政府先发制人、主动防御的网络战政策并未奏效。主动防御就是指主动寻找、定位实施攻击的行为，不过，由于无法摧毁对方的网络攻击能力，所以先发制人的策略并不明智。而从国际合作和全球治理的角度分析，美国政府也需要积极推动制定网络攻击与网络战的相关规则。

从另一层面分析，网络战不具有关键性意义，其实质在于网络战不同于其他空间的实体战，无论是实施者还是防御方都无法确定物质损耗等实际效果。同时，近年来，美国等国家并未遭受致命性的网络攻击和网络中断事件，类似行为仍然处于国家主权的控制之下。因此，不少学者反对网络战，马丁·利比基就曾质疑网络战的效果。在最理想的情况下，网络战行动只能迷惑、阻挠敌方军事系统的操作人员，并且这种效果也是暂时的。因此，网络战只能用于对其他战争行动进行辅助支援。由于网络威慑存在着自身的局限性，比如溯源、预期反映、持续攻击能力以及反击选择有限等问题都是影响网络威慑的重要障碍，因此，利比基建议美国政府在解决网络安全问题时，或许应考虑先用尽其他手段：外交手段、经济手段及法律手段。② 鉴于上述原因，网络攻击和网络战规则是否需要重新制定以及如何制定受到国际社会关注。

---

① 王孔祥：《互联网治理中的国际法》，第159—166页。
② 马丁·利比基：《兰德报告：美国如何打赢网络战争》，第9—10页。

（二）《塔林手册》与网络战规则制定

由北约卓越合作网络防御中心相关国际法学者于2013年和2017年分别编撰的适用于网络战的《塔林手册1.0版》和《塔林手册2.0版》，明确确认了针对网络攻击和网络战的国际法规则，具有探索适当规则的积极价值。《塔林手册1.0版》囊括《网络安全法》和《网络武装冲突法》两大部分，包含七章九十五条规则，其中，《网络安全法》共有两章，《网络武装冲突法》有五章。《塔林网络战国际法手册》的法律来源包括三个部分：《红十字国际委员会习惯国际人道法研究》《空战和导弹战手册》及《非国际性武装冲突手册》，借此弥补网络空间法律的缺失状况。

《塔林手册2.0版》全称为《关于可适用于网络行动的国际法的塔林手册2.0》（Tallinn Manual 2.0 on the International Law Applicable to Cyber Operations），该版本特别把"网络战"一词换成了"网络行动"，增加了若干和平时期的网络规则，把战争时期与和平时期的网络空间国际规则结合在一起。也就是说，《塔林手册2.0版》将仅适用于处理网络战争的规范拓展到如何自和平时期开展网络行动。《塔林手册2.0版》包括二十章共一百五十四条规则，其中《网络武装冲突法》占据了近一半的篇幅。《网络武装冲突法》对武装冲突法的一般规定、敌对行为的开展、网络战争中的"特定人员、目标和行为"的保护、占领和中立等都进行了明确规定，试图像规范常规战一样规范网络空间武装冲突和网络战行为。

《塔林手册》是国际上第一本规范网络战和网络武装冲突的法律手册，在探索规范网络空间秩序方面迈出了一步。在网络战规则制定中，《塔林手册》通过专家立法的尝试，开辟了新的国际互联网规则制定路径。比如，传统国际法中，国家责任条款很大程度上是属于习惯国际法的范畴，随着网络攻击的大量出现，《塔林手册2.0版》在国家责任部分以较大篇幅阐述对国家和非国家行为体网络攻击的归因、国家的反措施以及危机情况应对等有关内容，并根据网络行动采取措施前在归因方面存在的不确定性等情况，形成了多条网络战规则。①《塔林手册》通过借助国际法完善网络空间运行规则和体系，

---

① 迈克尔·施密特总主编、丽斯·维芙尔执行主编《网络行动国际法塔林手册2.0版》，第116页。

有助于明确网络战的界定、作战的手法、网络空间交战的武器或工具以及国家的自卫行为等。在国际社会日益重视和迫切呼唤网络空间国际规则的情况下，《塔林手册2.0版》通过大量增补适用于和平时期"低烈度"网络行动的国际法内容，发展出了一整套涵盖战争时期及和平时期、初步完备的网络空间国际规则体系，从而将国际上围绕这一问题的讨论推进了一大步。① 因此，《塔林手册》为国际社会制定网络空间国际规则和网络战规则提供了重要路径，推动建立了一个包含战时法、和平时法的互联网国际规则体系。同时，《塔林手册》的编撰过程具有一定借鉴意义，该手册是先从非官方的合作开始，逐步过渡由各国政府统一协商制定出的国际法律文书。对于国际社会而言，网络法从非官方到官方的制定过程反映出互联网规则制定的可能路径。对于发展中国家而言，需要重视《塔林手册》所反映的国际互联网法发展的新态势。面对国际互联网规则制定进入加速发展期的新现实，发展中国家尤其是新兴市场国家要有紧迫感和危机意识，需要加强对《塔林手册》的分析与研究，积极参与网络战国际规则的制定进程。

在肯定《塔林手册》积极方面的同时，也要看到《塔林手册》存在着明显的缺陷。无论是《塔林手册1.0版》还是《塔林手册2.0版》，其所述的《网络安全法》只是现有的诉诸战争权和战时法适用性的一种表述。特别要注意的是，手册是由北约主导编写的，反映出西方国家的利益和价值倾向。尽管《塔林手册2.0版》邀请了中国等非西方法学专家参加国际专家组，但是改变不了西方国家对互联网规则制定的主导局面。因此，《塔林手册》实质上助长了西方国家在网络空间的规则优势，并为其谋求网络中的不对称利益，把网络战中处于不利地位的发展中国家置于更加不公平的地位。比如，《塔林手册2.0版》第121条在"防止网络攻击影响的预防措施"条款中明确规定"武装冲突各方应在最大可能范围内采取必要的预防措施，保护在其控制下的平民居民、平民个人和民用物体不受网络攻击所造成的危害"② 。这一条款为西方国家依仗先进技术和能力发动主动攻击创造了条件，具有明显的西方主导特征。因此，《塔林手册》是欧美国家试图争夺网络战规则制定权的尝试，是西

---

① 黄志雄：《网络空间国际规则制定的新趋向——基于〈塔林手册2.0版〉的考察》，《厦门大学学报（哲学社会科学版）》2018年第1期，第10页。

② 迈克尔·施密特总主编、丽斯·维芙尔执行主编《网络行动国际法塔林手册2.0版》，第470页。

方国家谋求网络规则话语权的重要手段，需引起国际社会的警惕。总之，《塔林手册》并不具备明确的法律约束力，是非正式的法律文件，也不会成为国际法领域的习惯法规则和成文法规则。同时，《塔林手册》具有明显的"扶强抑弱"特征，是美国等西方国家试图抢占网络空间规则权的尝试。

<table>
<tr><td rowspan="3">第
四
章</td><td></td></tr>
<tr><td></td></tr>
</table>

国际互联网经济规则研究

　　互联网经济是以网络空间为载体、依托信息技术所发展形成的一种新经济形态。从生产力角度看，经济形态是沿着狩猎经济、游牧经济、农业经济、工业经济、信息经济和知识经济的轨迹演进的。其中，信息经济和知识经济是经济形态最高的经济，其主要的支撑基础是网络，信息经济和知识经济构成了一种崭新的经济形态：网络经济。所谓网络经济，就是厂商与消费者通过互联网直接联系而导致的经济活动，其特征是以信息产业和服务业为主导。但是，网络经济的价值并不在于它本身立即能给社会带来多少有形的财富和利润，而是在于它可以营造一个新的经济形态，为全体社会成员提高经济创造力提供平台，使整个社会实现财富的迅速聚集和飞跃发展。[①] 就其涉及的内容而言，网络经济聚焦电子商务、互联网数据经济、互联网接入经济和电子银行货币体系四大领域。

　　当互联网从非营利的科研项目逐步转变为推动国际社会经济增长的驱动力时，互联网治理中的经济问题由此产生。网络与经济的结合放大了网络空间存在的不平等，由于网络经济的收益大多由西方国家或跨国网络巨头获得，导致数字鸿沟越来越大。当前，广大发展中国家的网络基础设施和网络技术还很薄弱，迫切需要发展网络经济，摆脱贫困和落后，加快实现现代化；同

[①] 　张永强、李建标：《网络经济规则与企业组织行为》，《南开经济研究》2001年第2期，第54页。

时，又需要加强网络基础设施建设，以应对网络欺诈、网络犯罪等治理议题。发展中国家在发展经济方面面临的挑战要求国际社会在网络经济、电子商务等领域加强合作，共同推动以现代信息技术为核心的新经济形态，推动线上贸易和线上商业交易。

随着移动互联网的兴起，电子商务成为推动国际经济发展的重要力量，是国际互联网经济主要的主体之一。此外，互联网经济还包括大数据、人工智能等新一代信息技术发展引发的经济模式，涉及数字流动规则和人工智能规则等的政策制定。网络时代更加受到政治和公共政策的影响，为此，更加强调商业行为与非商业行为之间存在某种均衡衍变的网络环境。当前，国际社会亟待加强网络经济规则制定，加强全球网络经济治理平台的经贸成果顶层设计，明确今后合作方向，促进重点合作领域，打造未来新增长点，共建开放合作、开放创新、开放共享的世界经济，推动建设开放、包容、均衡的经济全球化，促进全球经济强劲、可持续、平衡和包容增长。

第一节　电子商务国际规则研究

电子商务是国际贸易的重要组成部分，是以电子方式和网络形式进行交易的商业和贸易活动。进入21世纪以来，随着移动互联网的普及，电子商务成为驱动互联网增长的主要引擎。电子商务及其相关经济的发展日益受到各国关注，电子商务也是"下一代国际规则"的重点。

一、电子商务的基本内涵

电子商务的概念存在一定的争论，且随着数字经济的发展，电子商务的内涵和外延不断扩大。世界贸易组织（WTO）把电子商务定义为：以电子方式生产、分销、营销、销售或交付的货物和服务。[①]狭义的电子商务仅仅是指在互联网上开展的商务活动，广义上则包括一切利用电子通信技术和设备进

[①]　WTO, "Work Program on Electronic Commerce (WT/L/274) ," September 1998, https://www.wto.org/english/ tratop_e/ ecom_e/wkprog_e.htm.

行的商业活动。美国则认为，21世纪的贸易特征是数字世界，需要将电子商务纳入数字贸易（digital trade）范畴。美国国际贸易委员会（USITC）将数字贸易定义为通过互联网完成的商业活动，具体而言，既包括数字内容服务、社交网站、搜索引擎和其他数字服务，也涵盖通过电子商务平台进行的货物贸易。美国认为数字贸易可以包含通过电子方式从事与贸易有关的所有商务活动，而电子商务概念主要是指由互联网驱动的货物贸易。

在通常语境下，"电子商务"一词被理解为通过互联网实现的货物贸易，而"数字贸易"一词包括了以电子形式开展的商贸活动，能更清楚地反映世界贸易组织语境中"电子商务"的含义。2019年1月1日生效的《中华人民共和国电子商务法》第2条将电子商务界定为"通过互联网等信息网络销售商品或者提供服务的经营活动"，并从电子商务所依托的技术、电子商务交易行为和法律属性三个维度界定。[①] 跨境电子商务的实质是贸易的数字化，这种贸易的数字化既包括货物贸易也包括服务贸易，它是以数字交换技术为手段，为供求双方提供数字化商品或服务，以数字化信息为贸易标准的商业模式。因此，电子商务与数字贸易的内涵已经没有实质性差异。[②] 跨境电子商务整个系统包括网络、数字技术、物流、海关、支付等诸多方面，具有全球性、匿名性、即时性、无纸化和快速演进等特点，需要各国深度合作。

随着电子商务的出现，越来越多的企业使用基于云技术的平台，取代了传统企业的供应链和分销系统，优化了连接生产商、供应商、分销商和经销商的采购、库存、订单管理和物流系统。[③] 根据总部位于德国汉堡的数据统计资源网站全球统计数据库（Statista）的统计，2018年，全球电子商务总零售额约23.946万亿美元，网络零售额持续快速增长，零售额达到了2.842万亿美元，网络销售首次超过商品总销售额的10%。未来，电子商务的零售销售额

---

① 商务部：《电子商务法的调整对象与适用范围》，中华人民共和国商务部网站，2019年1月22日，http://www.mofcom.gov.cn/article/ zt_dzswf/ImportNews/201901/20190102828936.shtml。

② 对电子商务和数字贸易概念进行区分的意义主要在于两者涵盖的议题不同，使用某一特定概念有利于把握该概念延伸出来的议题主导权。参见：徐程锦《WTO电子商务规则谈判与中国的应对方案》，《国际经济评论》2020年第3期，第31页。

③ USITC, "Global Digital Trade 1: Market Opportunities and Key Foreign Trade Restrictions," Publication 4716, pp.148-149, August 2017, https://www.usitc.gov/publications/332/pub4716_0.pdf.

占比预计仍将逐年攀升。① 跨国电子商务通过降低与卖家和消费者之间的实际距离相关的成本、促进信息共享和信任、便利支付和物流，极大方便了消费者。总之，随着电子商务降低进入壁垒，国际市场竞争更加激烈，消费者享有更大的选择权和商业实力。

不过，全球电子商务的发展环境也存在安全等方面的隐忧。同时，各国在网络交易、物流等方面的技术基础和实际水平存在较大差距。当前，美国屡屡实施单边主义和保护主义，电子商务标准被列入多边贸易谈判和双边贸易协定谈判，力推跨境数据流动等新议题，并把部分电子贸易商品列入加征关税的清单，无形中提高了全球贸易的壁垒。

二、国际社会在电子商务国际规则制定方面的进展

联合国在电子商务规则制定和立法方面走在了前面。早在1990年，联合国推出了电子商务文件交换的标准，即UN/EDIFACT数据格式。1992年，联合国国际贸易法委员会（UNCITRAL）成立了电子数据交换工作组。1993年，联合国制定了电子数据交换处理统一规则，作为各国贸易数据交换时所应遵循的统一规则。1996年，联合国国际贸易法委员会通过了《1996年电子商务示范法》，对全球电子商务立法产生了深远的影响，成为各国制定电子商务法律规则的国际法基础。1997年，联合国国际贸易法委员会通过"电子商务未来工作计划"，把电子签名、认证机构及其相关的法律问题列为重点研究问题。2002年3月11日至15日，联合国国际贸易法委员会提交了《电子订约：一项公约草案的条文》供电子商务工作组讨论。② 2005年，为克服国际合同中使用电子通信的法律效力不确定性，联合国国际贸易法委员会签署了《联合国关于在国际合同中使用电子通信的公约》，建立电子交易法律框架，各缔约方承认电子认证和电子签名的法律效力。

此外，联合国国际贸易法委员会和世界海关组织建立了国际单一窗口的协同边境管理联合法律特别小组。单一窗口设施的首要作用是交换数据和处理数据，由此，各国需具备彼此承认的共同机制来对交易进行鉴定、认证和

---

① Statista, "E-commerce Market Share of Leading E-retailers Worldwide in 2018," October 2019, https://www.statista.com/statistics/664814/global-e-commerce-market-share/.

② 齐爱民：《UNCITRAL电子商务工作组第四十届大会综述》，《现代法学》2003年第5期，第190—193页。

授权。联合国贸发会议（UNCTAD）于2016年发布了电子贸易政策（e-Trade for All）倡议，旨在帮助发展中国家抓住全球电子商务市场发展机遇。该倡议从电子商务评估和战略形成、信息通信技术基础设施和服务、支付解决、贸易物流和贸易设施、法律法规框架、技术研发、金融许可等7个方面为发展中国家提供政策支持，囊括国际组织、捐助国以及商业界，便于发展中国家获得尖端技术援助。总之，联合国贸发会议认为，由于通过提供新的机会和新市场，电子商务可以成为经济增长、包容性贸易和创造就业的强大动力。电子贸易政策是一项及时而关键的任务，旨在加速电子商务扩张，以促进实现包容性经济增长，并符合2030年可持续发展议程。[1]

需要注意的是，"联合国全球契约"（UN Global Compact）等联合国现有协定对电子商务也会产生重要影响。1999年1月在达沃斯世界经济论坛年会上，联合国秘书长科菲·安南（Kofi Atta Annan）提出了联合国全球契约的计划，并于2000年7月在联合国总部正式启动。联合国全球契约要求各企业在各自的影响范围内遵守、支持以及实施一套在人权、劳工标准、环境及反贪污方面的十项基本原则。这些原则来源于《世界人权宣言》《国际劳工组织关于工作中的基本原则和权利宣言》《关于环境与发展的里约宣言》和《联合国反腐败公约》。[2] 由于在数字环境下对于人权的保护正在日益影响到互联网公司开展业务的方式，这一倡议对电子商务产业产生了重要影响。

当前，消费者权益和个人信息保护等内容反映了电子商务领域国际发展的新趋势，是电子商务国际规则制定的发展方向。在电子商务领域，世界贸易组织、二十国集团（G20）等就电子商务相关问题加强国际合作，分享电子商务带来的机遇。电子商务是WTO的四大新兴议题之一，通过建立跨境电子商务交易平台，特别是数字证书、电子证书等的相互认可，为跨境电子商务创造良好的经贸环境。WTO在包括电信自由化、知识产权保护和信息通信技术发展等领域有关电子商务的条款不断取得进展。1998年，WTO第2届部长级会议设立了"电子商务工作计划"，讨论与贸易相关的全球电子商务议题，规定了各成员在电子商务领域的国家责任。从1998年开始，WTO成员一致同

① UNCTAD, "The e-Trade for All: A New Multistakeholder Initiative to Boost Global Gains from E-trade," pp.1-4, October 1, 2016, https://unctad.org/en/PublicationsLibrary/dtlstictmisc2016d6_en.pdf.

② UN, "UN Global Compact," July 2000, https://www.unglobalcompact.org/.

意停止对电子传输征收关税，明确要求数字产品享受免税待遇。此后，暂停征收电子商务关税便成为各国贸易往来的基本做法。[①]

当前，世界经济面临百年未有之大变局，国际经贸关系进入新的调整期。在"逆全球化"暗流涌动、全球贸易摩擦加剧的背景下，WTO正处于改革的十字路口，并且改革议程设置仍然充满不确定性。在全球经济治理领域，WTO改革已经成为国际社会关注的核心。近年来，WTO未能适应国际政治经济发展的新态势，在货物贸易、服务贸易、反倾销、反补贴以及数字贸易新议题等核心领域的改革步伐缓慢，引发国际社会的普遍忧虑。为此，国际社会需要确定WTO改革的"路线图"，坚持"以规则为基础"的多边贸易体系。2016年7月，美国以《跨太平洋伙伴关系协定》为蓝本，首次将跨境数字流动等议题纳入WTO谈判。2017年12月，WTO第11届部长级会议发布了第一份《电子商务联合声明》，宣布开启"与贸易有关的电子商务"议题的探索性工作。[②] 2019年1月25日，76个WTO成员发表了第二份《电子商务联合声明》，确认启动与贸易有关的电子商务谈判，并在现有WTO框架下达成高标准的电子商务国际规则。[③] 中国也首次参与电子商务的联合声明，反映出电子商务国际规则制定正处于加速状态。当前，WTO成员方围绕电子商务的谈判主要包括如下部分：贸易便利化、市场准入和数据流动。WTO第12届部长级会议于2022年6月12日至17日在瑞士日内瓦举行，会议在电子传输暂免关税等议题上取得积极成果。

二十国集团是全球经济治理的主要平台，也是电子商务规则制定的重要推动主体。二十国集团领导人杭州峰会首次将数字经济列为G20创新增长蓝图中的一项重要议题。中国牵头成立G20数字经济工作组（Digital Economy Task Force），杭州峰会一致通过了《G20数字经济发展与合作倡议》，这是全球首个由多国领导人共同签署的数字经济政策文件。《G20数字经济发展与合作倡议》阐述了数字经济的概念、意义和指导原则，提出了创新、伙伴关

---

①　参见："WTO Electronic Commerce Gateway," https://www.wto.org/english/tratop_e/ecom_e/ecom_e.htm。

②　"Joint Statement on Ecommerce," December 13, 2017, https://www.wto.org/english/ Thewto_e/minist_e/mc11_e/documents_e.htm.

③　"Joint Statement on Electronic Commerce," January 25, 2019, http://trade.ec.europa.eu/doclib/docs/ 2019/january/tradoc_157643.pdf.

系、协同、灵活、包容、开放和有利的商业环境、注重信任和安全的信息流动等七大原则，明确了宽带接入、ICT投资、创业和数字化转型、电子商务合作、数字包容性、中小微企业发展等数字经济发展与合作的六大关键优先领域，鼓励成员在知识产权、尊重自主发展道路、数字经济政策制定、国际标准的开发使用、增强信心和信任、无线电频谱管理等六大领域加强政策制定和监管领域的交流，营造开放和安全的环境。G20鼓励成员开展多层次交流，交流政策制定、立法经验和最佳实践，在培训和研究领域积极开展合作，与国际组织及其他团体积极互动，共同推动数字经济快速健康发展。2019年的G20大阪峰会将数字经济作为领导人峰会的重点议题，发布了《大阪数字经济宣言》，承诺在WTO推动与贸易有关的电子商务国际规则制定，并争取在WTO第12届部长级会议前取得实质性进展。[①] 不过，印度和印度尼西亚等G20成员对全球电子商务谈判持反对意见，特别是在跨境数据流动问题上，它们认为数据应存储在本地。

作为主要由发达经济体组成的政府间国际经济组织，经合组织（OECD）长期关注网络经济和电子商务规则的制定。2008年6月23日，经合组织首尔部长级会议发布《互联网经济未来的首尔宣言》并指出："网络经济是指基于互联网和与之相关的信息和通信技术支持的各种形式的活动，关涉到我们的经济、社会和文化等各方面。网络经济治理在于为市场主体创造更有效率的市场环境、公平有序的市场秩序，提高资源配置效率。"[②] 在经合组织国家的治理实践中，行业自律、市场主体自我规制、公众参与多管齐下，其中特别强调互联网经济行业自治。

区域性国际组织近年来积极推动电子商务规则的制定。在这方面，欧盟、东盟最为积极，它们试图规制跨境电子商务带来的用户信息跨国传输与跨国保护问题。早在1995年，欧共体就颁布了《数据保护指令》，对各成员电子通信领域的信息保护进行规范性约束。2000年，里斯本欧盟领导人特别峰会制定了第一个欧盟电子商务战略，把坚持市场导向和保护公众利益作

---

① "Osaka Declaration on Digital Economy," June 29, 2019, https://www.wto.org/english/news_e/news19_e/osaka_declration_on_digital_economy_e.pdf.

② OECD, "The Seoul Declaration for the Future of the Internet Economy," June 23, 2008, http://www.oecd.org/FutureInternet.

为基本的原则。欧洲议会与欧盟理事会公布了《关于电子商务的法律保护指令（2000/31/EC）》，目的在于"确保共同体法律的高度统一，以便为信息社会服务提供一个真正的无国界限制的区域"，同时，"制定一个清晰和全面的法律框架，以涵盖内部市场范围内的电子商务中涉及法律的若干方面"[①]。电子商务在欧盟内部发展迅速，迫切需要立法规范。欧盟于2002年颁布的《隐私与电子通信指令》、2016年公布的《网络与信息系统安全指令》与2018年颁布生效的《通用数据保护条例》（General Data Protection Regulation, GDPR）为电子商务发展提供了较为全面完善的法律保障。根据上述法规和指令，欧盟电子商务立法的核心是消除贸易自由与信息安全之间的冲突。一方面，欧盟法支持在欧盟境内消除规制壁垒，鼓励电子商务的跨境流通。欧洲议会于2018年颁布的《通用数据保护条例》同样强调，规则意在通过欧盟内部实施统一的信息社会保护，维护内部市场的正常运转。另一方面，欧盟要求贸易自由必须在信息安全的前提下进行。《通用数据保护条例》明确规定了当事人的权利，包括删除和修改权、遗忘权、转移权、决定权等。[②] 总之，欧盟坚持将个人信息和隐私保护视为基本人权，跨境数据流动规则应让位于个人信息保护措施。《通用数据保护条例》产生不小的影响，对于印度和巴西等国的规则制定产生了影响。2018年7月印度发布的《个人数据保护法案（草案）》与2018年8月巴西通过的《通用数据保护法》都全面借鉴了《通用数据保护条例》的主要原则，以此保障数据主体对于数据的控制权。

2013年的"棱镜门"事件反映出美国对欧盟的大规模监听，有关横跨大西洋数据传输的《安全港协议》（Safe Harbor）合法性备受质疑。2015年10月，欧盟法院认定欧美2000年签署的关于自动交换数据的《安全港协议》无效，美国在欧盟将不再拥有"对个人数据提供充分保护国家"的地位。在此背景下，欧美达成《欧美隐私盾牌》协定，协定规定用于商业目的的个人数据从欧洲传输到美国后，将享受与在欧盟境内同样的数据保护标准。为了保证《欧美隐私盾牌》协定的实施，双方还设置了年度联合审查机制。总之，协定通过明确美国政府义务的方式，确保大西洋两岸信息的自由流动。

---

① EU, "Site Service Provider Information under Directive," June 8, 2000, http://www.ecis.eu/directive/.

② 有关欧盟《通用数据保护条例》的具体内容参见：EU, "EU General Data Protection Regulation (GDPR)," May 25, 2018, https://gdpr-info.eu/。

亚太经合组织（APEC）是国际社会最早倡导多边贸易体制的国际组织，也是该地区层级最高、领域最广、最具影响力的经济合作机制。[①] 1998年11月，APEC第六次部长级会议通过了《APEC电子商务行动蓝图》，提出"APEC数字战略"，制定了未来APEC推动电子商务的行动框架。1999年，APEC第七次领导人非正式会议成立了APEC电子商务指导组（ECSG）。2001年，APEC第九次领导人非正式会议成立APEC电子商务工商联盟，致力于跨境电子商务规则制定。电子商务指导组从政府层面、电子商务工商联盟从企业层面，共同推动APEC电子商务发展。多年来，中国既是亚太经合组织的参与者，更是电子商务发展的坚定支持者和重要贡献者。

电子商务在东盟地区的普及程度较高，规则制定起步较早。2000年11月24日，第四次中国—东盟领导人会议成立电子东盟，并通过了《电子东盟框架协议》（the e-ASEAN Framework Agreement），倡导信息通信技术是促进东盟一体化、缩小东盟成员国间数字鸿沟的重要手段，以期解决跨境电子商务的贸易便利化问题。经过多年发展，东盟各国跨境电子商务发展合作机制基本形成，新加坡、马来西亚等国在线交易规模不断增加。同时，中国—东盟自由贸易区跨境电子商务发展迅速。

除国际组织外，美国在跨境电子商务规则制定领域亦走在前列，率先于2001年以"电子商务条款"来规范自贸区跨境电子商务。2001年缔结的美国—约旦自贸区协定是美国第一个包括跨境"电子商务条款"的自贸区协定，它要求成员国不要对电子传输（包括数字产品）强加关税和不必要的障碍。2004年，美国与新加坡和智利签署的自贸区协定正式生效，这两个协定都制定了整章的电子商务法规。此外，美国十分注重利用自贸协定推广其电子商务规则，跨太平洋伙伴关系协定的电子商务条款长达18章节，包括跨境信息流动、取消数据存储本地化等内容，通过反对任何对数据自由流动的限制，试图成为国际电子商务规则制定的标杆。

美国是要求WTO电子商务规则改革的最主要推动力量之一，在电子商务领域要求永久禁止征收电子传输关税、强制技术转让和歧视性技术许可要求。在2017年WTO第11届部长级会议结束之时，美国贸易代表罗伯特·莱特希

---

① 苏格：《亚太经合之中国足迹》，《现代国际关系》2019年第4期，第1页。

泽（Robert Lighthizer）称，美国将在电子商务等领域与具有相似想法和意愿的成员方合作，打破WTO僵局，寻求新的开始。美国试图通过吸引部分志趣相投的国家组成共同阵线，抢夺规则制定的先机。这些协定的电子商务条款明显体现出TRIPS-plus特征，构建出更强的数据流动跨境传输国际标准，对中国产生严重冲击。2018年4月12日，美国向WTO提交了关于电子商务谈判的文件，称"全面且富有雄心"的贸易规则是确保一个开放、公平和竞争性的全球数字经济的基础。该文件提出了美国展开谈判予以解决的七项议题：信息自由流动、数字产品的公平待遇、保护专有信息、数字安全、促进互联网服务发展、竞争性电信市场和贸易便利化。文件要求电子商务规则制定应当确保数字产品受到非歧视性待遇，特别是禁止强制技术转让，并且禁止歧视性技术许可要求。在数字经济中，需要保护具有关键商业价值的计算机源代码、算法和商业机密。在数字安全方面，数字贸易规则应确保通过使用安全的加密技术保护数字安全，不制定针对特定国家的加密标准。数字贸易规则需要确保各国采取"基于风险"的方法来减轻网络威胁，以免遭受贸易限制。2019年3月24日，美国提交了第二份电子商务提案，提案围绕允许跨境数据自由流动、禁止要求共享源代码和商业机密、电子产品非歧视待遇、禁止强制转让技术及禁止采取过度严苛的网络安全措施等议题，推动建立具有约束性的电子商务规则。应该说，美国在WTO内试图打造"最高标准"的数字贸易和电子商务规则，具有打压中国的明显意图，美日欧近年来就制定跨国数据流通的规则展开讨论，目标是建立一个旨在共享数据的"数据流通朋友圈"，主导数据跨境传输流动国际标准的制定。大国博弈和地缘较量将深刻影响电子商务规则制定进程。

三、中国与电子商务国际规则制定

中国在电子商务规则方面需要加大发展力度，积极推动相关国际规则制定，以实现捍卫国家利益之目的。培育跨境电商等贸易新业态新模式，是适应产业革命新趋势、促进进出口稳中提质和培育外贸竞争新优势的重要举措。近年来，中国电子商务发展迅速，中国已经成为世界第一网络零售市场并拥有世界第一网购人群、世界第一快递服务业和世界第一移动支付规模。同时，中国的电子商务市场主体更优更强，电子商务企业占据2020年电子商务企业全球市值前5名中的4席。电子商务成为产业数字化转型的重要驱动力，推动了智能制造、传统零售转型，服务业线上线下融合成效显著，线上线下相互依托、融合发展成为新常态，电子商务在国际经贸关系中亦起到越来越重要的作用。[①]

从国际层面看，近年来，随着与其他国家围绕自贸协定谈判的深入，中国开始把电子商务纳入自贸协定谈判的文本。通过签署含有"电子商务"条款的自贸协定，中国企业获得国民待遇和市场准入，对推动电子商务企业的可持续发展具有重要作用。2015年签署的中国—澳大利亚和中国—韩国自贸区协定首次收入了有关电子商务的内容，在制定跨境电子商务规则方面取得了突破性进展。

在各国纷纷提出电子商务条款时，中国积极利用自身作为发展中国家和发达国家桥梁的角色，推动多哈回合谈判搁置的发展议题与电子商务、投资便利化等新一代议题相结合，使之相互促进。特别值得一提的是，中国还积极参与WTO电子商务谈判，在WTO框架下稳步推进电子商务议题谈判，保障发展中成员发展利益，努力缩小数字鸿沟，确保各成员都能从全球贸易中受益。2019年1月，中国与美国、欧盟、日本、巴西、尼日利亚等76个WTO成员共同签署了《关于电子商务的联合声明》(Joint Statement on Electronic Commerce)，声明确认有意在世贸组织现有协定和框架基础上，启动与贸易有关的电子商务议题谈判，利用电子商务领域面临的独特机遇和挑战，以便使电子商务为企业、消费者和全球经济带来更大利益。[②]2022年6月，WTO第12届部长级会议虽然就电子商务谈判取得积极成果，但是，中国与欧美国家在电信市场准入、网络内容管理等方面存在严重分歧，加之新冠疫情的持续扩散，各国在WTO平台的电子商务谈判仍然面临着地缘较量和政治诉求的多重博弈。

从国内层面看，中国颁布了《中华人民共和国电子签名法》，承认电子签名和电子证书的法律效力，并以《电子认证服务管理办法》进行管理和监督。随着跨境电子商务的迅速发展，中国陆续采取"互联网+"行动计划、电子商

[①] 《电子商务发展：惠及亿万百姓生活》，《光明日报》2022年6月9日，第5版。

[②] WTO, "Joint Statement on Electronic Commerce," January 25, 2019, http://trade.ec.europa.eu/doclib/docs/2019/january/tradoc_157643.pdf.

务系列政策措施等一系列重大战略和行动。今后，中国需要考虑着手制定《电子商务法》等相关法律，并根据形势发展修改《知识产权法》和《消费者权益保护法》等相关法律，增加跨境数据流动、数字产品的相关内容，以推动电子商务的发展。

总之，在电子商务规则制定上，中国应抓住新业态发展机遇，特别是以蕴含着创新驱动力量的跨境电商为代表的新业态。跨境电商新业态的领军者以阿里巴巴为代表，它已经成为全球贸易的模式提供者、规则推动者。中国制定了全球第一份跨境电商行业准则《跨境电商标准框架》，确立了世界海关跨境电商大会机制。阿里巴巴提出了e-WTP（电子世界贸易平台）倡议，打造"数字自由贸易区"，致力于实现电子商务的全球化和普惠化。总之，跨境电子商务暗含着源于中国受益全球化并反哺全球化的一种新合作模式与新增长理念。

第二节　数据流动国际规则研究

前文对于电子商务规则进行了分析，电子商务属于数字经济的范畴。从概念上讲，数字经济是指人们通过大数据的"识别—选择—过滤—存储—使用"，引导资源的快速优化配置与再生，进而实现经济高质量发展的经济形态。从技术层面的大数据、物联网、云计算、区块链，到应用层面的数字金融、新零售、智慧城市等，都属于数字经济的范畴。从2012年至2021年，中国数字经济规模从11万亿元增长到超45万亿元，占国内生产总值的比重由21.6%提升至39.8%，年平均增速达到15.9%，数字经济已成为中国经济新的增长动力。[①] 在数字经济领域，除了电子商务，数据流动特别是跨境数据流动（cross-border/transborder data flow）的规则制定已经成为国际互联网治理的关注热点。跨境数据流动是数字贸易的驱动力，在数字贸易谈判中形成能够兼顾各国合理需求与数据流动需求的国际规则，是国际互联网规则制定的重点和难点之一。

---

① 龚鸣等：《数字经济蓬勃发展　中国机遇世界共享》，《人民日报》2022年8月29日，第3版。

一、数字贸易的基本内涵

数字贸易是数字时代跨国贸易的重点领域，也是国际社会在网络空间积极建章立制的关注点。数字贸易是经济全球化、信息网络化和移动互联化的产物，当前，各国针对数据流动等国际规则制定正处于博弈的关键时期。

（一）大数据的形成及其影响

人类正处于一个由网络和数据驱动为主导的新时代。大数据不仅迅速成为计算机行业讨论的热门概念，而且也开始渗透到国际关系领域，成为21世纪人类面临的又一政治和经济挑战。美国学者安德烈·茨维特（Andrej Zwitter）指出，大数据指的是大量的数据，利用复杂的分析技术可以挖掘出信息，以揭示模式、发现趋势和相关性。这一概念背后的关键是，庞大的数据量允许用户通过查看较小的样本发现特定的信息、相关性和模式，它还涉及增强从大量非结构化数据中提取信息和解释信息的能力。此外，大数据是接近实时更新的。[①] 简而言之，大数据是指通过计算机等新型设备对长时段、大范围信息的获取和分析，从海量和多样化的信息中捕捉、处理并获取有用信息。大数据往往具有体量巨大、类型繁多、增长速度快等特征，是传统数据无法比拟的。在业内，流行着大数据三个"V"的说法：巨大的数据量与数据完整性（volume）、多样性（variety）和实时性需求（velocity）。

大数据保证了信息优势，在对商业智能方面、国家情报或任何其他形式的数据收集和分析中，它提供了一种"无所不知"的能力。掌握大数据的国家、政府和大型企业将拥有对生产、传播知识和创新的巨大优势。奥巴马时期的总统科技顾问约翰·霍尔德伦（John Holdren）认为，大数据是美国维持领先地位需要面临的一个大问题。[②] 概而言之，大数据对国际关系的主要范畴产生了重要的变革性意义：从经济方面看，其商业价值决定了围绕大数据的新国力竞争；从主权方面看，作为信息载体的大数据是数据主权的基础；从安全方面看，大数据挖掘所带来的预测功能使其成为今后国家战略能力的重要支柱。[③]

---

① Andrej Zwitter, "Big Data and International Relations," *Ethics & International Affairs* 29, no.4 (2015): 377-379.

② Jeffrey Mervis, "Agencies Rally to Tackle Big Data," *Science* 336, no. 6077 (2012): 22.

③ 蔡翠红：《国际关系中的大数据变革及其挑战》，《世界经济与政治》2014年第5期，第129页。

值得注意的是，数据主权日益成为各国关注的重点，也是全球互联网治理的核心关注点。如果说互联网时代存在宽泛的信息主权和数字主权，以及界限分明的互联网主权和网络空间主权的话，那么，大数据云计算时代则诞生了一种新的主权形式：数据主权。[1] 在大数据时代，数据主权是指国家对数据和与数据相关的技术、设备、服务商等的管辖权及控制权，体现域内的最高管辖权和对外的独立自主权、参与国际事务的合作权。数据主权体现了大数据与云计算、物联网和人工智能等新技术对传统形式的信息通信工具的变革，这种变革对一个国家所拥有的独立自主地处理其内外事务的最高权力产生重要影响。其中一个重要表现是大数据所有者、使用者和存储者用于地理位置空间分离时如何有效判断自身合法权益、如何有效认知对方正当利益的问题。比如，在数据跨境流动方面，数据主权的合法性需求包括公民隐私权利保护，以及公共安全的保护。如何协调隐私保护的现有法律体系，如何规避数据安全风险，成为数据流动规则制定的重要关注领域。

大数据对国际关系和国际反恐产生了深远影响，引发数字驱动型变革，改变了既往有关权力分配和冲突类型的划分。比如，2008年11月26日—29日，克什米尔分离主义组织"虔诚军"10名全副武装的成员用自动武器和手榴弹袭击了印度孟买的几个公共场所，造成164人死亡、300人受伤。这是已知的首批恐怖分子使用强大搜索算法的案例之一。这种搜索算法是指推特（Twitter）和谷歌佩奇排名（Page Rank）系统中使用的链接分析，该系统允许成员实时访问海量数据池中的信息，为恐怖行动提供了有用信息。

当前，大数据已拓展到军事安全领域，进而对国际政治产生影响，大数据的兴起及其分析技术的应用或将为国际关系研究中的冲突预测开辟新的理论路径。一方面，随着社会生活网络化、数据化和智能化趋势的日渐增强，微观主体之间的互动将产生更多的数据痕迹，安全预防和冲突预测研究能够获得较以往任何时候都更为丰富的信号信息；另一方面，由于数据追踪采集手段和数据分析工具的不断升级，安全研究与冲突预测研究不仅能够深入挖掘更为即时和微观的细节数据，而且能够实现数据的动态、连续和非结构化。[2]

---

[1] Kristina Irion, "Government Cloud Computing and National Data Sovereignty," *Policy & Internet* 4, no.1 (2012): 42-43.

[2] 董青岭：《大数据安全态势感知与冲突预测》，《中国社会科学》2018年第6期，第172—173页。

数据分析与基于数据的决策成为新一轮军事建设的重点，受到了各国的重视。其中，美国军方对大数据的运用尤其值得警惕。早在奥巴马政府时期，美国就从战略高度对大数据运用于军事领域给予优先支持。2011年4月，美国国防部长签署了一份有关国防部优先发展的科学技术的备忘录，有7项科学技术被作为优先的战略投入目标。其中，"数据到决策"排在首位，其研发内容包括：（1）以创新方式使用海量数据，通过感知、认知和决策支持的结合，建立真正的、能够独立完成操控并作出决策的自主式系统；（2）提高作战人员和分析人员的环境与状况感知能力，增强对任务和流程的支持。美国国防部具体通过国防高级研究计划局的"先期技术与工具开发"计划和"数据扩展"计划以及海、陆、空等方面科研部门的大力协助，开展"数据到决策"计划。① 美国的行为引发了大数据军备竞争并将对未来战争产生重要影响，加剧了国际社会的数字博弈。

（二）数字贸易的概念界定

国际贸易的发展逐步从传统的跨国贸易，到全球价值链贸易，直到迈入当前的数字贸易时代。数字贸易涉及数字流动、数据本地存储和数据管辖权议题，数字贸易流动亟须制定规则予以澄清和约束。

在数字贸易的界定和规则制定中，美国率先进行了立法实践。2013年7月，美国国际贸易委员会（USITC）在《美国与全球经济中的数字贸易1》（Digital Trade in the U.S. and Global Economies, Part 1）中提出了"数字贸易"定义，即通过互联网传输产品和服务的国内商务和国际贸易活动，分为国内数字贸易和国际数字贸易，具体包括四个方面的内容：一是数字化交付内容，如音乐、游戏；二是社交媒体，如社交网络网站、用户评价网站等；三是搜索引擎；四是其他数字化产品和服务，如软件服务、在云端交付的数据服务等。② 美国国际贸易委员会采用了相对狭窄的数字贸易定义，它排除了大部分的实体商品贸易，即便是具有数字特性的物理商品（以CD或者DVD形式出售的书籍、软件、音乐和影视作品也被排除在外）。

---

① 参见：蔡翠红《国际关系中的大数据变革及其挑战》，第132—133页。

② USITC, "Digital Trade in the U.S. and Global Economies, Part 1," Investigation No. 332-531, p. xii, July 2013, https://www.usitc.gov/publications/332/pub4415.pdf.

这一数字贸易的概念界定受到不少指责，因此，美国国际贸易委员会于2014年8月公布了长达280页的《美国与全球经济中的数字贸易2》（Digital Trade in the U.S. and Global Economies, Part 2），对数字贸易的定义进行了修正，认为它是"互联网以及基于互联网的技术在产品和服务的订购、生产或交付中扮演特别重要角色的国内贸易和国际贸易"。采用这一定义是为了捕捉互联网促进或通过互联网发生的各种各样的经济活动。应该说，这一报告使用了比《美国与全球经济中的数字贸易1》更为宽泛的数字贸易定义，以反映该委员会在调查过程中收到的公众意见，特别是不断增长的工业界的要求。[①] 2017年8月，美国国际贸易委员会发布了长达442页的报告《全球数字贸易1：市场机遇与主要外贸限制》（Global Digital Trade 1: Market Opportunities and Key Foreign Trade Restrictions），强调数字对国际贸易运转方式的改变，同时对数字贸易的定义进一步予以放宽，指出数字贸易通过固定线路或无线数字网络提供产品和服务，具体包括通过互联网进行产品贸易和服务贸易的交付，以及通过智能手机和互联网传感器等相关产品的交付。[②] 尽管美国国际贸易委员会认定数字贸易包括电商平台提供的相关产品和服务，但排除了网络订购的实体产品及其数字附属品。而美国贸易代表办公室（USTR）认为，数字贸易是一个广泛的概念，不仅包括在互联网上的销售以及提供在线服务，还包括实现全球价值链的数据流、实现智能制造的服务以及无数其他平台和应用。数字贸易概念外延的扩展所产生的数字贸易规则比传统的货物和服务贸易要更复杂、更具不确定性。

一般而言，数字贸易是以互联网为媒介的商品和服务的贸易活动，大致包括四大类：数字音乐、数字图书等数字化交付内容，社交网站等数字传媒，数字零售交易，搜索引擎、移动APP、云服务等其他数字化产品和服务。数字贸易的内涵和外延不断拓展。总体上看，任何企业通过互联网进行贸易即为数字贸易。当前，在服务贸易领域，超过一半的服务贸易为数字贸易。

总之，数字经济具有虚拟性和全天候的特征，突破了传统边界的束缚，

① USITC, "Digital Trade in the U.S. and Global Economies, Part 2," Investigation No. 332-540, pp. 29-30, August 2014, https://www.usitc.gov/publications/332/pub4485.pdf.

② USITC, "Global Digital Trade 1: Market Opportunities and Key Foreign Trade Restrictions," Publication 4716, p.14, August 2017, https://www.usitc.gov/publications/332/pub4716_0.pdf.

数字跨境数据流在不断增加，数字贸易面临发展的巨大机遇。数字贸易已经成为全球贸易中最具活力的贸易形式，成为推动传统贸易转型升级的核心力量和未来发展方向，成为越来越多的中小企业青睐的贸易方式。[①]但是，数字贸易在世界各国的发展并不平衡，部分国家的法律、支付和税收以及知识产权方面的信息匮乏，阻碍了数字经济的全球均衡发展。

二、数据流动的规则制定进程

当前，国际社会认识到数据自由流动对于经济增长的重要性，同时也逐渐意识到全球范围内存在着数据权力的不均衡，发展中国家需要特别警惕美国依靠自身技术霸权干涉甚至监控数据流动的可能性。对于数据流出国而言，需要关注数据在流入国是否得到合理保障；而对于数据流入国而言，数据本地化、数据审查等司法管辖政策是国家的合理诉求，其合理关切应该在数据流动的规制中予以保障。数据流动的国际规则制定在国际组织、国家和公民社会等层面都得到了有效的开展。其中，联合国在数据规制中的作用愈加明显。

近年来，联合国非常重视数据流动和数字规则制定。为推动全球多方利益攸关方对话，探讨如何更好地推动国际合作，实现数字技术在促进人类福祉的同时降低可能发生的风险，联合国秘书长安东尼奥·古特雷斯（Anttnio Guterres）于2018年7月12日宣布成立联合国数字合作高级别小组（the UN High-Level Panel on Digital Cooperation），其主要任务是促进各国政府、企业、民间社团、国际组织、技术界和学术界以及其他利益攸关方在数字空间的合作。同时，联合国任命阿里巴巴集团董事局主席马云和比尔及梅琳达·盖茨基金会联合创始人梅琳达·盖茨为小组联合主席，这个由20人组成的小组致力于"查明政策、研究和信息方面的差距，广泛进行公开咨询并提出加强数字空间国际合作的建议，确保人人享有安全和包容的数字未来"[②]。小组于2019年6月10日向联合国秘书长提交了长达60页的报告《数字相互依存的时

[①]　WTO, "World Trade Report 2019: The Future of Services Trade," October 9, 2019, https://www.wto-ilibrary.org/world-trade-report-2019_7e6f8c91-en.pdf?itemId=%2Fcontent%2Fpublication%2F7e6f8c91-en&mimeType=pdf.

[②]　"UN Launches High-Level Panel on Digital Cooperation, Led by Melinda Gates and Jack Ma," Intellectual Property Watch, July 12, 2018, http://www.ip-watch.org/2018/07/12/un-launches-high-level-panel-digital-cooperation-led-melinda-gates-jack-ma/.

代》（the Age of Digital Interdependence），报告包括建立包容的数字经济和社会，促进人类和机构能力建设，保护人权和人类自主性，建立数字互信、安全和稳定，以及升级全球数字合作机制等5个方面，并为促进全球数字合作提出了11条建议。① 报告还建议秘书长考虑在本小组工作之后任命一名"技术特使"（Tech Envoy）。成立联合国数字合作高级别小组反映出数字技术跨越国际边界、部门和社会具有的独特性作用，数字技术对于实现联合国2030年可持续发展议程具有重要意义。因此，国际社会需要一种新的治理形式，这种治理形式依赖于政府、私营部门、技术界、民间社会和其他团体的合作。《数字相互依存的时代》已经成为全球数字经济未来发展的纲领性报告，有助于推动形成数字空间国际规范。总之，在数字领域，联合国保留着独特的作用和召集力，将有关利益攸关方聚集在一起，制定准则和框架，并协助发展国际社会所需的能力，以确保所有人享有安全和公平的数字未来。②

在数据治理中，国家利用产业优势和技术优势处于主导地位。美国拥有世界上最大的数字贸易市场，并从数字贸易是美国贸易经济的重要构成这一高度出发，积极推动数字经济和数字贸易的发展。特别是，美国利用自身庞大的数字贸易额，积极打造推动信息和数据流动美式规则，具体包括在"网络开放"和"技术中立"原则下推动跨境数据自由流动、数据存储非强制当地化、数字传输永久免关税等。早在2013年，美国国会通过《数字贸易法案2013》，提出美国的政策制定者和贸易谈判者应该要将实现全球数字贸易开放自由作为关键的优先事项，推动国际数字贸易规则和数据流通国际规则的形成。近年来，美国通过多边和区域层面的谈判，试图构建数字贸易规则体系。在多边层面，美国试图在WTO内引领国际数字贸易规则进程。2018年4月12日，美国向WTO提交了针对《数字贸易倡议联合声明》的新议案（JOB/GC/178），该文件提出了7项议题：信息自由流动、数字产品的公平待遇、保

① The UN High Level Panel on Digital Cooperation, "The Age of Digital Interdependence: Report of the UN Secretary-General's High-level Panel on Digital Cooperation," pp.4-5, June 2019, https://www.un.org/en/pdfs/DigitalCooperation-report-for%20web.pdf.

② The UN High Level Panel on Digital Cooperation, "The Age of Digital Interdependence: Report of the UN Secretary-General's High-level Panel on Digital Cooperation," p.35, June 2019, https://www.un.org/en/pdfs/Digital Cooperation-report-for%20web.pdf.

护机密信息、数字安全、促进互联网服务、竞争性电信市场和贸易便利化。①
美国试图在WTO内部强行施加美国有关"下一代规则"的政治意愿。在双边
层面，已经缔结的美韩、美日贸易协定和一些正在谈判的贸易协定均包含了
"数字贸易"章。当前，数字贸易规则成为各方关注和博弈的焦点领域。2012
年美国和韩国签署的《美韩自由贸易协定》首次在协定中将电子商务章节纳
入跨境数据流动规则，规定"成员方应努力避免对跨境的电子信息流施加或
维持不必要阻碍"。

　　欧盟是数据规则制定的重要主体。在多样性和规模性并存的大数据时代，
有关数据保护的讨论成为欧盟关注的重点之一，如"被遗忘权"和"数据可
携带权"。总体而言，欧洲数字政策关注经济保障甚于维护霸权，关注欧式
价值观念甚于网络空间威慑。欧盟于2015年5月6日发布了《数字单一市场
战略》（Digital Single Market Strategy），力图消除成员内部数字贸易壁垒，规
范网络中间商的权力和责任。欧盟认为，"数字单一市场"需要满足如下三个
条件：保证商品、人员、服务和资本自由流通，居民、个人和商家能无缝衔
接，以及所有线上活动均在公平竞争条件下进行。单一数字市场是欧盟统一
市场、促进贸易、推动经济增长的一项长期而重要的工作，欧盟决策者希望
维持欧盟在全球政策和市场中的定位，尽可能避免不必要或重复的负担和可
能削弱欧盟国际竞争力的意外后果。②2017年，欧盟通过了《迈向数字贸易战
略》（Towards a Digital Trade Strategy），积极推动"欧洲数据自由流动计划"，
实现欧盟范围的数据资源自由流动，推动进一步的数字贸易一体化，把欧盟
建成一个包容性的数字化社会。

　　ICANN是数字经济发展的重要推动力，在域名和地址等领域助推数据贸
易发展。2008年6月26日，ICANN董事会第32届巴黎年会提出了通用顶级域
名扩展计划，从而引起了商标权和域名的争论。域名是现代企业的网上商标，
随着域名及其商业价值的不断增加，域名与商标权利间的冲突日趋复杂化。

____

　　① WTO, "Joint Statement on Electronic Commerce Initiative, Communication from the United States," April 12, 2018, https://docs.wto.org/dol2fe/Pages/FE_Search/FE_S_S009-DP.aspx?language=E&CatalogueIdList=244489,244495,244488,244469,244463,244471,244470,244437,244474,244472&CurrentCatalogueIdIndex=6&FullTextHash=371857150&HasEnglishRecord=True&HasFrenchRecord=False&HasSpanishRecord=False.

　　② European Commission, "Towards an Open Digital Single Market," p.2, May 6, 2015, http://www.openforumeurope.org/wp-content/uploads/2015/07/Vision_Paper_OFE_final.pdf.

当前的统一域名争议解决政策规定了域名注册一般不进行实质性审查，因此，各方争论的焦点围绕是否需要进行域名登记监管展开；技术领域的创新，如人工智能、云计算、物联网、语音和人脸识别对于互联网技术治理中的协议、标准、规范等也提出了新的挑战。①

OECD很早便开始关注数据流动特别是跨境数据流动。早在1988年，OECD就制定了《关于隐私保护与个人数据跨境流动指南》，确立了限制收集原则、数据质量原则、目的明确原则、限制使用原则、安全保障原则、公开原则、个人参与原则以及问责原则等8项原则，这是从全球视角对跨境数据流动进行规则制定的第一次尝试，尽管没有强制力，但对于数据流动实践具有一定影响。2016年，OECD发布《数字经济：创新、增长和科技的部长级宣言》，试图通过根植于尊重人权和法治、保护用户隐私和数据、强化数字安全的政策，增进人民福祉，从而加强互联网的开放性，尤其是加强互联网的分布性和互通性。同时，此举可推动各国形成可信、透明、普遍适用的数字安全风险管理和隐私保护政策，支持各国达成有关促进有效跨境保护隐私和数据安全的国际安排，支持各国协作。② 在数字经济治理模式上，OECD在互联网经济治理中采取一种"政府监管+行业自律+公众参与"的治理模式，试图最大程度地发挥各行为体的作用。

在大数据的背景下，2017年出版的《塔林手册2.0版》把数据列为网络活动国际管辖权的对象，第一次在国际管辖权规则中明确地将数据作为独立的客体，这是对数据主权观念的肯定。同时，该手册明确区分了一国国民网络活动的属地管辖权和该国国民网络活动所创建数据的管辖权，认为对数据的管辖权不同于对其国民网络活动的管辖权。个人或企业具有一国国籍这一事实，并不能单独授予该国籍国对个人或企业数据行使域外执行管辖权的权力。但是，如果个人或企业位于该国，则该国可以基于未能与当局合作而对个人或企业本身行使执行管辖权。③ 总之，"数据"在《塔林手册2.0版》中作为行

---

① Wolfgang Kleinwächter, "Internet Governance Outlook 2015: Two Processes, Many Venues, Four Baskets," January 3, 2015, http://www.circleid.com/posts/print/20150103_internet_governance_outlook_2015_2_processes_many_venues_4_baskets/.

② OECD, "Ministerial Declaration on the Digital Economy: Innovation, Growth and Social Prosperity," June 23, 2016, http://www.oecd.org/sti/ieconomy/Digital-Economy-Ministerial-Declaration-2016.pdf.

③ 迈克尔·施密特总主编、丽斯·维芙尔执行主编《网络行动国际法塔林手册2.0版》，第92—115页。

使管辖权的单独依据得到肯定，至于对数据的国际管辖权应该如何行使，则需要各国在未来的实践中进一步发展和丰富。

此外，非国家行为体在数据流动规则制定中也发挥了越来越重要的作用。技术团体和公民社会基于自身的专业知识和认知权威在数据流动规则制定中起到了咨询和监督的独特作用。比如，2015年4月，第13次美欧信息社会对话在布鲁塞尔举行，双方围绕欧盟数字单一市场、支持创新、创业网络和数字技能、开放互联网、数字经济和互联网治理展开讨论。在对话中，跨大西洋商业委员会数字经济工作组以及计算机和交流工业协会等私人行为体积极参与，成为影响规则制定的重要因素。①

三、跨境数据流动的本地化管辖与全球化协同

数据是国家的重要战略资源，数据流动治理领域的一个核心议题是如何有效应对跨境数据流动的本地化管辖与全球化协同。跨境数据流动的本地化管辖是数字主权的客观要求和具体落实，与此同时，中国也坚持全球化协同以应对跨境数据流动带来的挑战。中国主张构建开放型世界经济，认为开放融通是不可阻挡的历史趋势。

目前，国际社会针对跨境数据流动持两种不同的看法，以美国为首的行为体主张减少跨境数据流动的国家监管和边界壁垒，而欧盟、俄罗斯等行为体则坚持对本地区管辖范围内的数据流动监管，出现了全球化与本土化的对立。2018年2月23日，美国国会通过《澄清境外合法使用数据法案》（CLOUD），一方面对从海外调取美国数据的情况作出严苛规定，另一方面对于美国政府根据自身利益诉求调取境外数据的规则非常宽松，对跨境数据流动采用双重标准。因此，该法使得美国执法机构能够更方便地访问在线信息，无论其存储在哪个国家和地区。法案规定"电子通信服务和远程计算服务提供商应遵守本章所规定的义务，对该提供商所占有、保管或控制之下与顾客或消费者相关的电报或电子通信的内容以及任何记录或其他信息进行保存、备份或披露，无论该通信、记录或其他信息位于美国境内还是境外"。该法案

---

① U.S. Department of State, "Joint Press Statement for the 2015 U.S.-European Union Information Society Dialogue," April 14, 2015, http://www.state.gov/r/pa/prs/ps/2015/04/240680.htm.

有利于美国政府获取全球数据，其"长臂管辖"便于搜集用户信息，将会造成全球数字信息流向美国。同时，美国将数字主权扩展到全球，其实质是美国在数字空间维护美国霸权。

与美国的进攻性全球化政策不同，欧盟执行了数据流动的规制型策略，而俄罗斯由于自身数字实力不足，实际执行了一种出境限制策略。欧盟高度关注个人数字信息隐私。根据2018年颁布的《通用数据保护条例》，欧盟主要从个人信息保护的安全程度等考量出发，确定跨境数据流动是否会影响个人信息安全，并设立了"白名单"制度，必须通过欧盟认可的程序实现"充分性认定"，才能获取数据自由流动。而"充分性认定"的评估因素包括政治、立法、执法和国际协议等。由于俄罗斯长期受到网络安全的威胁和攻击，它主张严厉的数据主权的本土化，这在其国内法律文件中得到了明显的体现。2014年，俄罗斯颁布修订了《关于信息、信息技术和信息保护法》，要求互联网信息传播运营者6个月内把数据信息存储在俄罗斯境内。2016年生效的《俄罗斯联邦个人信息保护法》规定，本国或外国公司在处理俄罗斯公民个人信息相关的数据时，其收集、处理、存储的过程须在俄罗斯境内服务器上进行。

中国于2017年6月1日实施的《网络安全法》第37条规定："关键信息基础设施的运营者在中华人民共和国境内运营中收集和产生的个人信息和重要数据应当在境内存储。因业务需要，确需向境外提供的，应当按照国家网信部门会同国务院有关部门制定的办法进行安全评估；法律、行政法规另有规定的，依照其规定。"① 这一条款初步构建了中国跨境数据传输模式的基本规则，以保障网络安全，维护网络空间主权和国家安全、社会公共利益。美国在华企业提供跨境数据必须根据中国相关法律进行安全评估，若未经中方批准，其向美国提供数据的行为属于违法行为，将会受到中国制裁。对于中国而言，实现跨境数据流动的第一要务是维护国家安全。因此，中美需要达成相关跨境数据交换协议。

该如何看待当前两类不同的跨境数据流动立场呢？笔者认为，一方面，跨境数据流动的全球化将会加剧发展中国家有关数据主权的担忧；另一方面，数据本地化也不能完全消弭数据风险。为此，需要统筹协调数据本地化管辖

---

① 《中华人民共和国网络安全法》，《人民日报》2016年11月23日，第14版。

与全球化流动，坚持安全与发展并进，既保障数据自由流动对开放型经济的积极作用，又有效保障本国对有关数据的管辖。具体而言，首先，需要修订和完善跨境数据流动模式和机制。本国公民使用的网络服务提供方服务器及相关数据位于他国境内，可以通过立法的方式确保数据先行本地化存储。针对《网络安全法》第37条仅关注"关键信息基础设施的运营者"的局限，通过补充条款等适当方式完善数据流动安全评估办法，从个人数据和国家敏感安全数据不同的影响出发有效分类，对数据流动进行安全评估，明确政府主体责任和监管内容，建设良好的监督协调机制。其次，坚持个人数据保护，维护用户数据权利。在用户个人信息相关权利可能面临风险的情况下，重视需要保障用户对其数据被转移到境外的知情权和选择权。[①] 再次，积极参与跨境数据流动国际合作机制建设。为了实现数据有序流动与隐私保护的平衡，根据利益保护原则和市场损害最小化原则，通过多边和双边层面构建跨境数据流动国际规则。当前，联合国、二十国集团和世贸组织等多边机制尚未提出一致性的跨境数据流动规则，可以从亚太等区域层面入手达成数据保护原则共识。事实上，APEC部分成员已经开始跨境数据交互。双边层面的跨境数据流动成为确保电子商务和数字贸易正常开展的主要选择，可在中国与其他国家签署的双边经贸协定的"电子商务"部分尝试加入"数据自由流动"或"禁止数据本地化"等条款，方便指导数据保护实践。最后，随着"一带一路"建设的数字化转型，共建"一带一路"国家数据交互流动持续增强。在"网上丝绸之路"建设过程中既重视统一的地区性数据中心建设，也重视共建地区跨界数据流动规则的构建，确保"一带一路"数据产业链和供应链的安全可信。

总之，跨境数据流动对于构建开放型世界经济，推动创新发展，促进数字经济发展具有积极价值。但是，不能放任数据的自由流动，需要将数据本地化和全球化结合起来，加强跨境数据流动的统筹协调，防范数据安全冲击和西方国家的"长臂管辖"，维护国家数据主权。

---

① 顾伟：《警惕数据跨境流动监管的本地化依赖与管辖冲突》，《信息安全与通信保密》2018年第12期，第29页。

四、中国与数据流动国际规则制定

自2010年起，中国已经成为世界第二大经济体。2019年，中国人均国内生产总值首次突破1万美元，综合国力进一步增强。当前，中国是世界上人口最多、产业体系最完备、制造业规模最大、信息化基础设施领先的国家，每年创造出巨量的数据资源，是名副其实的数据资源大国。据预测，到2025年，全球将有近30%的新增数据资源来自中国。

随着"一带一路"倡议的快速推进，中国与共建"一带一路"国家的数据流动不断增长。在此背景下，在数据流动基础上的数字贸易对中国对外贸易发展有着重要的意义。在大数据、云计算和区块链迅速发展的时代背景下，中国面临着保护个人信息安全和国家信息安全的双重现实需求。同时，中国还面临数据资源开放程度有限，大量数据资源处于"休眠"状态等问题，这就需要从体制机制和法律制度等层面多管齐下，统筹推进。2017年12月8日，习近平总书记在中共中央政治局实施国家大数据战略进行的第二次集体学习时强调指出，"要加强国际数据治理政策储备和治理规则研究，提出中国方案"[①]。为进一步促进数字贸易发展，中国需要通过立法的形式确立数字贸易在中国经济中的优先发展权，明确数字贸易界限，对跨境数据流动立法作出明确规定。在全球数字贸易规则框架中掌握制度性话语权，通过实施跨境数据流动分级分类管理制度，健全跨境数据流动风险评估机制，构建符合中国数字贸易发展利益诉求的规则体系。

一般而言，不同国家对于跨境数据流动采用了不同的规制路径，其中包括基于地理区域（geographically based）的规则路径和"基于组织机构"（organizationally based）的规则路径。基于地理区域的路径通常禁止个人数据转移到本国以外的地理区域，除非第三国政府能够提供充分保护；基于组织机构的路径则在原则上允许跨境数据流动的前提下，要求数据控制机构确保跨境数据安全。[②]当前新的发展趋势是把两者结合起来，采用基于组织机构的

---

① 习近平：《实施国家大数据战略加快建设数字中国》，新华网，2017年12月9日，http://www.xinhuanet.com/politics/2017-12/09/c_1122084706.htm。

② Christopher Kuner, "Regulation of Transborder Data Flows under Data Protection and Privacy Law: Past, Present and Future," *TILT Law & Technology Working Paper* 16 (2010).

规制路径，同时允许将地理区域作为判断数据转移是否适当的考量因素。中国认识到了数据资源的重要性，才将数据本地存储作为原则，但该政策主要是防范数据的过度出口，并未充分考虑如何促进中国的数据进口。因此，该政策可能会妨碍中国成为数据进口国。[①] 为此，中国应借鉴其他国家颁布的隐私指导文件，采用问责制原则的同时，把数据转移目的地作为一个参考因素。在这种规制路径下，数据转移目的地（地理区域）不再是数据是否可以跨境移动的唯一参考条件，而仅仅作为数据移动风险评估的一个考量因素。除此之外，还需考虑个人信息的敏感程度、和数据有关的个人期望以及个人信息被错误披露或滥用的潜在危害等。[②]

个人信息安全是数据流动规则制定的基本前提。为了维护个人信息安全，应该以《中华人民共和国个人信息保护法》为核心推动法制建设。2013年3月29日，中国首个个人信息保护标准《信息安全技术公共及商用服务信息系统个人信息保护指南》正式实施，旨在遏制信息犯罪，保护公民的合法权益。该指南正式将个人信息分为个人一般信息和个人敏感信息，并提出了处理个人信息时应当遵循的八项基本原则，即目的明确、最少够用、公开告知、个人同意、质量保证、安全保障、诚信履行和责任明确，划分了收集、加工、转移、删除四个环节。该指南首次制定了针对跨境数据流动的规定，指南明确指出："未经个人信息主体的明示同意，或法律法规明确规定，或未经主管部门同意，个人信息管理者不得将个人信息转移给境外个人信息获得者，包括位于境外的个人或境外注册的组织和机构。"[③] 指南的出台促进了公民对个人信息保护的自觉，增进了全社会共识，为个人信息保护立法积累经验，可以在一定程度上规范个人信息的处理行为，构建政府引导下的行业自律机制和模式。2019年4月，公安部网络安全保卫局等联合发布了《互联网个人信息安全保护指南》。在个人信息保护方面，该指南明确规定，不应收集与其提供的服务无关的个人信息，不应通过捆绑产品或服务各项业务功能等方式强迫收集个人信息；在个人信息的共享与转让方面，《互联网个人信息安全保护

---

① 参见：徐程锦《WTO电子商务规则谈判与中国的应对方案》，第32—33页。

② 韩静雅：《跨境数据流动国际规制的焦点问题分析》，《河北法学》2016年第10期，第174页。

③ 《信息安全技术公共及商用服务信息系统个人信息保护指南》，新华网，2013年1月21日，http://news.xinhuanet.com/politics/2013-01/21/c_114444097.htm。

指南》提出个人信息原则上不得共享、转让。若要共享与转让个人信息，应进行个人信息安全影响评估，并对受让方的数据安全能力进行评估，确保受让方具备足够的数据安全能力。2021年8月20日，十三届全国人大常委会第三十次会议表决通过了《中华人民共和国个人信息保护法》（以下简称《个信法》），自2021年11月1日起施行。《个信法》明确了个人信息收集、处理和使用的规则，对个人信息处理者的义务等内容进行了明确的规定。《个信法》是首个在立法层面颁布的保护个人信息的法律，在个人信息的搜集、使用、提供等方面进行了大量的强制性规定，为个人信息保护层面的行政执法与司法实践带来深刻的影响。因此，它的颁布在中国个人信息保护立法上有着里程碑式的作用。

此外，中国应积极主动地参与在双边层面、区域层面和相关国际组织等全球层面的数字贸易规则谈判。在自贸协定谈判中加入数字贸易内容，积极探索数字贸易新规则，重点是推动数字贸易的制度型开放，不仅包括规则等层面的开放，还包括基本经济制度和管理体制的创新、改革和完善，加快推进与国际接轨的法律、法规、政策的制定。在共建"一带一路"国家适时提出数字贸易规则方案，深化数字贸易合作倡议，形成适合发展中国家实际需求的国际数字贸易规则之中国方案。在保障层面，构建中国在环境保护、技术门槛等数字贸易议题的风险防御体系，研究建立国家数字技术安全管理清单制度，加强数字经济安全制度性建设等，推动开放、包容、普惠、平衡、共赢的经济全球化。

第三节　人工智能与国际经济规则研究

从历史上看，技术对国际关系产生的影响是深远的，不仅会引发经济再分配与破坏性的社会后果，同时还是新国际规范和制度组织战略重构的契机。[①]自1956年人工智能诞生以来，它既可以成为经济发展的新引擎、社会发展的新动力，同时也会带来一系列问题，进而成为全球治理中被治理的对象。

---

① Daniel W. Drezner, "Technological Change and International Relations," *International Relations* 32, no.2 (2019): 3.

人工智能是否会大量代替人力，人工智能的发展是否会脱离人类的控制等问题，都是全球治理面临的前所未有的新问题。

一、人工智能的兴起及其界定

早在北宋时期，中国的古人就发明了算盘，并将其作为日常计算的主要工具。但是，算盘只能记录数字，并不含有任何智能成分。随着计算机技术的快速发展，机器会不会思考成为人类感兴趣的问题，人们开始研究人工智能。1956年，美国举办的达特茅斯会议拉开了研究人工智能的序幕，人工智能成为以知识和模拟学习为研究对象的学科。人工智能这一概念的雏形，最早由被称为"计算机之父"的英国著名科学家阿兰·图灵（Alan Turing）通过计算理论研究而提出。总之，人工智能的诞生需要具备三个基本条件：计算机、图灵测试和达特茅斯会议的探讨。

人工智能概念最先由美国计算机专家约翰·麦卡锡（John McCarthy）提出。不过，对人工智能至今还没有一个公认的精确定义。《牛津简明英语字典》认为人工智能是指通过计算机系统来执行通常需要人类智力的任务，如语言互译等。一般而言，人工智能是利用数字计算机或数字计算机控制的机器模拟、延伸和扩展人的智能，感知环境、获取知识并使用知识获得最佳结果的理论、方法、技术及应用系统。[①] 总之，人工智能是研究、开发用于模拟、延伸和扩展人的智能的理论、方法、技术及应用系统的一门新的技术科学。

人工智能的实现形式是形成一种依靠计算机技术进而在未来最终实现机器智能体。人工智能的成型需要具备三个能力：一是感知能力，能够从智能体外部环境中获取信息；二是思维能力，能够对获取的信息进行加工、推演和预测；三是行动能力，能够向环境输出信息，影响环境变化。以机器学习能力为界，可以把人工智能分为"符号主义"的老派人工智能和"联结主义"的新兴人工智能。

由于逐步拥有知觉和自我意识，人工智能越来越具有语音识别、图像分类、自动驾驶、智能问答、机械移动、机器翻译、图像处理、深度学习、

[①] 中国电子技术标准化研究院：《人工智能标准化白皮书》，中国电子技术标准化研究院网站，http://www.cesi.ac.cn/201801/3545.html。

数据获取等能力，通过发展"学习算法"（learning algorithms）和自主系统（autonomous systems），人工智能当前已经开始走向"超级智能"（super intelligence），进而对国际社会产生深远的影响。

从技术发展的角度看，人工智能的发展包括强人工智能（ASI）、类人工智能（AGI）和弱人工智能（ANI）三个阶段。强人工智能也称为通用型人工智能（General AI），即具备处理多种类型的任务和适应未曾预料的情形和能力。[1] 比如，智能机器人正在获得学习、完善和计算决策的能力。强人工智能具有知觉、自主意识和人类思维。弱人工智能也称狭隘性人工智能（Narrow AI），是从狭义的专业领域出发的划分，是指集中于经济和生产领域具有初步智能的一种能力，如机器学习等，无法实现思维推理、语音识别和图像处理。类人工智能是从弱人工智能发展到强人工智能的中间环节和主要阶段，目前尚具有不确定性的特征。

二、人工智能对全球经济的影响

人工智能是世界经济发展的新动力。它凭借前沿观点和先进技术可以成为解决贫困、环境污染等全球性问题的重要工具。回望人类历史，技术的更迭往往对国际关系产生重要影响，不仅会引发经济再分配与破坏性的社会后果，还会对现有公共政策和政治秩序造成复杂的影响。人工智能是一种新型技术，其影响不可忽视。

人工智能将会产生持续的治理挑战，包括劳工失业、就业不平等、全球市场结构的垄断、不断增加的极权主义、国家权力的转换和不稳定性、军事战略的不稳定性以及人工智能领域的军备竞赛。[2] 一方面，人工智能运用于人类社会导致原有的全球问题更加复杂化；另一方面，人工智能作为一种新的知识科学，本身就会带来一系列新的全球性问题，如机器人伦理、自主武器等。人工智能产生的危害既有可能逐步发生，也有可能因为技术上的进展突然和不可预期地爆发，导致人类无法应对。特别是，人工智能竞赛的强度可以在仓促开发和部署人工智能技术中导致灾难性的后果。埃隆·马斯克（Elon

---

① 腾讯研究院等：《人工智能》，中国人民大学出版社，2017，第15页。

② Allan Dafoe, "AI Governance: A Research Agenda," p.4, August 27, 2018, https://perma.cc/L35A-7W2XAugust 272018.

Musk）提出了"人工智能威胁论"，把开发人工智能的努力比作"召唤恶魔"之举，他认为人工智能是"人类面对的最大威胁"，将引发第三次世界大战。2017年4月20日，埃隆·马斯克等116位科技和学界人士向联大提交联名信，指出人工智能自主武器令武装冲突的激烈程度跃升到前所未有的层级，而且会以人类难以想象的速度进化，呼吁国际社会阻止武器竞赛、保护人类免受灾难。[①]

具体而言，人工智能给人类社会带来的挑战及负面影响大体包括如下几个方面：首先是人工智能对全球经济体系的挑战。从世界经济秩序的角度而言，人工智能的发展导致全球生产的基本结构、全球劳动力的构成方式以及经济发展主导模式的快速更替。作为新一轮产业变革的核心驱动力，人工智能在催生新技术、新产品的同时，对传统行业也具备较强的赋能作用，能够引发经济结构的重大变革，实现社会生产力的整体跃升。[②] 但是，人工智能会形成寡头垄断，产生"人工智能鸿沟"和"数字鸿沟"，导致少数企业获取人工智能创新收益。同时，人工智能的广泛运用会使得传统产业工人和服务类岗位受到严重冲击，工人被智能机器人取代，因此，失业将成为常态。

其次，从工业化、信息化到智能化的整个发展路径来看，技术和人才的集中度越来越高，发展中国家面临的经济形势越来越严峻。发达国家通过人工智能在经济领域的应用减少了对发展中国家劳动密集型产业及自然资源的需求，从而将发展中国家排除在全球产业链与供应链之外，使得发展中国家在世界经济中的地位更加边缘化，并有可能滑落到整个全球经济治理体系之外。[③] 人工智能作为一种新经济形态的有效载体和凭借工具，将会助益于技术发达国家的迅速发展；发展中国家无法发挥在劳动力方面的优势，反而由于技术、资金等方面的限制和巨大差距，越来越处于全球经济体系的边缘，且较以往国际发展前景更加暗淡。简言之，人工智能产生数字鸿沟和技术垄断，

① Samuel Gibbs, "Elon Musk Leads 116 Experts Calling for Outright Ban of Killer Robots," The Guardian, August 20, 2017, https://www.theguardian.com/technology/2017/aug/20/elon-musk-killer-robots-experts-outright-ban-lethal-autonomous-weapons-war.

② 中国电子技术标准化研究院：《人工智能标准化白皮书》，中国电子技术标准化研究院网站，http://www.cesi.ac.cn/201801/3545.html。

③ 鲁传颖、约翰·马勒里：《体制复合体理论视角下的人工智能全球治理进程》，《国际观察》2018年第4期，第77页。

导致不断扩大的贫富两极分化。

根本上而言，人工智能对经济社会的影响建立在人工智能对技术影响的基础之上。人工智能建立在多学科发展的基础上，具有强烈的技术性特征，反映在深度神经网络、自然语言处理、长期记忆、学习能力、情感情绪等方面。这种技术特征不仅使得人工智能将给全球经济带来深远的影响，而且造成的影响远远超过了人类诞生以来的所有技术变革。人工智能技术具有大数据和算法两个方面的技术依据，而大数据和算法必然超越国界，引发一系列全球性经济问题。一方面，这些技术广泛应用在教育、医疗、养老、环境保护、城市运行、司法服务等领域；另一方面，人工智能技术的发展也引发人类社会对安全、伦理、隐私等方面问题的警惕和忧虑。

三、人工智能国际规则制定的路径选择

人工智能领域的快速发展和大国竞争导致规范国家行为的客观要求。为了推动人工智能全球治理的政府间协调发展，近年来，各国政府和学界进行了积极的推动。比如，阿联酋人工智能部和哈佛大学肯尼迪学院未来社会（Future Society）机构于2018年2月召开了全球人工智能治理圆桌会议（the Global Governance of AI Roundtable），旨在加强各国在人工智能领域的政策沟通和技术交流，真正增加人工智能议题的全球性参与度。[1] 2019年2月10日—12日，在第七届世界政府峰会上同期举办了第二届全球人工智能治理圆桌会议，以期在人工智能治理方面与全球达成共识。在学术界，温德尔·瓦拉赫（Wendell Wallach）等人建议设立国家间层面的政府协调委员会，这一机构为人工智能的监督分析、早期预警、项目评估提供协调功能，并提供多方论坛场所。[2] 英国学者托马斯·切尼（Thomas Cheney）也认为，尽管目前联合国还不需要设立"和平利用人工智能委员会"之类的机构，但是需要设计政府

---

[1] The Global Governance of AI Roundtable, "Impact of Roundtable 2018," February 27, 2018, https://ggar. worldgovernment summit.org/en/roundtable-2018.

[2] Gary E. Marchant and Wendell Wallach, "Coordinating Technology Governance," *Science & Technology* 31, no.4 (2015): 430-450.

间工作组或相似的安排，以应对人工智能对国际社会的潜在影响。[1]

总体上说，人工智能治理机制是全球治理的核心要素，是引导和协调人工智能及其发展的一系列原则、规范、规则和决策程序。由于人工智能的发展具有显著的技术性特征，具有过程不可控性和结果不可预知性的特征，因此，人工智能全球治理要建立以"规则"为基础的治理，即规则治理。在推进国际治理的同时，要承认和主动适应人工智能技术的不确定性特征，做好不断调整的准备。[2] 总体上，在制度构建理念上，需要把规则治理与"发展导向"相结合；在制度设计上，把规则治理与"以伦理为基准"的规则设计相结合；在制度实践中，坚持联合国的统筹协调。这是人工智能全球治理机制建设与以往不同类型治理模式的一个重要差异。

首先，倡导"发展导向"的价值理念，推动人工智能的制度治理。由于拥有知觉和自我意识，人工智能越来越具有语音识别、图像分类等能力。通过发展"学习算法"和自主系统，人工智能的加快发展将对国际社会产生深远影响。一方面，人工智能将会产生持续的治理挑战，包括劳工失业、不平等、全球市场结构的垄断、不断增加的极权主义、国家权力的转换和不稳定性、军事战略的不稳定性以及人工智能领域的军备竞赛；[3] 另一方面，人工智能是新发展的技术和知识，具有强烈的技术性特征，反映在深度神经网络、自然语言处理、长期记忆、学习能力、情感情绪等方面。因此，人工智能全球治理是一种新型的全球治理类型，人类对其的认知需要一个不断深入的过程。

人工智能全球治理制度规定了行为体行为的一套相关联规则，随着人工智能的不断发展，制度研究不仅需要包括作为一种既存状态和属性的制度，还需要包括作为一种"过程"的制度，需要包括制度化与去制度化的过程。因此，人工智能治理应该坚持发展导向和国际实践，不应设置过分严格的制度门槛和规则约束，防止机制僵硬老化和规则失灵，如此才能更好地推动人

---

[1] Thomas Cheney, "Mr. Thomas Cheney-Written Evidence (AIC0098)," October 11, 2017, http://data.parliament. uk/writtenevidence/committeeevidence.svc/evidencedocument/artificial-intelligence-committee/artificial-intelligence/ written/69580.html#_ftn7.

[2] 傅莹：《人工智能的治理和国际机制的关键要素》，《人民论坛》2020年第4期，第7页。

[3] Allan Dafoe, "AI Governance: A Research Agenda," p.4, August 27, 2018, https://perma.cc/L35A-7W2X August 272018.

工智能的快速发展。

其次，探索"以伦理为基准"的规则设计，发展人工智能的规则治理。伦理问题是人工智能全球治理的重要议题，特别是出于人工智能会不会超过人类智能的担忧和警惕。美国科幻小说作家雷·库兹韦尔（Ray Kurzweil）在《奇点临近》一书中指出，所谓奇点（singularity）就是随着科技进步，机器会自动进化，超越身体和大脑的限制，人工智能最终超过人类智能的转折时刻是2045年，这一年将发明超越人类的智能，人类社会将被终结。[①] 尽管这一观点有夸张的嫌疑，但是不容否认的是，人工智能的出现及其与大数据、互联网和云计算的深度融合引发了严重的伦理关切。

人工智能的伦理问题是国际社会关注的重点，这主要是由于人工智能在理论上涉及脑科学、神经网络等神经科学。为此，人们需要思考如何应对甚至改变人工智能的伦理向度，最大限度地改变人工智能给人类社会秩序带来的负面挑战。2016年9月，英国标准协会（BSI）发布了《机器人和机器系统的伦理设计和应用指南》，这是国际社会第一个关于机器人伦理设计的公开标准，要求机器人设计者和制造商确保"机器人不得伤害人并且不得规避人的命令"，以此来实现伦理治理和道德约束，以防止机器人欺诈问题及自学习系统越俎代庖的非法行为。[②] 美国国家标准与技术研究院（NIST）于2019年发布了《美国如何领导人工智能：联邦参与制定技术标准及相关工具的计划》，认为为了防止伦理问题，需要开发有助于各机构更好地研究和评估人工智能系统质量的技术，包括标准化的测试机制和强大的绩效指标，为未来的技术标准制定提供指导。[③] 欧盟则倡议从伦理层面制定"机器人宪章"的法律规范，限制智能化发展对人类价值观和伦理的负面影响。总之，人工智能全球治理规则制定需要制定遵守的伦理指标方案，特别是推动制定伦理安全国际行为准则等基础性法律文件，规范人工智能科研、生产秩序，规避和防止恶意使

---

① Ray Kurzweil, *The Singularity Is Near: When Humans Transcend Biology* (London: Palgrave Macmillan, 2014), pp. 4-5.

② Robots and Robotic Devices, "Guide to the Ethical Design and Application of Robots and Robotic System," September 15, 2016, https://www.bsigroup.com/research-pagit-uk/.

③ NIST, "U.S. Leadership in AI: A Plan for Federal Engagement in Developing Technical Standards and Related Tools," Prepared in Response to Executive Order 13859 Submitted on August 9, 2019, https://www.nist.gov/system/files/documents/2019/08/10/ai_standards_fedengagement_plan_9aug2019.pdf.

用人工智能进而导致产生社会问题或伦理道德风险。

最后，坚持联合国的统筹协调，构建人工智能的制度基础。基于以联合国为标志的国际组织构成了现代全球治理系统的核心，人工智能概莫能外。目前，西方国家普遍倾向人工智能不应该采取传统的硬治理，即使需要制定跨部门的伦理行为准则，这种道德规范和设计框架也应该以部门自我规制为基础。欧盟在其《人工智能协调计划》（Coordinated Action Plan on AI）中采取了软法治理的模式。2018年12月7日，欧盟发布《人工智能协调计划》，强调人工智能领域自我管制的重要性，管控人工智能技术的相关机制应该与欧盟的基本价值观和基本人权相一致。① 但是，当前人工智能领域的全球合作面临严峻的挑战，乌克兰危机更加剧了国际社会对安全的极大关注，在此背景下，亟须推动人工智能的全球治理。比如，当前自主武器系统控制方面的国际合作举步维艰。美国认为《常规武器公约》（CCW）是应对致命性自主武器的合适工具，但由于各国之间的分歧导致人工智能的发展速度超过了人类对此问题的外交努力。② 为了推动人工智能的全球治理，联合国成立了"致命性自主武器系统问题政府专家组"，共同讨论人工智能的武器化问题并尝试制定具有约束力的国家行为准则。

总之，为了更好地让人工智能造福全人类，人工智能治理必须尊重国家主权，不谋求技术霸权，不干涉别国内政，不从事、不庇护、不保护损害全球安全和国家安全的技术活动。为此，人工智能全球治理的规则制定应该坚持以联合国为主导，协调各国的政府和非政府行为。特别是，联合国主导下的国际电信联盟等机构为世界各国特别是发展中国家阐述自身立场和观点提供了机会，应该重视这类机构所发挥的作用。

四、中国与人工智能全球经济治理

当前，世界各主要国家均积极抢占人工智能发展的制高点，目前已有20多个国家和地区制定了国家级人工智能发展规划。在人口红利和劳动力红利

---

① EU, "Coordinated Plan on Artificial Intelligence Brussels," p.16, December 7, 2018, https://ec.europa.eu/digital-single-market/en/news/coordinated-plan-artificial-intelligence.

② Daniel S. Hoadley and Nathan J. Lucas, "Artificial Intelligence and National Security," Congressional Research Service, p.24, April 26, 2018, https://www.a51.nl/sites/default/files/pdf/R45178.pdf.

不再的新时期，中国需要利用好智能红利，给经济发展注入新动力。新冠疫情的持续蔓延和乌克兰危机的爆发同样显示出人工智能在相关领域的重要价值，这就要求中国积极应对人工智能和机器智能的挑战，进一步加强人工智能的理论和对策研究。

2017年7月20日，中国政府发布了《新一代人工智能发展规划》，明确提出构建开放协同的人工智能科技创新体系，全面支撑科技、经济、社会发展和国家安全，到2030年成为世界主要人工智能创新中心。发展规划具体分三步：第一步，到2020年，部分领域的人工智能伦理规范和政策法规初步建立；第二步，到2025年，初步建立人工智能法律法规、伦理规范和政策体系，形成人工智能安全评估和管控能力；第三步，到2030年，建成更加完善的人工智能法律法规、伦理规范和政策体系。[1] 同时，工信部等也出台了《促进新一代人工智能产业发展三年行动计划（2018—2020年）》等配套文件，以信息技术与制造技术深度融合为主线，以新一代人工智能技术的产业化和集成应用为重点，全力推进人工智能和制造业深度融合，加快制造强国和网络强国建设。[2] 2019年6月，中国国家新一代人工智能治理专业委员会发布《新一代人工智能治理原则——发展负责任的人工智能》，提出和谐友好、公平公正、包容共享、尊重隐私、安全可控、共担责任、开放协作、敏捷治理等八项原则，要求发展负责任的人工智能。[3] 2019年7月24日，中央全面深化改革委员会第九次会议审议通过《国家科技伦理委员会组建方案》等文件。科技伦理是科技活动必须遵守的价值准则，组建国家科技伦理委员会，就是为加强统筹规范和指导协调，推动构建覆盖全面、导向明确、规范有序、协调一致的科技伦理治理体系。为此，要抓紧完善制度规范，健全治理机制，强化伦理监管，细化相关法律法规和伦理审查规则，规范各类科学研究活动。[4]

当前，中国的人工智能领域发展不断加快，人工智能产业规模迅速扩大。

---

[1] 《国务院印发〈新一代人工智能发展规划〉》，中国政府网，2017年7月20日，http://www.gov.cn/xinwen/2017-07 /20/content_5212064.htm。

[2] 工业和信息化部：《促进新一代人工智能产业发展三年行动计划（2018—2020年）》，2017年12月14日，http://www.miit.gov.cn/n1146295/n1652858/n1652930/n3757016/c5960820/content.html。

[3] 《我国新一代人工智能治理原则发布》，新华网，2019年6月18日，http://www.xinhuanet.com/tech/2019-06/18/c_1124636003.htm。

[4] 《习近平主持召开中央全面深化改革委员会第九次会议》，《人民日报》2019年7月25日，第1版。

2021年，中国人工智能核心产业规模达1998亿元，预计2026年将超过6000亿元，主要集中在安防、金融、工业、医疗、教育等领域。百度、腾讯和阿里巴巴等高技术企业在机器学习、智能筛选、计算机视觉、数据挖掘、语音识别、自然语言处理等方面加大了智能家居、无人驾驶汽车、无人飞行器、无人船、安防等领域的推广应用。党的十九大报告明确指出，"加快建设制造强国，加快发展先进制造业，推动互联网、大数据、人工智能和实体经济深度融合，在中高端消费、创新引领、绿色低碳、共享经济、现代供应链、人力资本服务等领域培育新增长点、形成新动能"[①]。这就需要中国在提升人工智能服务经济社会发展的同时，构建人工智能治理体系，实现和谐发展。

首先，统筹建设人工智能的多边经济制度和协调人工智能国际经济合作。2017年6月29日，中国创办了世界智能大会机制，迈出了人工智能领域全球治理机制构建的重要一步。首届世界智能大会在中国天津召开并形成机制化、常态化。2018年9月，上海也举办了以"人工智能赋能新时代"为主题的全球性的人工智能高端会议，打造世界顶尖人工智能合作交流平台。同时，我们也应注意到，人工智能领域出现的机制碎片化不利于对话和交流，这就需要建立国家层面的全球人工智能制度机制，统筹地方层面举行的各类人工智能会议机制，打造全球先进智能科技成果发布平台、创新合作平台。

其次，积极参与人工智能规则制定，提升人工智能国际话语权。在人工智能规则制定中，中国不能做被动接受者、追随者，需要在人工智能领域积极推动国际话语权建设，朝着建设人工智能强国目标不懈努力。如前所述，议题设置和制度框架是重要的制度性话语权体现，是中国提升在人工智能全球治理中的地位的重要措施。为了避免西方国家在网络空间领域利用多利益攸关方模式谋求利益最大化的局面再次出现，中国需要在二十国集团、金砖国家、"一带一路"国际合作高峰论坛等多边机制中，把人工智能伦理规范和制度建设作为优先议题。

最后，深入挖掘中华优秀传统文化，拓宽人工智能理念来源。西方国家基于理性、自利的现实主义原则必然把人工智能作为巩固既有秩序的工具，

---

① 习近平：《决胜全面建成小康社会　夺取新时代中国特色社会主义伟大胜利——在中国共产党第十九次全国代表大会上的报告》，《人民日报》2017年10月28日，第1版。

阻碍人类命运共同体的实现。中国有着魅力无穷的传统文化，历来倡导"和"文化。作为中国文化的核心，"和"文化蕴含着"天人合一"的宇宙观、"天下为公"的政治观以及"和而不同"的社会观等重要的价值观。"和"文化是中国传统文化中"协和万邦"与"世界大同"及儒家思想"天下观"追求兼济天下的王道思想的体现。[1] 自古以来，中国传统文化强调共同体与世界的共生，强调世界是一种开放性的存在，从而也强调人与人工智能的和谐相处，以及用谨慎乐观的态度可以逃脱西方宿命论的末世诅咒。[2] 在人工智能时代，如何传承"机器与人合一"的合理成分，如何在不同人工智能发展观下实现求同存异，中国的传统文化提供了有益的启示。因此，中国在人工智能时代同样可以为人类社会提供人机共生、共同发展、互利共赢的人工智能中国方案。

总之，中国不仅要为推进智能科技产业发展提供中国智慧，还需要在人工智能全球经济治理中贡献中国方案。当前，中国需要在人类命运共同体理念的指导下，提炼出中国针对人工智能经济治理的基本理念和基本主张，让人工智能成为构建新型国际关系的重要工具，让人工智能科技成果更好地服务人类命运共同体。

---

① 王帆、凌胜利主编《人类命运共同体：全球治理的中国方案》，湖南人民出版社，2017，第2—3页。
② 高奇琦：《人工智能时代的世界主义与中国》，《国外理论动态》2017年第9期，第43页。

第五章　国际互联网法律规则研究

在全球互联网规则制定中，国际互联网法律规则制定具有基础性作用，也是构建网络空间命运共同体的法律基石。当前，国际互联网法律规则制定特别是网络安全法律规则制定处在新一轮关键期，互联网主权规则、司法管辖权规则等是当前国际社会关注的焦点。其中，互联网主权规则是国际互联网规则制定的基础，主权规则与管辖权规则之间存在比较紧密的关系。互联网法律的监管涉及互联网主权。互联网主权可以通过管辖权予以行使，并由此对国家司法管辖权产生重要影响。

欧美国家与以中国为代表的新兴市场国家对国际互联网规则制定的诸多方面存在激烈的争论。争论的焦点主要为以下内容：（1）是否需要针对网络空间制定一套完整的法律，或将现行的法律进行适当调整和完善以适用于网络空间。其核心是主权国家是选择采用现行法律还是制定新法。（2）互联网主权是否可以作为一项国际法规则。长期以来，以美英为首的西方国家在不同场合固守主权不能成为一项适用于网络空间的国际法规则的立场，这一立场备受国际舆论指责。在国际互联网法律实务中，任何法律规则的制定都无法回避或绕开互联网主权这一争论议题。（3）部分互联网规则领域呈现"进展与挫折并存"的交织状态。比如，网络犯罪领域的国际法律规则制定备受关注，在国际社会的共同努力下，《联合国打击网络犯罪公约》到2022年6月底已经召开了两次谈判会议，各国积极向联合国提交相关的提案与材料，对于打击网络犯罪的法律制定持积极态度。但是，西方国家与新兴市场国家在网络犯罪刑事定罪等方面的博弈呈现激烈态势。

总体上，互联网是否颠覆了以地理空间的边界为基础的立法体系，在国家互联网主权是否需要予以维持、如何制定互联网相关的法律以确保国家对互联网基础设施和网络活动等的管辖权、网络犯罪如何量刑定罪等问题上，国际社会目前存在很大分歧和争论。而这种争论反映出国际互联网领域的信任受到侵蚀，难以形成推动国际互联网法律规则制定进程的有效合力。本章将在论述国际互联网法的基础上，重点分析国际互联网主权规则、司法管辖权规则等各国共同关注的议题。

第一节　国际互联网法的兴起

一、国际社会围绕互联网立法必要性的争论

国际互联网法律规则监管具有两个不同的选择路径：网络立法路径和现实立法路径。网络立法路径出现在互联网发展的早期，它是基于互联网在网络空间会产生新型社会关系的假设，因此，人们认为需要为监管网络空间制定新的网络法律。[1] 不过，随着互联网在国际社会政治经济地位的凸显，现实立法路径逐渐居于主导地位。美国自由主义经济学家和法官弗兰克·伊斯特布鲁克（Frank Easterbrook）曾经指出，正如没有必要制定"马法"（The Law of the Horse）一样，也没有必要制定"网络法"。早在1996年芝加哥大学的网络法研讨会上，伊斯特布鲁克就提出："网络法"的意义就同"马法"差不多，网络空间的许多行为很容易被归入传统法律体系并加以调整。为了网络而人为地裁减现行法律、创制网络法，不过是别出心裁，并没有任何积极意义。[2] 网络空间的问题绝不是单纯的网络空间自身的问题，它们都是现实空间的问题通过网络空间表现出来，并提示我们现在就必须解决或重新审视的问题。比如，在网络环境的背景下，版权法已经过时了，但可以利用和修改版权法来保护数字

---

[1] 约万·库尔巴里贾：《互联网治理（第七版）》，第143页。

[2] Frank H. Easterbrook, "Cyberspace and the Law of the Horse," pp. 1-5, January 1996, https://www.law.upenn.edu/fac/pwagner/law619/f2001/week15/easterbrook.pdf.

形式的表达作品。美国坦普尔大学法学教授戴维·波斯特（David G. Post）认为，网络空间存在大量规制，这些规制制约特定行为，或内生于网络的基本架构中，或发布于一系列的规则中。网络空间由这些自发规则组成，具体的成套规则将由个体进行选择。基于此，戴维·波斯特反对把互联网基础设施交到联合国和主权国家手中，他认为正是由于远离联合国，互联网才得以快速发展，网络一旦被这些政治家控制，就会沦为当权者维护权力和现状的工具。[①]

在现有法律适用问题上，欧盟是一个明显的例证，它不建议针对网络事宜制定新的国际法律工具。欧盟认为，《公民权利和政治权利国际公约》《欧洲人权公约》和《欧洲联盟基本权利宪章》中所载的法律义务同样适用于网络空间。欧盟关注的核心是如何在网络空间中推行这些措施。比如，《网络犯罪公约》提供了一种起草国家网络犯罪防治法律的模式，如果武装冲突蔓延到网络空间，《国际人道主义法》及《人权法》也可适时适用。另一种观点认为，国家对网络拥有主权，与互联网有关的公共政策问题的决策权是各国的主权。在网络空间，国家根据需要有制定网络法的权利。这一论点的支持者包括高洪柱、劳伦斯·莱斯格等人。高洪柱指出，当有些国家质疑现存的国际法体系是否适用于互联网带来的前沿问题时，有些国家提出现有的国际法已不合时宜，需要一个全新的条约作用于网络空间的独特规则。[②]

《联合国宪章》是国际法的权威来源，是国际秩序的支柱。联合国认为，以《联合国宪章》为基石的现有国际法可以适用于网络空间。2013年6月24日，联合国信息安全政府专家组报告首次指出，"国家主权和源自主权的国际规范和原则适用于国家进行的信息通信技术活动及国家在其领土内对信息通信基础设施的管辖权"，并进一步认可"《联合国宪章》在网络空间的适用性"[③]。应该说，现有国际法在国际互联网规则领域的适用是题中应有之义，之所以要讨论国际层面上新的网络法律，其原因在于没有一项现有法规能够同时监管网络战、反击网络犯罪并保护网民的公民自由权。

---

① David G. Post, "Governing Cyberspace," *Wayne Law Review*, 1996, p.155.

② 高洪柱：《评网络空间国际法》，《国外社会科学文摘》2013年第1期，第18页。

③ United Nations General Assembly, "Group of Governmental Experts on Developments in the Field of Information and Telecommunications in the Context of International Security," June 24, 2013, http://www.un.org/ga/search/view_doc.asp?symbol=A/68/156&referer=http://www.un.org/disarmament/topics/informationsecurity/&Lang=E.

当前，新兴市场国家与欧美国家围绕国际互联网沿用旧法还是制定新法问题上的辩论非常激烈。欧洲和美国期望利用自身在传统国际法领域积累的优势和经验，讨论旧法在网络空间的适用性，制定不具有约束力的行为规范，认为整合阐释旧法就足够应对挑战。俄罗斯等国并不反对讨论旧法适用性，但希望在网络安全等领域签署具有普遍约束力的新条约。中国政府认为，在国际互联网这样的新领域，无论是自愿性规范，还是国际法准则，都存在现有规则是否相关、如何适用以及制定新规则等问题，一方面需要关注现有国际法在互联网领域的适用，另一方面不能以此阻止对新条约和规则的制定。

二、国际网络法的基本概念和构成

网络法（cyberspace law）又被称为信息高速公路法，欧美国家在网络法制定中走在了前列。1998年，美国颁布了《儿童在线隐私保护法》，该法要求商业网站的服务商使用电子年龄验证系统对互联网用户的年龄进行鉴别，以保护未成年人的安全。1996年6月，法国提出《菲勒修正案》（Filler Amendment），旨在阻止境外的不良信息通过互联网传入法国境内。1996年9月，英国颁布了网络监管行业性法规《3R安全规则》（3R Safety Rules），通过评级（rating）、报告（reporting）、责任（responsibility）三个安全规则，惩处利用网络散布儿童色情内容或其他不良信息的犯罪行为。

通常认为，国际网络法的制定存在着国际软法和硬法两种可能路径。硬法是正式的国际法规则，约束性、稳定性和确定性是硬法的重要属性，具有稳定性和确定性且具有法律拘束力的硬法规范，可以减少因信息不对称带来的交易成本以及降低国际合作过程中的不信任感。由于国家可以通过争端解决机制去监督硬法义务的实际履行和遵守情况，因而，硬法对成员具有正式的约束性。[1] 软法是指那些既不具有严格的法律拘束力又非完全没有法律效力的规则，如国际法领域的各类指南、建议、宣言、行动守则等。[2] 硬法与软法具有明显的差异性，其中最根本的差异是：硬法具有对各成员均有约束力的义务，而软法需要成员的善意以便履行和自觉遵守，不具有约束力。硬法与

---

[1] Kenneth W. Abbott and Duncan Snidal, "Hard and Soft Law in International Governance," *International Organization* 54, no.3 (2000): 427-433.

[2] Bryan A. Garner, ed., *Black's Law Dictionary (Eighth Edition)* (St. Paul: Thomson West, 2004), p.1246.

软法作为国际规则治理的两种具有不同属性的规则系统，一方面具有相互补充、相互协调的关系；另一方面，又有冲突和对抗的一面。因此可以说，硬法与软法具有各自的优势，或者通俗地说，软法的优点正是硬法的不足，硬法的长处正是软法的"短板"。

由于国际互联网领域没有严格的专门约束性的正式硬法，因而可以把联合国经过长期谈判发布的计划和宣言作为软法规范，特别是2003年联合国主导的《日内瓦原则宣言》以及2005年信息社会世界峰会通过的《突尼斯议程》。2003年信息社会世界峰会第一阶段会议通过的《日内瓦原则宣言》明确表示，"互联网成为公众可利用的全球设施，治理应该构成信息社会议程的核心议题，互联网公共政策的决策权是各国的主权"[①]。一方面，《日内瓦原则宣言》确定了以互联网为基础的信息社会的基本原则，互联网的国际管理应该是多边的、透明的和民主的，政府、私人团体、市民社会和国际组织均参与治理，这是对互联网治理中的多利益攸关方治理模式的确认。但另一方面，民族国家在互联网治理中具有最显著的地位。

《日内瓦原则宣言》把互联网治理划分为技术和公共政策议题两个方面，其中后者体现了国家的主权范围，私人行为体在技术和商业发展领域发挥重要作用，而公民社会则在共同体层面产生显著影响。总体而言，信息社会世界峰会的共识形成了国家、私营部门和公民社会的层级联系，主权国家的政府居于顶端，规划设置规则的发展方向。《日内瓦行动计划》明确指出，各国政府在制定和实施综合的、前瞻性的和可持续的国家信息通信战略中发挥主导作用。同时，私营部门和民间团体通过与各国政府对话，在制定国家信息通信战略中发挥了重要的咨询作用。[②]信息社会世界峰会第二阶段的突尼斯峰会颁布了《突尼斯议程》，肯定了全球互联网治理的现有安排。互联网日常运行工作由私营部门主导，创新和价值创造则来自网络边缘。同时，一个国家不应该参与和另一个国家的国家代码顶级域名有关的决策，每一个国家在影响其ccTLD决策方面以各种方式表达和确定的合法利益均需要通过一个灵活和经改善的框架得到尊重、维护和解决。此外，在国际互联网治理和确保互

---

① WSIS, "Declaration of Principles," December 12, 2003, http://www.itu.int/geneva/official/dop. html.

② WSIS, "Plan of Action — Geneva 2003," December 12, 2003, http://www.itu.int/net/wsis/docs/geneva/official/poa.html.

联网的稳定性、安全性和连贯性方面，各国均应平等发挥作用并履行职责。[①]
今后，网络法的制定可能会遵循并呈现"从国际习惯法和不成文法转向行为
准则，从大体一致的粗略原则到全体同意的约束性条款"的大体规律和总体
趋势。

当前，网络空间立法面临网络空间的法律化和互联网法的网络化两种趋
势。一方面，互联网具有重要的价值，网络规则制定和法律制定已经成为必
然；另一方面，互联网立法具有碎片化和网络化的重要特征。就碎片化而言，
国际互联网领域存在已被或可被应用的各种法律文件，这些文件分为在国家
层面的和在国际层面的。其中，国家层面的法律文件包括国家立法部门通过
的法律文件、社会规范与习惯，以及个体层面上的自律行为；国际层面的法
律文件既涉及国际公法，也涉及私法。国际公法适用于电信、人权和网络犯
罪等，而国际私法涉及合同、侵权和商事责任等。总体上看，国际互联网领
域立法文件匮乏。除了欧洲委员会2003年通过的《网络犯罪公约》和2013年、
2017年分别颁布的两份《塔林手册》，还没有其他有效的国际公法可供参考。
如何在网络化和碎片化的网络空间制定适合的国际规则已经成为国际社会关
注的核心。

互联网发展至今，涉及和涵盖的领域众多，因此，国际互联网领域的立
法涵盖范围较为广泛，重点在互联网主权、司法管辖权、知识产权、个人隐
私保护等领域。本章以互联网主权为核心，并关注司法管辖和知识产权保护，
对于国际互联网的立法进行分别论述。

第二节　互联网主权规则研究

互联网主权的概念原本是美国学界于20世纪90年代后期提出的命题，互
联网本身应该被认为是具有自身规则的主权实体。2000年，英国东伦敦大学
的政治学家蒂姆·乔丹（Tim Jordan）首次提出"网络权"这一概念，并从技

---

① WSIS, "Report of the Tunis Phase of the World Summit on the Information Society," p.16, November 6-18, 2005, http://www.itu.int/wsis/docs2/tunis/off/9rev1.pdf.

术权、媒介力和想象力等层面对网络权进行了阐述。[①] 主权是中国政府倡导的网络空间国际合作的四个基本原则之一，中国颁布的《网络空间国际合作战略》《中华人民共和国网络安全法》都对互联网主权进行了界定。但是，主权不是一个政治口号，需要扎实的理论研究，不同国家对此存在分歧是很正常的，这就需要学术界进行概念和内涵要素方面的讨论。互联网是一个新兴的事物，发展中国家与发达国家接触网络的时间并无先后，双方处于大致相同的起跑点，这为中国提供了参与国际互联网规则制定和掌握网络空间制度性话语权的契机。目前，在国际法层面，人们主要讨论的不是承认网络主权是否存在的问题，而是在多大程度上实现网络主权的问题。[②]

一、国家主权学说的提出与发展

国家主权是指一个国家所拥有的独立自主地处理其内外事务的最高权力。主权国家主要有两种职能，即对内主权职能和对外主权职能。一般而言，对内主权指的是对整个民族国家范围内一切事务的最高政治统治权，具有最高的权威性和排他性。对外主权则主要指的是一个国家有独立自主地决定其外交方针、处理国际事务，并享有国际权利与国际义务的权利。主权国家利益至上，决定了全球治理机制的制定要以主权国家为基础，这也是分析和批评"主权弱化论""主权过时论"等论调的核心基石。把握国家主权的思想渊源和发展演变的脉络，对于理解当代的全球互联网治理具有积极的价值。

主权最早是作为国内法的概念提出的。在中世纪以君主为中心的民族独立国家中，君主就是主权者，君主权力就是国家主权。法国思想家让·博丹（Jean Bodin）首先提出了国家主权原则。在西方政治思想史中，他第一个系统地论述了国家主权学说。1576年，让·博丹发表了《国家六论》(*Six Books of the Commonwealth*)，强调主权是国家的主要标志，具有绝对性、独立性和不可分割性。博丹认为，政体的形式因主体的归属而有所不同，一人掌握主权的称为君主政体，主权归少数人掌握的称为贵族政体，主权归多数人掌握的称为民主政体。[③] 在国际法中，主权是国家的核心属性。近代国际关系的主

---

① Tim Jordan, *Cyberpower: The Culture and Politics of Cyberspace and the Internet* (London: Routledge, 2000).

② 于志强主编《域外网络法律译丛·国际法卷》，中国法制出版社，2015，第2页。

③ 让·博丹:《主权论》，李卫海、钱俊文译，北京大学出版社，2008。

要标志之一就是国际法规则的出现，即以主权国家为基本单位的国际社会的基本运行规则。其中，国家主权原则是最基本的国际法原则，构成了国际法的基础，即每一国家都拥有自我管理的最高权力，且相互平等，彼此间无管辖权。荷兰法学家胡果·格劳秀斯（Hugo Grotius）写就于1625年的《战争与和平法》一书以战争法为主，以和平法为辅，提出了主权平等、领土完整和国家独立等重要原则。[①] 格劳秀斯的国家主权学说不同于君主主权学说，其重点在于以主权原则来调整国家之间的关系，即国家应该具有最高的对内统治权而不受其他权力的限制，不从属于其他任何意志。格劳秀斯的主权学说是真正近代国际关系和国际法意义上的主权学说，因为其仅仅认为每个国家应该拥有主权，而并不关心这一最高权力在国内属于谁，因此这一主权学说可以被称为国家主权学说。

此后，托马斯·霍布斯（Thomas Hobbes）、卢梭（Jean-Jacques Rousseau）等人进一步强调了国家主权学说。1640年，霍布斯发表了《法律原理》，论证了主权的绝对性和不可分性。他就主权的绝对性提出，"主权在一国之中的绝对性就像国家成立之前每个人都拥有根据自己的想法来做什么或不做什么的绝对性一样"[②]。卢梭是18世纪思想启蒙运动的杰出代表，他的主权学说目的在于改变国家内部的政治体制，强调主权即国家的最高权力，这种权力应该属于人民而不应该属于君主。卢梭在《社会契约论》里反复阐明的观点是："每个人都以其自身及其全部的力量共同置于公意的最高指导之下。"所谓公意，就是建立契约的全体人民的公共意志，是国家一切活动的前提，它体现了人们的共同利益。[③] 在卢梭的主权观中，主权是不可转让、不可分割的，主权是绝对的、神圣的和完全不可侵犯的，他把主权牢牢地固定在人民共同体的全体成员共同意志之上。

第二次世界大战之后，主权原则在国际关系与国际法中被进一步确认与强调，主权一度被认为是不可转让、不可分割与绝对和神圣不可侵犯的。但

---

① 胡果·格劳秀斯、A.C.坎贝尔：《战争与和平法》，何勤华等译，上海人民出版社，2017。

② Thomas Hobbes, *Human Nature and De Corpore Politico* (Oxford: Oxford University Press, 1994), p.114, 转引自：唐学亮、王保民《霍布斯论绝对主权及其挑战》，《西安交通大学学报（社会科学版）》2018年第2期，第118页。

③ 卢梭：《社会契约论》，何兆武译，商务印书馆，2003，第24—31页。

是，随着冷战的结束、国家间相互依存程度加深、全球化的兴起及全球性问题的增多，主权原则也面临挑战，出现了"主权过时""新干涉主义"等论调。主权国家在全球治理中的地位和作用是毋庸置疑的，但在全球化的背景下，主权国家的地位出现了微妙的变化。具体而言，一方面，全球化并没有威胁主权国家的根本利益。主权是指一个国家所拥有的独立自主地处理其内外事务的最高权力，国家凭借这种权力可以以最高权威和独立自主的方式处理它的一切内部事务和外部事务，而不受任何其他国家或实体的干涉和影响。全球治理是否弱化了国家主权，关键要看追求国家根本利益的目的是否受到了影响。因此，主权弱化论是对国家主权的片面的、静态的、机械的理解。另一方面，主权国家与其他非国家行为体并非零和博弈，而是相互联系、依存和补充的关系。其一，全球性问题单靠一国无法解决，需要建立国际组织，发挥全球公民社会的力量共同应对。如果各主权国只考虑自身利益，特别是全球治理体系中的主导国无法提供相应的国际公共产品，世界各国面临的公共性问题将无法解决。一些非政府组织和公民运动具有灵活性的特点，相应地补充了民族国家的不足。由于国际组织具有一定权威和自主性，国家一旦加入国际组织就意味着它必须在一定程度上接受国际组织的共同规则，放弃某些自主权。其二，国际组织的行动建立在成员国同意的基础之上。无论是联合国决议还是其他国际组织的任何决议，均需得到主权国家的认可、执行、落实，任何组织都不可能代行主权国家的意愿。总之，主权国家是全球治理的主要行为体，尤其是在承担国际责任方面的作用更是无可替代。不过，在全球治理语境下，国家主权受到了不小的挑战和限制，并在一定程度上出现了主权"碎片化"的趋势。为此，主权国家与非主权国家如何在全球治理中相互协调是决定全球治理成效的核心因素之一。

二、网络主权的基本内涵与演变

（一）网络主权的基本内涵

网络主权是国家主权在网络空间的延伸。具体而言，网络主权是源于网络技术的发展、网络应用的普及，在出现危及国家安全新问题之后，基于传统国家主权学说与国际法基本原则并在其下衍生出的一种新型主权。网络主权的内涵与一般意义上的主权具有同等性质，都具有领土性、人民性、政权性，即"主权三特征"。网络全球化在技术上存在客观基础，但是，在网络建设、网络连通、网络使用、网络治理、争议管辖等层面上，网络主权依然具有"主权三特征"的天然属性。[①]

网络主权的核心是主权国家所具有的网络权利，有学者对此进行了分析：其一，国家享有最高的政策制定权。网络政策包括有关互联网发展与安全的宏观思路和具体要求，如设定网络空间发展战略目标、建设与保护网络发展的相关基础设施、打击网络犯罪和网络恐怖主义、发展网络经济与金融、保护网络隐私、投资网络研发等。其二，国家享有最高的管理管辖权。管理管辖权是指一国享有对其疆域内的涉网事务和活动进行管理和管辖的权利，如互联网基础设施、网络活动、网络内容等。其三，国家享有最高的网络发展权。网络发展权是指一国参与网络空间发展并公平享有由此而来的利益的权利，包括发展网络与信息技术、建设信息基础设施、发展网络经济等。其四，国家享有最高的安全维护权。网络安全包括硬件安全、软件安全和信息安全等。[②] 因此，国家主权是政策制定、管理管辖、网络发展和网络安全维权四个领域权力的集合。

国家是否拥有网络主权是由多种因素决定的，包括网络技术的价值凸显、世界政治竞争加剧以及网络空间挑战增加等。总体上，网络主权可以成为国家施加影响的途径，网络空间并非完全的全球公域，位于国家管辖范围内的网络基础设施无疑属于私有物。同时，网络主权是互联网发展的客观需求，国家拥有推动网络技术发展并实现网络与经济结合的强大资源。

其一，国家在网络空间中具有施加影响的途径。政府对于包括网络空间在内的地域空间拥有至高无上的权力，路由器、服务器和传送国际互联网电子的光缆都是位于政府管辖范围内的实体资源，提供和使用国际互联网服务的企业受到政府法律的管制。政府可以利用这些实体资源向企业施压。因此，主权国家可以通过向国际互联网服务提供商、浏览器、搜索引擎和金融中介机构等施压，控制互联网行为。国家互联网战略涉及互联网设备提供商的责任、信息外泄告知、关键架构管制、积极防御和国际合作，在这些领域，国

---

① 赵宏瑞：《网络主权论》，九州出版社，2019，第75页。
② 徐龙第、郎平：《论网络空间国际治理的基本原则》，《国际观察》2018第3期，第33—48页。

家都可以发挥在全球互联网治理中的主导作用。国家可以监督网络服务商的自利行为，制定相应的规制并予以执行，以实现国家安全与经济发展相协调的目标。其中，国家监管的最基本手段是互联网过滤或监管。目前，世界上已有超过70个国家实施互联网过滤，美英等发达国家频频发动内容监管、窃听等网络管理措施。

其二，网络空间并非完全性质的国际公域。网络空间是否为国际公域，目前学术界存在争议。美国西弗吉尼亚大学教授詹姆斯·刘易斯（James Lewis）认为网络空间并非公域，仅是描述连接计算机的网络与设施的名称。况且，处于一国境内的互联网光缆等基础设施受到主权国家的控制。互联网作为一种共管资源（condominium resource）更为合适，分享共同的结构但缺少规则和治理平台。[①] 当前，国家对网络空间的控制的延伸以及进一步严格化趋势，已经成为网络治理领域的新情况。网络空间如同领陆、领水、领空和底土一样，已经成为国际社会协同治理的重要领域。应该说，主权的延伸影响了国际互联网的技术架构和规则治理，并产生了深远的政治影响。

其三，坚持网络主权是破解互联网发展的客观要求。当前，全球互联网合作的进程比较缓慢，比如网络贸易规则的运用，世贸组织的知识产权保护等议题。通过各种治理平台以及各国的国内治理，主权国家可以逐步加强对网络空间的规范、塑造甚至具体措施的实施。从长期的发展趋势看，基于早期自由放任和市场导向的网络空间立场逐步让位于国家主导的管控立场，受制于复杂的国际政治经济博弈和先进技术发展，国际互联网治理和规则制定总体进展并不大。但是，国家已经成为推动国际互联网规则制定的核心力量，且作为主权国家集合的联合国通过开启多途径谈判渠道已经发挥了事实上的主导作用。有发展中国家学者指出，"互联网主权的国际营地可能正在撤退，没有实质性进展，但实际上，国家正采取措施试图阻止网络空间的滥用"[②]。

其四，坚持网络主权是网络自身属性的必然要求和必然结果。主权具有不同的属性，比如身份权和具体权能，这造成了对于主权的不同认知。比如，弹性主权涉及主权的属性，它意味着克制和互助、主权行使的开放性和网络

---

① James Lewis, "Rethinking Cybersecurity: A Comprehensive Approach," pp.2-3, September 2011, http://csis.org/files/publication/110920_Japan_speech_2011.pdf.

② Kriangsak Kittichaisaree, *Public International Law of Cyberspace* (Heidelberg: Springer, 2017), p.365.

空间的适应性以及国家间网络议题具有协商空间。由于信息的流动性导致网络空间没有绝对的区隔划分，因此，网络主权和国家主权不同，它不像国家主权具有绝对的排他性和主导性，这是网络主权研究面临的现实状况。为此，各国应平等参与和互助合作，共同谋划、共同参与制定适合国际通行的网络空间规则。

网络主权并没有衰落，改变的是国家对网络主权不同向度的认识以及为获得国家利益而对这些向度利弊的考量和权衡。当前，国际社会越来越认识到数字鸿沟的危害性，数字鸿沟实际上是个人、家庭、商业与地理区域之间在获取网络通信技术方面所存在的鸿沟。发达国家往往对数字鸿沟视而不见，这源于其根深蒂固的意识形态偏见和盲目的技术乐观主义。事实上，网络空间存在网络殖民国家和网络霸权国家，网络空间的发展特别是不同国家的网络经济发展差异大，只有坚持网络主权才能有效增强能力建设，有效解决网络鸿沟问题。

（二）网络主权认知的演变历程

国际社会对于网络主权的认识有个逐步发展的过程。在互联网发展早期，西方国家往往坚持认为网络空间主要的邪恶来自民族政府。主张互联网自由、反对互联网主权的人认为，网络空间是游离于政府和国家之外的自治空间，其所产生的网络冲突和无序现象也应由这样的社会体系自身去处理，政府和国家不是网络空间的管辖主体。美国印第安纳大学电信学教授爱德华·卡斯特纳瓦（Edward Castronova）则认为，网络世界从来没有发展出一套健全的治理机制，网络世界都处于无政府状态。[1] 现在，西方国家也开始关注并承认互联网主权，这是网络主权发展的一个趋势。比如，《塔林手册》对于独立权、管辖权、豁免权等国家主权议题都进行了分析，其对网络主权的态度是比较明确的。与其他国家相比，美国拥有无可比拟的网络权力。所谓网络权力是指基于计算机信息的形成、控制和交流所生成的一整套信息架构、网络、软件和人员技能，包括网络计算机、内联网、金属丝网、蜂窝技术、电缆和基

---

[1] Edward Castronova, *Synthetic Worlds: The Business and Culture of Online Games* (Chicago: University of Chicago Press, 2008), p.213.

于空间的交流。网络权力可以用来形成网络空间的偏好结果，也可以运用网络手段在网络空间外的其他领域产生偏好结果。[①]

新兴市场国家特别是金砖国家坚持网络主权的基本立场。比如，2015年新版"信息安全国际行为准则"明确指出，"与互联网有关的公共政策问题的决策权是各国的主权，对于与互联网有关的国际公共政策问题，各国拥有权力并负有责任"。同时，准则还明确提出，"各国有责任和权力依法保护本国信息空间及关键信息基础设施免受威胁、干扰和攻击破坏"。主权国家要"努力确保信息技术产品和服务供应链的安全，防止他国利用自身资源、关键设施、核心技术、通信技术产品和服务、信息网络及其他优势，削弱接受上述行为准则国家对信息技术产品和服务的自主控制权，或威胁其政治、经济和社会安全"[②]。此外，2015年7月，联合国信息安全政府专家组发布报告，建议各国进行合作，防止有害的信息通信技术行为，且不应故意允许他人利用其领土实施国际有害的信息通信技术行为。尤为重要的是，专家组强调各国拥有采取与国际法相符并得到《联合国宪章》承认的措施的固有权利。[③]

近年来，随着网络主权被越来越多地认可并运用到互联网治理领域，互联网治理出现了"国家的回归"和"再主权化"。拥有和运作主要的网络空间机构的私人部门行为体被迫或被国家强制实施履行控制措施，这反映出网络空间的"再主权化"。国家对网络信息的控制包括一系列技术、管制措施、法律、政治和策略，比如媒体监管、许可制度、内容删除、诽谤和诋毁法律以及网页内容过滤等。总之，网络主权是一个国家自主进行互联网内部治理与独立开展互联网国际合作的资格和能力。网络主权的核心是各国自主选择网络发展道路、网络管理模式、互联网公共政策和平等参与国际互联网治理的权利，促进开放合作，构建网络空间良好秩序。

---

① Joseph S. Nye, "The Regime Complex for Managing Global Cyber Activities," p.5, May 2014, https://www.cigionline.org/sites/default/files/gcig_paper_no1.pdf.

② 参见：《2015年版信息安全国际行为准则》（A/69/723），第3—5页，中华人民共和国外交部网站，https://www.fmprc.gov.cn/web/ziliao_674 904/tytj_674911/zcwj_674915/P020150316571763224632.pdf.

③ United Nations General Assembly, "Group of Governmental Experts on Developments in the Field of Information and Telecommunications in the Context of International Security," pp.2-3, July 22, 2015, http://www.un.org/ga/search/view_doc.asp?symbol=A/70/174&referer=/english/&Lang=E.

（三）网络主权与网络命运共同体

在坚持网络主权的同时，需要正确认识和辨识网络空间主权与网络空间命运共同体的内在关系。网络主权并不是对现有国际体系的破坏，而是要在国家主权基础上构建公正合理的网络空间国际秩序，共同构建网络空间命运共同体。[①] 从本质上讲，网络主权与网络命运共同体是全球化时代国家主权与全球治理内在关联在网络空间的体现。

在全球治理的发展演进过程中，国家主权是与其紧密纠缠的重要领域和观察视角。国家主权是指一个国家所拥有的独立自主地处理其内外事务的最高权力。主权国家利益至上决定了全球治理规则制定要以主权国家为基础，这也是驳斥"主权弱化论""主权过时论"等论调的核心基石。全球治理导致主权弱化论的论调是对全球治理与国家主权的片面、静态的理解。当前，国家主权与全球治理彼此间的辩证关系已经越来越成为国际关系学界的共识，国家主权要积极适应全球治理，全球治理也需要尊重国家主权，这是主权国家要面对的新现实。其中，比较积极的成果是国际法学者提出的"主权责任化"。责任理念和规范为全球治理下的主权内涵与形势的发展变化提供了崭新的总体指导和规范，从而使各国主权能够应对全球治理的客观要求。[②] 全球治理构想并没有否认国家主权的基础地位，而是通过限制以减少主权被滥用。

学界对于网络主权与网络空间命运共同体良性互动的分析已经比较深入。有学者指出，"网络主权不是封闭主权，而是开放主权。中国的网络主权致力于在一个混乱与失序的世界中确立秩序与条理，从而共同构建网络空间命运共同体"[③]。构建网络空间命运共同体，必须是多方共同参与的、具有高度包容性和开放性并通过协商对话等方式进行的。本书认为，可以从共同体概念出发分析二者的良性协调，即网络空间共同体是主权的诉求体现和重要属性。从共同体众多内涵和维度中挖掘与主权协同的合理内涵，阐述网络空间命运共同体是维护国家主权的有力保障和重要诉求，网络空间命运共同体是新时期中国参与和引领全球互联网规则治理的中国方案。

---

① 蔡翠红：《网络主权与网络空间命运共同体辩证统一》，《网络传播》2021年第1期，第64页。
② 赵洲：《主权责任论》，法律出版社，2010，第59页。
③ 许可：《灵活、合作与开放的网络主权新愿景》，《网络传播》2020年第12期，第29页。

共同体（community）一词可追溯的最早词源为拉丁文communis，希腊语词源为koinonia，指普遍、共同。古希腊的城邦共同体就是全球治理的最初渊源，而以亚里士多德为代表的城邦共同体思想和以卢梭为代表的契约共同体思想，为全球治理的形成奠定了思想基础。个人与城邦的同一关系、个人与社会的契约关系类似于主权国家与国际共同体间的协议关系。总体上，共同体一般是指具有关系和情感的生活有机体。共同体一方面具有"直接、共同关怀"的意涵；另一方面，它也指各种不同形式的共同组织。[①]

尊重网络主权与构建网络空间命运共同体是辩证统一的，网络主权是构建网络空间命运共同体的前提，而网络空间命运共同体则是网络主权的保障。[②] 一方面，国际组织、公民社会、非国家行为体对于共同体建设是不可缺少的；另一方面，主权国家仍然是包括网络空间在内的共同体内最主要行为体这一事实不会改变。因此，共同体需要国家行为体和非国家行为体的支持，如此才能在网络空间建立命运共同体。在开放包容的网络空间，中国一方面坚持独立权、管辖权、防卫权和平等权在内的网络主权原则，另一方面又把网络空间命运共同体作为今后的建设方向。二者并不矛盾，坚持网络主权更不会使中国推动构建网络空间命运共同体的前景受到质疑。

三、制网权争夺与互联网主权

（一）互联网主权干涉及其原因

西方社会大肆鼓吹网络主权否定论。他们认为，互联网空间应是一种自由空间秩序，反对对任何信息的自由流动施加任何限制。网络主权否定论在很大程度上只是看到了网络所表现出来的表象性特征，而未能深入把握网络的本质特征，也不符合各国对网络治理的具体实践。[③] 在此基础上，发达国家往往借助自身在互联网领域形成的先天优势，对发展中国家进行网络霸权渗透和网络压制，发展中国家在互联网主权中受到不对称的威胁。

[①]　雷蒙德·威廉斯：《关键词：文化与社会的词汇》，刘建基译，生活·读书·新知三联书店，2005，第79—81页。

[②]　蔡翠红：《网络空间命运共同体：内在逻辑与践行路径》，《人民论坛·学术前沿》2017年第24期，第73页。

[③]　程卫东：《网络主权否定论批判》，《欧洲研究》2018年第5期，第61页。

　　特别是，美国等西方国家把网络空间视为全球公域，否定其他国家的互联网主权。互联网起源于美国，网络早期规则由美国垄断。同时，美国拥有世界上最为先进的网络信息基石和最强大的网络企业。美国把网络空间视为全球公域，有利于保持其网络空间技术权威和网络力量的领导地位。因此，西方国家鼓吹网络主权否定论的实质是把网络空间主导权牢牢把握在自己手中，阻止发展中国家正当的主权行使，是西方霸权心态在网络空间的延伸，具有极大的欺骗性和恶劣的政治后果。

　　中国政府坚持网络主权的基本原则，坚持网络空间主权是中国参与全球互联网治理的最基本原则。中国认为网络主权应包括：（1）独立权：本国的网络发展和决策制定不受制于人，可独立自主运行；（2）管辖权：对本国范围内的涉网事务和相关活动，如基础设置和互联网服务提供商（ISP）活动等，本国享有独立自主的管辖权，具体包括国家在网络领域的立法管辖权、司法管辖权和行政管辖权；（3）防卫权：本国享有维护网络空间安全、打击外侵势力的权力；（4）平等权：即世界各国在网络空间的地位是平等和对等的，一国不能以任何理由干涉另一国在网络发展、安全和治理方面的内部事务。[①]

　　为了捍卫网络主权，中国通过立法的形式予以明确规定。2009年，中国颁布了《数字签名法》，成为中国第一部真正意义上的网络法。2016年颁布的《中华人民共和国网络安全法》是中国第一部规范网络空间安全问题的法律文件。该法第1条"立法目的"开宗明义，明确规定要维护中国网络空间主权，网络空间主权是一国国家主权在网络空间中的自然延伸和表现。[②]与此同时，中国在联合国、金砖国家和上海合作组织层面积极践行网络主权原则，通过共同提交"信息安全国际行为准则"，支持联合国《从国际安全的角度来看信息和通信领域发展的政府专家组的报告》等行为，在国际互联网治理领域发挥越来越重要的作用。

（二）国际社会的制网权之争

　　制网权是继制陆权、制海权、制空权和制天权之后的一种新型国家权力

---

　　①　若英：《什么是网络主权？》，《红旗文稿》2014年第13期，第39页。

　　②　《中华人民共和国网络安全法》，《人民日报》2016年11月23日，第14版。

形态，是网络空间形成和发展后出现的新型国家权力构成要素。所谓制网权，是指一个主权国家对广义上的计算机互联网世界的控制权和主导权，主要包括国家对国际互联网根域名的控制权、IP地址的分配权、互联网标准的制定权和网络舆论权等。这些权力伴随着互联网的诞生而出现，是一个主权国家在网络空间生存的根本保障。①

要认识网络空间的制网权问题，必须了解国家具有何种规制网络空间的权力以及网络空间的规制模式如何反映这种权力。前者反映了网络空间主权与现实主权之间的区别，后者反映出主权与规制间的互动关系。虚拟世界中的各个行为体及其所从事的活动均可以在现实世界中找到对应，现实行为体及其行为在虚拟世界中也可以得到扩展。在现实世界中，国家主权包括政治主权、经济主权、社会主权、文化主权以及信息主权等不同类型的主权，这些主权的形成不仅可以在网络空间中找到映象，而且通过互联网进一步扩展了国家主权的内涵。由于互联网主权是一种新型主权，国际社会存在不同的理解和认知，会基于这些认知采取不同的应对政策。

当前，世界各国的国家政治、经济、社会等领域已经与网络深度融合，制网权是决定一国在国际体系中地位的重要因素。互联网通信干线、IP地址和域名解析是蕴含网络权力的重要场所，互联网技术标准同样可以转换为网络权力，网络空间的基础设施和信息源等要素也是制网权的重要内容。② 在网络空间中，拥有制网权的国家将会获得战争的主导权。为了夺取制网权，西方国家积极出台互联网国家战略。美国采取了进攻的姿态谋求制网权，"斯诺登事件"显示出美国政府未经许可实施监听、收集电话和电邮账户信息等恶劣行为。特朗普政府上台后，美国政府通过颁布《美国网络空间战略》(the National Cyber Strategy of the United States of America) 等文件。一方面，它在国内加强关键基础设施防御能力、打击网络恐怖行为；另一方面，在国际层面突出国际竞争、施压和冲突。俄罗斯则在制网权领域采取了防守的策略。2019年底以来，为有效应对可能出现的风险和威胁，确保俄罗斯互联网和电信网络的运行，俄罗斯开展了"断网"演习，切断了俄境内网络与国际互联

---

① 参见：余丽《互联网国际政治学》，第79—80页。

② 同上书，第81—83页。

网的联系。俄罗斯基于自建的国家互联网基础设施（即 RuNet），建立一个巨大的内部网络，对国内流量重新路由，使用俄政府控制的域名系统进行分发，不再依赖位于境外的根域名服务器。随着各国对于制网权争夺和博弈的加剧，近年来，中国也通过实施"雪人计划"加大了关键基础设施的研发投入力度。目前，中国已在全球 16 个国家完成了 25 台 IPv6 根服务器的架设，构建了"原有 13 台 IPv4 根服务器 +25 台 IPv6 根服务器"的国际互联网新格局，其中 1 台 IPv6 主根服务器和 3 台辅根服务器位于中国境内。中国在互联网服务器布局中的主动规划，将有效地助力中国把国家网络的命运掌握在自己手中。[①]

当然，除了加强网络技术力量建设，中国还需要积极获取维护国家网络主权的制网权，维护中国在互联网空间的国家利益和根本保障。为此，中国应积极参与国际互联网合作进程，积极参与相关议题协商和规则制定，谋求国际互联网规则话语权，构建网络空间命运共同体。

第三节　网络管辖权规则研究

在对网络主权及其规则进行一般分析的基础上，本节更进一步具体论述了作为网络主权基本体现的网络管辖权。管辖权是国家基本权利的一部分，从国际公法的角度分析，国家基本权利是指按照国家主权原则，国家作为国际法主体在国际社会享有的固有权利，国际法学派的自然法学派认为，国家基本权利如同个人的平等自由一样是一种天赋权利。国际法中的实在法学派则认为国家基本权利的根据在于国家的主体资格。联合国于 1949 年通过的《国家权利义务宣言》规定了国家权利包括管辖权、独立权、防卫权和平等权四个方面，其中管辖权是国家主权的核心和基础，独立权、防卫权和平等权是国家管辖权的合理发展。

网络空间的出现对于国家基本权利与义务的影响深远，对于国家管辖权带来的挑战同样严重。网络空间的虚拟属性在创造出一个新疆域的同时，打破了传统意义上的地理边界，动摇了基于领土的民族国家合法性，以属地管

---

① 胡定坤、于紫月：《俄"断网"演习避免国家网络命脉受制于人》，《科技日报》2019 年 12 月 31 日，第 2 版。

辖为主、属人管辖为辅的主权行使方式在网络空间很难作为国家间主权范围划界的手段。① 为此，有必要对于国家管辖权和网络管辖权进行深入的分析，推动主权原则在网络空间的适用。

一、网络管辖权的基本内涵

在国际法中，管辖权指国家按照一定原则对有关人、财产、行为和事件行使管辖的权利。② 管辖权是主权国家的基本权力之一，也是衡量国家主权的重要内容，各国对其境内的互联网基础设施拥有包括立法、司法、行政等在内的管辖权。1949年《国家权利义务宣言》第2条指出，"各国对其领土以及境内之一切人与物，除国际法公认豁免者外，有行使管辖之权"。国家管辖权既关系到不同国家之间权力分配，也关系到国家和有关国际组织之间权力的安排。因此，有关国家管辖权的范围、方式和内容成为现代国际法的重要研究领域。日本国际法学者篠田英朗在《重新审视主权——从古典理论到全球时代》一书中认为，"主权不是人造的精灵，而是民族和国家的真实意志的表达"③。

从主权的角度看，国家享有最高的管理管辖权，表现为立法管辖权、行政管辖权、司法管辖权和普遍性管辖权。具体而言，立法管辖权涉及国家机关就特定事项或行为制定法律的权力，执行管辖权是处理国家机关通过行政或管理行为（如执法措施）以适用和执行法律法规的权力，司法管辖权指的是一国法院处理争议的权力。④ 司法管辖权可以划分为程序性管辖权、实质性管辖权和强制执行管辖权三种类型。其中，程序性管辖权是指哪个法院或国家机关具有管辖权限，实质性管辖权是指哪些规则应当适用，强制执行管辖权则是指应当如何执行法院判决。⑤ 普遍性管辖权是指任何一个国家对某些特定的严重危害国际和平与安全及反人类的犯罪都有权行使管辖，不论其罪犯的国籍与其身处何地。也就是说，这一管辖不受其他管辖原则的限制，主要

---

① 郎平：《主权原则在网络空间面临的挑战》，《现代国际关系》2019年第6期，第45页。
② 梁云祥：《国际关系与国际法》，北京大学出版社，2012，第91页。
③ 篠田英朗：《重新审视主权——从古典理论到全球时代》，戚渊译，商务印书馆，2004，第23页。
④ 迈克尔·施密特总主编、丽斯·维芙尔执行主编《网络行动国际法塔林手册2.0版》，第92页。
⑤ 约万·库尔巴里贾：《互联网治理（第七版）》，第151页。

针对战争罪、海盗罪、种族灭绝罪等。以上四项管辖原则都是国际法所规定的管辖原则，但是由于各原则之间的某种重叠与相互限制以及各国适用管辖的冲突，所以每一具体事件都需要进行具体的分析，以便寻找其应该适用的原则。

国家管辖权包含属地原则、属人原则和影响原则。其中，领土管辖也称属地管辖或属地优越权，即一国对其领土范围内的人、财产或发生的行为和事件有权行使管辖，这一范围也包括在公海上悬挂本国国旗的船舶和飞机等飞行器。鉴于构成互联网的硬件和软件都位于一国领土之内，基于领土的主权使国家对其网络使用者的规制具有正当性。属人原则是指国家管辖其境内公民的权利。影响原则是指国家管辖在国外实施的活动对其领土的经济和法律效果的权利。[①] 总体上，《塔林手册2.0版》确立的域外管辖权是当前国际法属人管辖原则、保护管辖原则和普遍管辖原则在网络空间的适用。

网络空间管辖权是指一国享有对其疆域内的涉网事务和活动进行管辖的权利。总体上，管辖权和防卫权是国家实现"网络主权"的具体实践逻辑，"独立权"和"平等权"则是强调不同国家在参与国际网络信息治理过程中的指导性行为原则。早期的互联网领域流行着排斥国家监管的论调，与此同时，国家发挥的作用十分有限，网络用户在各种技术标准和服务使用合同基础上的自律而不是政府监管或"他律"，成为网络空间有序运行的基础。因此，网络空间被视为一个自由放任的"自主体系"，倡导网络空间"自我规制"[②]。美国杜克大学詹姆斯·博伊尔（James Boyle）在《公共领域：封闭下的思维公地》(*The Public Domain: Enclosing the Commons of the Mind*) 中指出，互联网是自由陷阱，没有政府能够控制互联网领域的一切，网络空间只能是自由的，自由是它的本质。[③] 但是，随着国家网络主权观的回归，网络空间的国家管辖权和有效治理权得到了国际社会越来越多的认可和支持。

与此同时，欧美国家也出现了网络空间"再主权化"的趋势，以应对互联网发展带来的网络安全议题。新冠疫情的持续蔓延和乌克兰危机进一步加

---

① 约万·库尔巴里贾：《互联网治理（第七版）》，第151页。

② 黄志雄主编《网络空间主权论：法理、政策与实践》，社会科学文献出版社，2017，第64页。

③ James Boyle, *The Public Domain: Enclosing the Commons of the Mind* (New Haven: Yale University Press, 2008).

剧了欧美国家网络空间"再主权化"的趋势，网络成为维护霸权的工具。美国是互联网领域的主导。美国认为，主权原则体现在对领土范围内关键信息基础设施的管辖以及对非国家行为体的司法管辖，它有权在全球网络空间追求最大限度的行动自由。欧盟等主导的网络机制也对司法管辖权表示支持。《网络犯罪公约》第15条规定了调查权力和程序应该服从国内法律对人权和自由的保护条款，为公民提供的保护必须与调查权力及程序对等。客观地说，欧盟对互联网问题的司法管辖受到国际社会的重视，对其他国家产生了一定的影响。经合组织网络安全指导方针第5条规定："安全措施的采用应该符合民主社会的价值观，包括自由地交换思想、信息的自由流通、信息的保密和通信、恰当地保护私人信息。"[①] 总体上，网络空间的"再主权化"是主权内涵在当前国际政治发展情况的具体体现，"互联网主权"也得到越来越多国家的认可。

二、《塔林手册2.0版》有关网络管辖权的述评

由于现代国际法以国家主权为基本支点，所以无论是中国、俄罗斯等国起草并向联大提交的"信息安全国际行为准则"，还是北约单方面制定的《塔林手册》，都把国家主权作为最重要的法理基础之一，并确立了国家在网络空间的管辖权。2015年，联合国信息安全政府专家组的报告达成了部分网络主权管辖的共识，其第27条指出，"国家主权和源自主权的国际规范和原则适用于国家进行的通信技术活动，以及国家在其领土内对通信技术基础设施的管辖权"[②]。2013年和2015年分别举行的网络空间"伦敦进程"中的首尔会议和海牙会议，也都承认国家主权适用于网络空间。

2017年2月出版的《塔林手册2.0版》用了多达一章的篇幅对网络主权，尤其是网络管辖权及其规制进行了详细的论述，对网络管辖权实践具有一定意义。有学者认为，《塔林手册2.0版》总结归纳的网络活动国际管辖权规

---

① 克里斯托·杜里格瑞斯等:《网络安全：现状与展望》，范九伦、王娟、赵锋译，科学出版社，2010，第483—484页。

② United Nations General Assembly,"Group of Governmental Experts on Developments in the Field of Information and Telecommunications in the Context of International Security," July 22, 2015, http://www.un.org/ga/search/view_doc.asp?symbol=A/70/174&referer=/english/&Lang=E.

则，既有传统国际法的印迹，又展现了当代科技发展的特点；既体现了各国治理网络空间的法理共识，又包含了部分国家规范网络活动应对挑战的特色实践。①

《塔林手册2.0版》在第3章规则8—13中，明确了管辖权的一般原则，在国际法的限制范围内，国家可对网络活动行使管辖权，包括属地管辖权、域外立法管辖权和域外执行管辖权三种具体管辖权以及管辖豁免、国际执法合作等内容。②《塔林手册2.0版》明确指出，在国际法的限制范围内，国家可对网络活动行使属地和域外管辖权。行使管辖权的主要基础是属地原则，属地管辖权是主权原则的根本属性，《塔林手册2.0版》确立的国家对网络空间的属地管辖权，包括对境内网络设施、从事网络活动的人员，在其境内产生或完成，或者在境内造成实质影响的网络活动行使管辖权。其中，除对境内从事网络活动的人可行使属地管辖权没有争议外，对于在境内产生或完成，或者在境内造成实质影响的网络活动行使管辖权等其他几类属地管辖权的具体范围，由于存在分歧，该手册并没有给予明确的规定。

根据《塔林手册2.0版》规则10，一国可以就下列网络活动行使域外立法管辖权：（1）网络活动为该国国民在境外实施；（2）网络活动在一国境外的但在具有该国国籍的船舶或航空器上实施；（3）网络活动由外国国民在境外实施，旨在严重破坏一国核心国家利益；（4）网络活动是一定条件下外国国民针对该国国民实施；（5）网络活动根据普遍性原则规定构成国际法上的犯罪。③域外立法管辖权要求一国对在其境外实施网络行动的人、网络基础设施以及网络活动行使立法管辖权时，必须合理且应当尊重他国利益。尽管《塔林手册2.0版》指出一国规制对其有影响的网络活动的权力，与他国主权及其国民利益应受到尊重之间应该进行合理的平衡④，但是，在现实中，很难进行有效的平衡。域外执行管辖权是一国通过行政或者强制手段要求对方遵守法律并对违法行为给予惩罚。《塔林手册2.0版》对网络空间域外执行管辖权的行使也进行了专门的详细阐述。根据国际法，国家一般只能在其境内行使

---

① 甘勇：《〈塔林手册2.0版〉网络活动国际管辖权规则评析》，《武大国际法评论》2019年第4期，第118页。
② 迈克尔·施密特总主编、丽斯·维芙尔执行主编《网络行动国际法塔林手册2.0版》，第92页。
③ 同上书，第95页。
④ 同上书，第100页。

执行管辖权。一国只能基于下列情形对人、物和网络活动行使域外执行管辖权：国际法赋予的特定权力，或者外国政府对在其境内行使管辖权的有效同意。[①] 2018年3月，美国政府通过的《澄清域外合法使用数据法》就是试图运用执行管辖权实现"长臂管辖"的明显例子。该法案规定，美国政府可强制要求互联网企业向政府披露处于该企业控制下的数据，无论其数据是否存储于美国境内。[②] 通过该法案，美国政府获得针对境外数据的"长臂管辖权"，是美国维护数据霸权的国际规则，需要引起关注。

需要指出的是，《塔林手册2.0版》法律条文背后隐藏着比较明显的域外干涉倾向，体现了西方国家的网络价值观和行动指南。一方面，该手册声称，"与属地管辖权不同，对网络活动及从事有关活动者的域外管辖权的范围取决于多种因素，特别是管辖权的类型，即所行使的管辖权是立法、执行还是司法管辖权"。因为国家通常在境外没有执行权限，国家在境外行使权力必须获得所在地国的同意或者国际法上的特定授权，因此，域外执行管辖权比立法管辖权受到更多限制。但是，在第3章第6条还明确规定"对在境外从事网络活动的人员、位于境外的网络基础设施或者在一国领土外发生或产生效果的网络行为行使立法管辖权，必须基于普遍认可的域外管辖权"[③]。此外，《塔林手册2.0版》在如何解决不同种类立法管辖权冲突，以及执行管辖权的域内域外区分等方面的规则条款比较模糊，这些需要引起人们的进一步关注。

三、网络空间管辖权的未来发展

当前，越来越多的司法审判已经超越了司法管辖的范围。网络活动具有跨国越界、匿名性的特征，因此，国际管辖权面临着彼此交叉、重叠甚至冲突，网络管辖权的相关规则还需要进一步明晰和具体化。比如，欧盟有关"被遗忘权"（right to be forgotten）的判决和法律实践涉及跨国界的管辖权问题，会引发多重管辖权或所谓的"溢出效应"。多重管辖权案例最早出现于2001年，当时，法国发生了所谓的"雅虎案件"。雅虎的拍卖网站为纳粹物品提供

---

① 迈克尔·施密特总主编、丽斯·维芙尔执行主编《网络行动国际法塔林手册2.0版》，第105页。

② Stephen P. Mulligan, "Cross-Border Data Sharing under the Cloud Act," April 23, 2018, https://fas.org/sgp/ crs/ misc/R45173.pdf.

③ 迈克尔·施密特总主编、丽斯·维芙尔执行主编《网络行动国际法塔林手册2.0版》，第93页。

了销售平台服务，法国禁止这种行为，指控雅虎公司向法国网民提供了"一页又一页的纳粹党党徽袖章、纳粹党卫军匕首、集中营照片，甚至齐克隆（Zyklon）毒气罐的复制品"。该年11月20日，法国巴黎法院作出裁定，要求美国雅虎公司在90天内采取有效过滤措施，禁止法国网民访问有关拍卖纳粹物品的网站，否则雅虎公司将受到高额罚款。该判决结果表明，网络空间并非西方鼓吹的那样是无主权管辖领域。

多重管辖权问题在"被遗忘权"谈判中得以进一步凸显。2014年5月，欧盟法院在"冈萨雷斯诉美国谷歌被遗忘权"一案中最终判决美国谷歌公司败诉，谷歌公司必须移除相关搜索链接。毫无疑问，该案在被遗忘权的跨境司法管辖方面引起国际社会广泛关注。2018年5月25日正式生效适用的欧盟《数据保护通用条例》以欧盟法律的形式正式确立了被遗忘权，规定了被遗忘权的行使要件及限制条件。[①] "被遗忘权"是对"删除权"的一种发展和加深，个体享有"被遗忘权"，意味着数据主体有权要求数据控制者删除关于个人数据的权利，控制者有责任在特定情况下即时删除个人数据。

无论是"被遗忘权"还是跨境数据保护都涉及网络空间的司法管辖权问题。国家间的法律协调对于解决多重司法管辖权至关重要。在儿童性虐待、恐怖主义和种族主义等方面，国际社会就跨国网络监管和属地司法管辖权问题的协调和相融存在合作的空间，而在国际经济、知识产权等领域，国家间利益的博弈往往导致司法管辖权的碰撞和对抗。比如，知识产权领域的争论是互联网治理的关键驱动力，也是司法管辖权争论的体现。这一争论主要包括版权拥有者推动规制互联网服务供应商的知识产权，以及作为对抗力量的跨国社会运动推动了知识许可的出现。[②]

中国政府历来认为，网络管辖权体现了一国对于本国境内的网民、网络设施、网络活动、网络信息和本国领土外的网民实施有效管辖的权力。2015年7月1日实施的《中华人民共和国国家安全法》明确把网络管辖权作为构建国家安全体系的有机组成部分。《中华人民共和国国家安全法》第二十五条明确规定："国家建设网络与信息安全保障体系，提升网络与信息安全保护能

---

① 参见：EU, "EU General Data Protection Regulation (GDPR) ," May 23, 2018, https://gdpr-info.eu/。
② Milton L. Mueller, *Networks and States: The Global Politics of Internet Governance*, p.132.

力，加强网络和信息技术的创新研究和开发应用，实现网络和信息核心技术、关键基础设施和重要领域信息系统及数据的安全可控；加强网络管理，防范、制止和依法惩治网络攻击、网络入侵、网络窃密、散布违法有害信息等网络违法犯罪行为，维护国家网络空间主权、安全和发展利益。"①这是中国首次在法律上使用了"网络空间主权"的概念。2016年11月7日发布的《中华人民共和国网络安全法》再次强调了网络主权，该法第二条明确规定"在中华人民共和国境内建设、运营、维护和使用网络，以及网络安全的监督管理，适用本法"②。该条从法律的层面明确规定了中国维护网络空间主权和国家安全、社会公共利益的国家网络管辖权。总体而言，中国一直在国际社会积极倡导网络空间主权，并不断明确网络空间主权的内涵，成为中国有效开展互联网治理、参与国际网络空间规则制定的法理基础。

总之，网络管辖权是网络主权的基本体现，国际互联网的管辖权之争是网络空间主权化与去主权化竞争的缩影。随着主权国家更多地介入网络空间监管，国际互联网的管辖权更多地在主权范围和国家边界范围内得以体现。由于网络空间主权是一国网络立法、执法和司法的基石，以网络主权作为规则制定的基本法律原则将会得到越来越多国家的认可并贯穿到国际互联网法律规则制定中。

① 《中华人民共和国国家安全法》，《人民日报》2015年12月24日，第15版。
② 《中华人民共和国网络安全法》，《人民日报》2016年11月23日，第14版。

第六章　域名监管权移交：国际互联网规则制定的国际维度

　　当前，国际互联网治理正处于新旧体系变迁的深刻转型和复杂博弈之中。发达国家与发展中国家在互联网治理的较量集中表现为对规则制定议程的激烈争夺，中国和俄罗斯等国主张对互联网进行国家控制，而英美等发达国家则试图维持现有的多利益攸关方机制。在此背景下，域名监管权移交成为国际互联网治理的重要事件，国际社会围绕监管权移交进行了持续性的努力。是继续更新互联网号码分配职能合同，还是让这个协议自然失效，是IANA职能管理权移交问题的辩论焦点。[1] 2014年3月14日，美国国家电信和信息管理局公布了向全球多方利益社群移交IANA运作管理权的构想。在国际社会的共同努力下，2016年10月1日，美国政府完成了向ICANN移交IANA职能管理权，成为全球互联网关键资源管理机制的重大调整。IANA职能监管权移交进程与ICANN国际化集中体现了全球互联网定规立制方面的发展态势和力量对比。IANA职能移交及加强ICANN问责制进程相当于一场全球互联网治理规则的制度创新实验，对全球互联网规则制定具有深远的意义，起到了重要的示范效应。[2] 当前，国际互联网规则制定面临重要的历史机遇期，也面临极其

---

　　① 徐培喜：《ICANN@十字路口：IANA职能管理权移交纪实》，《中国新闻传播研究》2017年第2期，第125页。

　　② 郭丰、刘昱、刘碧琦：《全球互联网规则制定的演进与中国策略选择》，《厦门大学学报（哲学社会科学版）》2018年第1期，第38—39页。

复杂的竞争与较量，构成了中国参与国际互联网规则制定的国际维度。

第一节 美国对互联网域名的监管

冷战结束以来，美国依仗其网络技术和网络规范，占有网络主导优势，将其主导思想渗透到互联网的大部分领域。美国的霸权思想通过虚拟世界渗透，进而支配其他国家或人群的思想观念，最终导致西方霸权的扩张，即网络霸权。网络霸权是导致数字鸿沟的重要结构性因素，互联网成为西方文化和政治意识形态输入发展中国家的另一种霸权主义工具。

长期以来，互联网监管突出体现在以英语为主的语言霸权，以美国为核心的技术霸权和互联网监管的美国霸权。网络空间自形成伊始便选用英语为主要语言交流工具，语言霸权使在网络空间中以非英语为母语的使用者、非西方国家在参与全球化讨论时受到了限制，无法真正实现自由和平等，也不可能真正实现理性沟通。美国不仅凭借先发优势掌握了互联网的核心技术、关键基础设施，还关键性地掌管了互联网号码分配、根区管理、域名及IP地址等关键性互联网资源。

2013年的"斯诺登事件"，特别是2016年美国移交域名监管权对全球互联网治理生态系统产生了深远影响。2013年6月，美国中央情报局（CIA）和美国国家安全局（NSA）前雇员爱德华·斯诺登把美国"棱镜"监听项目的机密文件披露给英国《卫报》和美国《华盛顿邮报》，揭开美国安全机构秘密获取数以百万计公民隐私的内幕。此外，美国对德国、法国和巴西等所谓盟友的领导人进行监听，引发国际社会的广泛关注。各国纷纷要求美国放弃窃听计划，并在国际互联网治理领域移交域名监管权。但是，美国对互联网域名的监管是根深蒂固的。自互联网在美国诞生以来，美国在该领域的主导地位一直在无形中发挥重要作用，并且这种主导地位很难被替代。域名监管的移交构成了国际社会推动互联网规则制定的重要事件。

一、美国监管域名的主要阶段

第一阶段是1998年之前的早期互联网监管。自1983年域名系统建立以来，域名系统一直处于美国政府的监督和控制下。不过在20世纪90年代之前,美国对域名系统的监管并不严格。随着域名数量的快速增加,与域名相关的议题不断出现,域名安全漏洞在整个系统层出不穷,美国在核心互联网功能和资源方面的战略利益不断凸显。在此背景下,美国加大了对互联网域名与地址分配等相关议题的监管。国际IP地址最初由美国政府与IANA签署协议,授权IANA负责IP地址分配规划以及对TCP/UDP公共服务的端口定义;后改由非政府机构ICANN统一负责分配管理,包括负责互联网协议(IP)地址的空间分配、协议标识符的指派、通用顶级域名以及国家和地区顶级域名系统的管理、根服务器系统的管理,但具体执行工作由其下属机构IANA执行。[①]

实际上,在ICANN尚未建立之前,如何改革不合理的域名注册与管理体制已经受到国际社会的关注。1997年5月1日,国际电信联盟发起召开了"关于发展稳定的因特网域名注册系统"会议,来自两百多个政府间和非政府组织的代表在国际电信联盟总部签署了《通用顶级域名谅解备忘录》(gTLD-MoU)。备忘录认为,通用顶级域名是国际社会共有的公共资源,不应由一国垄断,应引进竞争机制,建立全球共同参与的多边管理模式。根据这份协议,国际电信联盟将负责管理和注册所有的域名注册商,域名注册商将基于开放与平等原则分布在世界各地,而世界知识产权组织(WIPO)则负责管理域名注册过程中的争端及解决机制。然而,该协议最终被美国否决。[②]

第二阶段是1998年到2005年,美国直接主导了ICANN的运作。美国政府起初把控制域名体系的工作通过国家科学基金会向外分派,最初是交给了由已退休的乔纳森·波斯特尔主持的位于加利福尼亚州的一个非营利机构,即设立在南加州大学的互联网号码分配机构,通过向地区性互联网注册机构分配一组互联网协议地址编号来管理全球IP地址授权。IANA由美国国防部资助,充分反映出该机构具有的军方背景。同时,IANA的创始人波斯特尔在早期互联网发展中具有举足轻重的地位,创立了很多技术标准和协议。不过,1998年波斯特尔的突然去世,对IANA的发展产生了明显的负面影响。此后,美国政府将此项工作交给了一家营利性的私人公司——网络解决方案有限公

---

① 唐守廉主编《互联网及其治理》,北京邮电大学出版社,2008,第55—56页。

② 刘杨钺:《全球网络治理机制:演变、冲突与前景》,《国际论坛》2012年第1期,第17页。

司（Network Solutions Incorporated）。

但是，美国政府这一移交过程并不顺利且受到国际舆论的指责。国际社会质疑美国的行为是为了独自掌握互联网管理权。1998年6月，美国政府发布白皮书，宣布由美国商务部接手互联网域名监管工作，并将建立一家代表整个互联网的集体利益并负责制定域名规制政策的非营利组织，这就是此后设立的ICANN。该机构的宗旨是维护互联网运行的稳定性，促进竞争，广泛代表全球互联网组织，通过自下而上和基于一致意见的程序来制定与其使命相符合的政策。从定位上看，ICANN是非营利组织，负责管理和监督互联网域名分配系统的相互协调。

1998年10月，ICANN在美国加利福尼亚州设立。该机构通过与美国商务部签约，负责协调互联网域名体系和号码资源的管理。在决策程序上，ICANN相关政策的制定和推行遵照自下而上、一致通过的原则，通过一系列公开透明的讨论和投票，最终由ICANN理事会成员表决确立。ICANN挑选合适的注册管理机构，通过签约授权这些注册管理机构提供"通用顶级域名"的服务，并采用"统一争议解决机制"（UDRP）来处理由于域名注册所引发的投诉案件。在授权协议到期后，ICANN保有续约或变更注册管理机构的权力。总之，美国商务部与ICANN在1998年签署的协议，使得美国政府在国际互联网治理面临挑战或遇到问题时，可以免受指责。

第三阶段是2005年之后的美国域名监管。在这一阶段，美国继续主导互联网治理，但日益受到国际社会的指责和批评，对ICANN的主导权出现了动摇。尽管通过设立政府顾问委员会，ICANN实现了向多利益攸关方共同参与的模式转变，但美国继续保有在特定领域的权威地位，对于根服务器资源管理仍然可以施加重要影响。伦纳德·G.克鲁格（Lennard G. Kruger）认为，当前，全球互联网治理的一个重要特征是被私人部门ICANN控制，ICANN通过多利益攸关方治理模式制定政策，这一从下而上的进程对所有的互联网利益攸关方开放。[①] 但这一治理模式具有很大的隐蔽性和欺骗性。长期以来，美国正是通过控制ICANN维持其互联网霸主地位，且可以掩藏其未来继续把控的

---

① Lennard G. Kruger, "Internet Governance and the Domain Name System: Issues for Congress," Congressional Research Service Reports, p.22, June 24, 2015, https://digital.library.unt.edu/ark:/67531/metadc306421/m1/1/high_res_d/R42351_2014May23.pdf.

野心。随着全球域名数目不断增加，国际社会对域名管理系统的不满引发了对国际互联网治理前所未有的关注。2005年以来，互联网治理因成为更广泛的信息安全政策的一部分而受到国际社会广泛关注。

ICANN若想取得授权，需要与美国商务部下属国家电信和信息管理局定期续签合同。最早订立的合同为期1年。2003年开始，合同为期3年。2006年，合同有效期增至5年。2012年，合同期限延长到7年，包括3年基本合同执行期和2次各2年的延长期。尽管期限在延长，其间也吸取了各方的意见，但仅从其过程安排来看，ICANN没能脱离美国政府的控制：美国国家电信和信息管理局从2011年初与ICANN开始IANA的续约工作，过程分两个阶段，第一阶段为公开征求起草合同文本，第二阶段则是美国政府内部招标采购流程。美国商务部国家电信和信息管理局甚至透露过要取消ICANN参加IANA招标的信息，这可以被看作是美国政府在展示自己实际上所掌握的排他性控制权。[①]

在2012年12月迪拜举行的国际电信世界大会上，发展中国家讨论缔结新的国际电信规则，并试图把互联网纳入电信范畴，加强政府和政府间国际组织在国际互联网治理中的作用。美国代表团团长特里·克雷默（Terry Kramer）在会上明确表示，美国不会同意签署一份改变互联网管理结构的新条约，反对主权国家对互联网领域的管控。同日，克雷默在美国国务院的新闻发布会上全面阐述了美国拒绝签署新条约的五点理由：第一，拒绝签署任何可用于规范网络服务供应商、政府或者私人公司的条约；第二，拒绝对包括垃圾邮件在内的网络信息流动作出限制，因为那会损害言论自由；第三，拒绝承认国际电信联盟在保障网络安全方面有积极作用；第四，对互联网的治理必须在现行ICANN所谓多利益攸关方的框架内依法进行；第五，国际电信联盟峰会无权就互联网作出决议。[②] 在国际电信世界大会举行期间，美国国会以397票对0票的结果通过决议，反对由主权国家或政府间国际组织管理互

---

① 沈逸：《以实力保安全，还是以治理谋安全：两种网络安全战略与中国的战略选择》，载许嘉、陈志瑞主编《取舍：美国战略调整与霸权护持》，社会科学文献出版社，2014，第303页。

② 同上书，第307页。

联网。^① 在这次会议上，美国意识到需要改变此前的单边主义做法，争取盟友和摇摆国家的支持。

2005年6月30日，美国国家电信和信息管理局发表了仅仅只有一页内容的"关于互联网域名和地址系统的原则声明"。在这份声明中，美国单方面决定无限期管理（包括改变和修正）13根互联网根服务器，其理由是互联网正面临着日益增长的安全威胁，美国担心恐怖分子使用互联网攻击美国。此外，如果把管理权交给联合国和各国政府，互联网将会被滥用，全球监管则更难开展。同时，美国政府认为，美国在管理国家代码顶级域名方面具有合法性，而ICANN是互联网域名系统的合适管理方。此外，美国认为在多边论坛中，互联网治理的对话应该持续。^②

二、美国监管域名的主要方式

美国对ICANN的监管主要是通过三种方式，构成了一个既严谨又具有隐蔽性的控制体系，进而实现美国的网络霸权。

第一，ICANN指定IANA职能的契约。契约授权ICANN履行IANA的技术功能，这些技术功能包括分配IP地址，编辑根区文件，协调协议数目的分配。不过，契约本身并没有授权订立人改变IANA功能绩效方面的政策，尤其是，IANA对根区文件的任何变更均需得到美国商务部的许可。如果没有这一契约，ICANN在协调互联网认证系统方面不具有等级权威。

第二，美国商务部与ICANN之间缔结《谅解备忘录》进行控制和约束。1998年11月25日，ICANN和美国商务部签署《谅解备忘录》，确定了双方的关系和分工。2009年9月29日，双方签署了《联合项目协议》（JPA），重申了ICANN对美国商务部的承诺。《联合项目协议》是谅解备忘录原稿的第七次修订版，提供了待履行的项目清单。协议旨在全球范围内通过一家私营机构实现互联网域名和寻址系统技术协调的制度化，但这些优先选项和清单目

---

① The 112th Congress, "S.Res.446-Bill Aimed at Preventing Foreign Regulation of Internet," December 5, 2012, http://beta.congress.gov/bill/112th-congress/senate-resolution/446.

② U.S. Department of Commerce, "U.S. Principles on the Internet's Domain Name and Addressing System," June 30, 2005, http://www.ntia.doc.gov/other-publication/2005/us-principles-internets-domain-name-and-addressing-system.

录主要反映了美国的关切，维护的主要是美国的利益，因此受到了美国政府的欢迎。美国联邦众议院能源和商务委员会主席亨利·A.韦克斯曼（Henry A. Waxman）认为，"这个协议是个完美的典范，证明国有—私有合伙经营的体制可以充分发挥所有股东的优势。该协议能确保全世界使用互联网进行工作、学习和娱乐或借助互联网与家人和朋友保持联系的人们保持稳定和安全"[①]。总之，根据美国商务部与ICANN签署的《谅解备忘录》，ICANN对于任何互联网基础设施根服务器的修改都十分谨慎，且任何变更都要由ICANN报批美国商务部准许才可执行。

第三，美国商务部与威瑞信公司之间签订的契约。ICANN控制着互联网的核心职能，监督域名系统，监管各国的域名登记，维护整个系统的稳定。实际上，ICANN本身并不分配域名，而是把这一任务委托给了域名注册商，比如威瑞信。ICANN制定域名分配政策，拥有对申请者授予域名的最终发言权。[②]美国通过威瑞信的域名登记、数字认证和网上支付三大核心业务，在全球范围内建立起了一个处于主导地位的可信的虚拟环境。值得一提的是，威瑞信拥有.com、.net两大顶层域名。契约要求威瑞信通过ICANN进程才能履行技术协调决策，同时需要遵循美国政府有关根区文件的指令。[③]

上述三个契约结合起来构成了第四个要素：一个全面的美国对互联网域名和地址的政策权威。美国为了谋求对域名监管权的长期主导，采取了多管齐下的政策。一是作为基于美国的私人非营利机构，ICANN一直受到美国法律的约束。ICANN负责互联网域名系统、协调互联网协议地址的分配以及通用顶级域名注册商的认证。同时，采取多利益攸关方的政策制定模式，共同致力于维护互联网的安全性、稳定性和可互操作性。米尔顿·穆勒认为，ICANN是一种单边全球主义（unilateral globalism）的表现，即只对美国政府负责，因而被称为全球治理问题的霍布森解决方案。[④]二是在舆论宣传上，鼓吹"互联网自由"。一批网络自由主义者指责ICANN是对互联网的新

---

① 《互联网名称与数字地址分配机构（ICANN）首席执行官关于新协议声明的讲话》，ICANN官方网站，2009年9月30日，https://www.icann.org/news/announcement-2009-09-30-zh。

② 理查德·斯皮内洛：《铁笼，还是乌托邦——网络空间的道德与法律》，第42页。

③ Milton L. Mueller, *Networks and States: The Global Politics of Internet Governance*, p.63.

④ Ibid., p.62.

的集权控制方式，背离了互联网早期的自由、自治和中立特征。"互联网自由"不仅是美国用于回应发展中国家批评的挡箭牌，也是其试图弥合与欧日盟友嫌隙的有效手段。面对德国、法国等欧盟成员的质疑，时任美国国务卿康多莉扎·赖斯（Condoleezza Rice）和商务部长卡洛斯·古铁雷斯（Carlos Gutierrez）于2005年11月7日致信英国外交大臣，呼吁欧盟放弃要求国际力量介入全球互联网管理的提议，信中写道："支持现有的互联网治理结构是至关重要的，在过去20年中，互联网的成功就在于内在的非中心化特征，互联网结构的官方监管是不合时宜的。"[1] 三是美国竭力美化对域名监管权的监管合法性。微软、谷歌等网络企业在美国媒体中把联合国描述为官僚化、无效的权威，进而得出结论称美国需要在"网络自由"和"受政府压迫的网络"两者之间作出选择，营造一种美国需要继续管控ICANN的舆论环境。在这种舆论背景下，普通民众很难辨识美国政府在互联网领域的政治动机和政策目标。2005年，小布什政府积极介入ICANN监管权问题。在突尼斯峰会讨论互联网问题时，美国第109届国会于2005年11月19日以423票对0票、10票弃权通过一项决议，要求政府表明美国控制互联网的权利是神圣不可侵犯的。正是由于美国的强硬立场，时任联合国秘书长科菲·安南在2005年信息社会世界峰会突尼斯阶段会议上被迫表示，联合国不会取代美国的互联网管理者地位，也不会参与监督互联网。

第二节　域名监管权移交的历程

针对域名监管权移交，国际社会与美国政府进行了艰苦的博弈。一方面，美国国内的保守派尤其是国会，反对这一移交方案，认为这一计划过于模糊且不具有可操作性，会导致其他互联网问题的连锁反应，为新兴市场国家提供"机会之窗"，进而形成网络空间的"多米诺骨牌效应"；另一方面，广大发展中国家要求尽快结束美国对域名的监管权。因此，IANA管理权移交协调

---

[1] Kieren McCarthy, "Read the Letter That Won the Internet Governance Battle: Condoleezza Rice's Missive to the EU," The Register, December 2, 2005, http://www.theregister.co.uk/2005/12/02/rice_eu_letter/.

组需要在美国保守势力的反对和新兴市场国家的急切呼声之间进行平衡。直到2016年10月1日，域名监管权才得以正式移交。

一、美国对域名监管权移交的各种阻挠

2014年3月14日，美国商务部下属的国家电信和信息局发表声明宣布，在满足一定条件的情况下，将放弃对由ICANN管理的互联网号码分配机构的监管权，将之移交给"多利益攸关者共同体"。一方面，美国政府声称没有一个可供选择的、合适的互联网治理机制，ICANN仍需完善；另一方面，美国政府认为，ICANN一旦脱离美国的控制，将变得不可信任，也有可能被其他国家掌控。

美国一直在试图阻挠域名监管权移交。美国商务部的声明一出，引起了美国政府内部保守的共和党人、国家安全局、商业利益团体以及相关智库的极大关注，他们都试图影响这一权力移交过程。2014年，美国第113届国会试图限制权力移交。仅仅一个月，美国就通过了三项决议案，试图影响这一进程。比如，美国众议院通过的"持续审视域名公开事务法案2014"（Domain Openness through Continued Oversight Matters Act of 2014），"2014年互联网管理工作行动"（Internet Stewardship Act of 2014）以及"2014年全球互联网自由行动"（Global Internet Freedom Act of 2014）。[①] 上述决议均明确反对NTIA放弃权威性的根区文件、IANA的功能以及相关的根区管理功能。不过，这些决议也存在一定程度上的差异。其中，"2014年全球互联网自由行动"明确反对放弃，而"2014年互联网管理工作行动"则把正式批准权授予美国国会，若无国会授权，NTIA的权力移交将无法实现。相比上述两个决议案，《持续审视域名公开事务法案2014》则较为宽松，只是要求美国总审计长向国会和多利益攸关方提交相关报告，报告的内容包括美国国家电信和信息管理局在整个移交过程的工作及其所起的作用，并要求总审计署讨论NTIA评估建议的进程和标准以及涉及国家安全方面的内容。

2014年3月，美国众议院通过了《2015财年国防授权法案》（2015 National

---

① Milton L. Mueller and Brenden Kuerbis, "Roadmap for Globalizing IANA: Four Principles and a Proposal for Reform."

Defense Authorization Act），该法案明确指出，众议院军事委员会认为如果没有另外的合法机制作为保障，向ICANN移交的任何理由均不充分。同时，该法案还建议美国总统中止这一权力转移进程，除非".mil顶级域名和互联网协议地址数目由美国国防部以维护国家安全的名义专用"。此外，ICANN应采取所有必要步骤维持由美国国防部各部门所管理的互联网根区服务器的有效管理和良好身份。[1] 2014年6月，美国国会众议院以321票对87票的较大优势通过了《商务、司法、科学与相关机构拨款法》（Commerce, Justice, Science, and Related Agencies Appropriations Act），美国参议院拨款委员会则认为NTIA并没有在ICANN及其政府委员会中支持和保护美国公司和消费者的利益。拨款委员会也表达了对于外国政府控制IANA的担忧，认为NTIA应该就任何有关权力移交的评论进行回应，并定期向委员会报告权力转移进程。[2] 美国众议院更是采取了一个极端的方法，在其报告中指出，权力移交代表了"重要的公共政策变化，应该以一种公开和透明的方式进行"。为了让国会更了解权力移交的进程，针对NTIA的任何建议都不应该包括提供经费援助和执行议题。美国国会希望NTIA在2015财年维持与ICANN的契约关系。美国威斯康星州共和党众议员肖恩·达菲（Sean Duffy）在"2014年全球互联网自由行动"决议案的基础上，提出了一个修正案，禁止为NTIA权力移交进程提供经费，这一修正案在众议院以229票对178票获得通过。[3] 美国第113届国会《2015财年综合与继续拨款法案》（Consolidated and Further Continuing Appropriations Act）第540条款规定，NTIA在放弃自身有关互联网域名系统功能监管责任的过程中不得动用财年经费。《2015财年国防授权法案》也明确规定，NTIA应继续维持.mil顶级域名美国独占权。[4]

此外，2014年7月底，美国众议院商业、科学和交通委员会致信ICANN董事会主席斯蒂芬·克罗克（Stephen Crocker），重申了国会的决议，并且

---

① Carl Levin and Howard P. "Buck" McKeon, "National Defense Authorization Act for Fiscal Year," December 19, 2014, http://www.gpo.gov/fdsys/pkg/CRPT-113hrpt446/pdf/CRPT-113hrpt446.pdf.

② Milton L. Mueller and Brenden Kuerbis, "Roadmap for Globalizing IANA: Four Principles and a Proposal for Reform," pp.7-8.

③ The 113th Congress (2013-2014), "H.Amdt.767 to H.R.4660," May 30, 2014, https://beta.congress.gov/amendment/113th-congress/house-amendment/767.

④ Carl Levin and Howard P. "Buck" McKeon, "National Defense Authorization Act for Fiscal Year."

对移交设置了重重限制。第一，限制外国政府在ICANN权力移交之后的影响，把ICANN制定规章制度的表决建立在一致同意的基础之上，而非多数票同意。第二，维持政策制定和履行者的功能或结构分离。第三，通过调整董事会决定的门槛来提升合法性。第四，通过外部审计、监督和制定《信息自由法》之类的机制，提升透明度。第五，对ICANN独立争端解决进程方面实施有意义改革。第六，修正ICANN的规章制度，使得"承诺确认文件"（Affirmation of Commitments）的义务持久化。[1]

美国第114届国会继续影响互联网域名移交进程，对于域名移交的关注通过其监管和评估计划中的一系列法案得以体现，如由众议院起草的《2016财年商务、司法、科学拨款法案》（H.R.2578）和《持续审视域名公开事务法案2015》（H.R.805）。这两项法案的提出说明美国十分关注移交监管权对其网络空间主导地位的不确定性影响。2015年6月23日，《2016财年商务、司法、科学拨款法案》在美国第114届国会通过，要求NTIA不得在放弃互联网域名系统监管权的过程中使用财年经费。2015年6月24日，美国第114届国会通过《持续审视域名公开事务法案2015》（DOTCOM Act of 2015），规定NTIA在提交国会有关移交标准符合特定标准的报告满30个工作日之后，才能放弃有关监管ICANN的权威。同时，法案对报告的格式与内容做了严格的规定与约束，要求明确标明"在NTIA的请求下，ICANN才可召集会议"。在内容上，法案要求美国国务院负责通信和信息的助理国务卿丹尼尔·拉塞尔（Daniel Russel）确保移交监管过程"支持和提升互联网治理的多利益攸关方模式，维持互联网域名系统的安全、稳定和弹性，适应互联网名称分配机构对全球用户的服务需求，维持互联网的开放性，以及不会取代NTIA政府主导或政府间决议的角色"。[2]

除了上述两个重要法案，美国第114届国会涉及ICANN移交权限的法案还包括于2015年2月14日持续提交的《2015全球互联网自由法案》（Global Internet Freedom Act of 2015），试图阻止移交ICANN监管权。2015年5月15

[1] Milton L. Mueller and Brenden Kuerbis, "Roadmap for Globalizing IANA: Four Principles and a Proposal for Reform," p.8.

[2] The 114th Congress (2015-2016), "H.R.805 - DOTCOM Act of 2015," June 24, 2015, https://www.congress.gov/bill/114th-congress/house-bill/805/text.

日，共和党众议员迈克·凯利（Mike Kelly）提交的《捍卫互联网自由法案》
（Defending Internet Freedom Act of 2015）试图立法禁止NTIA放弃有关域名的
监管权，除非这一行为符合特定的标准和要求。① 在美国参议院，共和党参议
员约翰·图恩（John Thune）于2015年6月11日向参议院商业、科学和交通运
输委员会提交了有关审视域名的S.1551法案。2015年6月16日颁布的2016财
年预算报告要求NTIA定期向参议院报告移交进程的细节并确保美国在关键域
名上的利益以及全球言论自由。② 2015年2月5日，美国参议院财政委员会主
席、犹他州共和党参议员奥林·哈奇（Orrin Hatch）提交议案，建议把2015
年2月8日至14日设立为"互联网治理意识周"，即"S.Res.71简单法案"，提
高公众对于移交的整体意识并促使ICANN在移交进程中意识到自身责任和治
理改革的重要性。议案强调"坚持域名系统继续作为安全、稳定、弹性、单
一、非中心化、开放和可互操作性的互联网的一部分。确保管理和问责建立
在政策制定、政策执行、独立裁决或仲裁解决争议的基础上"。同时，"竭力
避免ICANN受到政府或政府间组织、其他任何单一性商业或非商业利益攸关
方的影响或控制"③。此外，针对监管移交方案，美国国会还于2015年上半年
举行了3次听证会，试图评估美国放弃域名监管权可能造成的影响。美国意在
提防政府间国际组织或国家不断增加的对关键互联网功能的控制，并继续支
持非国家行为体做好保护互联网治理功能的准备。

　　总体上，上述法案内容和具体做法既反映出美国竭力维持网络空间主导
权的意图，也试图彰显即使美国放弃监管，美国的网络空间霸权并没有衰退。
究其实质而言，互联网自由是美国维持其霸权的幌子。同时，包括美国部分
媒体在内的国际舆论对移交的质疑和反对声音也很强烈。比如，在美国移交
ICANN监管权问题上，《华尔街日报》记者戈登·克罗维茨（Gordon Crovitz）

① The 114th Congress (2015-2016), "H.R.355 - GIF Act of 2015," May 15, 2015, https://www.congress.gov/bill/114th-congress/house-bill/355/text?q=%7B%22search%22%3A%5B%22%5C%22hr355%5C%22%22%5D%7D&resultIndex=1; The 114th Congress (2015-2016),"H.R.2251-Defending Internet Freedom Act of 2015," May 15, 2015, https://www.congress.gov/bill/114th-congress/house-bill/2251/text.

② The 114th Congress (2015-2016), "S.1551 - DOTCOM Act of 2015," June 16, 2015, https://www.congress.gov/bill/114th-congress/ senate-bill/1551/text.

③ The 114th Congress (2015-2016),"S.Res.71 - A Resolution Designating the Week of February 8 through February 14, 2015, as 'Internet Governance Awareness Week' ," February 14, 2015, https://www.congress.gov/bill/114th-congress/senate–resolution/71/text.

声称，美国的移交将导致"开放互联网"的终结。[①] 哈佛大学法学院教授杰克·戈德史密斯认为，美国（阻挠移交）的做法有待商榷，虽然美国对互联网具有重要的影响，但并未达到主导开放互联网的程度。[②]

二、国际社会推动域名监管权移交的主要措施

2012年7月2日，美国国家电信和信息管理局宣布，"到2015年9月30日，美国将放弃互联网数字分配机构与ICANN的契约合同。如果无法实现，美国将会把与ICANN的合同延长到2019年9月。即便放弃合同，契约合同也规定承包商必须是美国所有，操作的公司属于美国或美国的大学，基本的运行系统仍保留在美国境内。美国政府保留检查为履行契约所有设施的系统和过程的权利"[③]。在国际社会的催促下，经过一年多的延迟，美国国家电信和信息管理局于2014年3月14日公布了移交IANA监管权的构想，文件显示，"鉴于ICANN作为一个组织已经发展成熟并且近年来采取步骤提升其合法性和透明度以及技术能力，美国商务部所属的国家电信和信息管理局宣布将把监管权和程序性权威转移给全球多利益攸关方"[④]。在过渡管理期中，美国国家电信和信息管理局一方面要求ICANN召集多利益攸关方提出移交的过渡方案，另一方面在2019年9月之前，美国国家电信和信息管理局还拥有2次延长契约年限2年的选项。ICANN的合同还与互联网工程任务小组（Internet Engineering Task Force）、互联网架构委员会（Internet Architecture Board）、互联网社会（Internet Society）、地区互联网登记机构、顶级域名登记机构以及威瑞信等技术性公司团体和利益攸关方紧密联系在一起。

其中，美国国家电信和信息管理局声明的核心是要求ICANN维持多利益攸关方进程，反对政府主导或向政府间组织移交监管权。为此，ICANN作出

_____

① Gordon Crovitz, "America's Internet Surrender," The Wall Street Journal, March 18, 2014, http://www.wsj.com/articles/SB10001424052702303563304579447362610955656.

② Jack Goldsmith, "The Tricky Issue of Severing United States 'Control' Over ICANN," Hoover Institution, February 24, 2015, http://www.hoover.org/research/tricky-issue-severing-us-control-over-icann.

③ Lennard G. Kruger, "Internet Governance and the Domain Name System: Issues for Congress," Congressional Research Service Reports, June 24, 2015, https://ipmall.law.unh.edu/sites/default/files/hosted_resources/crs/R42351_2016-03-23.pdf.

④ NTIA, "NTIA Announced Intent to Transition Key Internet Domain Name Functions," March 14, 2014, http://www.ntia.doc.gov/press-release/2014/ntia-announces-intent-transition-key-internet-domainname-functions.

了两方面的努力，即组建"IANA监管权移交协调组"（ICG）和"ICANN职责提升跨社区工作组"（CCWG-Accountability）。2015年8月4日，美国国家电信和信息管理局就互联网域名监管规范提出了征询意见，其中，"IANA监管权移交协调组"关于权力移交的技术要求，征询期截至2015年9月8日；"ICANN职责提升跨社区工作组"关于加强ICANN职能的要求，征询期截至2015年9月12日。这些征询意见的结果将被NTIA用来评估是否符合其标准并得到各利益攸关方的支持。[①]

2015年是联合国设定的实现"千年发展目标"和信息社会世界峰会各项目标实现年，注定是互联网治理领域重要的一年。2015年2月在新加坡举行的ICANN第52届会议、6月在阿根廷布宜诺斯艾利斯举行的ICANN第53届会议和10月在爱尔兰都柏林举行的ICANN第54届会议对后美国监管时代的替代方案的合适度、透明度和开放性进行了深入探讨，借此促使美国政府于2016年9月完全放弃对IANA的监管权。其中，2015年召开的ICANN第53届会议提出了希望在2016年6月第56届会议上完成ICANN管理权移交的目标。2015年10月18日—22日，第54届ICANN会议在爱尔兰都柏林召开，在此之前，"IANA监管权移交协调组"已完成其整合IANA管理权移交提案，在"ICANN职责提升跨社区工作组"对其第一工作阶段建议定稿，并且确认这些建议满足其要求时，"IANA监管权移交协调组"即可考虑完成其提案并启动将其提交至美国国家电信和信息管理局的流程。[②]

与此同时，2015年12月，信息社会世界峰会十周年成果审议高级别会议在纽约召开，会议积极推动2015年后发展愿景，加强国际合作，解决电信和通信发展连接障碍，实现世界各地所有人都可以访问的"机会互联网"。其中，敦促美国尽快移交域名监管权是推动网络空间可持续发展的重要内容。此外，不少国家和国际组织认为，美国应该和其他主权国家一起分享对IANA的监管权。在域名监管权移交之后，美国应该把国家电信和信息管理局的角

---

① NTIA, "Internet Assigned Numbers Authority Stewardship Transition Consolidated Proposal and Internet Corporation for Assigned Names and Numbers Accountability Enhancements Request for Comments," *Federal Register* 80, no. 153 (2015).

② 参见：沈逸《全球网络空间：管控旧分歧与制定新规则》，载复旦大学国际问题研究院编《旧秩序与新常态：复旦国际战略报告2015》，复旦大学官方网站，2015年12月，http://www.iis.fudan.edu.cn/_upload/article/files/1b/af/d307652d4438b14d3c75eea9e536/ede0969e-bae3-4d74-a447-fdff49a1fe00.pdf。

色多边化，可以通过ICANN政府顾问委员会作为域名监管者。

为了保障IANA移交顺利进行，ICANN发起了一个移交进程运动，包括两个独立却密切相关的轨道：美国政府对IANA职能管理权的移交以及加强ICANN问责制。督促移交具有标志性意义的起点事件是2013年发布的《蒙得维的亚声明》（Montevideo Statement）。ICANN、互联网工程任务小组、互联网架构委员会、万维网联盟和互联网社会及5个地区性互联网域名机构的领导人于2013年10月7日在乌拉圭蒙得维的亚举行会议，共同签署了涉及未来国际互联网合作及ICANN改革的《蒙得维的亚声明》。声明指出，由于互联网在国家层面上出现的分离化倾向以及政府监管对全球互联网用户的影响，"应该加快ICANN和IANA的国际化进程，将其建设成为包括各国政府在内的所有利益方均能平等参与的平台"[①]。

在国际社会的共同努力下，2016年3月10日，全球多利益攸关方社群完成了美国域名移交报告，在各方讨论之后，ICANN随后向美国国家电信和信息管理局提交了详细的移交计划。2016年3月17日和9月14日，美国国会分别召开听证会；2016年8月16日，美国国家电信和信息管理局宣布不再延期现有合同，允许IANA职能合同在2016年10月1日到期后中止。2016年11月3日—9日，移交后的ICANN第一次会议在印度顺利召开。尽管美国移交域名监管权的过程一波三折，但是国际社会的坚持和努力没有白费，ICANN成功实现了治理控制权的转移。

第三节　域名监管权移交的原因

域名监管权移交是国际互联网发展的内在诉求，也是美国与其他国家妥协的结果。"IANA功能的全球化"和域名移交是国际互联网治理的里程碑事件，对国际互联网政治格局产生了重要影响。

[①] ICANN, "Montevideo Statement on the Future of Internet Cooperation," October 7, 2013, https://www.icann.org/news/announcement-2013-10-07-en.

一、监管权移交是网络空间发展和域名系统演进的客观需要

网络空间是日益受到关注的主权空间，并非完全的全球公域。互联网与大数据、云计算、区块链、物联网等新业态紧密结合，同时与大数据和实体经济深度融合，电子商务、工业互联网和互联网金融已经成为一国未来经济发展的重点方向。但是，美国对于互联网监管权的掌控和对互联网核心资源的垄断，严重阻碍了互联网在国际经济、社会生活中的分配功能，阻碍了互联网空间的有序运转。互联网协议地址的空间分配、协议标识符的指派、通用顶级域名、国家和地区顶级域名系统以及根服务器系统的管理，长期以来由美国掌控。作为解决 IP 地址对应问题的一种方法，域名具有唯一性特征，但对于其他国家而言，如果要作出任何与域名相关的决定，都需要获得美国政府的批准，使得这一技术问题被烙上了政治印记。

随着时间推移，域名系统面临的安全威胁和风险不断加大，安全事件增多。较轻层面上，解析服务器因为遭受病毒攻击而将某些需要访问的域名指向黑客指定的 IP 地址；较重层面上，则会出现 DNS 服务器遭受拒绝服务攻击，导致大量计算机用户无法正常使用互联网而出现瘫痪。因此，推进国际互联网秩序的国际化、规则化和民主化成为网络空间的未来发展趋势。东西方国家围绕跨境网络信息流动的管辖、互联网域名分配等领域进行了激烈的争论，客观上推动了包括监管权在内的国际互联网规则走向完善。联合国、国际电信联盟等机制希望推动域名移交的实现，特别是金砖国家、上海合作组织等新型治理机制，以及中国和俄罗斯等新兴市场国家在推动域名监管权移交中发挥了重要作用。

ICANN 监管权的强化建立在 ICANN 国际化的基础之上。ICANN 致力于在全球推广新一代互联网协议 IPv6，这需要对其功能进一步国际化以满足国际社会的需求。域名系统是发展演进的，并且域名系统将继续不得不平衡相互对立的价值取向和多方主体的利益诉求。随着域名空间的扩展，ICANN 的监管和政策制定职能也将进一步深化加强。[①] 总之，推动美国移交域名监管权是域名系统发展的客观需求，是 ICANN 国际化的需要，也是构建平等开放、

---

① 劳拉·德拉迪斯：《互联网治理全球博弈》，第66页。

多方参与、安全可信及合作共赢的网络空间的必然要求。

二、美国域名监管利己行为备受指责

网络空间不仅仅是承载着人们日常交流和信息传递的虚拟空间,更是对决定国家实力兴衰和政治社会结构具有深刻影响的重要战略空间。以"棱镜"项目为代表的网络空间监控计划,再一次赤裸裸地暴露出美国政府互联网战略自相矛盾的两面性:一面宣扬互联网的自由民主,另一面却毫不尊重民众与其他国家的基本权利;一面批评指责别国从事网络情报收集,另一面却背地里成为这类情报活动的直接践行者。美国的行为引起了国际社会的批评,也受到了其欧日盟友的质疑。

首先,中国和俄罗斯等新兴市场国家对美国进行了批评。美国政府在互联网顶级域名分配议题上的单边主义和垄断性控制,构成了对广大发展中国家的地缘政治和军事威慑。在这些新兴市场国家看来,美国对IANA的监管是政治象征符号和维护网络霸权的政治遗产,成为互联网治理中各种猜测与不信任的根源。新兴市场国家利用联合国等多边平台捍卫自身网络主权,发出推动可持续发展的正义诉求,坚决反对各式网络霸权。在此背景下,美国移交域名监管权是回应国际社会要求建立新的全球性互联网治理机制呼声的策略性手段。

其次,欧日等盟友与美国也存在分歧。对ICANN的监管不仅受到了发展中国家的一致批评,连美国的盟友也怨声载道。长期以来,欧盟要求增加域名和地址分配的合法性,在ICANN法律执行的基础上确保信息的准确度,遵守欧盟的相关法律,包括有关数据保护的法律。欧盟成员国爱沙尼亚2007年爆发的网络战引起欧盟对网络空间治理的极大关注,并推动网络空间治理的国际化进程。美国的网络攻击和网络安全政策对欧盟提出了挑战,影响了欧盟的经济利益甚至政治主权,这种复杂心态被"斯诺登事件"放大。欧盟需要另立一个与美国有显著差异的制度性话语,以占据国际话语的制高点。2014年,法国参议院的一份报告要求成立"世界互联网名称与地址分配机构",以取代ICANN对IANA的监管,并要求成立新的全球互联网委员会

（Global Internet Council）。① 欧盟曾倡议把ICANN总部从美国加州迁至瑞士日内瓦，但美国没有同意。一方面，美国政府对于欧盟的反对行为感到震惊；另一方面，欧盟内部认为欧盟的建议反映了自身立场。虽然欧盟的制度设计构想比较模糊，但要求美国政府对ICANN的监管更加国际化，欧盟建议发展一种与ICANN的功能紧密相关的"全球公共政策原则"，即所谓的公私伙伴关系的新合作模式。不过，需要注意的是，这一模式仍然是建立在现存互联网治理机构基础之上，而不是取而代之。

再次，包括ICANN在内的国际非政府组织对美国的指责。在应对美国移交监管权的互联网治理机制的进程中，全球互联网合作和治理机制高级别专家小组（Panel on Global Internet Cooperation and Governance Mechanisms）等组织发挥了积极作用。全球互联网合作和治理机制高级别专家小组由ICANN和世界经济论坛共同发起，爱沙尼亚前总统托马斯·伊尔韦斯（Toomas Ilves）担任小组主席、温顿·瑟夫担任副主席。2014年5月20日，该专家小组提出了互联网治理生态系统演进的报告，报告坚持人权、文化和语言多样性、安全和稳定等基本原则，关注互联网合作、关联性和互联网普及，并提出了未来互联网管理的线路图和时间节点，推动落实合作性的、非中心化的互联网生态线路图。② 借此，该组织积极推动ICANN摆脱美国的域名监管。

最后，个体层面的批评和建议。出于对互联网生态发展的担忧，不少互联网巨头和知名学者都对美国的霸权管控提出了质疑。互联网企业对于推动美国移交监管权具有影响力，亚马逊、谷歌、微软、脸书和思科等巨头纷纷表态，支持移交，这反映出它们认可了移交符合互联网内在发展规律的客观事实。美国知名学者米尔顿·穆勒教授和布伦登·库尔比斯（Brenden Kuerbis）在"互联网治理项目"网站撰文指出，"自1998年以来，ICANN已经成为美国政府的承包人，而非独立的、多利益攸关方的治理制度。对于事关各国利益的全球互联网治理制度而言，美国的排他性权威显然是不合时宜的"③。

---

① Samantha Bradshaw, et al. (eds.), "The Emergence of Contention in Global Internet Governance," p.3.

② "Global Panel Announces New Approach to Managing Future of the Internet," May 20, 2014, http://internetgovernancepanel.org/news/global-panel-announces-new-approach-managing-future-internet.

③ Milton L. Mueller and Brenden Kuerbis, "Roadmap for Globalizing IANA: Four Principles and a Proposal for Reform," p.2.

三、ICANN的技术治理受到国际社会肯定

从技术和功能的角度看，ICANN是应对域名系统关联的有效机制，各国围绕ICANN涉及的政治问题在早期尚不明显。[①] 比如，ICANN董事会的成员构成具有国际化和多元化的特点，董事会的职责是监督政策制定流程和管理工作。董事会由16名具有表决权的成员和5名不具表决权的联络人代表组成。不过，ICANN后来设置了政府咨询委员会，在政策的制定和审议期间，ICANN均应适当考虑政府咨询委员会针对公共政策问题提出的建议。需要指出的是，尽管ICANN设置了政府咨询委员会，但是这一委员会与其他诸多委员会并行于ICANN的董事会之下，只具备咨询和建议的功能。而作为ICANN的核心权力机构，董事会成员中代表政府咨询委员会的成员寥寥无几，这说明国家作为国际社会主要行为体的地位在ICANN中是被刻意回避和削弱的。

ICANN依据私人契约法和由私人商业利益主导的政策发展，是一种多利益攸关方治理模式，存在着非政府组织、企业和个体精英等大量不同的利益攸关者。支持对域名系统技术协调的多个股东通过私营组织主导自下而上制定政策的模式，使全球互联网用户获益。ICANN的建立满足了国际社会对互联网域名和地址的协调需求。同时，ICANN受美国监督，是西方国家不愿意接受网络主权管辖的"去国家化"思潮的重要表现。

国际社会对于ICANN主导互联网域名治理的默认突出反映在两个方面：一是国际电信联盟对ICANN的默认。多年来，国际社会提出了各种建议，希望把域名及地址分配职能转交到代表性更宽泛的机构，如位于日内瓦的联合国附属机构国际电信联盟，但美国一直反对这么做。美国坚持认为，ICANN的多利益攸关方模式是合适的互联网治理路径。国际电信联盟原本寄希望于夺取互联网治理的权力，但是铩羽而归，最终选择了对现状的默认。在2006年互联网治理论坛首次会议上，即将离任的国际电信联盟秘书长内海善雄（Yoshio Utsumi）发表了著名的"鸩毒演讲"，他把国际社会拒绝国际电信联盟接替ICANN比作希腊拒绝接受苏格拉底的智慧，并表示将喝下鸩毒。[②] 二

---

① Madeline Carr, "Power Plays in Global Internet Governance," *Millennium: Journal of International Studies* 43, no.2 (2015): 642.

② Milton L. Mueller, *Networks and States: The Global Politics of Internet Governance*, p.77.

是《突尼斯议程》对ICANN的默认。2005年达成的《信息社会突尼斯议程》指出，现有互联网治理的安排是行之有效的，使互联网成为如今极为强健、充满活力且覆盖不同地域的媒介。互联网的日常运行工作由私营部门主导，创新和价值创造则来自网络边缘。[①] 这些表态既是对ICANN治理的默认，也为ICANN日后的发展变迁提出了要求。

ICANN的改革是其不断发展的需要和保障。欧美不少人坚持认为，除非ICANN的合法性问题得以解决，否则美国对IANA协议的控制就不会终止。在ICANN内部，要求尽快实现域名监管权移交的呼声不断高涨。2014年美国表态接受移交之后，ICANN做了两方面的工作：一是向国际社会征询ICANN如何改革，推动其合法性、正当性和问责制；二是讨论后美国监管下的新治理机制特征。ICANN的改革是域名监管权能够顺利实现的重要保障。在合法性改革方面，国际社会成立了一个IANA管理协调组（IANA Stewardship Coordination Group），其成员全部由各利益攸关方组织直接任命，而未由ICANN任命。IANA管理协调组的建议被ICANN董事会以非中心化的方式采纳，并被专门标识为其对合法性的关注。同时，无须ICANN的授权或批准，IANA管理协调组而非ICANN董事会可以对NTIA提出最终建议。ICANN的移交策略有效保证了顺利实现移交，并在移交后继续为此成为域名监管的主导性机构。

四、移交是美国维持互联网霸权的重要策略

ICANN难以挑战美国在网络空间的霸权地位，这是美国政府允许域名监管权移交并顺利进行的内在原因。事实上，美国相信ICANN坚持的多利益攸关方模式是有利于美国的，是维护美国霸权的合适方式。同时，美国坚决反对多边主义治理模式。中国学者邹军认为，从政府、私人部门和公民社会未来的角色来看，多利益攸关方模式并非革命性的变革，而在一定程度上维护了旧有的权力结构。从ICANN到多利益攸关方模式的变迁，并不会损害美国在互联网治理领域的控制优势。相反，它延续和强化了这种霸权。[②]

---

① WSIS Executive Secretariat, "Report of the Tunis Phase of the World Summit on the Information Society," p.15.

② 邹军：《全球互联网治理的新趋势及启示：解析"多利益攸关方"模式》，《现代传播》2015年第11期，第56页。

2014年3月14日发布的NTIA的移交声明中有一个重要的限制性条件：要求ICANN发起实现移交的多利益攸关方进程，反对政府主导或向政府间组织移交监管权。同时，ICANN坚持把主权国家排除在机制决策之外的主张满足了美国有关"互联网自由"的理念，这也是美国政府的一贯政治诉求，即反对主权国家主导国际互联网技术治理进程。ICANN成功地阻止了政府代表进入董事会并把政府限定在建议咨询的角色。政府咨询委员会主要给团队成员进行审查提出明确的时间表。2012年，美国政府表示要移交监管权时明确表示，今后签署的契约合同规定承包商必须是美国所有和操作的公司或美国的大学，基本的运行系统仍然保留在美国境内。美国政府保留检查所有设施的系统和过程的权利，以履行契约。除美国外，其他西方国家也反对互联网治理授权于政府间国际组织，认为其具有不确定性。为此，它们不得不追随美国，支持ICANN的权威，实际上维护了美国的主导地位。总之，在实际的监管权限转移进程中，美国仍旧保持了有效的控制和影响力。

总体上，美国政府放弃对ICANN的控制符合其互联网自由政策的逻辑。美国希望在全球范围内推进多利益攸关方模式，在网络空间实行多方主义而非多边主义。美国明确提出支持ICANN监管的多利益攸关方模式，以退为进，让美国具有优势的科技企业、社会组织、智库专家在网络竞争中获取主导话语权和影响力。尽管美国政府对于ICANN和域名系统没有法律规定的权威，但是由于互联网及其域名系统最初来源于美国国防部所创建的网络架构，美国政府能够率先拥有和操作这些核心网络架构。在ICANN的整个运行过程中，美国政府主要通过三个协议取得了对ICANN的控制权：2009年美国商务部与ICANN的《承诺声明书》（AoC）、ICANN与美国国防部之间关涉各种技术功能的契约、美国国防部与威瑞信公司管理和维持根区文件的合作协议。上述协议为美国在背后操纵ICANN披上了合法性的外衣。其中，美国商务部与ICANN的协议载体形式不断变化，从最早的谅解备忘录到2006年的《联合项目协议》，2009年最后形成《承诺声明书》，但美国政府对ICANN的控制性质从未改变。特别是，2009年的《承诺声明书》明确ICANN为非营利机构，ICANN仍然将总部设在美国加州。同时，《承诺声明书》还要求建立评审小组定期向ICANN董事会提出建议，评审的主题包括：确保全球互联网用户的合法性、透明度和利益，维持安全、稳定和弹性，分析新通用顶级域名的影响、查询域名及其所有者等信息的传输协议。总之，美国强调不会接受"由政府或政府间机构主导的解决方案"，只接受多利益攸关方的模式，这是美国考虑域名监管权移交的核心因素。

第四节　域名监管权移交对国际互联网规则制定的影响

根据移交方案，关键互联网资源规则运行体系发生了变化。美国政府解除了与ICANN签订的IANA职能合同，在形式上不再担任对IANA职能的监管角色，IANA职能由ICANN及其下设的新实体（PTI）负责运行，并接受互联网社群的共同监督与问责，政策制定仍然采取自下而上的多利益攸关方机制。[1] 应该说，域名监管权移交给ICANN结束了美国对这一互联网核心资源近20年的单边垄断，进而对国际互联网规则制定产生了重要影响。

其一，移交域名监管权是对国际互联网权力格局的一次调整。监管权移交尽管未能从根本上撼动美国在互联网领域的霸主地位，但仍具有积极的象征意义，是朝着构建公正合理的国际互联网秩序和构建网络空间命运共同体的有意义尝试，有助于共同构建和平、安全、开放、合作的网络空间，建立多边、民主、透明的国际互联网治理体系。移交之后，ICANN的改革和国际化进程同步进行，在合法性和有效性等方面会取得新进展。IANA管理权移交协调组主席阿莉莎·库珀（Alisa Cooper）发表声明，认为"只要移交能够生效，国际互联网管理的稳定性、安全性和责任性将得到增强，互联网用户将从中受益"[2]。移交之后，在国际互联网技术领域的治理格局将更加清晰，ICANN负责网络空间的资源分配，互联网治理论坛致力于规范互联网行为准则，而互联网工程任务组负责互联网产业技术标准的制定。

其二，移交是对美国互联网霸权的一次重要冲击。国际社会合力推动美国提前移交域名监管权，而不是等到2019年合同期满再移交，反映出国际互联网治理政治生态的积极变化。长期以来，美国通过技术优势主导互联网领

---

① 郭丰、刘昱、刘碧琦：《全球互联网规则制定的演进与中国策略选择》，第38页。

② 《ICANN向美国政府递交〈全球互联网管理计划〉》，《人民邮电报》2016年3月30日，第3版。

域，并试图利用美国法律等规则手段约束和控制 ICANN，严重影响了域名和 IP 地址分配的公正性和合法性，因此，国际社会一直以来都积极争取摆脱美国对域名的监管。顺利移交实际上反映出美国对 ICANN 运行的控制已经大不如前。因此，美国与 ICANN 签署的协议最终被解除。

其三，美国在移交域名监管权之后不会轻易放弃其主导性权力。域名监管权移交对美国的影响仍有限度。在历史上曾有相似的案例，1999年1月，美国与 ICANN 的合同文本生效，但是美国仍然保留了根服务器的所有权和最终控制权。[①] 此次移交后，ICANN 仍然受到美国政府的监视和加利福尼亚地方法律的监管。这就决定了多利益攸关方机制是 ICANN 今后无法改变的运行方式。ICANN 坚持多元协商，反对主权国家的主导，其设置的政府咨询委员会作用必然会微乎其微。域名监管权移交后，主权国家政府对于 ICANN 政策的影响力仍然有限。

同时，ICANN 仅仅是国际互联网治理的一部分。ICANN 仅仅代表互联网共同体中的技术功能领域，尽管技术功能领域往往蕴含着公共政策含义，但是 ICANN 对于不同的利益纷争往往无能为力。ICANN 的政策制定角色是内在矛盾的，由于全球层面的域名分配具有内在矛盾性，因此，任何制度对域名系统的主导都是矛盾的。在任何情况下，ICANN 的权力仅仅局限于域名和路由管理。在互联网治理中，域名和地址管理只是很小一部分。同时，互联网治理虽已占据网络空间治理的核心位置，但也只是网络空间治理的一部分。从这个意义上说，ICANN 只是网络空间治理的诸机制之一，因此，域名监管权移交并不代表互联网治理的全部，仅仅因其重要的象征意义而受到关注。

其四，ICANN 未来发展也面临重要挑战。ICANN 自建立起就一直面临着独立性和合法性等诸多挑战。在域名监管权移交过程中，ICANN 的合法性有所提升，但是 ICANN 的独立性受到了美国和其他国家诉求和博弈的双重挑战，很难有完全独立的政策制定和规则实施空间。2016年，主张移交派背后的支持者是当时的奥巴马政府、美国信息产业界、大多数民间团体以及全球用户社群。反对移交派是美国的保守势力，背后是许多共和党参议员、传统

---

① Markus Muller, "Who Owns the Internet? Ownership as a Legal Basis for American Control of the Internet," *Fordham Intellectual Property, Media & Entertainment Law Journal* 15, no.3 (2005): 709.

基金会等保守派智库以及军工和安全领域的势力。移交后不久，反对移交派赢得了美国大选，反对移交的强硬派力量得到壮大，这些人虽然找不到收回IANA职能管理权的办法，但是在2019年采取的行动已经开始反噬互联网技术社群。由于美国总统特朗普颁布的行政命令，这个领域出现了"谷歌断供"等一系列让人担忧的现象。[①] 此外，欧盟《通用数据保护条例》2018年生效后，对ICANN产生严重的外部冲击。ICANN不得不调整有关查询域名的IP及所有者信息的传输协议（WHOIS）政策，以满足欧盟严格的隐私保护政策。

就ICANN未来而言，还需要重视非国家行为体的影响。从企业主体来看，美国微软公司2017年提出了《日内瓦数字公约》等主张，德国西门子公司提出有关网络安全的《信任宪章》（Charter of Trust），中国阿里巴巴集团推出了电子世界贸易平台eWTP倡议。今后，ICANN面临的挑战是如何选取一种合适的治理方式，符合国际社会的共同利益和共同需求。对于ICANN而言，这种挑战已经存在多年，可是至今仍然没有发现一种有效的解决方式。因此，即使美国放弃监管权，ICANN仍然不得不继续面对并应对这一难题。

---

① 徐培喜：《网络空间国际规则辩论：五个领域的变迁》，《信息安全与通信保密》2020年第1期，第17—21页。

第七章 国际互联网治理主体的规则博弈

　　国际互联网治理的主体包括主权国家、国际政府组织、国际非政府组织、全球公民社会、跨国企业及个体精英。对全球治理主体和模式的分析，有助于明晰全球治理的基本架构和运作方式。其中，国家历来是国际关系和国际法的主要行为体，也是国际互联网治理的关键行为体，享有独立自主处理本国事务不受他国控制和干涉的国际法律权利。国际互联网领域普遍存在东西方治理的对立，即国家主导的治理模式和多利益攸关方治理模式的对立，但事实上，国家中心治理和多利益攸关方治理是可以互补的。从理论上分析，主权行为体与其他非国家行为体之间并非零和博弈，而是相互联系、依存和补充的关系。其一，全球性问题单靠一国无法解决，需要建立国际组织共同应对。一些非政府组织和公民运动具有灵活性的特点补充了国家作为国际互联网治理主体的不足。由于国际组织具有一定权威和自主性，国家一旦加入国际组织就意味着它在一定程度上接受国际组织规则，放弃某些自主权。其二，国际组织的任何行动均应建立在成员国达成共识的基础之上。无论是联合国决议还是其他国际组织的任何决议，均需得到主权国家的认可、执行和落实，任何组织都不可能代行主权国家的意愿。

　　在国际互联网治理生态系统中，国家在国际互联网规则制定中发挥了越来越重要的作用，也面临不小挑战。一方面，国家可以有效地应对网络黑客和网络犯罪，针对凸显的网络间谍、网络恐怖主义和网络战争也能发挥主导性作用。网络空间的应然与实然、铁笼抑或乌托邦的命题关涉互联网治理的未来演变，这需要国家在其中发挥积极作用并加以引导；另一方面，在技术层面，非政府组织、科研机构、公民社会和网民发挥了重要的补充作用。此外，日益萌发的全球治理意识和全球共同体共识对国家主权的侵蚀和限制也是客观存在的。

第一节　国家行为体与互联网规则制定

一、国家行为体在国际互联网治理中的地位

国家是国际关系和国际法的主要行为体，同时，国家也是国际互联网治理的主要行为体。国家是阶级统治的工具，拥有合法使用暴力的垄断权，在国内层面拥有排他性的主导地位。国家最重要的属性是主权，"主权是一个国家在一定领土范围内立法和执法的最高法律权力，因此，主权独立于任何其他国家的权力之外，并在国际法面前与任何其他国家平等"[1]。主权国家政府尤其是大国，掌握了充足的财政资金和其他物质资源。捍卫主权国家的比较有代表性的人物是肯尼思·华尔兹、罗伯特·吉尔平等人，他们坚持"国家中心论"，对全球治理持怀疑立场。肯尼思·华尔兹认为："非国家行为体的重要性和跨国活动范围的广泛性是显著的。但是，不能由此导出这样的结论：它们使得国际政治的国家中心观过时了。"[2]罗伯特·吉尔平坚持以国家为中心的现实主义研究视角，认为国家是国内及国际经济事务中的首要行为者，"在高度一体化的全球经济中，各国继续利用它们的权力，推行各种引导经济力量有利于本国国家利益和公民利益的政策。这些国家的经济利益包括利用自己的权力来影响经济活动，争取最大限度地增加本国的经济利益和政治利益、保持本国独立"[3]。吉尔平认为全球化的性质、范围和意义都被人夸大和

---

① 汉斯·摩根索：《国家间政治——寻求权力与和平的斗争》，徐昕等译，中国人民公安大学出版社，1990，第393页。

② Kenneth N. Waltz, *Theory of International Politics* (New York: Random House, 1979), p.94.

③ 罗伯特·吉尔平：《全球政治经济学——解读国际经济秩序》，杨宇光、杨炯译，上海人民出版社，2003，第40页。

误解了，他强调，国家仍然是经济事务中重要的决定因素，并提出了"霸权下的全球治理"。

民族国家在互联网领域拥有极其重要的权力。约瑟夫·奈认为，国家是版权和知识产权的实施者，国家拥有决定本国电信频谱分配的权力。尽管网络领域具有技术挥发性的特点，这意味着法律和规则往往需要捕捉移动目标，但大部分政府的努力发生在民族国家立法框架之中。[1] 国家在互联网空间具有不可替代的互联网主权，拥有实施互联网监管的物质、技术和人员保障。著名的网络预言家，同时也是美国电子前线基金会的发起人约翰·佩里·巴洛（John Perry Barlow）于1996年2月8日在《网络空间独立宣言》（A Declaration of the Independence of Cyberspace）中对网络自由做了最直白的表达，该宣言提出，"我来自网络世界——一个崭新的心灵家园。作为未来的代言人，我代表未来，要求过去的你们别管我们"。他进而宣称，"网络世界并不属于你们的管辖范围"[2]。但是，网络空间的独特性并不能使其回避国家主权的监管，网络是在一定的技术基础上，通过人（网络空间活动的主体）与人以及人与物（网络基础设施及其他网络设备）互动而形成的。与巴洛笃信的"自生自发秩序"相反，美国芝加哥大学法学院学者凯斯·桑斯坦（Cass Sunstein）主张"合众为一"，即把"共和精神"与"网络空间"结合起来，构建一个网络共和国，发挥政府在规范网络空间中的作用。[3]

互联网看似是技术领地，没有形式上的权力，但这并不意味着网络上没有权威。国际关系学中的权威——被定义为作出有约束力决定的公认能力和行为人预期可被推迟的有效解释——主要在国家内部行使。[4] 权威与权力存在一定的联系，不过，权力是强制服从，权威是自愿服从。从权威而非权力的视角分析，有助于降低治理成本。权威的扩散形成了权威领域（Spheres of

① Joseph S. Nye, "The Regime Complex for Managing Global Cyber Activities," p.6.

② John Perry Barlow, "A Declaration of the Independence of Cyberspace," February 8, 1996, https://projects.eff.org/~barlow/Declaration-Final.html.

③ 凯斯·桑斯坦：《网络共和国——网络生活中的民主问题》，黄维明译，上海人民出版社，2003，第135页。

④ Michael Zürn, Benjamin Faude and Christian Kreuder-Sonnen, "Overlapping Spheres of Authority and Interface Conflicts in the Global Order: Introducing a DFG Research Group," WZB Discussion Paper, No.SP IV 2018-103, July 2018, https://www.econstor.eu/bitstream/10419/180687/1/1026879590.pdf.

Authority），而权威领域是一个治理空间，其中至少有一个权威由行动者在给定治理水平上的共同社会目标连接在一起并界定。权威领域是具有权威的行为体，需要在各自领域里得到认可和自愿服从，不过，权威观念并不一定等同于盲目的服从。英国学者约翰·诺顿指出，在早期，人们对计算机世界的看法就像19世纪时欧洲帝国主义者对非洲大陆的看法一样——当时非洲被视为"没有法律的少数人种"居住的地区，那里个人卫生差，没有组织纪律性，对民事侵权、合同契约、私有财产方面的法律一无所知，因此，文明世界需要对它进行强有力的管理并采取其他一些措施。现在人们谈论的都是关于互联网应该如何进行管理和控制的问题，换句话说，是关于我们夸耀的现实世界的传统做法和行为准则应该如何应用于虚拟世界的问题。[①]

国际互联网领域并不是全球公域，关键基础设施等物理设备仍在一国的主权管辖范围之内。当前，各国在不同领域，通过不同方式，对互联网行使着主权监管。网络从来都不是在政府规制和监管之外自发形成与发展的。当前，不仅发展中国家加大了对国际互联网的立法和监管力度，而且美国等西方国家在实践中也纷纷立法，与其宣称的"互联网自由"背道而驰。在隐私数据安全等方面，美国政府要求脸书、谷歌等科技巨头采取防护措施处理用户的个人信息，同时出台了《澄清境外数据合法使用法案》等法律，加紧制定联邦数据管制规则，进行政策约束。为此，谷歌公司发布了数据保护立法框架，接受一些最低限度的监管以及美国政府制定的一些新规定。此外，美国公共安全部门要求谷歌帮助美国政府更方便地收集用户信息，反映出美国政府对互联网的管控不断升级。总之，国家在全球互联网治理中的作用会越来越强，尽管不同国家在国际互联网治理中参与的程度、能力、效果、主动性和积极性并不完全一样，但国家是绝不能缺位的。主权至上理念的牢固、互联网面临的挑战以及全球网络公民社会的缺陷，使今后一段时间国家对于互联网治理的参与能力和意愿都会不断增长。

不过也要看到，在全球治理语境下，主权国家受到了不小的挑战和限制，并一定程度上出现了主权碎片化的趋势。国家仍将是世界舞台上的主导行为体，但它们会发现这个舞台越来越拥挤，越来越难控制，比以往多得多的行

---

① 参见：约翰·诺顿《互联网：从神话到现实》，第272—273页。

为体将有机会获得来源于网络信息的软实力，而国际互联网舞台越来越拥挤的原因在于各类行为体纷纷亮相国际互联网治理领域。主权国家对网络的监管往往被指责是信息自由流动受到了网络主权的阻碍。这就需要国家一方面对网络主权进行一定程度的合理让渡，另一方面又要防止过度追求开放。为此，主权国家特别是网络强国应主动协助填平数字鸿沟，积极让渡和共享网络资源和治理经验，克制使用不对称手段谋取短期利益的冲动。总之，需要站在网络空间命运共同体的维度，科学把握网络主权让渡性与排他性的对立统一，正确行使网络主权。①

二、西方国家对国际互联网规则制定的主导

西方国家为维护自身利益，试图通过多利益攸关方模式管控国际互联网。欧美国家都反对把互联网治理主导权授予政府间国际组织，反对任何削弱ICANN权威的行为。为了防止ICANN脱离美国控制成为独立性的国际组织，美国在域名监管权移交前的评估中提出了权力转移的四条基本原则：一是把IANA功能中的政策制定与标准推广区别开来；二是政治监管不能国际化；三是确保IANA功能的准确和安全的履行；四是IANA应把权力转移从更广泛的ICANN改革中解套，但应确保IANA的功能合法性。②

西方学者认为，多利益攸关方模式的形成和发展是不断增长的社会复杂性的自然发展结果。③ICANN、全球互联网合作与治理机制论坛等西方治理机制均明确采取多利益攸关方治理。当前，西方设立的一些新机制如全球网络空间稳定委员会（GCSC）、《网络空间信任和安全巴黎倡议》同样坚持多利益攸关方治理。比如，《网络空间信任和安全巴黎倡议》于2018年发布以来，迎合了非国家行为体对网络空间信任、安全、稳定与和平的呼唤，这一倡议得到了74个国家、350多个公共部门组织以及包括微软、谷歌和IBM在

---

① 郝叶力：《网络世界的原则性与灵活性——三视角下网络主权的对立统一》，《汕头大学学报（人文社会科学版）》2016年第6期，第11—14页。

② Milton L. Mueller and Brenden Kuerbis, "Roadmap for Globalizing IANA: Four Principles and A Proposal for Reform," p. 9.

③ Wolfgang Kleinwächter and Virgilio A.F. Almeida, "The Internet Governance Ecosystem and the Rainforest," *IEEE Internet Computing* 19, no.2 (2015): 65.

内的600多个私营部门实体的支持。[①] 全球网络空间稳定委员会在2019年11月第二届巴黎和平论坛上推出了名为《推进网络空间稳定性》（Advancing Cyberstability）的报告，提出建立网络稳定框架，主要内容包括网络稳定性的基本框架、主要原则、行为规范以及对国际社会的建议。具体规则涉及选举安全、供应链安全、网络卫生、国家网络行动等，完善了"不损害互联网公共性内核"的规范，这些规则对国际网络安全产生了较大影响。[②] 今后，国家主权、国家政府和国家利益仍然继续存在，但是行使主权将变得更加复杂，涉及更多的因素。

欧美国家之所以能够主导国际互联网规则制定，设置有关国际互联网发展、治理、自由与安全的全球性议题，其主要原因在于其在国际信息网络技术、信息经济和网络传播等领域所占据的主导性地位。互联网是美国人发明的，根服务器绝大多数控制在美国人手里，美国在物理层的设施控制方面占据了主导优势。美国还特别警惕关键网络基础设施的控制权被取代的可能，早在2003年便出台了《保护至关重要基础设施和关键资产的国家战略》，明确了政府和私营机构在关键基础设施保护方面的职责，防止这一重要资产流失。特别需要警惕的是，特朗普上台后，美国试图以打击和瘫痪对象国网络与重要信息系统的网络战作为单边施压和霸权欺凌的最后军事手段。基于上述权力优势，欧美国家总是试图利用自身的价值理念塑造全球互联网的未来发展与安全。

总之，美国等西方国家对互联网规则制定的垄断，使得国际互联网领域已经形成了新式帝国主义，网络空间的获益大多由西方国家或跨国网络巨头获得，数字鸿沟越来越大。西方学者从维护自身利益的角度也不无担忧地指出，如果西方国家在国际互联网规则制定中目光短浅，热衷于狭隘的自我利益，并被短期的局部利益诱惑，只会损及全球互联网治理的持续性与稳定性。

---

① Michael Chertoff, "Establishing Norms in Cyberspace," January 14, 2020, https://americas.chathamhouse.org/article/the-paris-call-and-establishing-norms-in-cyberspace/.

② GCSC, "Advancing Cyberstability Final Report," November 2019, https://cyberstability.org/wp-content/uploads/2019/11/Digital-GCSC-Final-Report-Nov-2019_LowRes.pdf.

第二节　非国家行为体与互联网规则制定

一、非国家行为体在国际互联网治理中的作用

在国际关系领域，非国家行为体是国际立法的组织者和推动者，是国际关系民主化的重要渠道，是国际事务的重要管理者和组织协调者，也是国际资源的分配者。政府间国际组织具有稳定性、权威性、专业性和自主性的特征，而非政府间国际组织具有民间性、自愿性、普遍性和专业性的显著特征。在国际互联网规则制定中，政府间组织和多利益攸关方完全可以在网络空间的不同层面发挥不同作用。当前，谷歌、脸书等互联网巨头掌握的技术和资金甚至超过了很多主权国家。

非国家行为体在国际互联网规则制定中的地位与作用得到了联合国的认可。互联网治理具有技术治理的属性，联合国也越来越重视非国家行为体在国际互联网规则制定中所发挥的作用。自2000年起，联大开始改变仅关注国家作为网络安全的唯一行为体的立场，认为政府、商业团体及其他组织和个人使用者均需要关注网络风险。2003年，联合国大会第58/199号决议开始首次使用"攸关方"概念。2010年，联合国信息安全政府专家组则首次提出网络合作的范围包括政府、私人行为体和市民社会，从而把市民社会作为全球互联网治理的平等行为体。

非国家参与国际互联网事务的重要例子是跨国倡议网络（TRANs）、认知共同体。跨国倡议网络通过聚合志同道合者，朝着共同目标前进，是一种"政策协作者"（policy collaboratory）而不是被利用的对象（pawns）;[1]认知共同体凭借其知识权威和跨国网络平台对主权国家政府政策产生影响，在国际互联网治理中发挥了知识先导和舆论引领的作用。后者通过分享全球最先进的知识和组织技术性合作知识平台，创建了基于开放贡献的互联网协调规范，

---

[1]　Derrick L. Cogburn, *Transnational Advocacy Networks in the Information Society: Partners or Pawns?* (London: Springer, 2017), p.269.

并从国际互联网发展的早期起就领导技术管理工作。[①] 其中一个比较突出的例子是《互联网契约》的缔结和运用，契约反映出非国家行为体利用知识权威对互联网规则制定的启示价值。"万维网之父"蒂姆·伯纳斯-李发起《互联网契约》的全球行动计划，旨在拯救互联网免于政治操纵、假新闻、隐私侵犯与其他恐使世界陷入"数字反乌托邦"的恶意破坏，要求签署契约的政府、公司和个人作出具体承诺，保护互联网不被滥用并确保互联网始终惠及人类。[②] 2019年11月23日，《互联网契约》正式发布。该契约描述了保护互联网的九项核心原则，如确保每个人都可以连接到互联网，始终保持所有互联网可用，尊重并保护人们的基本在线隐私权和数据权等。截至2020年1月，已有德国、法国和加纳三国政府，170多个国家或地区的100多个民间社会团体，以及250多个公司和数千名个人签署支持其基本原则，对未来全球互联网治理起到了规则引领和导向作用。

美国微软、脸书等大型跨国网络企业是重要的非国家行为体，在国际互联网治理中的作用相当突出。比如，微软公司在国际互联网规则制定中扮演着"互联网急救员"的独特作用，微软公司总裁布拉德·史密斯（Brad Smith）于2017年2月14日在信息安全国际大会（RSA Conference）上提出了所谓的《数字日内瓦公约》（Digital Geneva Convention），主张成立国际组织保护平民免受政府力量支持的网络黑客攻击，并与联合国数字合作高级别小组开展工作，向小组提交网络安全技术协议。[③] 微软公司的主张受到脸书、苹果、思科、甲骨文、赛门铁克（Symantec）等科技巨头的支持，是非国家行为体参与国际互联网规则制定的重要例证。此外，面对勒索病毒的泛起，2018年4月17日，由微软公司发起，共60余家科技公司联名签署了《网络安全科技条约》（the Cybersecurity Tech Accord），承诺保护所有互联网用户免受各种出于政治目的或出于犯罪动机的网络攻击。《网络安全科技条约》认可了

---

① Jungbae An and In Tae Yoo, "Internet Governance Regimes by Epistemic Community Formation and Diffusion in Asia," *Global Governance* 25, no.1 (2019): 123-148.

② "Contract for the Web," pp.1-31, November 2019, https://9nrane411q4966uwmljcfggv-wpengine.netdna-ssl.com/wp-content/uploads/Contract-for- the-Web-3.pdf.

③ The Cybersecurity Tech Accord, "Cybersecurity Tech Accord Submission to the UN High Level Panel on Digital Cooperation," pp.1-7, December 21, 2018, https://cybertechaccord.org/uploads/prod/2018/12/Tech-Accord-HLP-Response-Dec-2018.pdf.

基于域名的消息认证、报告和一致性倡议（DMARC），以及互联网协会共同商定的路由安全规范（MANRS）。具体而言，DMARC提出了一种新的电子邮件认证协议，而路由安全规范则致力于提高路由安全性，这些对于改善网络安全技术标准具有积极价值。

伴随着大数据、社交网络与数字平台的快速发展，互联网巨头在国际互联网治理中有时也会产生严重的负面效应。2018年3月，英国爆发了"剑桥分析"（Cambridge Analytica）事件，剑桥公司为英国脱欧选举过程提供数据采集、分析和战略传播，反映出非国家行为体对主权国家的"绑架"行为。2019年6月16日，美国脸书公司推出"天秤币"（Libra），宣告全球最大数字货币项目启动。该项目将携手各个行业监管，意欲建立一套无国界的货币体系，支持便利的跨境支付和跨境汇款，这对基于主权的货币政策产生了冲击。这些行为均表明，大型互联网企业拥有了庞大的运营模式、客户对象和物质资源，不仅可以影响国际互联网规则制定，还对主权国家的监管权和管辖权提出了挑战。

除了跨国巨头，一些非国家行为体也会给互联网领域带来负面效应。比如，网络恐怖主义和非国家行为体的结合增加了恐怖主义行为的隐蔽性和破坏性，如巴基斯坦的"网络军队"、"叙利亚电子军"、俄罗斯"欧亚青年同盟"等，这些网络恐怖分子往往通过发送邮件和推特、盗取账号、在线招募、发布暴恐视频等方式发动恐怖袭击。特别值得注意的是2014年成立的"伊斯兰国"，该组织非常善于利用社交媒体和先进技术。它娴熟地运用网络平台进行自我宣传，以便制造恐怖氛围、传播极端思想、招募人员和筹集资金，并频频发动网络恐怖袭击。这也使它有别于"塔利班""基地组织""索马里青年党"等传统恐怖组织。比如，"伊斯兰国"利用网络社交平台认真策划并精心拍摄视频，其制作的脸书和推特页面，吸引了大量网民点击。可以说，"伊斯兰国"是有史以来最懂也最重视互联网传播的恐怖组织，这无疑增加了恐怖活动的烈度和对其打击的难度。

近年来，非国家行为体还不断渗透到主权国家的传统治理领域。一般而言，主权国家主要专注于公共政策和规则制定，非国家行为体主要擅长制定行业准则与协调技术。但是，以大型互联网企业为代表的非国家行为体却日益渗透到公共政策制定领域，具体表现为制定《数字日内瓦公约》等国际协议。美国乔治·华盛顿大学外交与政治学教授玛莎·费尼莫尔认为，很多互联网技术掌握在私人行为体手中，这从某种程度上说明政府并不是网络空间规则制定的最合适行为体。[①]

二、非国家行为体作用的成因

非政府组织在国际互联网治理中发挥的作用是由互联网自身的属性所决定的。互联网具有开放性、专业性、技术性、虚拟性和高度关联性的特征，非国家行为体通过其技术手段，有助于降低互联网信息的创建、处理、传送和搜索成本。开放性是互联网的核心，是互联网最强大的力量所在，也是其力量之源泉。一方面，它使得很多当代复杂的系统能够高效运行；另一方面，开放的资源具有深远的意义：创作质量高、可靠性强的计算机软件的最佳途径便是最大限度地集思广益，得到最优解决方案。传输控制协议/互联网互联协议（TCP/IP）使任何人都能与互联网挂上钩，并且做他们想做的事。正如互联网的前辈之一、麻省理工学院的戴维·克拉克（David D. Clark）所说："我们不要国王、总统和投票表决。我们相信意见的大致一致和运行的编码。"[②]

国际互联网可以为非国家行为体施加影响提供多种路径。这些路径包括草拟协议和制定规则、针对相关问题提供信息与咨询以及对政府进行监督和协调。由于非政府组织在感知环境、获取知识并使用知识获得最佳结果方面具有一定的优势倾向，因此，在推动国际互联网规则制定的解决方案时，国际非政府组织具有一定的影响力。尽管非国家行为体不是经由民主选举产生的，却可直接向政府和商业领袖施压，使它们改变政策，或间接改变公众对规则的合法性及政府和企业职责的认知。这些行为体有时会促进新规范的形成。因此，非国家行为体削弱了主权国家在国际互联网治理中的主导作用。

多利益攸关方模式的发展为非国家行为体在国际互联网领域积极发挥作用提供了治理模式上的保障。多利益攸关方模式是非政府组织参与国际互联网治理的重要方式，这种治理模式包括了利益攸关方以及模式的目标、参与者、范围、时限以及与政策制定者之间的关联，表现为多元主义的政策制定

---

① Martha Finnemore, "Cultivating International Cyber Norms," p.90, June 2011, http://citizenlab.org/cybernorms 2011/cultivating.pdf.

② 约翰·诺顿：《互联网：从神话到现实》，第271—272页。

进程，在互联网相关公共政策议题领域分享信息和交流最佳实践。[①] "多利益攸关方模式"一词实际上已经表明非国家行为体在国际互联网治理中的显著地位，非国家行为体可以与国家行为体一起参与国际互联网治理，"统治"和"等级制"不属于多利益攸关方治理模式倡导的价值和理念。

非国家行为体参与互联网治理的历史经验为国际互联网治理提供了参考和依据。历史地来看，大部分互联网治理的功能并非政府的职权领域，而是通过私人秩序、技术设计和多方协调制度等形式予以实施，并由私人行为体和非政府实体执行。私人公司得到了政府部门的授权，私人公司还可以充当政府的帮手，在政府的授权下实施互联网审查、监管信息，阻碍非法信息或获取私人数据。[②] 总之，非国家行为体越来越成为国际互联网治理领域的重要博弈方。比如，美国科技巨头谷歌公司是全球最大的搜索引擎公司，谷歌的业务涉及互联网搜索、云计算、广告技术等，对于各国的互联网产品和服务产生了重要影响。欧盟多次指控谷歌公司违反《反垄断法》，称其涉嫌滥用其在搜索引擎市场上的主导地位，将搜索结果导向自己的购物服务产品。谷歌公司存在的不当行为会将一些应用程序制造商以及服务提供商排挤出市场，特别是那些新创立的小型公司。

实际上，国家行为体和非国家行为体可以相互合作。网络空间可分为物理、句法和语义三个层面，国家和非国家行为体在这些不同层面既合作又竞争，国家行为体与非国家行为体在规则制定中处于"在竞争中合作、在合作中竞争"的竞争性共存局面，既有可能推动创新和自由，也有可能阻碍发展和自由。国家遵守行为规范是为了提高协调水平、应对不确定性、维护其声誉或应对内部压力。[③] 国家行为体与非国家行为体的合作可以缓解国家主导的治理模式和多利益攸关方治理模式的对立，两种治理模式是可以互补的。一方面，国家有效地应对网络黑客和网络犯罪，在网络间谍、网络恐怖主义和网络战争中发挥主导性作用；另一方面，在技术层面，非政府组织、科研机

---

① Virgilio Almeida, Demi Getschko and Carlos Afonso, "The Origin and Evolution of Multistakeholder Models," *IEEE Internet Computer* 19, no.1 (2015): 78.

② Laura DeNardis, *The Global War for Internet Governance*, pp.11-13.

③ Joseph S. Nye, "Eight Norms for Stability in Cyberspace," December 4,2019, https:// cyberstability.org/news/eight-norms-for-stability-in-cyberspace/.

构、公民社会和网民则发挥重要补充作用。

总之，没有一个行为体可以有效发展和履行互联网运行和发展所需要的全部技术和政策标准，而这些标准事关互联网关键功能的支撑。[1] 丹麦奥尔胡斯大学荣誉教授沃尔夫冈·科纳沃茨特（Wolfgang Kleinwächter）认为，传统的国家立法和政府间协定虽然继续扮演角色，但必须嵌入更广泛的多利益攸关方环境，重视非国家行为体的价值。[2] 今后，非国家行为体制定的规则如要能发挥作用，需要考虑并照顾国家对国际互联网规则的合理关切，这就需要国家行为体与非国家行为体共同协商和合作解决问题。

第三节　不同国家行为体在互联网规则制定中的博弈

当前，各国在国际互联网领域的博弈日益加剧，由于各方利益诉求无法达成一致，于是，发达国家和发展中国家试图单独推动相关规则的制定。互联网治理机制中同样存在着"竞争性多边主义"，据此寻求塑造网络空间的规范。发展中国家认为，互联网领域已经形成了网络帝国主义，网络空间的获益大多由西方国家或跨国网络巨头获得，数字鸿沟越来越大，国际社会需要改变这种不合理状态。

一、欧美国家与新兴市场国家在互联网规则制定中的博弈

联合国在互联网治理中的地位与作用、修订《国际电信规则》的分歧、《网络犯罪公约》和《塔林手册》的适用以及域名监管权移交等构成了近年来发展中国家与发达国家之间进行角力的重要表现，反映出双方在国际互联网治理制度、治理模式和具体组织选择方面的深刻分歧。长期以来，美国等发达国家拥有互联网国际治理制度的主导权和话语权，面对新兴市场国家的崛起，发达国家竭力固守自身的自利理念，试图延续对网络空间的主导权。

[1] Carol M. Glen, *Controlling Cyberspace: The Politics of Internet Governance and Regulation* (California: Bloomsbury Publishing, 2017), p.33.

[2] Wolfgang Kleinwächter and Virgilio A.F. Almeida, "The Internet Governance Ecosystem and the Rainforest," *IEEE Internet Computing* 19, no. 2 (2015): 65.

（一）制度原则和规范的分歧

新兴市场国家坚持制度运作的国家主权原则，反对过分渲染"互联网自由"和"开放性"。这些国家认为，互联网领域已经形成不断加深的数字鸿沟和不平等的网络霸权，希望打破这种不平等。但是，美国反对主权国家对互联网治理的主导权利，其原因主要如下：首先，由于政府间机构作出决策的速度缓慢，将会削弱互联网空间的活力。其次，主权国家的主导权力将不能有效反映多利益攸关方的主张。最后，主权国家间的互联网监管不可避免地纵容专制政权施行无限制的审查或内容管控。①

发达国家与新兴市场国家间的对立情绪同样体现在"WSIS+10"议程中，西方国家认为议程缺乏对未来的清晰判断，缺少对信息社会世界峰会成果及其履行情况的重大修正，也没有发展出有意义的评估手段，只是受到政治因素驱动的产物，更多体现了国家主导而非多利益攸关方主导。②2015年信息社会世界峰会召开，欧美国家极力反对新兴市场国家在峰会上提出的"网络监管"和"国家主权"原则。发达国家认为一旦联合国达成有关"网络主权"的声明，联合国将会取消多利益攸关方模式的合法性，重新定义其含义。很显然，发达国家采取了激烈的反对立场，重祭"人权"和"贸易自由"大旗，试图通过在联合国人权委员会强调人权保护、经贸往来与网络开放度挂钩等方式对发展中国家进行回应。

特朗普上台后，西方国家与新兴市场国家围绕治理原则和规范方面的竞争日趋加剧。2019年9月23日，27个西方国家在纽约召开"促进网络空间负责任国家行为"部长级会议，发布了网络空间负责任国家行为问题的联合声明，呼吁各方遵守网络空间国家行为规范，制定和落实切实的信心建设举措，减少网络事件引发冲突的风险，声明表示，"对保护自由、开放和安全的网络空间以使我们的后代享其惠益所具有的作用"，同时，"必须要为网络空间的

---

① Daniel A. Sepulveda, Christopher Painter and Scott Busby, "Supporting an Inclusive and Open Internet," September 26, 2014, http://iipdigital.usembassy.gov/st/english/article/2014/09/20140926308929.html#axzz3QHsUvwNN.

② Julia Pohl, "Mapping the WSIS+10 Review Process on the 10-year Review Process of the World Summit on the Information Society," p.33, July 10, 2014, http://www.globalmediapolicy.net/sites/default/files/Pohle_Report%20WSIS+10_final.pdfg_the_st.

恶劣行为承担后果，以便网络空间有更好的安全和稳定"。① 需要指出的是，这一声明意在将某些国家在网络空间开展进攻性军事行动合法化，把网络空间变为新的战场，推升了国家间网络冲突和摩擦的风险，无助于维护网络空间的和平与安全。2018年12月，俄罗斯提交联合国大会的文件《从国际安全角度促进网络空间国家负责任行为》主张建立基于公平区域分配（equitable geographical distribution）的政府专家组，确保维持一个开放、可互操作、可靠、安全的信息和通信技术环境，同时需要维护信息的自由流通。② 这一文件明确提出，各国应遵守以《联合国宪章》为基础的国际法，致力于维护网络空间的和平与合作。

（二）治理模式上的分歧

新兴市场国家坚持联合国治理模式和国家间组织模式，质疑西方国家鼓吹的多利益攸关方模式。新兴市场国家认为联合国是讨论网络空间的合适场所，并赞同政府间国际组织在网络空间的权威性。但是，欧美国家在互联网治理问题上强调包容性、开放性和多利益攸关方参与互联网治理的重要性，支持互联网治理论坛作为讨论互联网核心一体化和互联网发展的有价值的全球性、多利益攸关方平台。美国政府声称，"互联网治理的多利益攸关方模式本质上是维持自由、开放的互联网以及更进一步发展全球经济"③。英国阿伯里斯特维斯大学教授马德琳·卡尔（Madeline Carr）认为，互联网治理的多利益攸关方模式赋予美国及其追随者特权，多利益攸关方的私人部门往往由美国跨国公司占据主导地位，而这体现了美国力量的聚集。④ 多利益攸关方模式具有技术引导特征，是处理复杂的利益、议程和技术的一种方式，该模式对互联网开放与繁荣具有一定作用。但是，多利益攸关方模式存在合法性与问责制的弊端，同时，它作为一种治理机制内在地加强了现有的不平等权力

---

① White House, "Joint Statement on Advancing Responsible State Behavior in Cyberspace," September 23, 2019, https://www.state.gov/joint-statement-on-advancing-responsible-state-behavior-in-cyberspace/.

② General Assembly, "Developments in the Field of Information and Telecommunications in the Context of International Security," p.3, November 19, 2018, https://undocs.org/en/A/73/505.

③ U.S. Department of State, "Joint Press Statement for the 2015 U.S.-European Union Information Society Dialogue," April 14, 2015, http://www.state.gov/r/pa/prs/ps/2015/04/240680.htm.

④ Madeline Carr, "Power Plays in Global Internet Governance," p.642.

分布。也就是说，由于缺少其他国际互联网治理模式的强力冲击，导致多利益攸关方模式成为互联网治理的不二选择，而这又进一步巩固了其权力地位，这就是美国学者玛丽安娜·富兰克林（Marianne Franklin）所述的"操作性共识"（manufacturing consensus）。[①]

美国等西方国家认为互联网治理、网络安全等议题如果授权给政府间国际组织，其治理前景将具有不确定性。随着网络设备和恐怖主义结合的可能前景不断增加，包括美国在内的众多国家日益呼吁加强网络主权。但即便如此，为了反对以国家为中心的治理模式，西方有学者鼓吹网络空间的安全化导致"国家的回归"，但这种回归不是"威斯特伐利亚体系"下的国家主权回归。[②] 不过，随着网络安全的恶化，当前已有30多个国家宣称谋求互联网武器。美国政府更是加大了对网军建设的投入力度，美国国防部网络司令部2020年的财政预算达到96亿美元，而2015年的财政预算为51亿美元，几乎翻了一倍。

欧美国家反对联合国主导的治理模式，对于联合国大会的相关决议持反对立场。2002年12月10日，美国提交了一份决议草案，认为网络安全不仅是国家的责任，更需要整个社会的支持，由于信息技术改变了政府、商业和其他组织发展、拥有、提供、管理和运用信息系统和网络的方法，为此，全球网络安全文化（GCC）的建立需要包含所谓责任、民主、伦理等要素。[③] 英国也明确表示，网络空间问题不应该依靠缔结多边条约的方式解决，行为代码（法律）或其他方式有助于提升未来网络空间安全。至少在短期之内，即使缔结有约束性的多边条约，也不能解决网络安全问题，多边条约仅仅是分享观点和治理方法的外交成果标签，国际社会应该更关注形成具有一致性的国际法和规范。[④] 为了更好地宣传多利益攸关方模式，美国国务院国际信息局于

① Marianne Franklin, *Digital Dilemmas: Power, Resistance and the Internet* (Oxford: Oxford University Press, 2013), p.157.

② Ronald J. Deibert and Rafal Rohozinski, "Risking Security: Policies and Paradoxes of Cyberspace Security," *International Political Sociology* 4, no.1 (2010): 15-32.

③ United Nations General Assembly, "Creation of a Global Culture of Cybersecurity," pp.2-3, December 10, 2002, http://www.itu.int/ITU-D/cyb/cybersecurity/docs/UN_resolution_57_239.pdf.

④ United Nations General Assembly, "Developments in the Field of Information and Telecommunications in the Context of International Security," p.18, July 16, 2013, http://www.un.org/disarmament/HomePage/ODAPublications/DisarmamentStudySeries/PDF/DSS_33.pdf.

2014年8月29日还制作发布了"互联网属于每一个人"的在线视频,竭力扭曲主权国家对互联网监管与控制的正当权利。[①]

(三)具体制度组织选择上的差异

新兴市场国家倾向于在联合国、国际电信联盟等政府间国际组织内开展国际合作。从历史进程看,在国际电信联盟层面,国家拥有决定国家电信频谱分配的权力,这是新兴市场国家支持其成为互联网主导制度的历史原因。但是,美国反对政府间国际组织尤其是国际电信联盟主导网络空间治理。西方国家与新兴市场国家在2012年国际电信世界大会制定的《国际电信规则》上的对立,突出反映了双方的分歧。这种对立主要表现在三个方面:一是对表决程序的看法。表决是否由先前的"基于一致原则"改为"多数同意原则"。经过新兴市场国家的努力,《国际电信规则》最终通过了有利于发展中国家的"多数同意原则"。二是对《国际电信规则》第5款的修改。第5款规定"成员国应积极采取必要措施,防止垃圾电子信息的传播及其对国际电信服务的影响,并吁请在其他领域的国际合作"[②]。垃圾电子信息把垃圾邮件包括在内,使得《国际电信规则》的范围扩展到互联网领域。这反映出多数国家主张把主权监管纳入网络安全领域,引发语义风暴(semantic beachhead),而文本语言的模糊性会产生特洛伊木马效应,进而动摇西方主导的多利益攸关方模式。三是对《国际电信规则》的附件的看法。经过激烈争论,会议最终通过了包括附件在内的《国际电信规则》。国际电信世界大会附件"第PLEN/3号决议"既肯定了多利益攸关方在全球互联网治理中的作用,同时也强调指出,"各国政府在全球互联网治理和确保现有互联网的稳定性、安全性和持续性以及未来发展方面,应平等地发挥作用并履行自身职责"[③]。尽管与《国际电信规则》正文相比,附件在约束力和正式性方面存在差异,但对于国际电信联盟和互联网治理具有风向标、议程引领和议程设置的作用。

---

① U.S. Department of State, "The Internet Belongs to Everyone," August 29, 2014, http://iipdigital.usembassy.gov/st/english/video/2014/08/20140829307321.html#axzz3QHsUvwNN.

② ITU, "Final Acts of the World Conference on International Telecommunications (WCIT-12)," p.6, December 14, 2012, http://www.itu.int/en/sama/Pages/questionnaire2.aspx?pub=S-CONF-WCIT-2012-PDF-E.

③ ITU, "Final Acts of the World Conference on International Telecommunications (WCIT-12)," p.20.

这次会议触及了西方国家有关"互联网自由"原则和多利益攸关方模式的底线，导致西方国家的严重抵触。美国以维护"有力、创新和多利益攸关方模式"的互联网为由，反对国际电信联盟扩大其职能领域，导致国际电信世界大会通过的《国际电信规则》签署后迟迟无法生效。奥地利国际事务学院网络安全专家亚历山大·克里姆伯格（Alexander Klimburg）称这次会议为"互联网雅尔塔"（the Internet Yalta），认为它显示了不同政治力量在网络空间的博弈特征，并成为网络时代新冷战的标志。[①]

新兴市场国家迫切希望将互联网技术运用到经济发展，以减少失业和贫富差距。为此，它们试图在2014年10月召开的国际电信联盟釜山全权代表大会上推动《国际电信规则》的生效。因此，釜山会议有关电信规则的修改程序备受关注，成为新兴市场国家与发达国家较量的重点议题。美国坚持认为应该成立专门的专家工作组就2012年之后的电信规则进行评估，否则任何有关规则的修改都不能纳入议事日程。同时，专家工作组应于2018年举行的国际电信联盟全权代表大会上提交报告，在此之后才能讨论下一次国际电信联盟全权代表大会的举行。[②]美国以增设专家工作组的方式，短期内冻结了《国际电信规则》的修改议程。由于美国及其盟友的反对，在2014年举行的釜山全权代表大会上，与会各国同意维持1992年12月22日订于日内瓦的《国际电信联盟组织法》（Constitution of the International Telecommunication Union）和《国际电信联盟公约》（Convention of the International Telecommunication Union），不做任何变更。

在域名和IP地址等内容层面的互联网国际制度选择上，同样明显表现出西方国家支持ICANN的权威，质疑并消极对待联合国在互联网治理领域的作用。由于ICANN掌管着互联网关键资源，美国反对把互联网治理主导权转交给政府间国际组织，尤其反对国际电信联盟的主导。总之，正如国际电信联盟前高官理查德·希尔（Richard Hill）认为的那样，互联网治理领域已经出

---

① Alexander Klimburg, "The Internet Yalta," Center for a New American Security, pp.1-2, February 5, 2013, https://www.jstor.org/stable/pdf/resrep06186.pdf.

② The U.S. State Department, "Outcomes from the International Telecommunication Union 2014 Plenipotentiary Conference in Busan, Republic of Korea," November 10, 2014, http://www.state.gov/r/pa/prs/ps/2014/11/233914.htm.

现了南北对立，即发展中国家与发达国家间的对立。发展中国家往往更关注经济发展，而发达国家聚焦人权和知识产权保护。[①]

当前，围绕联合国层面的互联网治理备受国际社会关注。2016—2017年召开的联合国信息安全政府专家组由于各方在国家责任、反措施等方面的分歧无法发表共识报告，国际社会在构建网络空间全球治理机制上的努力陷入停滞。[②]专家组在互联网规则制定方面的失败有着多方面的原因。一方面，专家组由25名专家组成，难以反映发展中国家的政治诉求和利益关切，也无法满足欧美国家的诉求；另一方面，专家组仅为一个技术性的"专家平台"，地位较低，只是向联合国大会提交一些政策建议，本身没有规则制定权，因此，无法满足全球层面互联网规则制定的迫切需求。在遭遇两年时间的挫折与停滞后，联合国政府专家组于2019年底重启有关网络空间国际规则的讨论。美国曾于2018年提交议案，建议在联大之下新设立政府专家组，负责研究现有国际法如何适用于网络空间的国家行为；而俄罗斯则同时提交议案，建议设立一个不限成员名额工作组，负责研究联合国信息安全政府专家组此前报告中的既有规范并探索"在联合国框架下建立定期对话机制"的可能性。2018年12月5日和22日，联合国大会第一委员会先后通过了这两项关于网络空间国家行为的独立的决议，即分别为俄罗斯提交的《从国际安全角度看信息和电信领域的发展》、美国提交的《从国际安全角度促进网络空间国家负责任行为》。其中，《从国际安全角度看信息和电信领域的发展》主张为使联合国关于使用信息和通信技术的安全的谈判进程更加民主、包容和透明，从2019年开始召集一个不限成员名额工作组，在协商一致的基础上采取行动，作为优先事项，进一步制定国家负责任行为的规则、规范和原则及其实施方式；如有必要，对其进行修改或制定额外的行为规则。同时，决议规定该工作组应于2019年6月举行组织会议，以便商定与工作组有关的组织安排。

2019年9月9日—13日，不限成员名额工作组第一次的实质性会议在纽约联合国总部召开。工作组对话会议于2019年12月2日—4日举行，旨在针对国际社会如何应对互联网及信息安全领域面临的挑战、共同寻找对策并听

[①]　Richard Hill, "WSIS+10: The Search for Consensus," Just Net Coalition, July 1, 2014, http://justnetcoalition.org/sites/default/files/JNC_Collection_of_articles_2014-04_0.pdf#page=18.

[②]　鲁传颖：《网络空间安全困境及治理机制构建》，《现代国际关系》2018年第11期，第51页。

取非政府组织、学术界和行业专家的意见。[①]2020年2月10日—14日，不限成员名额工作组召开第二次实质性会议，探讨制定网络空间成员间信任措施，制定网络空间负责任国家行为规则和信任措施建设的基本原则，中国、俄罗斯、伊朗等国在会议上提出，不应发展进攻性网络能力以避免网络空间军事化。当然，联合国不限成员名额工作组未来发展也面临着成员多样、议题可能宽泛以及可能会出现集团化或俱乐部化的前景等方面的挑战。[②]

美国提交的《从国际安全角度促进网络空间国家负责任行为》试图通过建立基于公平区域分配的政府专家组，确保维持一个开放、可互操作、可靠、安全的信息和通信技术环境，同时维护信息自由流通的需要。[③]2021年5月28日，联合国第六个政府专家组探讨了网络空间国际规则，重申联合国宪章，尊重网络主权，并吸收了中国提出的《全球数据安全倡议》的一些重要主张，包括促进全球信息技术产品供应链的开放、完整、安全与稳定。[④]应该看到，联合国政府间专家组成员有着严格限制，而开放性工作组成员涵盖范围广泛，并具有灵活性的机制特征。美国和俄罗斯的议案均获得通过，反映了国际社会在网络空间既有推动合作的意愿，也存在着严重的认知分歧。实质上，联合国本应该是发展中国家参与国际互联网规则治理的首要平台，美国却往往自利地把联合国作为博弈和对抗的场所，起到一种干扰破坏的作用。联大层面的互联网治理被分为两半，导致了机制碎片化的出现，如此，将会产生制度复杂性的多重影响。

总之，新兴市场国家与发达国家在网络空间制度理念、制度选择和具体议题设置等方面存在着激烈争论。应该注意到，由于网络空间深受技术更新速度快、各国政治经济利益驱动及社会认知演变等因素的影响，新兴市场国家推动网络空间建章立制的进程存在不确定性。

---

① UN, "United Nations Cyber Consultations with All Stakeholders," December 2-4, 2019, https://www.un.org/disarmament/open-ended-working-group/.

② UN OEWG, "2020 Second Substantive Session," February 10-14, 2020, https://papersmart. unmeetings.org/ga/oewg-on-icts/2020-2nd-substantive-session/programme/.

③ United Nations General Assembly, "Developments in the Field of Information and Telecommunications in the Context of International Security," November 19, 2018, https://undocs.org/en/A/73/505.

④ 唐淑臣、于龙：《探索构建网络空间国际治理格局的实践与展望》，《中国信息安全》2022年第4期，第70—74页。

二、欧美国家在国际互联网规则制定中的博弈策略及其矛盾

欧美国家为了维持在国际互联网规则治理中的主导地位，通过双边主义、少边主义，打造志愿者同盟等方式，压制新兴市场国家和发展中国家对国际互联网治理的正义呼声，试图最大化维持自身在国际互联网领域的霸权地位。本质上，以美国为首的西方国家不是"网络空间安全的守护神"，而是"陆海空监听网络"的缔造者、"网络军备竞赛"的始作俑者、国际网络空间规则的破坏者。[①]

（一）欧美国家在国际互联网规则制定中的博弈策略

欧美国家力图在互联网领域打造排他性的俱乐部，维持其在国际互联网领域的主导地位。2014年，美国与欧盟进行了首次网络对话（US-EU Cyber Dialogue），同时成立了网络安全工作组，并围绕网络安全、互联网治理、网络人权保护和能力建设等议题展开讨论。2015年12月7日，美国与欧盟展开了第二次网络对话，双方确认国际网络空间发展是其更广泛外交和安全政策的核心，也是双方战略关系的核心要素。[②] 同时，欧美国家承诺继续支持有关多利益攸关方模式的NET mundial线路图。2018年2月6日，美国议员提出《澄清域外合法使用数据法案》（CLOUD法案），试图通过"数据控制者原则"对数据进行管辖，而非通过"数据存储地原则"，对于危害美国国家安全的犯罪、严重的刑事犯罪等重大案件，美国政府部门可以根据该法案跨境调取相关证据。《澄清域外合法使用数据法案》对于欧美国家互联网合作以及国际互联网治理产生了较大影响，引发了欧美国家之间有关数据控制的严重分歧。

美国和英国所谓的特殊关系不仅在国际政治领域表现突出，也比较明显地体现在国际互联网领域。2019年10月4日，美国和英国签署了《双边数据分享协议》（UK-US Bilateral Data Access Agreement），两国政府首次正式就执法部门电子数据的跨境获取达成协议，允许美国政府部门向英国索取相关数据。《澄清域外合法使用数据法案》取得海外推进的所谓历史性契机，给予美

---

① 互联网新闻研究中心编著《美国是如何监视中国的：美国全球监听行动记录》，人民出版社，2014，第106页。

② "'Joint Elements' from US-EU Cyber Dialogue," December 8, 2015, http://m.state.gov/ md250477.htm.

国政府获取跨境调取数据证据的权利。美国鼓吹该协议可以突破国界的限制，打击网络犯罪，同时确保隐私安全和公民自由。时任美国司法部长威廉·巴尔（William P. Barr）认为，只有解决及时获取储存在一个国家的犯罪电子证据的问题，我们才能有希望应对21世纪的网络威胁。[①] 但事实上，由于美国在互联网领域的技术优势，非对称性的数据分享协议一旦扩散，必然导致美国霸权的膨胀，影响其他国家在互联网合作中的合法权利，因此，《双边数据分享协议》将会恶化全球互联网治理体系。美国与日本于2017年建立了信息共享和网络安全项目，两国加大了合作力度。2017年6月26日，美国和以色列宣布两国将建立新的网络安全合作关系，成立双边网络工作组，聚焦关键基础设施、技术研发、国际合作与人才等方面的一系列网络问题。此外，美国、英国、加拿大、澳大利亚及新西兰组成的所谓国际情报分享团体"五眼联盟"进一步加大了其情报搜集和侦察力度。

欧盟虽然反对美国独自主导国际互联网治理，但它反对联合国中心治理模式和国家主权原则，倡导并维护多利益攸关方模式。欧盟认为，互联网治理具有异构性和分布式特征，因此，多利益攸关方参与是合适的治理模式。欧盟的这种立场，可从欧美国家历次网络安全对话中看出端倪。应该说，美国和欧盟对互联网认识的基本原则是一致的，都坚持互联网的自由性、可访问性、互操作性和可接近性，认为维护网络空间的自由度可以保障民主决策并鼓励创新，从而有利于全球的民主化进程。[②] 欧洲议会议员玛丽切·沙克（Marietje Schaake）等人认为，网络空间安全应致力于价值观念建设，维持和促进"开放互联网"的安全和整体性，进一步限制政府的国家安全政策对互联网网络的负面影响，简化欧盟数字版权以便推动其更加开放。如果欧盟能够发展一套把人类权利和自由纳入其中的明晰的网络安全政策，欧盟将有机

---

① UK Home Office, "UK and US Sign Landmark Data Access Agreement," October 4, 2019, https://www.gov.uk/government/news/uk-and-us-sign-landmark-data-access-agreement.

② 在《欧盟网络安全战略：一个开放、安全和可靠的网络空间》等多份战略文件中，欧盟同样强调在双边层面上与美国网络空间合作的突出地位。参见：EU, "Cybersecurity Strategy of the European Union: An Open, Safe and Secure Cyberspace," p.15, July 2, 2013, http://eeas.europa.eu/policies/eu-cyber-security/cybsec_comm_en.pdf.

会在网络空间占据领导地位。[①] 2015年12月8日，欧盟公布了《网络和信息安全指令草案》（Draft Directive on Network and Information Security），指出网络和信息系统服务在社会中扮演了至关重要的角色，但与网络相关的威胁不断增加，威胁了欧盟的经济发展。2016年5月17日，欧盟正式颁布了《网络和信息安全指令》，该指令规定了网络操作者和数据提供商的基本义务，提升成员国在网络空间的合作水平。欧盟成员国也要求制定网络空间的国家安全权威和战略，以应对网络威胁。[②] 此外，欧盟制定的《执法数据保护指令》于2016年4月通过，并于2018年5月生效。《执法数据保护指令》作为特别法，是欧盟立法者考虑到刑事案件中数据保护的特殊性，专为执法部门在数字时代处理个人数据而设计的，适用于主管当局为防止、调查、侦查或起诉刑事犯罪或执行刑事处罚，包括预防和防止对公共安全的威胁的情形。[③]

在数字治理和数据跨境流动方面，2016年7月欧美国家签署的《隐私盾协议》（EU-US Privacy Shield）是双方在数据交流领域所达成的共识性成果，目的是取代2000年12月缔结的《安全港协议》。目前，已有超过3500家美国公司获得了"盾牌认证"。[④] 2018年《通用数据保护条例》的生效，标志着推进数字单一市场、引领国际数据流动和保护规则制定已经成为当前欧盟在国际互联网治理中的重要战略。《通用数据保护条例》规定，需要确认第三国以国内法或者国际承诺形式对个人资料的保护达到与欧盟相当的水平。因此，欧盟主要通过签署双边协议的方式推动建立安全可信的数据流动圈。比如，欧盟和日本于2019年1月23日达成《对等充分性协议》，这个已生效的数据流动"适当性决议"，让欧盟和日本间的数据流动成为现实。在该"适当性决议"的基础上，个人数据可以从欧洲经济区流向日本，而不会受到进一步的阻碍。这一"适当性决议"承诺给欧日双方同等程度的跨境数据保护，标志

---

① Marietje Schaake and Mathias Vermeulen, "Towards a Values-based European Foreign Policy to Cybersecurity," *Journal of Cyber Policy* 1, no. 1 (2016): 75-84.

② EU, "Improving Cyber Security across the EU: What Is the EU Cyber Security Strategy?" May 17, 2016, http://www.consilium.europa.eu/en/policies/cyber-security/.

③ 魏怡然：《预测性警务与欧盟数据保护法律框架：挑战、规制和局限》，《欧洲研究》2019年第5期，第62页。

④ EC, "Privacy Shield Framework," December 7, 2016, https://www.ftc.gov/system/files/documents/plain-language/annexes_eu-us_privacy_shield_en1.pdf.

着世界上范围最大的数据安全流动区域得以建立。[①]

（二）欧美国家在国际互联网规则制定中的分歧和矛盾

尽管欧美国家都反对把互联网治理主导权授予政府间国际组织，反对ICANN丧失权威，但是欧美国家之间也存在着分歧和斗争。特别是，在国际互联网制度建设中，欧盟与美国存在着分歧。特朗普上台后，美国政府对网络空间全球治理议程的参与热情和期待均有较大程度的降低，且阻挠不符合美国政策主张和利益诉求的国际进程。[②]特朗普对联合国政府间专家组的态度消极且冷淡，对于国际互联网治理和规则制定持负面看法，这是2017年6月联合国信息安全政府专家组未就网络空间行为规范形成共识文件的重要原因。拜登政府上台后执行了一种不同于特朗普政府的全球治理战略：选择性再加入国际制度，坚持伙伴关系，巩固同盟体系，以实现"美国再次领导世界"。但是，所谓的巩固同盟仅仅是烟雾弹，只是为了更好地巩固美国的霸主地位罢了。

相比之下，欧盟及其成员坚持多边主义，积极推动国际互联网制度建设和规则制定。其中，荷兰、法国等国更是积极参与国际互联网制度建设。在2017年2月慕尼黑安全会议上，荷兰外交部长伯特·昆德斯（Bert Koenders）宣布成立一个新的非政府"全球网络空间稳定委员会"，作为对联合国大会第一委员会联合国信息安全政府专家组的补充，并于2018年12月发布了"新加坡规范组合"（Singapore Norms Package）。更具象征意义的是，法国马克龙政府在制定国际互联网规则和负责任国家行为准则等方面采取了积极举措。2018年以来，法国为增进网络空间信任、安全和稳定，提出了《网络空间信任和安全巴黎倡议》，认为国际社会各方应共同承担责任，以改善网络空间的可信度、安全性和稳定性，支持建立一个开放、安全、稳定、可访问的和平

---

① "适当性决议"是欧盟委员会作出的一种决议，以确定第三国通过其国内法律或国际承诺，对个人资料提供的保护水平与欧盟相当。相关论述参见：亚太未来金融研究院《欧盟与日本达成数据跨境流动决议》，搜狐网，2019年1月24日，https://www.sohu.com/a/291901697_468720。

② 汪晓风：《"美国优先"与特朗普政府网络战略的重构》，《复旦学报（社会科学版）》2019年第4期，第187页。

的网络空间。[①] 截至2020年1月，60多个国家以及微软、谷歌和脸书等多家跨国科技巨头签署了该倡议，但美国没有签名。欧美国家在对待多边主义和国际互联网制度的作用等方面存在比较明显的分歧，进而影响了彼此开展合作。具体而言，欧美国家围绕国际互联网规则制定产生的矛盾和分歧具有如下几个方面的原因。

其一，欧美国家不和的根本原因在于美国试图把欧盟纳入美国的网络战略版图，以夯实美国的网络霸权。美国事实上主导了国际互联网。无论是在互联网名称和数字地址、互联网域名系统和根服务器管理等技术层面，还是海底光缆、无线网络和通信卫星等基础设施层面，美国的霸权地位都很难被撼动。而欧盟一方面不反对多利益攸关方治理模式，另一方面又希望能够体现自身的利益和价值观，要在全球互联网治理中彰显与其他外部行为体的明显不同。为此，欧盟一方面推动ICANN的全面国际化，是域名监管权移交的重要推动力量；另一方面，欧盟试图成立"全球互联网政策观察站"（GIPO）等新平台，以增加网络空间政策制定的透明度。2015年10月20日，涉及美国可以搜集、储存欧盟成员个人数据并自由交换数据的《安全港协议》被废止。2016年3月，欧美之间缔结了一个新的跨大西洋数字交流协议，即《隐私盾牌》协定，重新确定了双方的权利义务关系。这反映出在维护网络用户隐私和在线人权方面，欧美之间存在明显的控制与反控制的争夺。

其二，经济利益是欧美国家网络空间分歧的现实原因。美国通过对互联网的主导不仅巩固了美国的技术霸权，同时也维护了美国的经济霸权。美国开发的技术产品几乎占领了全球绝大部分市场，操作系统、社交网络、搜索引擎、云计算都体现出了美国的竞争优势。操作系统决定了系统的技术性能，美国的计算机操作系统在全球市场中占主导地位。近年来，微软视窗（Microsoft Windows）一直占据全球市场份额的3/4以上，引发了市场垄断等一系列隐忧，是欧盟网络经济发展的重要关注点。比如，2016年4月20日，欧盟委员会发表声明，以违背公平竞争和妨碍竞争为由，起诉谷歌把搜索引擎与软件捆绑的垄断行为。这一反垄断审查一方面反映出欧盟对自身经济利

---

① "Paris Call for Trust and Security in Cyberspace," p.1, November 12, 2018, https://www.diplomatie. Gouv.fr/IMG/pdf/paris_call_text_-_en_cle06f918.pdf.

益的关注，另一方面亦防止预装的软件搜集欧盟成员数据。这背后的一个现实原因是双方对互联网经济溢出效应的争夺与竞争。

其三，欧洲一直以世界政治舞台的规范力量和规范行为体自居。欧盟认为自身代表和平、自由、民主、人权、法治、平等、社会连带、可持续发展和善治，这些欧盟的价值规范构成了其与世界其他国家发展关系的准绳。其中，持续性和平是欧盟价值的基础。[1]与美国的地缘政治扩张和军事优越性不同，欧盟关注自身的规则、规范价值和制度模式对世界的感召力，以非支配性的手段，形塑国际事务中的规则、价值和预期。[2]欧盟作为一种"规范性力量"（normative power），需要实现其道义高地。欧盟"规范性力量"具有九点要素和特征，即可持续和平、社会自由、一致民主、基本人权、超国家法制、包容性平等、社会团结一致、可持续发展和善治。[3]《欧盟安全议程》对于欧盟在安全领域的规范价值进行了阐述，包括尊重基本人权，给予公民信心的透明度、可信度和民主控制，维护开放社会的民主价值观。[4]可以说，欧盟对自身规范力量的关注是网络空间话语权的重要渊源。欧盟与美国在文化、法律、历史等方面的差异性以及双方价值理念的不同，导致了双方网络空间制度建设的差异性。

其四，欧盟一直指责美国对欧洲国家实施网络安全的双重标准。美国对待英国和其他欧盟成员的双重标准一直以来备受欧盟其他成员的诟病。在网络安全合作与信息共享方面，美国与英国保持了特殊的关系，并把以美英为基础的"五眼联盟"作为情报合作的基础。在2018年美国国会《澄清域外合法使用数据法案》出台后，英国第一个和美国签署了双边数据分享协议，允许执法部门直接向对方科技公司要求分享和分析数据。这种做法以英国与美国的特殊关系划线，利用双重标准，绕开传统的国家间司法协作程序，在美

[1] Ian Manners, "The Normative Ethics of the European Union," *International Affairs* 84, no. 1 (2008): 46.

[2] Ian Manners, "Normative Power Europe: A Contradiction in Terms?" *Journal of Common Market Studies* 40, no.2 (2002): 242; Thomas Diez, "Constructing the Self and Changing Others: Reconsidering 'Normative Power Europe'," *Millennium: Journal of International Studies* 33, no.3 (2005): 613.

[3] Ian Manners, "The Constitutive Nature of Values, Images and Principles in the European Union," in Sonia Lucarelli and Ian Manners (eds.), *Values and Principles in European Union Foreign Policy* (New York: Routledge, 2006), pp.33-38.

[4] The European Commission, "European Agenda on Security," p.3, January 11, 2015, http://ec.europa.eu/dgs/home-affairs/e-library/documents/basic-documents/docs/eu_agenda_on_security_en.pdf.

国的核心盟友之间实现数据共享，受到了不少欧盟成员的指责。随着英国脱欧，美英贸易协定缔结即将实现，美英关系将进一步拉近，作为整体的欧盟与美国在网络空间的离心倾向将不断增强。

其五，欧盟与美国在看待网络空间中新兴市场国家的地位与作用方面差异明显。长期以来，欧盟坚持多边主义，认为在推动多利益攸关方治理模式的进程中，需要中国、巴西、印度等新兴市场国家的参与，以打造自由开放的网络空间。"网络和平"是欧盟追捧的目标，即构建网络空间的普遍秩序并免于失序或暴力，其主要目标包括：尊重人权、扩展有关网络安全最佳实践的互联网许可以及增强促进多利益攸关方合作的治理机制。而美国坚持把网络空间作为维护自身霸权的重要领域，对于新兴市场国家参与网络空间治理持排斥和警惕态度。

总体上，在推动国际互联网规则制定的进程中，需要注意到美国和欧洲各国有关国际互联网治理的分歧并采取差异性的应对措施。

三、新冠疫情以来国际互联网规则制定博弈加剧

其一，新冠疫情加剧了网络空间大国之间的竞争态势。此次疫情所造成的地缘分割、边界封锁和物理隔离亟须通过网络空间来弥合，进一步扩充了各方对网络空间的需求，加剧了网络空间大国的博弈程度。当前，数字治理和数字经济规则制定成为各国关注的焦点，也是不同国家行为体在互联网国际规则制定中博弈的新领域。5G、人工智能、大数据、云计算等新兴技术在抗击新冠疫情方面具有明显优势，是全球公共卫生治理的重要手段。不过，随着数字技术的广泛运用和数字经济的跨越式发展，数据安全与个人隐私保护，数据自由流动与数据监管之间的平衡成为对全球治理的急切挑战。特朗普政府采取了对华科技封锁和脱钩的政策，2020年以来，更由于新冠疫情在美国的暴发和持续蔓延加大对华打压力度，严重阻碍中美关系的发展。美国通过将疫情政治化、将病毒标签化，不断对中国实施"污名化"和"抹黑"，试图转嫁国内矛盾、转移公众视线。美国将新冠疫情与当前国家安全与大国战略竞争相结合，从话语上强化了美国网络安全所面临的"威胁"，并把中

国、俄罗斯等国家卷入美国所炮制的"战略竞争"氛围中。① 同时，美国政府于2020年8月5日发布了"清洁网络"计划，号称要通过确定"清洁网络"名单采取综合措施，保护美国公民的隐私和公司敏感信息免受所谓的恶意行为者的侵扰，其实质是不停抹黑中国互联网企业，实现打压中国的目的。美国政府大肆鼓吹并到处兜售所谓"清洁网络"计划，把数据安全问题政治化，在缺乏事实的基础上不停抹黑中国互联网企业。美国的这个所谓"清洁网络"计划坚持的仍旧是其网络技术霸权，以继续控制全球网络空间，从而方便其情报机构继续窃取网络信息，危害他国网络安全。因此，所谓"清洁网络"是以"清洁"之名施清洗之实，本质就是歧视性、排他性、独占性和政治化，即借网络安全之名，行"网络监控"之实，是歧视性、排他性和政治化的"肮脏网络"②。

美国学者将中国运用大数据、物联网、人脸识别、人工智能等技术进行新冠疫情防控的举措称作"数字威权主义"和"在线民族主义"。③ 美国国会多次指责中国正在利用其技术崛起发展"数字威权主义"，不仅在国内，而且在世界各地进行"监视、控制互联网和审查信息"等活动，并将"数字威权主义"模式扩张输出至巴基斯坦、委内瑞拉、乌兹别克斯坦、哈萨克斯坦、津巴布韦等国家。一些学者甚至预言了威权国家与自由民主国家在未来更为激烈的意识形态竞争，并为自由民主国家提供了新的安全战略。④ 美国渲染中国在数字领域所带来的所谓威胁，是为了达到进一步打压中国企业的目的，此举背后的实质是担心自身丧失对网络空间及其发展模式的主导权。

当前，中美围绕着互联网芯片、5G网络与第三代互联网等领域的较量不断升级。芯片是网络服务器的核心支撑，对芯片产业的打压会威胁5G基站和网络服务器的运作。2020年3月24日，中美几乎同时出台有关5G的发展战略。中国发布的《工业和信息化部关于推动5G加快发展的通知》提出推进5G

---

① 蔡翠红、王天禅：《新冠疫情下网络空间全球治理的机遇与挑战》，《国际论坛》2021年第1期，第10页。

② 鲁传颖：《"清洁网络"计划危害网络安全》，《人民日报》2020年11月12日，第3版。

③ Aidan Powers-Riggs, "Covid-19 is Proving a Boon for Digital Authoritarianism," August 17, 2020, https://www. csis.org/blogs/new-perspectives-asia/covid-19-proving-boon- digital-authoritarianism.

④ Nicolas Wright, "How Artificial Intelligence Will Reshape the Global Order: The Coming Competition Between Digital Authoritarianism and Liberal Democracy," Foreign Affairs, July 10, 2018, https://www.foreignaffairs.com/ articles/world/2018-07-10/how-artificial-intelligence-will-reshape-global-order?cid=int-flb&pgtype=hpg.

网络建设、应用推广、技术发展和安全保障，加快5G网络建设部署，持续加大5G技术研发力度，着力构建5G安全保障体系，充分发挥5G新型基础设施的规模效应和带动作用，支撑经济高质量发展。[①] 而特朗普政府颁布了《5G与超越5G的安全法案2020》，该法案明确要求总统制定战略，以确保美国并协助盟国和战略伙伴最大限度地提高下一代通信技术基础设施的安全。美国在其颁布的《美国5G安全国家战略》中制定了美国保护第五代无线基础设施的框架，明确提出应加快美国5G国内部署；评估5G基础设施相关风险并确定其核心安全原则；解决全球5G基础设施开发和部署的过程对美国经济和国家安全的风险；推动负责任的5G全球开发和部署。[②] 目前，美国在整个芯片产业链核心设计环节以及关键半导体设备领域占据领先位置，但并不能够掌握高端芯片生产的全部环节。

其二，围绕网络空间国际规则制定的博弈呈现加剧态势。积极参与、推动并有效引领网络空间国际规则制定进程，是中国特色大国外交的重要组成部分，同时也是对中国大国外交战略与全球治理水平的重要考验。中国积极支持联合国、国际电信联盟、上海合作组织以及金砖国家等机制在网络空间国际规则制定中发挥作用。在中国的积极努力下，上海合作组织成员国提出了自己的"信息安全国际行为准则"。金砖国家支持将国际法适用于网络空间。"信息安全国际行为准则"已经成为网络空间国际规则制定领域一份代表性跨国文件，对于打破西方国家长期在网络空间国际规则制定和舆论领域占据主导优势的不利状态具有积极意义。

但是，新兴市场国家与欧美国家围绕网络空间国际规则制定的博弈日趋加剧。比如，西方国家指责中国正在利用国际电信联盟向全世界强加一个"新互联网"标准。中国华为、中国联通、中国电信和中国工业和信息化部在国际电信联盟共同提出了一个新的核心协议框架，以便更好地支持新兴网络应用，被西方国家称为"新IP"。中国建议国际电信联盟采取"长远的眼光"和"承担起自上而下设计未来网络的责任"。这一框架引起了包括英国、瑞典和美国在内的西方国家的担忧，他们指责中国正在采用互联网的新标准，认为这一系统将分裂全球互联网并让国有的互联网服务提供商对公民的互联网使用进行精细控制。[①] 实际上，"新IP"类似6G，是面向未来十年的IP技术演进研究，具有技术前瞻性。由此可见，围绕网络空间国际规则制定的博弈将更加激烈。

其三，数字规则治理成为各国博弈的焦点。大数据对全球生产、流通、分配、消费活动以及经济运行机制、社会生活方式和国家治理能力产生了颠覆性影响。当前，全球数据量呈现指数级增长和海量集聚的态势，对国际政治、经济和安全的影响与日俱增。目前，各国均将数据看作是一种特殊的战略性资源，各国均意识到数据存储、使用与跨境流动过程中的风险防范和规则制定确有必要，但是对于如何制定跨境数据流动规则却存在严重分歧。围绕数字主权、个人信息保护、在线消费者保护、数字身份、数据跨国流动规则的博弈进程加剧。其中，数据跨境流动备受关注。数据跨境流动是指数据超越主权国家边界的传输、存储、处理的现象，其关注核心是数据自由流动与国家主权关系。

目前，全球数字经贸规则主要由三种力量主导。第一是美国提出的倡导支持数据自由流动、反对服务器和数据本地化要求。美国和日本于2019年10月签署了《美日数字贸易协定》，协定主要内容为：强化知识产权保护力度，确保对数字产品的非歧视待遇，规定数字贸易税收问题，禁止电子传输征收关税，使用密码技术的信息和通信技术产品等条文。第二是以欧盟为代表的集团强调尊重隐私、建立知识产权和消费者保护模式。欧盟于2020年2月19日发布的《欧洲数据战略》(A European Strategy for Data)，提出了建立"数据敏捷经济体"的具体举措，促进欧盟数字经济和企业数据共享并推动数据市场公平性、数据互操作性、数据治理，就数据的个人控制权等内容构建法律框架。[②] 2020年7月14日，欧洲议会发布了名为《欧洲数字主权》(Digital Sovereignty for Europe)的报告，欧盟数字主权将从数据经济和创新、隐私

---

① "China Huawei Propose Reinvention of the Internet," Financial Times, March 27, 2020, https://www.ft.com/content/c78be2cf-a1a1-40b1-8ab7-904d7095e0f2.

② EU, "A European Strategy for Data," pp.1-34, February 19, 2020, https://ec.europa.eu/info/sites/info/files/communication-european-strategy-data-19feb2020_en.pdf.

和数据保护以及网络安全、数据控制和在线平台行为三方面着手进行，构建数据框架、促进可信赖的环境和建立适应竞争和监管规则，以增强欧盟的数字战略自主权。[1] 这一报告旨在增强欧盟在数字领域的战略自主性、保护性机制和防御性工具，用来促进数字创新。报告的产生反映出数字主权规则博弈的加剧。2022年4月6日，欧盟颁布《数据治理法》（DGA），允许企业在有条件的情况下获取公共和个人数据。第三是一些中小国家在数字经济领域的规则制定行为。2020年6月，智利、新西兰和新加坡签署了《数字经济伙伴关系协定》（DEPA）；2020年8月，澳大利亚与新加坡签署数字贸易协议（DEA），以降低两国之间的数字贸易壁垒，增加数字贸易机会。今后，国际社会围绕多边和双边数字经济与贸易规则制定的较量将逐步加剧，有关数字贸易便利化、数据跨境流动、促进端到端的数字交易和构建值得信赖的数字环境等领域将成为今后各国关注的重点。

以中国为代表的多数新兴市场国家强调数字主权的治理模式。[2] 中国是数字贸易大国，为更好维护国家数据主权，促进数字经济发展，需要积极参与数字身份认证、金融科技、电子支付、数字包容性和线上消费者保护等领域的国际规则制定。2020年9月8日，中国发起的《全球数据安全倡议》是全球安全倡议的重要组成部分，是构建网络空间命运共同体的重要倡议。《全球数据安全倡议》明确提出应尊重他国主权、司法管辖权和对数据的安全管理权，不得直接调取位于他国的数据，反对利用信息技术破坏他国关键基础设施或窃取重要数据，反对滥用信息技术从事针对他国的大规模监控、非法采集他国公民个人信息。面对后疫情时期复杂的数字安全形势，中国作为负责任大国首次为数据治理提供蓝图，体现了中国携手构建数字命运共同体，为全球网络空间治理提供建设性方案的积极努力。世界互联网大会组委会于2020年11月发布了《携手构建网络空间命运共同体行动倡议》，重申在疫情背景下构建网络空间命运共同体的"中国担当"，秉持"发展共同推进、安全共同维护、治理共同参与、成果共同分享"的理念，把网络空间建设成为造福全人

---

① European Parliament, "Digital Sovereignty for Europe," July 2, 2020, https://www.europarl.europa.eu/RegData/etudes/BRIE/2020/651992/EPRS_BRI(2020)651992_EN.pdf.

② 赵旸顿、彭德雷：《全球数字经贸规则的最新发展与比较——基于对〈数字经济伙伴关系协定〉的考察》，《亚太经济》2020年第4期，第59页。

类的发展共同体、安全共同体、责任共同体、利益共同体。[①] 中国提出的《网络主权：理论与实践（2.0版）》清晰界定并系统阐述了网络主权的概念、适用的具体原则和各国的相关实践，完善了网络主权的实践进程，增加了网络主权的义务维度、网络主权的体现、网络主权的展望等最新研究成果，是中国有关网络空间主权的最新成果。[②] 2022年11月，国务院新闻办公室发布《携手构建网络空间命运共同体》白皮书，明确提出"坚持尊重网络主权""维护网络空间和平、安全、稳定""营造开放、公平、公正、非歧视的数字发展环境""构建更加公正合理的网络空间治理体系"等主张，构建更加紧密的网络空间命运共同体。[③] 为此，国际社会特别是西方国家只有尊重他国数据主权，坚持共商共建共享，才能共同推进全球数字治理，推动构建数字命运共同体。

---

① 中华人民共和国国家互联网信息办公室：《携手构建网络空间命运共同体行动倡议》，中国网信网，2020年11月18日，http://www.cac.gov.cn/2020-11/18/c_1607269080744230.htm。

② 世界互联网大会：《网络主权：理论与实践（2.0版）》，世界互联网大会官方网站，2020年11月25日，http://www.wicwuzhen.cn/ web20/information/release/202011/t20201125_21724489.shtml。

③ 中华人民共和国国务院新闻办公室：《携手构建网络空间命运共同体》，《人民日报》2022年11月8日，第14版。

第八章　世界主要行为体在国际互联网规则制定中的治理行为

互联网的产生是国际合作的产物，互联网发展的成就也是国际合作的产物。国际互联网治理正处于新旧体系变迁的深刻转型和复杂博弈之中，各国都把网络空间的重要性提高到战略层面予以考量。深入分析美国、俄罗斯等世界大国以及欧盟、金砖国家组织等主要国际组织在国际互联网规则制定和制度建设中的战略与行为，有助于中国统筹把握国际互联网规则制定的国际背景，加快构建网络空间命运共同体。

第一节　美国与国际互联网规则制定

美国是互联网诞生的国度，控制着国际互联网域名管理，掌握为数众多的根服务器，在国际互联网领域居于主导地位。互联网的出现得益于"阿帕网"这一美国政府项目，因此，自互联网诞生之日起，美国政府在互联网领域具有非常重要的影响力。实际上，自从数字时代开启以来，美国一直是私有、开放、分散和安全的网络空间的首要支持者。① 今后一段时期，美国互联

① Stewart Patrick, "The Unruled World: The Case for Good Enough Global Governance," *Foreign Affairs* 93, no. 1 (2014).

网国际战略和国家行为仍将极大地影响国际互联网规则制定进程。

一、奥巴马政府的全球互联网治理战略

（一）奥巴马政府互联网战略的基本内容

奥巴马政府试图以国际多边合作作为应对策略，彰显美国网络霸权，巩固美国网络优势。2011年5月16日，美国发布了《网络空间国际战略：网络世界的繁荣、安全与开放》（International Strategy for Cyberspace: Prosperity, Security, and Openness in a Networked World），这是美国为应对网络安全而推出的首份国际战略报告，成为美国网络空间安全领域的纲领性文件。[①] 美国政府在这份文件中一方面承认各国政府有权把日益普及和全球化的网络技术和电子架构纳入本国的资产范畴，另一方面又反复强调网络空间安全对于维护网络系统的安全和稳定运作、确保信息自由流动并促进普遍人权保护的重要性。美国网络空间国际战略的基石在于网络技术对于美国而言至关重要，因而美国将以身作则，应对网络空间凸显的掠夺和侵略。[②] 美国把确立网络空间规范作为一项基本战略，这些规范包括保护个人隐私权、信息自由流动、言论自由、网络互操作性和信息完整性等。美国试图通过确立规范，传播美式价值观，把美国的技术优势转化为霸权优势。由于美国提倡的网络空间国际规范反映的是西方的意识形态和价值观，因此，价值观不同的国家质疑其目的是为了加强对网络空间的控制，维护美国等西方国家的利益。[③]

上述报告从"经济""网络保护""法律履行""军事""互联网治理""国际发展"和"互联网自由"七大领域提出了美国今后网络外交的全面战略构想，以便构建一个繁荣、安全和开放的互联网世界。[④] 为了在互联网领域维持美国霸权，2011年《网络空间国际战略》中的一些提法，特别是发展网络军事能力，具有明显的进攻性和侵略性，体现了美国维护全球网络霸权的考量。为落实这一战略，美国军方随即发布了《网络空间行动战略》（Strategy for

---

① The White House, "International Strategy for Cyberspace: Prosperity, Security, and Openness in a Networked World," http://www.whitehouse.gov/sites/default/files/rss_viewer/international_strategy_for_cyberspace.pdf.

② Ibid., pp.3-4.

③ 李恒阳：《奥巴马第二任期美国网络安全政策探析》，《美国研究》2014年第2期，第56页。

④ The White House, "International Strategy for Cyberspace: Prosperity, Security, and Openness in a Networked World," pp.17-29.

Operating in Cyberspace），把网络空间列为军事行动的空间领域。^①总之，这份奥巴马任内试图规划全球互联网发展与安全的"理想蓝图"，显现出强烈的美国式价值理念。之后，奥巴马政府通过运用外交并辅之以其他手段，宣传与推进美式全球互联网战略，继续主导全球互联网发展、安全标准及国际规则制定。

为了推动外交、军事和网络安全议题的整合，2015年，美国国防部出台了《国防部网络空间战略》，强调应防止美国本土和美国利益受到网络空间的攻击。这一战略关注国防部三个网络任务部队（DOD's Cyber Mission Force）的网络能力和组织构建，致力于引导美国国防部网络军力的发展并加强自身网络防御和网络威慑能力，具体包括：保卫国防部的网络、系统和信息；保卫美国本土和美国国家利益，防范网络攻击产生的严重后果；支持具有可操作性和可行性的计划。^②这份《国防部网络空间战略》成为奥巴马任期美国国防部在网络空间的指导性、纲领性文件。新版报告对于国防部如何预防网络空间攻击和如何整合网络空间力量方面进行了更为详细的规划和论述，而旧版报告更多地对网络攻击的界定以及网络攻击的分类进行了初步探讨。此外，新版报告还特别关注美国的盟国和伙伴在防御、抵制和阻止网络攻击方面的作用，并特别提及了美国的中东、亚太和北约主要盟国应更多地关注这一努力。^③

（二）奥巴马政府互联网战略的主要特征

1. 注重国际互联网多边合作治理

网络安全是网络和安全的逻辑组合，是安全在网络空间的延展或投射，反映了网络空间的发展对国际体系运行的深远影响。^④2008年底，奥巴马竞选获胜后，美国政府开始从国家安全的角度重新界定互联网安全，并试图将互

---

① U.S. Department of Defense, "Strategy for Operating in Cyberspace," July 2011, http://www.defense.gov/news / d20110714cyber.pdf.

② U.S. Department of Defense, "The Department of Defense Cyber Strategy," April 23, 2015, http://www.defense. gov/home /features/2015/0415_cyber-strategy/Final_2015_DoD_CYBER_STRATEGY_for_web.pdf.

③ Denise E. Zheng, "2015 DOD Cyber Strategy," April 24, 2015, http://csis.org/publication/2015-dod-cyber-strategy.

④ 汪晓风：《网络安全视角下中美贸易冲突的分析》，《美国问题研究》2019年第2期，第129页。

联网治理战略从美国主导的霸权治理转向国际多边合作治理。奥巴马政府将网络空间战略的重心转移到国际战略中，旨在加快主导网络空间"建章立制"进程。由于"9·11"事件的冲击，美国在小布什政府时期便开始采取了全球监听的方法应对挑战，其中广为人知的是美国的窃听计划，该计划授权了联邦安全局监听国际电话和互联网交流。但是，2013年"斯诺登事件"引发了国际社会对美国的一致指责。同时，由于网络犯罪代价低廉及网络空间不断增加的军事化，美国对全球互联网治理的放任主义方式已经难以维系。在这些因素的共同作用下，奥巴马政府调整了国内监控网络政策，并在国际层面制定实施多边合作的国际互联网战略，切实维护美国霸权。

在国内层面，《爱国者法案》（Patriot Act）即将到期的时候，2015年4月29日，美国国会通过了2015年版的《美国自由法案》（USA Freedom Act），这被认为是"美国监管政策的有意义改革"，是对监管政策的一次调整。根据《美国自由法案》的规定，"美国电信公司负责收集和存储个人数据，国家安全局只在确认某人或某个组织有恐怖活动嫌疑的时候才能向电信公司索取相关数据"。① 不过，美国国内对有关《爱国者法案》第215章的内容仍存在一定的争议。在全球反恐的大背景下，该条款授予美国政府收集包括电话记录在内的各类信息。②

在国际层面，美国为缓解舆论对"斯诺登事件"的批评，重新审慎并积极推动互联网治理非零和的多边进程。③ 一方面，美国在联合国平台对于"网络主权"予以明确确认。2013年6月24日，由包括美国在内的15国组成的联合国专家组（从国际安全的角度来看信息和电信领域发展政府专家组）发表报告，首次指出"国家主权和源自主权的国际规范和原则适用于国家进行的信息通信技术活动，以及国家在其领土内对信息通信基础设施的管辖权"，并

---

① The 114th Congress, "Uniting and Strengthening America by Fulfilling Rights and Ensuring Effective Discipline over Monitoring Act of 2015," June 2, 2015,https://www.congress.gov/114/plaws/publ23/PLAW-114publ23.pdf.

② "NSA Reform Bill Imperilled as It Competes with Alternative Effort in the Senate," Guardian, April 29, 2015, http://www.theguardian.com/us-news/2015/apr/28/house-nsa-reform-bill-senate-usa-freedom-act.

③ Eric Richards, Scott Shackelford and Abbey Stemler, "Rhetoric Versus Reality: U.S. Resistance to Global Trade Rules and the Implications for Cybersecurity and Internet Governance," pp.10-13, October 13, 2014, http://papers.ssrn.com/sol3/papers.cfm?abstract_id=2509435.

且进一步认可"《联合国宪章》在网络空间的适用性"。① 主管通信与信息事务的美国商务部时任助理部长劳伦斯·斯特里克林（Lawrence E. Strickling）指出，美国将与其他国家一道维护现有全球互联网治理制度，以便更好地界定作为利益攸关方之一的主权国家的作用。② 可见，"网络主权"已被包括美国在内的联合国所认可，这是美国奥巴马政府在国际互联网治理领域取得的较为积极的进展。另一方面，美国计划移交域名监管权。2014年3月14日，美国商务部NTIA发表声明宣布，在满足一定条件的情况下，将放弃对由ICANN管理的互联网号码分配机构的监督权，转而移交给全球多利益攸关方。③ 美国政府的表态是为了应对在2014年4月23日至24日于巴西圣保罗举行的关于互联网未来治理的全球多利益相关方会议对美国的指责。但是，奥巴马政府的国际互联网战略调整和域名监管权移交受到了美国政府内部保守的共和党人、军方与商业利益团体以及智库和压力集团的阻挠。因此，美国对ICANN的控制意图并不会有任何实质性削弱，在此背景下，ICANN试图克服合法性不足等机构改革计划以及所谓权力移交方案不会触及现有治理制度的基础。

总之，在奥巴马政府时期，国际互联网战略开始出现从美国主导的霸权治理转向多元合作治理的苗头，但是，这只是美国政府的策略性调整。比如，奥巴马政府坚持多利益攸关方模式，反对政府间国际组织接管互联网治理。奥巴马政府的战略意图是通过多边合作，一方面回应并缓和其他国家的批评，另一方面进一步巩固美国的网络安全和网络优势。美国在互联网领域的政策调整姿态，仅仅是维护美国网络霸权的变相策略罢了。

2. 不断加强网络能力建设

奥巴马政府开始从国家安全的角度重新界定互联网安全，不断加强网络

---

① United Nations General Assembly, "Group of Governmental Experts on Developments in the Field of Information and Telecommunications in the Context of International Security," June 24, 2013, http://www.unidir.org/files/medias/pdfs/developments-in-the-international-security-2012-2013-a-68-98-eng-0-578.pdf.

② Lawrence E. Strickling, "Keynote Remarks of Assistant Secretary Strickling at the Internet Society's INET Conference," June 14, 2011, http://www.ntia.doc.gov/speechtestimony/2011/keynote-remarks-assistant-secretary-strickling-internet-societys-inet-conferenc.

③ National Telecommunications and Information Agency, "NTIA Announces Intent to Transition Key Internet Domain Name Functions," March 14, 2014, http://www.ntia.doc.gov/press-release/2014/ntia-announces-intent-transition-key-internet-domain-name-functions.

能力建设。2009年5月9日，奥巴马就网络安全发表演讲，认为网络空间是
国家的重要财产，美国将采取所有的国家权力手段予以保护。他认为，网络
恐怖行为不仅表现为自杀式攻击，还来自网络的核心攻击和大规模破坏；网
络安全是最严重的国家安全问题之一，网络空间是国家的重要财产，美国将
采取所有的国家权力手段予以保护。出于政治、经济上的考虑，奥巴马于
2009年5月29日公布了《网络空间政策评估报告》（US Evaluation Report on
Network Security Space），宣布在白宫设置网络安全办公室。①

　　网络安全协调员和网络司令部的设立是奥巴马政府一上台就在网络安全
议题行动中开展的重要举措。2009年5月29日，奥巴马设立网络安全协调员，
同时表示，国家网络是美国国家战略性资产，保护网络安全是美国国家安全
的首要任务。2009年6月23日，美国时任国防部长盖茨宣布在位于马里兰州
米德堡军事基地的美国国防部战略司令部设立网络司令部，其网络安全协调
员将直接向国家安全顾问报告，同时负责为军事和民间机构协调联邦政府的
网络安全政策，是美国国家安全体系的重要成员。2009年12月23日，美国
微软公司首席安全官霍华德·施密特（Howard A. Schmidt）被任命为美国政
府首任网络安全协调员。由于在保护本土网络安全和公民个人隐私方面的重
要性，这一职务也被美国媒体称为"网络沙皇"。而美军四星上将基斯·亚
历山大（Keith Alexander）则被任命为网络司令部司令，他上台后鼓吹网络空
间是新的作战领域，施行所谓的"积极网络防御战略"，据此，美国积极把
网军从防御性队伍打造成进攻性队伍。2011年5月8日，美国白宫发布了《网
络空间可信身份国家战略——增强在线选择性、有效性、安全性与隐私保护》
（NSTIC），试图构建以政府和企业为主体、以用户为中心的身份信息识别系
统，致力于建立一个"开放、可互动操作、安全、可靠的网络空间"。这是奥
巴马上台后第一份网络空间的战略文件，是美国政府试图突破《涉外情报监
视法》的约束以加强国内网络管控的重要举措。②

　　2013年，奥巴马政府密集出台了有关网络安全的应对举措。同年2月

---

　　①　Office of the Press Secretary, "President Obama on Cybersecurity," May 29, 2009, http://www.whitehouse.Gov/
video/President-Obama-on-Cybersecurity#transcript.

　　②　The White House, "International Strategy for Cyberspace: Prosperity, Security,and Openness in a Networked
World," p.10.

12日，奥巴马签署了名为"提升关键基础设施网络安全"的行政令。3月1日，美国空军预备役司令部成立首个网络行动组：第960网络空间行动组（CYOG），该行动组是美国空军预备役司令部在网络领域的关键组成部分。根据计划，美国国防部网络司令部在2015年秋季前新增40支网络部队，其中13支用于进攻作战，它们将在遭到国外网络攻击时发动网络战。[①] 情报搜集是美国网络安全的重要组成，2013年3月12日，美国国家情报主任詹姆斯·克拉伯（James R. Clapper）在美国参议院情报委员会举行的听证会上公布了《美国情报界全球威胁评估报告》（Worldwide Threat Assessment of the US Intelligence Community），指出互联网威胁已成为美国最主要的威胁领域，美国有必要加强情报基础设施建设，提升情报搜集能力。[②] 同年，美国国家安全局在犹他州开始建立耗资20亿美元的密码破译和数据分析中心，即所谓的"超级数据中心"，用以监控、拦截、存储、分析和挖掘各地通信。2015年1月，奥巴马在位于弗吉尼亚的国家网络安全和通信集成中心提出了网络安全计划的新步骤。奥巴马为加强网络安全控制寻求理由，他认为，"网络安全事关公众安全和公众健康，但是，网络安全基础设施掌控在私人部门手中，政府与私人部门之间的合作还没有能够有效整合。为此，网络安全计划的新步骤包括呼吁更多的信息分享、履约方面的现代化以及更新安全数据漏洞报告"[③]。

总体上，为了谋求在网络安全的主导地位，奥巴马政府通过打造和扩大网络空间防御系统，增加网络技术研发经费和项目，对网络军工复合体进行重组和升级，制定了新一代的互联网法律和国家战略。同时，奥巴马政府还公布了国际层面的网络安全合作战略，加强国际网络安全合作，构筑了比较完善的网络安全国内体系和国际体系。

3. 鼓吹"互联网自由"，维护"互联网人权"

2009年1月，希拉里·克林顿（Hillary Clinton）出任美国国务卿，提出了"21世纪治国方略"的设想，鼓吹"互联网自由"，同时把网络人权作为美

---

① 国家计算机网络应急技术处理协调中心：《2013年中国互联网网络安全报告》，人民邮电出版社，2014，第155—156页。

② James R. Clapper, "Worldwide Threat Assessment of the US Intelligence Community," March 12, 2013, http://www.intelligence.senate.gov/130312/clapper.pdf.

③ Jake Richmond, "Obama Unveils Next Steps in Cybersecurity Plan," DOD News, January 13, 2015, https://www.defense.gov/News/News-Stories/Article/Article/603919.

国外交的重要目标。希拉里·克林顿于2010年1月21日就"互联网自由"发表讲话，阐述互联网自由对社会进步和经济增长的重要性，宣布把增进"连接自由"作为一项基本外交目标。希拉里·克林顿鼓吹建立"单一的互联网"，"在这里所有人都享有同等的机会以获得知识和思想，并且我们也认识到这个世界的信息基础设施将会变成我们所希望改造的那样"①。2011年3月15日，希拉里访问埃及，对"阿拉伯之春"推波助澜。她专程参观了开罗解放广场，以示对埃及"民主运动"的支持。为了推动互联网自由，美国和其他26个西方国家于2011年在荷兰成立了自由在线联盟（Freedom Online Coalition），承诺保护在线人权，打造所谓自由而开放的网络空间。同时，注重发挥美洲国家组织、欧安组织（OSCE）在网络安全领域的作用，加强其信任措施建设。②

2013年2月，约翰·克里（John Kerry）出任美国国务卿，继续鼓吹"互联网自由"。他在访问韩国时在高丽大学发表演讲，鼓吹互联网是人们获得自由的工具。他提出了五个原则对于"互联网自由"予以具体化：第一，一国不能进行或支持有意破坏或妨碍其他国家关键性基础设施使用的在线行为；第二，一国不能寻求阻止应急小组处理网络空间突发事件；第三，一国不能在网络空间支持窃取知识产权、贸易机密或其他保密商业信息以谋求商业利益；第四，各国应该根除网络恐怖活动土壤，网络活动应该以透明、合法与合作的方式进行；第五，各国在援助受网络攻击的国家时应尽其所能。③总之，克里认为，"互联网自由是人权的一部分，包括言论自由在内的人权在网络空间应该得到保护和尊重。互联网应该突破国家边界的限制，对于每个人开放并允许其进入和共同使用"④。

"阿拉伯之春"（Arab Spring）是美国鼓吹"互联网自由"战略带来的直接后果。2011年初，从突尼斯本·阿里政权被民众抗议推翻开始，政治动荡蔓延至阿拉伯世界的每个角落，在这场被称为"阿拉伯之春"的政治剧变中，

① Hillary Rodham Clinton, "Remarks on Internet Freedom," January 21, 2010, http://www.state.gov/secretary/20092013clinton/rm/2010/01/135519.htm.

② The White House, "'Joint Elements' from U.S.-EU Cyber Dialogue," December 8, 2015, http://m.state.gov/md250477.htm.

③ John Kerry, "An Open and Secure Internet: We Must Have Both," May 18, 2015, http://www.state.gov/secretary/remarks/2015/05/242553.htm.

④ Ibid.

埃及、利比亚、也门等阿拉伯国家政府被推翻，叙利亚巴沙尔政权也内外交困。民众通过脸书等媒体和平台来获取新闻，通过社交网络传播游行示威的信息，这种即时直播的政治运作模式，显示出互联网技术的政治影响。但是，"阿拉伯之春"并不是所谓的民主化运动和民众意识的觉醒，这些阿拉伯国家在事件后面临着严重的国家安全和社会稳定问题，而美国则是事件的背后推手。在"阿拉伯之春"中，美国通过资助网络非政府组织等方式起到了推波助澜的恶劣影响。2011年3月至6月，埃及境内非政府组织共接受了1.75亿美元的援助，这是此前美国援助总额的近3倍。本质上，美国国务院提出、界定并强调"互联网自由"的内涵，并非是为了成为推动"自由价值观"的志愿者，而是为了让美国在全球信息空间免受传统主权概念的束缚，扩张美国主权的应用范围，在网络世界巩固并拓展美国的国家利益。[①]

二、特朗普政府的互联网战略与行为

2017年唐纳德·特朗普就任美国总统后，改变前任对国际规则的承诺和支持，在国际政治中执行了一种消极的国际战略：美国将坚持"美国优先"，在多边组织中"实施竞争和领导"，以保护美国的利益和原则，试图实现"让美国重新伟大起来"的目标。特朗普的国际战略具有历史延续性和当前的特殊性相结合的选择性特征，露骨地反映了霸凌主义、利己主义和单边主义。特朗普实施的大规模持续退约行为造成的制度退出局面引发了国际社会广泛关注，是特朗普实行单边主义的重要表现。特朗普政府的多次退约行为，涉及政治、军事、经济、文化等诸多领域，具有全面性、彻底性和跨领域的特征。特朗普政府的退约行为鼓舞了美国国内的保守主义和民粹主义，进一步阻碍了包括国际互联网合作在内的全球治理进程。

（一）特朗普政府互联网战略的基本内容

特朗普政府的单边主义和退出主义外交政策延续到了国际互联网领域，对网络空间多边议程的参与热情有较大程度的降低。2017年1月，美国参议院军事委员会成立了由共和党参议员迈克·罗斯（Mike Rose）担任主席的网

---

① 沈逸：《美国国家网络安全战略》，时事出版社，2013，第253页。

络安全小组委员会，旨在监督和指导美国互联网战略和网络安全战略的指导
原则和实施策略。2018年9月，特朗普政府密集发布两份网络战略报告：9月
18日，美国国防部发布的国防部网络空间战略明确提出"以军事能力的所有
工具威慑中、俄两国的网络攻击"[①]；9月20日，白宫发布特朗普签署的《美
国网络空间战略》，把保卫美国、促进繁荣、以实力维护和平和提升影响列为
四大支柱，确保联邦网络和信息安全，维护关键基础设施安全，以促进美国
的繁荣。[②] 通过分析上述文件，特朗普政府互联网战略主要包括如下内容：

　　1. 对网络安全决策和治理机构进行重新调整。在管理机构上，特朗普明
确了国土安全部和国防部是保护互联网和关键基础设施的核心领导机构，而
奥巴马政府时期国务院网络协调员办公室被降级。同时，美国国务院在网络
安全和国际合作中的地位下降。根据《加强联邦政府网络和关键性基础设施
的网络安全》总统行政令（Presidential Executive Order on Strengthening the
Cybersecurity of Federal Networks and Critical Infrastructure），美国国务卿应通
过总统国土安全和反恐助理向总统提交有关调查、归属、网络威胁信息共享、
应对、能力建设网络安全优先事项和国际合作的报告，以便在规定时间内提
交网络安全国际合作战略。[③] 这些举措一举改变了特朗普因执政初期搁置网络
安全总统行政令所引发的舆论指责，显示出特朗普政府的网络战略极具进攻
性和侵略性。与此同时，2018年7月31日，美国国土安全部成立国家风险管
理中心（the National Risk Management Center），实现关键基础设施网络跨部
门信息共享与合作，在受到网络攻击时向关键基础设施公司提供急需的支持，
保护关键基础设施免受黑客攻击。同时，美国国土安全部通过网络事件响应
团队法案（Cyber Incident Response Teams Act），在美国国土安全部内部建立
了永久性的"网络搜索"和"网络事件响应"团队。这些组织为联邦机构和

[①]　U.S. Department of Defense, "Summary of DoD Cyber Strategy," p.4, September 2018, https://media.Defense.
gov/2018/Sep//2002041658/-1/-1/1/CYBER_STRATEGY_SUMMARY_FINAL.pdf.

[②]　The White House, "The National Cyber Strategy of the United States of America," September 20,2018, https://
www.whitehouse.gov/wp-content/uploads/2018/09/National-Cyber-Strategy.pdf.

[③]　The White House, "Presidential Executive Order on Strengthening the Cybersecurity of Federal Networks and
Critical Infrastructure," May 11, 2017, https://www.whitehouse.gov/presidential-actions/presidential-executive-order-
strengthening-cybersecurity-federal-networks-critical-infrastructure/.

私人实体开展网络安全防御工作，协助应对突发网络事件。[①]

与国内加强网络投入相反的是，特朗普政府削减了国际合作团队的投入，执意执行单边主义、保守主义的外交政策。2018年5月15日，在美国总统国土安全与反恐助理托马斯·博塞特（Thomas Bossert）、白宫网络安全协调员罗伯特·乔伊斯（Robert Joyce）宣布辞职后，美国国务院宣布取消网络安全协调员职位。[②] 美国在互联网领域的所谓的精简机构实际上暴露了特朗普反建制的右翼色彩浓厚，这次精简后，美国国家安全委员会（NSC）仅剩"首席安全官"（CSO）与"首席信息安全官"（CISO）来推动国际互联网安全治理。

2. 加强网络基础设施建设。特朗普在竞选时曾多次表示要加强与私营部门合作，确保关键基础设施的所有者和运营商能从联邦政府获得所需的支持，共同防御网络威胁。2017年5月11日，特朗普发布了搁置已久的《加强联邦政府网络和关键性基础设施的网络安全》总统行政令，改变了奥巴马政府有关互联网监管的方向和重点领域，把联邦政府信息现代化作为加强互联网安全的核心，从联邦网络安全、关键基础设施网络安全和国家网络安全三个领域重点推进措施。具体而言，特朗普政府要求联邦政府加强和协调网络防护，加强对美国关键网络基础设施的防护并提高美国国家整体网络安全防护和能力。[③]

从《美国网络空间战略》等文件可以看出，一方面，特朗普政府在国内加强关键基础设施防御能力、打击网络犯罪和网络恐怖行为，在国际层面强调"美国优先"和国际竞争，强化网络空间的主动进攻、军事化色彩和对抗化氛围。特朗普的网络空间战略、全球互联网治理策略与其前任奥巴马既有相同之处，也存在不同点。另一方面，特朗普政府延续了奥巴马政府的网络空间发展规范和行动计划，强调在国际层面建立"以规则为基础"的网络空间秩序，推行美国主张的网络空间规则成为网络外交的使命。但是，与奥巴马大力支持网络外交不同，传播自由与民主价值观已非特朗普政府的关注重

---

① "DHS Will Shore up Cybersecurity for America's Infrastructure," Wired, July 31, 2018, https://www.wired.com/story/dhs-national-risk-management-center/.

② "White House Cuts Critical Cybersecurity Role as Threats Loom," Wired, May 15, 2018, https://www.wired.com/ story/white-house-cybersecurity-coordinator/.

③ The White House, "Presidential Executive Order on Strengthening the Cybersecurity of Federal Networks and Critical Infrastructure."

点，美国国务院对网络外交的投入大幅降低，国际信息署和国际广播机构的一些网络项目被要求取消或降低预算，推动网络开放和网络自由的行动也逐渐被边缘化。[①] 而根据特朗普政府的安排，美国国务院成立了"网络空间和数字经济局"，并在外交安全局成立网络与技术安全处，进一步加强在网络外交方面的协同，凸显了特朗普政府对于网络经济推动美国复兴的关注力度。

3. 在网络安全领域主动进攻姿态明显。美国鼓吹网络战形势严峻，把国家情报局下的网络作战司令部并入国防部下的网络作战司令部（US CYBERCOM），升级为美军第十个联合作战司令部，并首设信息战官员，网军首次成为美军的独立军种，形成"总统—国防部长—网络司令部"的网络战指挥机制。2018年3月，网络作战司令部发布了题为《美军网络司令部愿景：实现并维持网络空间优势》（Achieve and Maintain Cyberspace Superiority: Command Vision for U.S. Cyber Command）的战略文件，文件依据《美国国家安全战略》和《美国2018年国防战略》，明确提出"美国物理领域的优势在很大程度上取决于网络空间的优越性，网络空间行动可以为美国外交、信息、军事和经济权力杠杆作出积极贡献"。同时，文件对网络行动和战略思想进行了重新规划和设计，提出了"网络空间持久战"的概念，"通过增强弹性、靠前防御和不断与对手交战来保持战略优势"[②]。作为美国网络司令部的政策纲领，文件通过先发制人的防御和进攻，旨在维持美军在网络空间的战略优势。特朗普于2018年8月15日签署总统令，废除奥巴马政府的"第20号总统政策指令"（PPD-20），扫除了进攻性网络安全战略的障碍，这将使美军能够对朝鲜、俄罗斯、伊朗等对手发动更频繁和更具进攻性的网络攻击。[③] "第20号总统政策指令"颁布于2012年底，用于取代2004年7月7日发布的第38号国家安全总统令（NSPD-38）。由于美国参议院未能通过"2012年网络安全法案"，奥巴马秘密签署了该指令。这是指导针对政府支持的黑客行为审批流程的备忘录，重大网络安全行动需要层层审批并获得特朗普的同意。

---

① 汪晓风：《"美国优先"与特朗普政府网络战略的重构》，第187页。

② U.S. Cyber Command, "Achieve and Maintain Cyberspace Superiority: Command Vision for U.S. Cyber Command," p.6, April 2018, https://www.cybercom.mil/Portals/56/Documents/USCYBERCOM% 20Vision 20.

③ Eric Geller, "Trump Scraps Obama Rules on Cyberattacks, Giving Military Freer Hand," Politico, August 16, 2018, https://www.politico.com/story/2018/08/16/trump-cybersecurity-cyberattack-hacking-military-742095.

　　此外，美国指责2016年俄罗斯干预美国选举，俄罗斯网络机构入侵民主党全国委员会（DNC）选举总部的服务器，美国借此加大舆论宣传，引发了美国国内要求特朗普政府制定一项保护国家利益的战略。美国网络司令部于2018年底对俄罗斯个别黑客采取行动，以阻止他们从事可能影响美国中期选举组织和结果的行为。这一不寻常的先发制人的步骤表明，美国正在寻找创造性的解决方案来保护他们在网络空间的国家利益。① 在《国防部网络空间战略》颁布后，美国对俄罗斯、中国等国家的网络进攻态势与网络恐吓更加明显。2018年10月，美国政府宣布，"将向北约盟友国家提供网络空间作战能力支援，对抗俄罗斯针对西方国家日益严重的网络威胁"，并于2018年10月22日在"大西洋未来"论坛（Atlantic Future Forum）上与英国签署军事网络协议，加强两国军队在网络安全领域的交流合作。②

　　4. 调整"网络中立"政策，保护个人隐私。特朗普对于奥巴马政府的网络中立政策进行了调整。2017年4月3日，特朗普签署决议，废除奥巴马政府卸任前颁布的《电信用户隐私保护规则》，生效仅4个月的《电信用户隐私保护规则》就此作古。此后，宽带和电信服务提供商在使用用户数据方面如何对宽带用户的隐私保护受到关注。2018年6月11日，特朗普政府正式废止了奥巴马政府2015年通过的《开放互联网法令》（Open Internet Order），该法令的基本原则是不得屏蔽、不得限制、不得提供有偿的差异化接入服务，并允许美国联邦通信委员会（FCC）把宽带服务作为公用事业进行监管。废除《电信用户隐私保护规则》和《开放互联网法令》意味着美国对"网络中立"政策的重要变化。"网络中立"的支持者认为，发展起来的互联网公司得益于互联网的开放式架构，终端用户则由于网络中立性而从创新和多样化的服务中受益，因此，应坚持透明度、无限制访问权限和非歧视原则。③ 本质上，废除网络中立原则，美国的电信运营商能够通过收费等手段提供排他性服务并获得不对称利益，符合特朗普有关推动企业加大网络建设投资的需求，实现网络技术由美国企业持续主导而非其他国家主导的愿望。

---

① Julian Barnes, "U.S. Begins First Cyberoperation Against Russia Aimed at Protecting Elections," New York Times, October 23, 2018, http://nytimes.com/2018/09/16/world/europe/macedonia-referendum-russia-nato.html.

② 参见：张旭、刘杨钺《网络威慑理论：争议与前景》，《国外社会科学前沿》2019年第7期，第32页。

③ 约万·库尔巴里贾：《互联网治理（第七版）》，第69—70页。

（二）特朗普政府互联网战略的主要特征

特朗普政府互联网战略具有自身的特点，需要加以分析挖掘，以便更有效地应对。特朗普上台后的首份美国《国家安全战略报告》指出，美国将以实力为出发点，寻求与竞争对手的合作领域，首先是要确保美国的军事力量在世界上处于无人能敌的地位，并将军事力量与盟友和美国全部权力机构充分整合。[①] 特朗普政府的互联网战略具体包括如下几点：

1. 坚持单边主义，捍卫美国网络霸权。特朗普政府对待互联网国际合作的意愿降低，对国际互联网治理机制反应冷淡。从单边主义出发，特朗普对联合国推动互联网治理基本模式的态度由奥巴马政府时期的消极反应转为公开的直接反对。这一点特别体现在网络主权方面，特朗普上台后把治理互联网乱象和"美国优先"置于首位，因此，网络空间排他性的主权观突出。2017年12月，特朗普政府出台的首份《国家安全战略报告》对网络空间特别是互联网国际治理的内容涉及较少。

2019年12月27日，联合国大会通过了俄罗斯此前提交的旨在打击网络犯罪的决议草案。然而，这一举措引起了特朗普政府及其盟友的愤怒，他们认为新决议实际上会损害国际打击网络犯罪的斗争，而不会起到加强打击的作用。时任美国驻联合国副大使切里思·诺曼·查莱（Cherith Norman Chalet）辩称，会员国对起草新条约的必要性和价值没有达成共识，这将"只会扼杀全球打击网络犯罪的努力"[②]。美国对俄罗斯向联合国递交"打击网络犯罪"决议案表示了强烈反对和抗议的同时，指责俄罗斯试图在其他国家推行自己的互联网未来发展方式，从而控制网络空间。特朗普政府此举的实质是打压竞争对手，维持美国在互联网领域的霸权地位。

2. 推动数字贸易等谈判，维护美国经济利益。维护美国经济利益是特朗普执政的优先方向，也是美国国际互联网战略的基本目标。数据流已经成

---

① The White House, "National Security Strategy of the United States of America," p.26, December 18, 2017, https://www.whitehouse.gov/wp-content/uploads/2017/12/NSS-Final-12-18-2017-0905-2.pdf.

② "'Democratic Talks to Replace Club Interests': UNGA Approves Russian-drafted Resolution against Cybercrime Despite US Opposition," December 28, 2019, https://www.sott.net/article/426456-Democratic-talks-to-replace-club-interests-UNGA-approves-Russian-drafted-resolution-against-cybercrime-despite-US-opposition.

为全球经济结构中的"货币"，因此，特朗普政府从"美国优先"的角度出发，积极推动数字贸易规则谈判。美国战略与国际研究中心网络政策工作组（CSIS Cyber Policy Task Force）的建议报告指出，"美国政府需要与其他国家合作以确保数据流的自由性与安全性，这要求我们就国际网络安全、隐私与数字化贸易进行规则性（也许包括机构性）探讨。此方面努力应包括与友好国家达成关于隐私与公民自由保障标准的基准性共识"[①]。《美墨加协定》（USMCA）、《美韩贸易协定》、《美日贸易协定》等所谓"下一代贸易规则"均把削减数字贸易关税壁垒作为重要内容，而在美国与欧盟或美英之间推进的双边贸易谈判中，数字经济和数字贸易是关注的核心。《美墨加协定》于2018年11月30日在阿根廷首都布宜诺斯艾利斯签署，正式取代了《北美自由贸易协定》（NAFTA）。2018年9月24日，美国和韩国签署了贸易修正协议，其中，数据流动、网络安全议题是双方达成贸易框架的重点之一。[②] 同时，特朗普政府对欧洲和日本施压，将其理念置于美日欧自贸协定谈判。其中，美日两国于2019年10月7日在华盛顿正式签署美日贸易协议，协议于2020年1月1日正式生效。通过这些重大谈判，新一代国际贸易规则和标准正在酝酿和形成。市场开放度及标准已经超出世贸组织框架下的承诺，如竞争中立、数据流通、电子商务、劳工标准和环境要求等议题在以前很少涉及。值得警惕的是，"下一代贸易规则"反映了西方发达国家在全球价值链生产上的新需求，试图把中国从全球价值链中排除出去。

在维护美国经济利益方面，美国对于人工智能的关注与投入鲜明反映了特朗普政府的立场。人工智能是当前快速发展的新领域，在推动经济发展中的作用日益突出。特朗普政府于2019年2月7日发布了名为《美国将主导未来产业》（America Will Dominate the Industries of the Future）的文件，这份描绘美国未来产业的发展战略，坚持"促进美国繁荣、改善国土安全"两大基本原则，涵盖了特朗普政府重点关注的四项关键技术：人工智能、先进制造业、

---

① CSIS Cyber Policy Task Force, "From Awareness to Action – A Cybersecurity Agenda for the 45th President," pp.10-11, January 4, 2017, https://csis-prod.s3.amazonaws.com/s3fs-public/publication/170110_Lewis_Cyber Recommendations NextAdministration_Web.pdf.

② The White House, "Joint Statement on the United States-Korea Free Trade Agreement," September 24, 2018, https://www.whitehouse.gov/briefings-statements/joint-statement-united-states-korea-free-trade-agreement/.

量子信息科学和5G移动通信。^① 在此基础上，美国科技政策办公室（OSTP）陆续出台《加速美国在人工智能领域的领导地位》等配套文件，维护美国在人工智能领域的主导地位。

3. 打击网络恐怖主义成为重要的优先关注。打击网络恐怖主义是特朗普政府在互联网治理中的核心关切之一。特朗普政府采取措施支持美国企业成立反恐怖主义全球互联网论坛（GIFCT），协助打击网络恐怖主义活动。2017年6月，脸书、谷歌、微软和推特宣布共同成立反恐怖主义全球互联网论坛，从他们运行的网站中删除恐怖分子网上招募信息，同时，随着配套共享数据库的建立，越来越多的美国科技公司宣布加入反恐怖主义全球互联网论坛。

与此同时，特朗普政府对网络恐怖主义采取了双重标准：针对威胁到美国本土安全的网络恐怖主义行为进行积极打击和遏制；而针对威胁到他国的网络恐怖主义行为则从美国自身利益出发予以对待，甚至利用人道主义幌子进行阻挠，直至干涉别国内政。总之，网络恐怖主义出现后，美国利用网络技术和军事实力优势，有了新的干涉别国内政的工具。

4. 精心打造双边网络同盟，维护美国网络霸权。作为战后国际秩序的基本特征，多边主义是指在多个国家之间协调国家政策和实践，以充分尊重参与国各自在国际上代表本国人民的法律权利和权威。^② 多边主义是国家与国际制度间的行为方式和内在原则，塑造了国际制度的合作本质。但特朗普上台后，公然挑战多边主义原则，通过国际制度内的抗议、退约及新建制度等多种措施，力图改变布雷顿森林体系下的现行国际制度体系，反映了美国的霸凌主义、利己主义和单边主义。

在网络空间，特朗普政府致力于打造互联网治理的双边同盟，打压中国等新兴市场国家。美国与日本于2017年建立了信息共享和网络安全项目。2017年6月26日，美国和以色列宣布两国将建立新的网络安全合作关系，成立双边网络工作组，扩大合作的范围。双方专注关键基础设施的研发、国际合作与人才等方面的一系列网络问题。与此同时，美国、英国、加拿大、新

---

① The White House, "America Will Dominate the Industries of the Future," February 7, 2019, https://www.whitehouse.gov/briefings-statements/americawill-dominate-industries-future/.

② Evan J. Criddle and Evan Fox-Decent, "Mandatory Multilateralism," *American Journal of International Law* 113, no.2 (2019): 274.

西兰及澳大利亚等组成的国际情报分享团体"五眼联盟"国家进一步加大情报搜集和侦察力度，陆续针对华为采取限制行动。2018年3月26日，特朗普签署美国国会先前通过的《云法案》，授权美国政府与其盟友建立跨境数据调取体系，指导执法部门根据搜查令来直接调查获取境外数据，开展跨境数据管辖。2019年10月4日，美英签署的《双边数据分享协议》允许美国政府部门向英国索取相关数据，美国借此达到了获取海外数据的权力。美国司法部长威廉·巴尔认为，"只有解决及时获取储存在一个国家的犯罪电子证据的问题，我们才有可能应对21世纪的威胁"。但事实上，美国在互联网领域具有技术优势，非对称性的数据分享协议一旦扩散，必然导致美国网络霸权进一步膨胀，影响其他国家在互联网合作中的合法权利。

（三）特朗普政府互联网战略的影响

1. 引发网络空间多边主义危机，进一步恶化全球互联网治理体系。国际互联网治理客观上需要坚持多边主义和国际合作原则，这是由互联网的自身属性和未来发展所决定的。在国际互联网治理生态系统中，除了主权国家和政府间国际组织，许多法律地位截然不同的人员受到技术创新、用户需求、市场机会和政治利益的驱动，在当地、国家、地区和国际这些不同层次上起着作用。[①] 应该注意到，尽管2016年10月美国放弃了互联网域名监管权，但这只是美国以退为进的策略性调整。特朗普政府对2016年10月1日ICANN管理权移交采取了阻挠行为，包括特朗普在内的共和党人竭力阻挠ICANN管理权从美国政府手中移交到私有的多利益攸关方机构，甚至认为互联网域名管理功能是美国政府的资产。[②] 移交实现后，美国对ICANN及其国际合作地位的认可态度趋淡。

此外，特朗普政府从根本上质疑国际互联网治理的作用，否认国际合作和国际谈判的效用。特朗普政府认为构建网络空间国际治理规则的谈判可能需要数十年才能产生成果，耗时费力，即使达成了国际共识，网络安全的"可

---

① Wolfgang Kleinwächter, "Internet Governance Outlook 2017: Nationalistic Hierarchies vs. Multistakeholder Networks?" *Circle ID*, pp.3-4, January 6, 2016, http://www.circleid.com/posts/20160106_internet_outlook_2017_nationalistic_hierarchies_multistakeholder.

② 任政：《美国政府网络空间政策：从奥巴马到特朗普》，《国际研究参考》2019年第1期，第12—13页。

抵赖性"也为美国的竞争对手不遵守这些国际规则提供了灵活操作空间。美国反而会因为遵守国际规则而自缚手脚，从而赋予对手非对称性竞争优势。特朗普政府将网络空间规则视为维持自身网络战略的工具，一旦无法达到目标就会坚决抛弃。[①] 显然，美国的阻挠政策导致了联合国的协调功能失效。比如，2017年8月，试图为网络空间国家行为设立规范的"从国际安全角度看信息通信领域发展"的联合国政府专家组第五届会议没有取得实质性进展，2016—2017年度的联合国政府专家组已经随着授权结束而结束。随着政府专家组的工作陷入停滞，在这一领域的倡议已经开始转向双边或地区性的倡议和安排。如何寻求各方利益最大化，仍然是全球互联网治理规则制定面临的严峻挑战。

2. 存在目标、能力与执行不匹配，无法阻止多边主义的发展。特朗普政府的网络国际战略无法解决目标、能力的不对称，不可能实现美国的如意算盘。美国学者约翰·刘易斯·加迪斯（John Lewis Gaddis）的大战略研究认为，战略目标、能力与执行需要互相适应和配合，"把所能支配的一切手段与所看到的目的联系起来"[②]。当前，在国际互联网领域，美国国力已经步入相对衰落的阶段，中国等新兴市场国家与美国的距离不断缩小，在此背景下，美国存在强烈抵制现有国际制度和规则的态度与深度利用国际制度和规则的愿望这一双重矛盾，这是特朗普政府反对现有制度政策的内在因素。然而，随着世界多极化的不断发展，美国自身的相对衰落，特朗普政府无力阻挡多边主义的大潮。

坚持并重振多边主义已经成为国际社会的重要共识。同时，国际制度和国际法的继续扩展，说明多边主义原则得到越来越多国家的支持和接受。根据国际法，国际合作原则是指各国不论在政治、经济及社会制度上有何差异，均有义务在国际关系各方面彼此协助。互联网的快速发展及其对人类带来的挑战，客观上要求国际社会要加强合作。互联网的快速发展对经济社会的渗

---

① 鲁传颖：《保守主义思想回归与特朗普政府的网络安全战略调整》，《世界经济与政治》2020年第1期，第70—71页。

② John Lewis Gaddis, "A Grand Strategy of Transformation," *Foreign Policy* 133 (2002):57; John Lewis Gaddis, *On Grand Strategy* (New York: Penguin Books, 2018).

透超乎预期，使得线上和线下、网络空间和现实空间的区分越来越困难。[①] 同时，单个主权国家对互联网的国内管制方法往往与全球层面的治理不兼容或存在冲突。其原因在于国内规制性制度是全球互联网治理的关键性决定因素，国家层面的国内规则发展外溢到其他国家是全球互联网治理的重要因素。[②] 从客观上讲，国际社会亦需要加强合作，解决彼此分歧。同时，第四次工业革命快速发展，更是要求国际社会携手应对来自网络的挑战。如果说第三次工业革命使得网络战、黑客攻击、网络监控等成为网络空间治理的重要对象，那么第四次工业革命则将带来更多的开放性议题，人工智能技术的发展、人工智能基础上的数字经济发展、与大数据相关的数据贸易和个人隐私保护等都将成为网络空间治理的新对象。[③]

联合国是践行网络空间多边主义最重要的平台，并积极推动网络空间领域的国际合作进程。遭遇过两年时间的挫折与停顿后，联合国政府专家组于2019年底重启有关网络空间国际规则的讨论。美国曾于2018年提交议案，建议在联大之下新设立政府专家组，而俄罗斯则同时提交议案建议设立一个开放式工作组。2018年12月22日，联合国大会同时通过了这两项网络安全决议文件。上述两国的议案均获得通过，反映了国际社会在网络空间既有推动合作的意愿，又存在严重的认知分歧。联大层面的互联网治理方案被分为两半，导致了机制碎片化的出现，对于反对网络战、打击网络恐怖主义和网络犯罪、保护关键基础设施以及如何实现保护隐私和国家安全的平衡等将会产生复杂的影响。自2018年以来，联合国框架内出现了OEWG和GGE同时存在、相互竞争的所谓"双轨制"进程。联合国大会2020年12月31日通过A/RES/75/240号决议，确定了启动届期为2021—2025年的第二届OEWG。但第六届GGE结束使命后，是否启动新一届GGE仍存在争论。2021年11月3日，未经表决获得联合国大会第一委员会通过的决议以协商一致的方式解决了二者的合并问题，这意味着联合国框架内的互联网治理进程由2018—2021年的

[①]　James N. Rosenau, "Information Technology and the Skills, Networks, and Structures that Sustain World Affairs," in James N. Rosenau and Jaswinder P. Singh (eds.), *Information Technologies and Global Politics: The Changing Scope of Power and Governance* (NY: State University of New York Press, 2002).

[②]　David Bach and Abraham L. Newman, "Local Power, Global Reach: The Domestic Institutional Roots of Internet Governance," *St. Anthony's International Review* 3, no.1 (2007): 25.

[③]　蔡翠红：《全球大变局时代的网络空间治理》，《探索与争鸣》2019年第1期，第25页。

"双轨制"重新回到2018年之前的"单轨制",但2018年前的GGE换成了如今的OEWG。2021年12月13日—17日,第二届OEWG第一次实质性会议在纽约联合国总部顺利召开。不过,美国政府仍然把维护美国网络霸权作为应对网络安全议题的根本出发点。

总之,多边主义不是标签,而是成本相对较低的、稳定的组织原则和组织形式,是通过国际组织协商后采取行动的一系列原则和处理国际事务的方针指南。在多边主义和多边决策以及所有国家对多边外交的参与下,参与国中的大多数对协议的支持是美国所无法改变的,也是无力改变的。美国的真正问题不在于它是否被中国或其他任一竞争者所取代,而是它将面对众多极具权势的挑战者的同时兴起,包括国家和非国家行为体,这种权力扩散减少了美国控制他人的相对能力。[①]

三、美国主导国际互联网规则制定的实质

美国在国际互联网治理中追求网络领导和霸权地位,试图成为网络独裁者。所谓霸权是以实力为基础的控制权或操纵权,而霸权国是国际体系中最为强大且"有实力和意愿控制国际秩序"的国家。所谓网络领导是指推动和保护塑造全球性机制的管制性规则,如网络攻击门槛、武力运用以及惩罚形式等,它可以维护网络空间的构成性原则即开放性。[②]鉴于美国在网络空间可利用的资源、其政策制定者所监控的网络空间范围,它一直追求网络空间的霸权与领导战略。但是,美国的霸权绝对不是利他的或仁慈的。

美国的网络霸权主要围绕技术资源、制度层面、意识形态和军事领域四个方面:即垄断核心技术资源以维持网络信息霸权,强推美版制度规则构筑网络制度霸权,运用网络自由构建网络意识形态霸权并拓展网络军备建设推进网络军事霸权。[③]美国的互联网霸权具有霸权治理与技术治理相结合的特征。霸权治理与技术治理的结合更加掩盖并膨胀了美国在互联网领域的主导

---

① 约瑟夫·奈:《美国世纪结束了吗?》,第138页。

② Ryan D. Kiggins, "US Leadership in Cyberspace: Transnational Cyber Security and Global Governance," in Jan-Frederik Kremer and Benedikt Müller (eds.), *Cyberspace and International Relations: Theory, Prospects and Challenges* (London: Springer, 2014), p. 175.

③ 杜雁芸:《美国网络霸权实现的路径分析》,《太平洋学报》2016年第2期,第65页。

性。物质的权力观与工具主义的技术观二者同时存在，相互补充，二者结合所产生的影响很大。实际上，工具主义的技术观试图通过体现价值中立的问题解决工具，掩盖美国的国际互联网霸权治理。凭借着在网络企业上的竞争优势，美国取得了对网络空间和网络虚拟世界的主导，控制了大数据时代最有价值的信息资源和关键基础设施，并通过数字殖民和网络霸权主义方式干预其他主权国家的互联网国家治理行为。

经济利益是美国网络霸权的基本出发点和考量标准。美国参与国际互联网治理具有内在的经济需求，特朗普上台后，更是把经济利益作为自身网络战略的核心要素。美国在服务贸易方面是顺差，谷歌、亚马逊、脸书和苹果等互联网巨头在全球占据主导地位，它们对全球经济的重要性给监管机构带来了挑战，它们的商业模式也与保护主义背道而驰。[1] 这就决定了美国不可能完全退回美国，美国需要在自我霸权和对外网络经济扩展方面进行权衡，以维持美国霸权。

网络安全是美国国家利益的核心部分，美国政府把网络绝对安全作为美国霸权的重要保障。在特朗普总统任期内，美国政府对网络安全问题的关注度进一步提高，且在行为上更加看重交易的落实情况，网络安全政策将会更趋强硬。[2] 美国的国家网络安全追求的目标以及认定的威胁是一个分层级的复杂体系，美国国家安全战略力求实现防御、控制、塑造三个层级的目标。其中，防御是美国国家网络安全最为基础的目标。而将防御塑造成美国国家网络安全战略反映出美国的帝国思维，其本质是把美国的主权管辖范围投射到网络空间，并努力将整个国际网络空间纳入美国独家控制范畴。[3] 通过"斯诺登事件"可以看出，美国的"棱镜"项目将几乎所有国家纳入美国的网络监听，包括对网络传播的音频、视频、文件等内容的实时监控。网络安全的困境在于网络安全实践迫切需要国际社会合作，而网络安全合作却是一个逐步发展的过程。美国学者瑞安·希金斯（Ryan D. Kiggins）从霸权稳定论的角度认为，国际网络空间安全合作的快速推进有赖于美国的领导地位，并通过构

① Caroline Fehl and Johannes Thimm, "Dispensing with the Indispensable Nation? Multilateralism Minus One in the Trump Era," *Global Governance* 25, no.1 (2019): 38.
② 檀有志：《特朗普政府网络安全政策走势及中国应对方略》，《信息安全研究》2018年第10期，第872页。
③ 沈逸：《美国国家网络安全战略》，第258—259页。

建可分享的网络安全规范减少网络威胁。为此，美国政策制定者须采取一项跨国层面的网络安全战略，发展网络利益攸关方间的合作并维护美国现有的国家网络安全战略。[①] 长期以来，美国仰仗其在领陆、领水、底土和领空的传统做法，坚信在互联网新兴的领域同样可以运用武力进行威慑和回应。

尽管奥巴马政府调整了全球互联网治理的策略，但是这种调整是有限度的，并没有改变美国对国际互联网的核心诉求。奥巴马政府认为，互联网领域自我规制和非中心化的治理有助于维护自由和开放的互联网，进而维护美国的利益。美国担心国际互联网治理的多边主义，害怕联合国下属的国际电信联盟阻碍美国商品和政治观念的输出。[②] 特朗普上台后，奉行"美国优先"原则，我行我素、单边利己。为实现"美国重新伟大"的目标，美国不择手段，极尽其能，推动互联网全球治理的意愿不断下降。他上台后对联合国推动互联网的基本模式的态度由奥巴马政府时期的消极反应转为公开的直接反对，网络空间排他性的主权观突出。拜登政府上台后继续采取严格的互联网监管等措施，以拉拢盟友为幌子，抵制互联网治理的实质性变革。2021年10月，拜登政府成立网络空间和数字政策局（Bureau of Cyberspace and Digital Policy），推动网络安全、数字经济和数字自由，意图确保美国对于全球互联网规则制定的主导权。[③]

究其实质，美国的国际互联网价值观念和战略是其制定并执行国际互联网规则的指导和依据。美国的互联网全球战略以扩张主义和霸权主义为特征，核心是凭借其网络核心技术和治理资源优势掌控网络控制权。特朗普政府试图先发制人，大幅调整网络空间战略，采取颠覆性、具有破坏力的措施，冲击了基于规则的国际互联网治理秩序。拜登上台后，美国政府及其盟友更是将出现的恶意网络行动和不负责任的国家行为无理归责于中国，人为加剧了互联网领域规则制定的阵营化趋势。

---

① Ryan D. Kiggins, "U.S. Leadership in Cyberspace: Transnational Cyber Security and Global Governance," p.162.

② Ryan D. Kiggins, "Open for Expansion: U.S. Policy and the Purpose for the Internet in the Post–Cold War Era," p.101.

③ U.S. Department of State, "Department Press Briefing," October 25, 2021, https://www.state.gov/briefings/department-press-briefing-october-25-2021/.

第二节　俄罗斯与国际互联网规则制定

俄罗斯是国际互联网规则制定的重要成员。俄罗斯网民数量庞大，是欧洲网民数量最多的国家之一。截至2019年底，俄罗斯16岁以上网络用户约9440万人，占国家成年人口的75%以上。同时，俄罗斯是国际互联网安全风险最高的国家之一，面临着严重的网络安全威胁。乌克兰危机爆发后，国际层面失序动荡，俄罗斯面临更强烈的分布式阻断攻击（DDoS）、入侵服务、漏洞攻击等网络攻击和挑战。俄罗斯是新兴市场国家的重要成员，是上合组织与金砖组织的重要成员，在网络空间秩序转型和国际互联网治理中，俄罗斯坚持有关国际互联网治理的国家主权观以及不干涉内政原则。网络空间是与国家物理边界相对应的虚拟边界，俄罗斯希望把国家治理法规延伸到网络空间，确认主权和不干涉原则。[①] 从长时段看，俄罗斯互联网治理开始从被动适应内外环境转向主动塑造符合自身利益和能力的互联网空间。[②] 总之，作为改革现有国际互联网治理机制的首倡者，俄罗斯在国际互联网规则制定中发挥了重要的作用。

一、俄罗斯参与国际互联网规则制定的历程

长期以来，俄罗斯致力于参与并推动网络空间立法和军控进程，在国际平台上坚持其网络自主管理的主张，其最基本的理念是争取国际社会承认主权和不干涉别国内政的原则适用于互联网领域。早在20世纪90年代，俄罗斯就希望能够与美国达成规范网络空间行为的国际法规范，避免形成网络军备竞赛。1998年9月23日，俄罗斯在联大第一委员会提交了一份名为"从国际安全角度看信息和电信领域的发展"的决议草案，呼吁缔结网络军备控制协定，该决议未经表决就被联合国大会通过，自此被列入联合国大会的议程。

[①] Julien Nocetti, "Contest and Conquest: Russia and Global Internet Governance," *International Affairs* 91, no.1 (2015): 112.

[②] 参见：蔡翠红、王天禅《从被动适应到主动塑造：俄罗斯网络空间治理研究》，载沈逸、杨海军主编《全球网络空间秩序与规则制定》，时事出版社，2021，第105页。

俄罗斯在上海合作组织中积极与中国等国合作，坚持互联网主权，形成合力发声，推动国际互联网规则制定朝着有利于新兴市场国家的方向发展。2006年和2009年，俄罗斯和中国、哈萨克斯坦、吉尔吉斯斯坦、塔吉克斯坦、乌兹别克斯坦5个上海合作组织成员国分别签署了《上海合作组织成员国元首关于国际信息安全的声明》和《上海合作组织成员国保障国际信息安全政府间合作协定》，确认了在本国领土范围内对信息内容施加主权控制的正当性。2011年9月，俄罗斯和其他上合成员一道向第66届联大提交"信息安全国际行为准则"，提出"对互联网相关公共问题的政策权威是主权国家的权利"的原则。① 这也是俄罗斯在国际层面就信息和网络安全国际规则提出的首份较全面、系统的文件。"信息安全国际行为准则"因之被称为上海合作组织版本的"网络犯罪公约"，推动了解决信息交流技术扩展背景下的网络安全与稳定。② 西方国家则以网络空间无法有效区分刑事犯罪与政治行为等为由，反对"信息安全国际行为准则"。

2015年1月9日，上合组织五国再次联名致函联合国秘书长潘基文，共同提交"信息安全国际行为准则"更新草案，作为第69届联大正式文件散发，呼吁各国以联合国为治理平台，规范网络空间行为的国际规则。草案重申，"与互联网有关的公共问题的政策决策权是国家的主权，涉及与互联网有关的国际公共政策问题，各国拥有权利并负有责任"。同时，防止他国利用自身资源、关键设施、核心技术、信息交流技术与服务以及信息网络，削弱主权国家对信息技术的独立控制，重申各国有责任和权利依法保护本国信息空间及关键信息基础设施免受威胁、干扰、攻击和破坏。与先前的版本不同的是，"信息安全国际行为准则"更新草案新增了网络领域建立信任措施。准则提到，"各国应制定务实的建立信任措施，以帮助提高可预测性和减少误解，从而减少发生冲突的风险"。草案意识到网络安全文化的重要性，五国试图推动联合国鼓励、发展和大力落实全球网络安全文化。草案同时要求国际社会尤其是西方国家加强对发展中国家转让信息技术，提升能力建设，进而弥合数字鸿

---

① "China, Russia, Tajikistan, Uzbekistan Jointly Submit Code of Conduct for Information Security to UN," September 16, 2011, http://www.isc.org.cn/zxzx/jsyy/listinfo-16569.html.

② UN, "International Code of Conduct for Information Security," September 12, 2011, http://www.un.org/ga/search/view_doc.asp?symbol=A/66/359.

沟。在互联网治理方面，草案认为为了维护安全、持续和稳定的运作，各国在互联网治理领域负有相同的角色和平等的责任，应建立多边、透明和民主的互联网国际管理机制，确保资源的公平分配，方便所有人的接入，并确保互联网的稳定安全运行。为此，应推动联合国在促进制定信息安全国际规则、和平解决争端、促进各国合作等方面发挥重要作用。总之，"信息安全国际行为准则"通过联合国大会层面采取行动，是全球互联网治理中的新进程和权力安排方式，反映出中俄与西方国家在互联网如何治理方面的基本分歧。[①] 不过，由于参与国家的数目相对较少，内容也比较简略，且西方国家长期在国际规则制定中占据主导优势并具有明显优势的国际话语权，因此，"信息安全国际行为准则"的国际影响力不大。

2018年以来，俄罗斯先后推动设立了联合国信息安全开放式工作组，向联合国提交《联合国打击为犯罪目的使用通信技术公约（草案）》，并积极推动联合国打击网络犯罪公约特委会尽快开始实质性谈判，在联合国层面的全球互联网规则制定进程中发挥了积极的作用。

二、俄罗斯参与制定国际互联网规则的立场

（一）坚持网络主权原则

由于俄罗斯联邦成立时间较短，作为一个相对年轻的国家，它极为关注国家主权，这同样表现在互联网治理领域。[②] 俄罗斯政府有关互联网主权的官方立场通过其在国家、地区和全球层面政策倡议的立法起草和公众声明中得以显示。在国内层面，俄罗斯加强立法建设，先后于2001年和2016年通过了《俄联邦信息安全学说》第一版和第二版，用于完善顶层设计并健全管理机制。而美国则于2011年5月16日颁布《网络空间国际战略》《网络空间国际战略：网络世界的繁荣、安全与开放》，把俄罗斯作为网络空间的竞争对手，提出"采取各种手段威慑制止对手对美实施网络攻击"，并"保留诉诸武力回应

---

① Julien Nocetti, "Contest and Conquest: Russia and Global Internet Governance," *International Affairs* 91, no.1 (2015): 123.

② Milton L. Mueller, "Are We in a Digital Cold War?" May 17, 2013, http://www.internetgovernance.org/wordpress/wp-content/uploads/DigitalColdWar31.pdf.

的权利"①，高调宣布对俄罗斯实施网络威慑战略。为了回击美国并展示自身网络攻击和防御能力，俄罗斯于2013年颁布了《2020年前俄联邦国际信息安全领域国家政策框架》等法律文件，坚持对互联网基础设施和社会网络进行严格管制，构建了比较完善的网络安全法律体系。特朗普政府发布的《国防部网络空间战略》把网络战对象直指俄罗斯，美俄网络竞争不断升级。为此，俄罗斯把"断网"作为其网络空间防御战略的重要一环。2019年2月以来，俄罗斯多次开展"断网"演习，在爆发网络冲突时，切断俄境内网络与国际互联网的联系，并测试俄国家级内网"RuNet"，以确保俄罗斯互联网应对网络威胁的能力。俄罗斯在互联网法律立法中的突出例子是颁布了《主权互联网法》，把互联网主权提升到联邦法律的层面。2019年4月，俄罗斯国家杜马通过《俄联邦通信法》和《俄罗斯联邦信息、信息技术和信息保护法》两部法律的修正案。在此基础上，2019年5月1日，普京总统正式签署《主权互联网法》。俄政府称该法律旨在打造俄罗斯自主互联网系统，保障俄罗斯网络安全。这项法律总体上加强了俄政府对该国互联网基础设施的控制，为俄罗斯提供了一种将其网络与世界其他地区断开的途径。②

现有互联网的治理机制与俄罗斯的立场偏好存在冲突。这种冲突主要表现在两个方面，一方面，早期互联网发展的"非国有化遗产"对互联网运作以及社会、经济和政治规范产生强有力影响，但俄罗斯坚持互联网的"数字威斯特伐利亚体系"（Digital Westphalia），国家对网络空间拥有控制权，使其从网络间系统转向政府间系统；另一方面，西方在互联网治理领域的特权特别是对ICANN的控制，与俄罗斯的立场存在冲突。简而言之，俄罗斯对互联网自由主义和美国网络主导权心存担忧，认为有必要阻止"互联网弗兰肯斯

---

① The White House, "International Strategy for Cyberspace: Prosperity, Security, and Openness in a Networked World," p.3.

② Elizabeth Schulze, "Russia Just Brought in a Law to Try to Disconnect Its Internet from the Rest of the World," November 1, 2019, https://www.cnbc.com/2019/11/01/russia-controversial-sovereign-internet-law-goes-into-force.html.

坦问题"（Internet Frankenstein Problem）。① "阿拉伯之春"和"斯诺登事件"的爆发，尤其是2014年发生的乌克兰事件对俄罗斯政府产生了重要的影响。2014年4月，普京总统公开表示，互联网受控于美国中央情报局，是中央情报局的一个特别项目（CIA Project），并提醒俄罗斯民众不要使用"谷歌"搜索引擎，俄罗斯将加强自助网络能力建设。2022年2月乌克兰危机爆发以来，西方政治介入和司法干涉的力度空前加剧，美俄在网络空间的较量日趋白热化，俄罗斯加大了对本土网络安全防御的投入力度。总体上，乌克兰危机所体现出来的网络战和网络舆论战产生了严重的地缘政治影响。

对于西方制定的国际互联网规则，俄罗斯历来从国家立场出发，持质疑和警惕的态度。俄罗斯担心《网络犯罪公约》削弱国家主权，没有在《网络犯罪公约》上签字。同时，俄罗斯认为网络监控是国内法管辖范畴，不属于国际法范畴，对于《塔林手册》等网络规范持警惕态度，认为其法律规范在一国的效力受到质疑。2018年，法国总统马克龙提出《网络空间信任和安全巴黎倡议》，旨在增进网络空间信任、安全和稳定。目前，已经有不少国家签署了该倡议，美国和欧盟也于2021年先后宣布加入。但是，俄罗斯坚持对网络空间实行主权控制，质疑《网络空间信任和安全巴黎倡议》有关在线自由原则和权利的表述，一直没有签署该倡议。总体上，俄罗斯在国际互联网治理中具有较强的自主性和独立性特征。

（二）重视联合国的作用

俄罗斯利用联合国平台积极推动国际互联网治理。联合国大会第一委员会自2003年起先后设立了六届信息安全政府专家组，关注如何应对信息安全，如何制定国际互联网规则以及现行国际法如何适用于网络空间。在俄罗斯的积极推动下，2013年第三届专家组达成了最后报告，确认国际法特别是《联合国宪章》适用网络空间，并确认了网络空间国家主权原则。2015年，专

---

① Julien Nocetti, "Contest and Conquest: Russia and Global Internet Governance," pp.117-118.《弗兰肯斯坦》（*Frankenstein*）是英国小说家玛丽·雪莱（Mary Shelley）于1818年创作的小说，主人公弗兰肯斯坦博士力图创造出有生命的人。通过无数次的实验，他创造了一个面目可憎、奇丑无比的怪物，而这一怪物脱离了造物主的控制并杀死了众多无辜者。弗兰肯斯坦这一原型在国际组织研究等多种领域可以得到类似的对照，为相关研究提供了新颖和有说服力的视角。参见：Andrew Guzman, "Doctor Frankenstein's International Orgnizations," pp.24-25, December 14, 2011, http://works.bepress.com/andrew_ guzman/58。

家组报告重申并进一步丰富了互联网主权的内涵，推动建立网络安全等具有影响力的网络规范。俄罗斯不仅支持联合国第一委员会下设的联合国信息安全政府专家组开展规则制定，还积极推动联合国网络犯罪问题政府专家组的工作。联合国网络犯罪问题政府专家组隶属于联合国经社理事会，2010年，根据第十二届联合国预防犯罪和刑事司法大会通过的《萨尔瓦多宣言》及相关联大决议设立，受权"全面研究网络犯罪问题"。俄罗斯历来积极支持在联合国框架下制定打击网络犯罪的国际公约。2019年12月28日，由俄罗斯和其他47个国家联合起草的一项旨在打击网络犯罪的决议案在联合国大会获得通过，俄罗斯在议案中呼吁联合国大会成立一个专门专家委员会，以制定一项全面防止网络犯罪的国际公约。

近年来，俄罗斯主张通过授权国际电信联盟等国际政府间组织，逐步替代美国在网络空间的主导权。俄罗斯试图通过联合国下属国际制度进行互联网的规范提升，由于国际电信联盟前任秘书长图埃与俄罗斯联系密切，因此，俄罗斯坚持国际电信联盟是互联网治理的最合适场所。早在2010年，俄罗斯和其他一些俄语国家在中国和印度的支持下，在国际电信联盟小范围会议上提出议案，建议在ICANN域名和地址系统中授予主权国家政府权力。不过，俄罗斯的努力受到了欧美国家的抵制并未取得成功。

俄罗斯从坚持联合国主导的原则来看待ICANN及其"I"系列组织[①]，明确反对多利益攸关方的治理模式。比如，俄罗斯多次要求美国政府尽快移交域名监管权，同时对于ICANN的合法性、透明度予以纠正，扩大政府咨询委员会在ICANN的决策咨询地位。互联网任务工作组（IETF）负责互联网核心网络协议，但是，俄罗斯指责美国在其中处于主导地位，认为互联网任务工作组只是美国的政治和商业工具。巴西于2014年主办了全球多利益攸关方会议（NETmundial），对多利益攸关方模式予以支持。尽管巴西与俄罗斯均为金砖国家，在信息安全领域有着合作的基础，2010年，俄巴两国还签署了相关合作协议，但是，俄罗斯明确反对所谓的多利益攸关方治理模式。由于反对多利益攸关方模式，俄罗斯和印度、古巴代表团拒绝在这次会议成果文件

[①] 主要指互联网架构委员会（IAB）、国际互联网协会（ISOC）、互联网工程任务组（IETF）等首字母为"I"的非政府国际互联网机制。

上签字，认为该文件不具有国际约束力，互联网规则在会议召开之前被改变了，大部分国家和俄罗斯的贡献都被忽视。[①]

（三）坚持国际合作原则

国际合作原则是国际法中从国际交往方式上加以强调的一项基本原则，强调各国不论在政治、经济及社会制度上有何差异，均有义务在国际关系各方面彼此协助。按照国际法的规定，各国应该在维持国际和平与安全、促进人权及基本自由、发展经济文化关系等行动中采取双边、多边、区域性、全球性合作等合作方式。为了推动网络空间国际合作，俄罗斯设立了总统信息安全国际合作问题特别代表，在上海合作组织、集体安全组织（CSTO）、金砖国家等国际组织中纳入互联网相关议题，推动地区组织的互联网治理进程。上合组织在维护地区和平稳定、促进成员国发展繁荣方面发挥着重要作用。2015年7月，上海合作组织乌法峰会发表联合声明，各成员国支持在信息领域制定全面的国家行为规则、原则和准则，认为以上合组织成员国名义于2015年1月将"信息安全国际行为准则"修订稿作为联合国正式文件散发是朝此方向迈出的重要一步。[②] 新版"信息安全国际行为准则"于2015年1月以上合组织成员国名义作为联合国正式文件散发。2019年6月14日，上合组织比什凯克峰会把"制定各方可普遍接受的信息空间负责任国家行为规则、原则和规范，并开展积极合作，保障上合组织地区信息安全"作为上合组织的重要内容。[③] 2021年9月18日，上海合作组织发表了《上海合作组织二十周年杜尚别宣言》，成员国重申"联合国在应对信息空间威胁方面的关键作用，支持在这一领域制定国家负责任行为的普遍规则、原则和规范，欢迎在联合国主导下启动制定关于打击信息和通信技术犯罪的全面国际公约"[④]。

俄罗斯是金砖国家重要成员，也是首届金砖国家领导人会晤的举办国，它在金砖国家中积极推进国际互联网合作进程，推动以联合国层面为主导制

---

① The Russian Federation, "Position of the Russian Federation on the Outcome of the Netmundial Internet Governance Meeting," June 23, 2014, http://russiaun.ru/en/news/rus-nigm.

② 《上海合作组织成员国元首乌法宣言》，《人民日报》2015年7月11日，第3版。

③ 《上海合作组织成员国元首理事会比什凯克宣言》，《人民日报》2019年6月15日，第5版。

④ 《上海合作组织二十周年杜尚别宣言》，《人民日报》2021年9月18日，第2版。

定具有普遍约束力的打击网络犯罪等法律规则。2019年《金砖国家领导人第十一次会晤巴西利亚宣言》强调，"需要在联合国框架下制定各方普遍接受的网络空间负责任国家行为规则、准则和原则，维护联合国在这方面的核心作用"①。2022年6月举行的《金砖国家领导人第十四次会晤北京宣言》明确表示，"支持联合国在推动关于信息通信技术安全的建设性对话中发挥领导作用，包括在2021—2025年联合国开放式工作组框架下就信息通信技术的安全和使用开展的讨论，并在此领域制定全球性法律框架"②。

俄罗斯重视与中国在国际互联网规则制定中的协商与合作。两国在网络空间拥有重要的共同利益与合作空间，在国际互联网治理中的立场接近，在重大原则性问题上保持一致。2015年5月8日，俄罗斯与中国签署了《国际信息安全保障领域政府间合作协议》，双方特别关注来自利用计算机技术破坏国家主权、安全以及干涉内政方面的威胁。这类威胁包括破坏公民私生活的不可侵犯性、破坏内政和社会经济局势稳定以及煽动民族间和宗教间仇恨。中俄两国都认为，互联网治理的国际化是一项战略任务，必须保证所有国家参与互联网治理、公平分配互联网基础资源的平等权利，充分发挥联合国和各国政府、企业、国际组织的重要作用，探索制定普遍能够接受的负责任行为国际准则，推动建立多边、民主、透明的互联网治理体系。③中国与俄罗斯在国际互联网治理的重要问题上保持沟通，协调立场，是维护国际合作的关键力量。2016年6月25日，两国发表《中华人民共和国主席和俄罗斯联邦总统关于协作推进信息网络空间发展的联合声明》，指出中俄双方"一贯恪守尊重信息网络空间国家主权的原则，支持各国维护自身安全和发展的合理诉求，倡导构建和平、安全、开放、合作的信息网络空间新秩序，探索在联合国框架内制定普遍接受的负责任行为国际准则"。声明同时指定中华人民共和国国家互联网信息办公室主任和负责信息技术应用的俄罗斯联邦总统助理作为两国高级代表，负责定期举行会晤，就共同关心的问题进行磋商，确定信息网络空间互利合作的新方向，提出倡议并统筹协调相关部门间合作。双方外交、

---

① 《金砖国家领导人第十一次会晤巴西利亚宣言》，《人民日报》2019年11月15日，第2版。
② 《金砖国家领导人第十四次会晤北京宣言》，《人民日报》2022年6月24日，第2版。
③ 《中华人民共和国和俄罗斯联邦联合声明》，中华人民共和国外交部网站，2016年6月26日，http://www.fmprc.gov.cn/ ce/ceyem/chn/zgyw/t1375315.htm。

执法、通信等主管部门将继续加强已有合作的对口磋商，制定各自领域的实施路线图。①中俄双方一致推动建立多边、民主、透明的互联网治理体系，推动建立公正平等的信息网络空间发展和安全体系，是维持网络空间正常运转的关键性力量。

三、俄罗斯与西方国家在国际互联网治理中的博弈

俄罗斯有关网络空间的政治立场关涉国内国际间复杂的关系。在国内层面，俄罗斯的互联网战略越来越坚定地维护信息安全，加快构建自主可控的网络空间环境，加强网络审查和管控，防止西方国家通过互联网领域进行颜色革命，维护俄罗斯网络主权。②在国际互联网治理上，俄罗斯坚持互联网主权和国家主导原则，把联合国作为最主要的全球互联网治理平台。欧美国家强调包容性、开放性和多利益攸关的互联网治理的重要性，支持将ICANN、互联网治理论坛等场所作为讨论互联网发展的全球性、多利益攸关方平台。

俄罗斯和欧美国家在互联网规则制定领域开展了较为激烈的较量。总体上，美国对于联合国大会的相关决议，特别是俄罗斯牵头提出的决议草案均持反对立场，2002年12月10日，针对俄罗斯提交的"从国际安全角度看信息和电信领域的发展"决议草案，美国向联大提交了一份决议草案，认为网络安全不仅是国家的责任，更需要整个社会的支持，全球网络安全文化的建立应该包含责任、民主、伦理等要素。③同时，欧美国家以网络空间无法有效区分刑事犯罪与政治行为等为由，反对中俄等国提交的"信息安全国际行为准则"。尽管联合国信息安全政府专家组在2013年确立网络国家主权并在2015年进一步规范了互联网规则，但随着特朗普政府的上台，政府专家组第五届会议未能取得实质性进展。政府专家组试图规定武装冲突、人道主义等方面的国际规则制定、行为规范和一致性共识，但是由于美国与中国和俄罗斯在战略互信或共识上的严重匮乏，阻碍了国际互联网规则制定。

---

① 《中华人民共和国主席和俄罗斯联邦总统关于协作推进信息网络空间发展的联合声明》，新华网，2016年6月26日，http://www.xinhuanet.com//politics/2016-06/26/c_1119111901.htm。

② 蔡翠红、王天禅：《从被动适应到主动塑造：俄罗斯网络空间治理研究》，第131页。

③ United Nations General Assembly, "Creation of a Global Culture of Cybersecurity," pp.2-3, December 10, 2002, http://www.itu.int/ITU-D/cyb/cybersecurity/docs/UN_resolution_57_239.pdf.

当前，全球互联网治理领域出现了互联网相关议题的政治化趋势。一方面，越来越多的国家和政府尝试在网络空间与物理空间一样运用主权，政府竭力在技术变革快于法律制定的背景下重塑政府间关系以及政府与公民在互联网领域的相互关系。另一方面，随着非西方国家在互联网领域赶超式发展，互联网环境越来越国际化且非西方化，互联网的中心开始转向东方和南方。在此背景下，俄罗斯与西方国家在国际互联网规则制定中的博弈日趋加剧。2018年，俄罗斯和美国在第73届联合国大会上分别提交议案，美国建议在联大之下新设立政府专家组，俄罗斯则建议设立一个开放式工作组，彼此在联合国层面的竞争和较量日趋明显。2019年，联合国大会不顾美国的反对，批准了俄罗斯起草的打击网络犯罪的决议草案，以及俄罗斯为反击美国的网络威慑颁布的《主权互联网法》，是俄美围绕互联网治理展开的两次激烈较量。而2022年乌克兰危机的爆发更是引发了俄罗斯与欧美国家的网络战和网络舆论战。俄美网络博弈已经造成严重后果，进一步阻碍了国际互联网规则制定的进程。

总之，俄美两国在国际互联网规则制定中存在严重的分歧，两国在网络空间的谈判分歧在于美国认为网络安全是物理层面的，而俄罗斯认为网络安全是政治和意识形态层面的。[1] 俄美在互联网领域的对立同时又被纳入美国对俄罗斯进行制裁和遏制的总体关系中，美国要维持以强权为核心的单边体系，维持"美国优先"下的霸权主义国际秩序，而俄罗斯坚决反对美国对俄罗斯的干涉与制裁，坚决维护俄罗斯的主权与独立。未来，俄美之间在国际互联网领域的竞争与较量还将持续并可能进一步加剧。

第三节　欧盟与国际互联网规则制定

欧洲是全球治理理论诞生的地方。冷战结束后，标志着全球治理理论兴起的全球治理委员会就诞生于德国。欧洲在全球治理领域拥有丰富的经验，欧盟的治理理念和实践也同样体现在国际互联网治理领域。欧盟是互联网的

---

[1]　Julien Nocetti, "Contest and Conquest: Russia and Global Internet Governance," p.126.

诞生地之一，同时也是网络水平最发达的地区之一。欧洲在规范网络空间的规则制定方面走在了前面。自1992年对全球信息网络发展予以关注开始，欧盟就通过倡导法治和基本人权，推进网络空间规则制定，已经成为当前网络空间治理的重要主体。尽管中国与欧盟在网络空间治理主体、理念等方面存在差异，但欧盟在网络空间规则制定中的理念、行动和实践对于中国仍具有借鉴意义。

一、欧盟国际互联网规则制定的基本路径

欧盟网络空间规则制定具有双重内涵。一方面，作为国际体系的一员以及最成熟的区域性制度，欧盟本身具有显著的制度性话语权；另一方面，作为全球治理的重要行为体，欧盟积极参与网络安全治理，其规则制定又特别体现在与其他国际组织的交往与博弈中。欧盟在互联网规则制定的双重内涵决定了其参与规则制定必然涉及三个方面：一是欧盟自身制度建设，二是欧盟与各成员国的互动，三是欧盟与全球网络制度的互动。

（一）欧盟自身制度建设

欧盟自身制度建设是其推动国际互联网规则制定的基础，包括战略层面的顶层设计、互联网治理机构的设立和完善、网络空间立法的开展等三个方面。具体而言有以下三点：

1. 推进网络空间战略规划。欧盟认为，网络空间事关欧盟在世界政治中的地位与影响，是欧盟构建"合作性世界秩序"（cooperative world order）的重要基础。1992年3月31日，欧盟理事会第92/242/EEC决议首次提及信息系统的安全。欧盟委员会颁布了《信息技术安全评估准则》（ITSEC）和指导准则执行的《信息技术安全手册》（ITSEM）。前者目的在于使各种类型的安全评估遵循统一的准则，而后者则注重评估方法。在欧洲，网络安全政策的转折点是1997年7月8日的《波恩部长级会议宣言》，宣言的结果使得部长们、工业界和最终用户之间就全球信息网络发展的关键问题达成了广泛的共识。保护个人和商业数据的基本隐私权也很快被提上议事日程，所采纳的方法的基本原则是最大限度诉诸行业自律。欧盟委员会于2001年提出了《网络和信息安全议案》，规范欧盟层面网络治理和网络安全的立法进程。2002年1月28

日，欧盟理事会第2002/C43/02号决议制定了网络和信息安全领域的共同办法和行动，并要求欧盟及其成员国承担相应的责任。该决议的目的在于提高成员国在网络安全方面的意识、教育和培训。[①]

2010年11月22日，欧盟颁布了《欧盟内部安全战略》（EU Internal Security Strategy），为欧盟打击有组织犯罪、恐怖主义、网络犯罪和边界安全等问题设立行动议程。其中，在网络安全领域，欧盟建立欧盟网络犯罪中心，加强法律执行和审判的能力建设，协调欧盟成员与欧盟机制间的合作；欧盟建立网络犯罪事件报告系统，与互联网企业合作，授权和保护公民在线利益；建立国家和欧盟层面的计算机紧急反应小组和欧盟信息预警系统（EISAS），提升应对网络攻击的能力。[②] 可以说，《欧盟内部安全战略》在欧盟网络空间制度建设中具有重要的制度设计和规划功能，有效保障并提升了欧盟网络空间的制度性话语权。

2013年7月2日，欧盟委员会发布《欧盟网络安全战略：一个开放、安全和可靠的网络空间》（Cybersecurity Strategy of the European Union: An Open, Safe and Secure Cyberspace），这是欧盟首份应对网络攻击和破坏的全面性网络空间战略。该文件表达了欧盟在网络空间的基本价值观念：自由、民主与开放，保护基本权利、言论自由、个人数据和隐私，全民联网，民主和有效的多方治理，责任共担，确保安全以此增强信息系统的网络防御能力，确保数字经济的稳定增长。同时，该战略认为欧盟的核心价值在线上和线下无异，明确提出在日常生活中所遵循的法律和规范同样适用于网络领域。维护开放、自由和安全的网络空间是一项全球性挑战，需各方密切配合并将网络空间问题纳入欧盟的外部管理与一般外交和安全政策。欧盟将尤其重视与持有相同价值观的伙伴的交流，寻求与诸如欧洲理事会、经合组织、联合国、北约、欧安组织等机构开展更密切的合作。在双边层面上，美国仍是其最重要的合作伙伴，欧盟将依托欧盟—美国网络安全和网络犯罪工作组开展进一步的合

---

① 有关欧盟早期立法的介绍参见：克里斯托·杜里格瑞斯等《网络安全：现状与展望》，第474—475页。

② EU, "EU Internal Security Strategy," November 22, 2010, http://eur-lex.europa.eu/legal-content/EN/TXT/?uri=URISERV:jl0050.

作。^① 总之，在这份战略报告中，欧盟指出需要制定所有利益攸关方都应遵守的网络空间行为规范，鼓励在网络空间领域制定信心建设措施，提高透明度和降低对国家行为的误判风险。

2015年4月28日，欧盟委员会推出了2015年至2020年网络安全计划，支持成员国加大对恐怖主义、有组织犯罪和网络犯罪的打击力度，提升公众网络安全意识，发展公民保护机制，拓宽信息共享和信息交换途径，提供内部安全基金，确保安全和基本人权。^② 该计划旨在加强欧盟与各成员间在网络空间安全议题等方面的合作，增加彼此信任，分担彼此责任，提升合作水平。这一计划是《欧盟内部安全战略》的继承与延续，明确提出了网络犯罪是需要立即采取行动的三大核心优先选项之一。网络犯罪具有关联性和跨边界威胁的特征，网络犯罪的多面特征和国际化背景反映出需要在欧盟层面进行有效和协调性的应对。

在《欧盟网络安全战略》出台的同时，欧盟于2016年7月6日发布了作为法律议案的《欧盟网络与信息系统安全指令》（NIS Directive）。网络信息安全是《欧盟网络安全战略》的重点，反映出欧盟近年来致力于建立一套信息安全规则和管制性义务，以便协调国家网络安全政策，加强成员国在数据安全等方面的合作。《欧盟网络与信息系统安全指令》是欧盟层面首部网络安全法案，标志着欧盟网络空间治理和网络一体化的进程取得实质性进展。作为欧盟网络安全的重要环节，《欧盟网络与信息系统安全指令》通过设立"协同工作组"、规定安全事件通报、加强成员协作、打击网络犯罪等方式，提升了欧盟整体网络安全治理能力，为欧盟内部市场和数字经济的发展提供了保障。

同时，欧盟网络安全合作战略及其规划的最高层次体现在欧盟峰会的相关决议之中。2017年6月22日，作为欧盟最高决策机构的欧盟首脑峰会就加强互联网反恐达成一致，并就网络反恐进行立法。^③ 恐怖主义是欧洲安全的主要威胁，网络恐怖主义是网络安全的核心关注对象。欧盟特别要求互联网企

① European Commission, "Cybersecurity Strategy of the European Union: An Open, Safe and Secure Cyberspace," July 2, 2013, http://eeas.europa.eu/policies/eu-cyber-security/ cybsec_comm_en.pdf.

② European Commission, "European Agenda on Security," January 11, 2015, http://ec.europa.eu/dgs/home-affairs/e-library/documents/basic-documents/docs/eu_agenda_on_security_en.pdf.

③ European Council, "European Council Conclusions," p.2, June 22-23, 2017, www.consilium.europa.eu/en/meetings/european-council/2017/06/22-23-euco-conclusions_pdf/.

业和电信运营商采取措施，防止恐怖主义内容在网络公开传播，督促互联网企业开发自动检测、甄别和删除非法信息的软件，尽可能防止公众特别是年轻人沦为恐怖主义言论和极端主义思想的捕猎对象。

2. 夯实网络安全领域制度能力建设。欧盟于2004年较早地成立了欧盟网络和信息安全局（ENISA）并对其进行制度建设，使其成为网络安全的主导性机制。2017年9月，欧盟发布《弹性、威慑和防御：为欧盟建立强大的网络安全》（Resilience, Deterrence and Defence: Building Strong Cybersecurity for the EU），该文件确认了欧洲网络和信息安全局在网络安全中的核心地位，同时以相互协调的方式进一步加强欧盟的网络安全结构和能力建设，旨在为欧盟配备能够应对不断变化的网络威胁的适当工具、在欧盟建立强大的网络安全环境。[①] 欧盟网络和信息安全局通过推动欧盟与成员国及其全球多利益攸关方有关网络犯罪政策的信息交换，提升欧盟整体网络和信息安全水平，成为"网络欧洲"（Cyber Europe）和"网络大西洋"（Cyber Atlantic）的主导组织。此外，欧盟还于2004年成立了欧盟防务局（EDA），加大了网络安全的关注力度。在制度设置中，欧盟网络和信息安全局以及欧盟防务局已经成为欧洲网络安全治理的重要组织基础。

欧洲是网络犯罪特别是网络恐怖主义的重灾区。2013年1月11日，欧洲网络犯罪中心在荷兰海牙成立，成为欧洲打击网络犯罪的中心机构。欧洲网络犯罪中心通过提供犯罪调查、报告分析、提升预警等方式维护公民商业及其私人利益。欧洲网络犯罪中心还与欧盟网络应急响应小组及其他私人行为体保持合作，实现信息共享。[②] 此外，欧洲网络犯罪中心还推动欧盟有关法律人员加强网络犯罪执法的能力建设，通过网络犯罪数据库进行趋势分析和早期预警等。欧洲网络犯罪中心首任主任特罗斯·奥尔廷（Troels Oerting）表示，欧盟试图把其打造为调查取证和法律鉴定的中心，并以此调动欧盟成员力量减轻网络犯罪的威胁。[③] 此外，欧洲警察学院也增强了有关网络犯罪的培

---

① European Council, "Resilience, Deterrence and Defence: Building Strong Cybersecurity for the EU," September 13, 2017, https://eur-lex.europa.eu/legal-content/EN/TXT/PDF/?uri= CELEX:52017JC0450 &from= EN.

② Javier Argomaniz, "European Union Responses to Terrorist Use of the Internet," *Cooperation and Conflict* 50, no. 2 (2015): 250-268.

③ EU, "European Cybercrime Centre (EC3) Opens on 11 January," January 9, 2013, http://europa.eu/rapid/press-release_IP-13-13_en.htm.

训和科研力度，并与欧洲刑警组织、欧洲检察署等专门机构在打击网络犯罪、调查取证和预警等方面加强合作。2015年7月，欧洲刑警组织成立了互联网参照部，搜寻疑似恐怖主义的网络内容。互联网参照部通过与企业界合作，帮助欧盟成员国辨别和清除极端的在线暴力思想。此外，欧盟还于2015年成立了网络反恐论坛，与互联网企业合作共同应对互联网恐怖宣传。总之，欧盟各机构在网络空间治理中发挥了关键性的支持作用，评估共同网络安全威胁，界定优先行为选项，推动跨边界的区域合作。

3. 加强网络空间立法。在网络空间立法方面，欧盟走在了前列。欧盟把网络空间立法作为提升欧盟整体影响力和行动力，塑造世界政治的重要契机，不断加强法律制定和法律执行能力建设。从立法发展阶段看，欧盟的立法经历了从"信息安全"到"网络安全"的发展转变，以及由"国家主导模式"向"统一立法模式"的转变。

欧盟于1996年颁布的《欧盟数据库指令》（EU Database Directive）和2002年颁布的《关于电子通信网络和相关设备接入和互联的准入指令》把网络纳入电子通信市场和其相关设备的发展、数据存储，予以统筹考量。2007年，欧盟成员国爱沙尼亚爆发网络战，因此引发了欧盟对网络空间安全治理的极大关注，推动欧盟立法从"信息安全"到"网络安全"的显著转变。2013年8月12日，欧盟颁布了有关信息系统犯罪的指令，对恶意软件感染计算机、使用僵尸网络攻击等网络刑事犯罪进行界定并给予严厉处罚。同时，该指令对于对电站、交通、政府等关键设施的网络进行攻击的罪犯，以及对于非法侵入或干扰信息系统数据、非法窃听通信、故意生产和销售用于实施犯罪工具的罪犯予以严厉处罚。2018年，欧盟发布了有关治理虚假信息的《欧盟反虚假信息行为守则》，是网络空间内容治理的积极尝试，把企业纳入网络安全监管机制。

欧盟认为，网络和信息服务系统在社会中扮演了至关重要的角色，与网络相关的威胁不断增加，威胁欧盟整体经济和内部市场发展，其自身应对网络信息与安全的能力不足。① 作为欧盟网络安全立法的标志性法律文本，2016

---

① Council of the European Union, "Proposal for a Directive of the European Parliament and of the Council Concerning Measures to Ensure a High Common Level of Network and Information Security across the Union," pp.4-5, December 18, 2015, https://data.consilium.europa.eu/doc/document.

年8月生效的《网络与信息系统安全指令》（以下简称《指令》）提出了许多
新观点。首先，《指令》明确规定了"关键服务经营者"和"数字服务提供商"
及其应履行的义务，以便欧盟层面形成有效合作机制。其次，该《指令》给
予各成员国21个月时间，提示各成员通过批准的方式把《指令》转化为国内
法并予以履行，同时另行规定成员国有附加的6个月时间划定核心供应商。根
据《指令》的要求，欧盟委员会需要设立专门的部门委员会和相关机构履行
《指令》功能。最后，《指令》明确了以"防御为主"的战略部署，设立各国
自身的计算机安全事件响应工作组，确保应对突发事件和威胁。[1]2018年5月
29日，欧盟委员会提出了《欧盟网络安全法》草案。2018年12月10日，欧洲
议会、欧盟理事会和欧盟委员会就《欧盟网络安全法》达成了一项政策协议，
该法案加强了网络和信息安全局的授权，以更好地应对紧迫的网络安全威胁
和攻击。[2]2019年3月12日，新一届欧洲议会第一次全体会议以586票同意、
44票反对和36票弃权的表决结果通过了《欧盟网络安全法》。《欧盟网络安全
法》旨在通过扩充ENISA职责，构建通用的欧洲网络安全认证框架，以提高
欧盟内部的网络弹性和响应能力，推动实施欧盟"数字单一市场"战略。[3]

　　需要指出的是，欧盟近年来在立法领域还出现了从"网络安全"到"数
字安全"的新转变。2019年7月16日，德国基督教民主联盟副主席乌尔苏
拉·冯德莱恩（Ursula von der Leyen）当选为新一任欧盟委员会主席，欧盟
在网络空间领域的立法开始聚焦于数字领域，试图通过改革确立欧盟的"技
术主权"。2020年2月19日，欧盟密集公布了三份报告，在《塑造欧洲的数
字未来》（Shaping Europe's Digital Future）中，欧盟强调通过"通信系统、人
工智能或量子技术等数字化解决方案"建立一个"以强大数字化解决方案为

---

[1] Council of the European Union, "Proposal for a Directive of the European Parliament and of the Council Concerning Measures to Ensure a High Common Level of Network and Information Security across the Union," p.6, December 18, 2015, https://www.europarl.europa.eu/doceo/document/A-2015.

[2] ENISA, "EU Leaders Agree on Ground-breaking Regulation for Cybersecurity Agency ENISA," December 11, 2018, https://www.enisa.europa.eu/news/enisa-news/eu-leaders-agree-on-ground-breaking-regulation-for-cybersecurity-agency-enisa.

[3] 刘崇瑞、孙宝云、张臻、刘阳：《〈欧盟网络安全法案〉解读与述评》，《保密科学技术》2019年第12期，第51页。

动力的欧洲社会"[①]。《人工智能白皮书》（White Paper on Artifical Intelligence）提出了"面向卓越和信任的欧洲人工智能"的发展目标。[②]《欧洲数据战略》（European Data Strategy）提出，"创建一个面向世界开放的单一数据空间，一个真正的数据单一市场"，试图实现欧盟数字化转型。[③]2022年5月，欧洲议会通过了《数字市场法案》（the Digital Markets Act），使其数字市场更安全、公平和具有竞争力。同月，欧盟理事会通过了《数据治理法案》（Data Governance Act），通过建立可信的环境，促进数据的可及性、可用性。总体而言，欧盟通过的法案、指令和规则具有约束性强、日益体系化的特征，影响力不断提升。

（二）欧盟与各成员国的互动

为了加强欧盟自身的制度影响力，一方面，欧盟在网络空间治理制度建设中改变了原先采取的"'指令'+成员国立法"的"国家主导模式"，形成新的欧盟统一立法、统一标准模式，即"统一立法模式"；另一方面，为了提升话语权，欧盟还积极推动各成员国的制度能力建设。比如，欧盟于2016年4月8日颁布《通用数据保护条例》，确保欧盟成员国用户的信息安全。2018年5月25日，《通用数据保护条例》正式生效。

当前，欧盟各成员国的网络安全防御水平差距较大。根据欧盟商业软件联盟（BSA）对欧盟各成员国网络安全政策水平的评估调查，只有德国、英国以及爱沙尼亚三国建立了有力的法律网络框架，而其他国家的网络防御和预警水平较低。[④]比如，爱沙尼亚早在2008年就颁布了《国家网络安全战略》，并在2014年公布了《国家网络安全战略（2014—2017）》，其目标是到2017年

[①]　EU, "Shaping Europe's Digital Future: Commission Presents Strategies for Data and Artificial Intelligence," February 19, 2020, https://ec.europa.eu/commission/presscorner/detail/en/ip_20_273.

[②]　EU, "On Artificial Intelligence — A European Approach to Excellence and Trust," February 19, 2020, https://ec.europa.eu/info/files/commission-white-paper-artificial-intelligence-feb2020_en.pdf.

[③]　EU, "A European Strategy for Data," pp.1-34.

[④]　Thomas Boue, "Closing the Gaps in EU Cyber Security," Computer Weekly, June 2015, http://www.computerweekly.com/opinion/Closing-the-gaps-in-EU-cyber-security.

提升独立应对网络安全能力和普通民众的网络意识。[①] 德国是最早颁布网络成文法的欧盟成员，并于2011年颁布了《德国网络安全战略》。依据这一战略，德国建立了国家网络反应中心（National Cyber Response Centre）和国家网络安全委员会（National Cyber Security Council），通过制度建设整合网络治理资源。2016年11月，德国颁布了新修订的《德国网络安全战略》，积极抵御针对政府机构、关键基础设施和企业的网络威胁并筹建德国网络快速响应部队。但是，大多数欧盟成员国仍然缺乏指导性的网络安全战略。

2009年，欧盟建立了基于各国政府间的欧洲成员国论坛（EFMS），推动各国探讨包括网络和信息系统公共政策在内的安全议题和关键信息基础设施保护方面的合作。根据《欧盟网络安全战略》有关加强网络安全能力建设的要求，欧盟积极推动设立网络犯罪卓越中心网络体系，提升网络空间训练和能力建设水平。同时，欧盟还在各成员国建立计算机紧急响应小组，推动欧盟与各成员在网络安全方面的信息和最佳实践共享，推动各成员国在网络安全空间的立法进程。欧盟还积极推动各成员国加紧制定国家网络信息安全战略和国家信息合作计划。欧盟成员国还可以使用欧盟构建的欧洲犯罪记录信息系统（ECRIS），加强成员国之间的信息交流与共享。在各成员国应对网络安全的能力建设方面，欧盟提供了相关资金保障：2013年之前，欧盟通过预防与打击犯罪项目予以实施；2013年之后，欧盟通过内部安全基金提供支持。

需要指出的是，欧盟对于各成员国的制度建设并没有采取一刀切的做法，而是照顾各国的主权关切和现实状况。比如，《网络与信息系统安全指令》对于各成员国担心主权侵蚀的立场予以弹性考虑。一方面，要求各成员国制定本国的网络信息安全战略及其具体的政策行动，指定负责网络信息与安全事务的专门性机构，并设立作为联系用途的单点联系机构，推动欧盟层面的跨边界合作；另一方面，尊重各成员国从自身安全利益出发保护公共政策和公共安全。同时，不硬性规定成员国提供本质上属于国家安全利益的信息。[②] 在

---

① Ministry of Economic Affairs and Communication, "Cyber Security Strategy 2014-2017," September 2014, https://www.enisa.europa.eu/activities/Resilience-and-CIIP/national-cyber-security-strategies-ncsss/Estonia_Cyber_security_Strategy.pdf.

② Council of the European Union, "Proposal for a Directive of the European Parliament and of the Council Concerning Measures to Ensure a High Common Level of Network and Information Security across the Union," pp.5-6.

该指令草案的修改过程中，考虑到一些欧盟成员对于跨界网络信息存在担忧，欧盟删除了草案第14条（安全信息分享架构）、第18—19条（网络安全的早期预警）以及第20条（在欧盟合作计划下的协调反应）等内容。

（三）欧盟与全球网络制度的互动

国际合作原则是欧盟网络空间战略的一项基本原则。欧盟试图通过国际对话与合作的方式，推广自身的网络空间理念和规范，推动最佳实践和寻求共同目标。2011年11月，"伦敦网络空间国际会议"（London Conference on Cyberspace）的召开为政府、企业、网络公民社会以及个人用户提供了阐述观点的重要平台。此外，英国还举行了欧洲信息安全（Infosecurity Europe）会议，聚焦互联网反恐及关键基础设施保护等议题。欧盟较早批准了《网络犯罪公约》，该公约为国家网络犯罪立法以及网络犯罪国际合作提供了参考。不过，欧盟认为网络空间并不需要新的专门针对网络议题的国际法，现存国际法可以应用于网络空间。根据《欧盟网络安全战略》的规定，欧盟加强与关键伙伴和国际组织的联系，把网络安全议题纳入欧盟共同外交与安全政策范畴，提升全球网络议题的协调能力，支持网络安全的规范行为和信任建设措施水平，推动现有国际法应用于网络空间合作，以便《网络犯罪公约》被广泛认可。[①]

欧盟在与联合国、二十国集团、北约、欧安组织、东盟地区论坛（ARF）等多边组织的互动中纳入网络安全议题，推动网络空间以可协调的欧盟方式予以落实。其中，欧盟与北约在网络空间合作是欧盟的优先选项之一。2016年2月10日，欧盟与北约签署《网络空间技术安排备忘录》，北约计算机事件响应能力团队（NCIRC）和欧盟网络应急响应小组在网络空间预防、检测和组织响应等方面分享信息，推动最佳实践。[②]欧盟还积极推动2019年举行的巴黎和平论坛和在柏林召开的互联网治理论坛，试图在网络安全领域谋求规范性权力和制度性话语权。此外，2021年，欧盟在法国的推动下，签署了《网

---

① European Commission, "Cybersecurity Strategy of the European Union: An Open, Safe and Secure Cyberspace," p.16, July 2, 2013, http://eeas.europa.eu/policies/eu-cyber-security/cybsec_comm_en.pdf.

② EEAS, "EU and NATO Increase Information Sharing on Cyber Incidents," February 10, 2016, http:// eeas.europa.eu/headquarters/headquarters-homepage/5254_en.

络空间信任和安全巴黎倡议》协议文本，这一倡议旨在促进网络空间广泛接受和执行负责任行为的国际准则以及建立信任措施。

欧盟重视与盟国在网络空间的多边主义合作。其中，欧美合作是欧盟网络空间国际治理的基石，双方通过欧美网络安全和网络犯罪工作组（EU-US Working Group on Cybersecurity and Cybercrime）等机构保持密切沟通。比如，自2010年起，欧盟与北约就开始在网络防御领域举行年度会议。2016年1月10日，欧盟网络应急响应小组与北约计算机应急反应能力团队签署了《网络防御技术协定》，彼此交换信息和分享最佳实践。2016年2月2日，欧盟与美国签署《欧美隐私盾牌》协议，取代被废止的自动交换数据的《安全港协议》，为保障基于商业性质的个人数据从欧盟传输至美国后得到安全保护，欧美双方设立年度审查监督机制。[①]同时，美国的互联网治理和网络安全理念对欧洲产生很大影响。比如，安全事件通报机制就起源于美国，并成为欧盟2016年颁布的《网络与信息系统安全指令》的重要制度参考。

近年来，欧洲直面美国互联网巨头垄断欧洲互联网市场的挑战，祭出分拆谷歌、废除《数据交换保护协议》等手段，谋求欧洲的网络安全权益。其中，欧盟委员会、欧洲议会以及各成员国的代表达成一致，于2015年出台欧洲历史上第一部针对网络安全的法律。这部《网络信息安全法》计划要求谷歌、亚马逊等网络巨头在发生黑客袭击事件后，必须向有关部门报备网络安全事件，若未及时报备，公司将会面临巨额罚款。这些意味着美国企业失去了任意获取欧盟公民个人数据的特权，数据采集、存储和使用等环节会受到欧盟法律的严格限制。

总之，欧盟认为，网络空间规则的形成及其变革源于行为主体的话语博弈，话语权和话语资源的大小决定了其在网络空间的领导力和影响力。为此，欧盟在全球治理制度中一直对美国掌控域名和地址分配权持质疑态度，主张ICANN全面国际化；重视互联网治理论坛在多利益攸关方中发挥的作用，并加强全球互联网治理论坛的作用；设立"伦敦议程""全球互联网政策观察站"等新机构作为互联网政策更加透明的网上平台；加入《网络空间信任与安全

---

① EU, "EU Commission and United States Agree on New Framework for Transatlantic Data Flows: EU-US Privacy Shield," February 2, 2016, http://europa.eu/rapid/press-release_IP-16-216_en.htm.

巴黎倡议》，在网络弹性、人工智能和大型网络平台的责任等方面积极采取措施。通过上述措施，欧盟积极推动多利益攸关方治理模式，打造欧盟版的"网络和平"，谋求网络话语权和影响力。

二、欧盟参与国际互联网规则制定的基本特征

欧盟是网络空间的重要一极。欧洲在规范国际互联网的议题设置、规则制定、舆论宣传、统筹协调等方面走在了前列。近年来，欧盟面临网络安全威胁的类型不断增加，网络恐怖袭击、网络犯罪、网络信息泄密等事件层出不穷。随着乌克兰危机的爆发，欧盟的网络安全形势日趋严峻。欧盟需要第一时间参与国际互联网规则制定，让网络安全立法体现欧洲的价值观和行为准则，进而获得网络空间治理主动权和话语权。

1. 基于自卫型的网络空间制度建设是欧盟参与国际互联网规则制定的基本战略倾向。在欧盟有关国际互联网治理的制度设计与实施过程中，法律意识、价值认同和文化观念占据了主导地位。欧盟希望通过网络空间践行善治理念，推广欧洲价值观与法治经验，打造基于法治的网络空间，以便维护欧盟的整体利益和欧洲公民的权利。《网络与信息系统安全指令》明确"防御为主"的网络策略，规定设立各国自身的计算机安全事件响应工作组（CSIRTs），也就是计算机紧急响应小组，确保应对突发事件和威胁，确保欧盟层面的有效合作。[①] 总之，欧盟主张通过网络空间法律规范和制度建设维护自身安全，在欧盟各国推动落实自身政策主张并把价值规范推向全球层面的网络安全等领域。

欧盟选择的自卫型战略与美国在网络空间咄咄逼人的网络霸权主义战略不同。欧盟与美国在文化、法律、历史等方面的差异，导致了双方在网络规则制定原则、观念和路径方面的差异性。美国坚持把网络空间作为维护自身霸权的重要领域，试图把欧盟纳入美国的网络战略版图。欧盟则希望能削弱美国网络空间的霸权地位，这反映了欧盟的政治哲学与价值观。由于美国竭力维护网络空间主导权，欧盟网络话语权受到了美国的警惕和打压，欧盟部

---

① Council of the European Union, "Proposal for a Directive of the European Parliament and of the Council Concerning Measures to Ensure a High Common Level of Network and Information Security across the Union," p. 6.

分成员也出现了摇摆和动摇的态度，欧盟受自身实力所限不得不采取自卫型的网络战略。同时，新兴市场国家网络空间话语权的提升也反映出欧盟道义高地的逐步丧失。欧洲一直以世界政治舞台的规范力量和规范行为体自居，与美国的地缘政治扩张和军事优越性不同，欧盟关注自身的规则、规范和制度模式的感召力，以非支配性的手段，形塑国际事务中的规则、价值和预期。"网络和平"是欧盟追捧的目标，致力于尊重人权、扩展有关网络安全最佳实践的互联网许可及增强多利益攸关方合作的治理机制。近年来，以中国和俄罗斯为代表的新兴市场国家坚持网络主权原则和联合国主导网络安全原则，致力于消除数字鸿沟，得到了广大发展中国家的支持。在此背景下，欧盟"自由和开放互联网"的道义基石受到较大程度的动摇。

2. 维护欧盟的经济利益是欧盟参与国际互联网规则制定的基本出发点。欧债危机后，与互联网相关的数字经济成为欧盟摆脱经济衰退的重要处方。为迎接数字经济发展机遇，推动欧洲内部市场的发展，欧盟推出了"数字化议程"，试图建立覆盖整个欧洲范围的数字市场。欧盟委员会时任主席让-克洛德·容克（Jean-Claude Juncker）在2016年的"盟情咨文"中提出欧盟将建立"单一数字市场"，并计划从《欧盟电信规则》（EU Telecoms Rules）和《现代版权规则》（Modern Copyright Rules）两个方面着手。① 《欧盟电信规则》试图通过鼓励在网络领域投资，提升欧盟不断增长的关联性需求和欧盟整体竞争力。《现代版权规则》试图通过明确的数字规则制定，以及教育、研究和文化遗产机构的创新，提升欧盟的文化多样性和数字版权利用。

同时，欧盟加大了网络关键基础设施及科研的投入，推动网络空间在单一市场、在线商业和经济一体化方面的作用。欧盟于2014年正式启动实施"地平线2020计划"（Horizon 2020），旨在通过提供网络安全相关议题的科技研发和创新经费，缩减欧美间"结构性创新的差距"。在社会挑战领域的"安全社会——保障欧洲及其公民的自由与安全"类别中，"地平线2020计划"提供16.95亿欧元用于加强网络安全，包括安全信息共享和新型保护模式，并加强

---

① EU, "Commission Paves the Way for More and Better Internet Connectivity and Proposes Modern EU Copy Right Rules," September 14, 2016, https://ec.europa.eu/digital-single-market/en/news/commission-paves-way-more-and-better-internet-connectivity-and-proposes-modern-eu-copyright.

对数字安全的研究。^①"地平线2020计划"在2014年度和2015年度从"数字安全：网络安全、隐私和信任"类别中分别提供了4700万和4960万欧元经费，以推动欧盟数据领域的发展。^②但是，在"逆全球化"和欧洲民粹主义思潮涌动的背景下，特别是新冠疫情和乌克兰危机对于欧盟经济的双重打击，欧盟的网络科技进步、网络经济发展以及网络安全政策将产生不确定性。

3. 坚持"互联网自由"是欧盟国际互联网规则制定的治理理念。虽然欧盟反对美国独自主导互联网治理，但认同其"互联网自由"的价值观，反对联合国中心治理模式。多利益攸关方治理与多边主义治理在互联网领域的纷争不断加剧，形成了两种类型的多边主义：国家中心多边主义（statist multilateralism）和网络多边主义（networked multilateralism）。^③欧盟认为国际互联网治理具有异构性和分布式特征，因此，多利益攸关方是合适的治理模式。美国和欧盟对互联网规则制定的基本原则是一致的，都坚持互联网的自由性、互操作性和可接近性，认为维护网络空间的自由度可以保障民主决策并鼓励创新，从而有利于全球互联网治理的民主化进程。在《欧盟网络安全战略》这份指导性文件中，欧盟强调把与美国的网络安全合作置于更为突出的地位。在话语传播中，欧盟突出"互联网自由""互联网人权"，价值观念和政治色彩浓厚。欧盟网络安全制度建设的一个重要领域是对隐私权、言论自由和知情权等人权的保护，《网络与信息系统安全指令》把尊重基本人权、尊重隐私和交流权、保护自由以及财产权等基本权利与原则作为核心诉求。^④《欧盟安全议程》则对欧盟在安全领域的规范价值进行了阐述，包括尊重基本人权，给予公民信心的透明度、可信度和民主控制，维护开放社会的民主价值观。^⑤

① EU, "Horizon 2020: The EU Framework Programme for Research and Innovation," January 31, 2014, http://ec.europa.eu/programmes/horizon2020/en.

② Raluca Csernatoni, "Time to Catch Up: The EU's Cyber Security Strategy," European Public Affairs, Match 4, 2016, http://www.europeanpublicaffairs.eu/time-to-catch-up-the-eus-cyber-security-strategy/.

③ Jaswinder P. Singh, "Multilateral Approaches to Deliberating Internet Governance," *Policy & The Internet* 1, no.1 (2009): 94.

④ EU, "Proposal for a Directive of the European Parliament and of the Council Concerning Measures to Ensure a High Common Level of Network and Information Security across the Union," p. 12.

⑤ EU, "European Agenda on Security," p.3, January 11, 2015, http://ec.europa.eu/dgs/home-affairs/e-library/documents/basic-documents/docs/eu_agenda_on_security_en.pdf.

欧盟坚持互联网自由和技术中立，质疑联合国大会于2019年12月27日通过的开启谈判制定打击网络犯罪全球性公约的进程。2020年1月15日，欧盟发布《关于支持〈欧洲委员会网络犯罪公约〉的声明》，认为"需要保护一个开放的、自由的、可互操作的和安全可靠的互联网，通过支持其实施和发展来打击网络犯罪。欧盟及其成员国正在积极参与第二项附加议定书的谈判，旨在根据人权原则提供更有效的司法协助和直接合作"[①]。声明认为，《网络犯罪公约》可以成为打击网络犯罪的全球标准，没有必要开启联合国框架内的新谈判，并敦促所有国家尽快加入《网络犯罪公约》。

4. 欧盟网络安全战略发展快速，但制度规则设计本身存有瑕疵。与美国相比，欧盟是网络空间战略制定的后来者，网络安全规则制定起步较晚。美国早在2003年就颁布了网络空间战略，而欧盟直到2013年才颁布《欧盟网络安全战略》。《欧盟网络安全战略》规定欧盟优先提升网络的抗打击能力，减少网络犯罪，在欧盟共同防务框架下制定网络防御政策和能力，促进网络安全方面的工业和技术能力，以及为欧盟制定国际网络空间政策。[②]这份战略是欧盟应对复杂网络环境的产物，也反映出欧盟在应对快速增加的网络安全威胁和网络空间挑战方面的滞后性。随着《欧盟网络安全战略》的推出，欧盟在网络空间制度建设的步伐明显加快，分别于2015年和2016年颁布了《欧盟安全议程》和《网络与信息系统安全指令》。

欧盟本身的制度设计与规则制定也存在低效和紊乱的问题。比如，根据《欧盟网络安全战略》的规划，欧盟网络安全由网络和信息安全、执行以及防御三根支柱构成，网络信息安全由欧盟网络与信息安全局主管，执行战略以欧洲网络犯罪中心为核心，而防御战略主要由欧盟对外行动署来实施，它们分别由不同的专门机构负责开展工作。[③]此外，欧盟委员会通信网络内容与技术总司（DG CONNECT）也是欧盟在网络空间的重要机构。欧盟的网络空间制度设置存在政出多门和交叉重叠的弊端，加之其出台的政策还需要成员国

① EU, "EU Statement in Support of the Council of Europe Convention on Cybercrime," January 15, 2020, https://eeas.europa.eu/delegations/council-europe/73052/eu-statement-support-council-europe-convention-cybercrime_en?utm_source=EURACTIV&utm_campaign=bec3c22b69-digital_brief_COPY_01&utm_medium=email&utm_term=0_c59e2fd7a9-bec3c22b69-116254339.

② EU, "Cybersecurity Strategy of the European Union: An Open, Safe and Secure Cyberspace," pp.4-5.

③ Ibid., pp.10-11.

的善意遵守和贯彻落实，这在一定程度上又影响了政策的执行力度。

总之，欧盟在网络空间规则制定较美国起步晚，但发展快速并形成显著的欧盟特色。欧盟注重相关政策法规的预评估，从法律、观念和机制建设方面三管齐下，在网络空间关注防御甚于进攻，关注经济保障甚于维护霸权，关注价值观念甚于网络威慑。因此，欧盟作为全球互联网治理的行为体，已经成为网络空间的重要一极。尽管中欧双方在网络空间治理主体、治理理念等方面存在差异，但是中欧都面对网络恐怖主义和极端主义等治理难题，欧盟的网络规则制定对于中国参与网络规则制定、提升自身制度性话语权具有重要的借鉴意义。中欧双方可以依托联合国、二十国集团、世界互联网大会等平台进行网络反恐等合作。中国应重视欧盟及其成员国发起倡议或主导的网络空间治理制度内的交流与对话。此外，中国还应该重视对欧网络空间新技术合作，推动相关核心技术发展能力建设，在发展互联网经济新形态中夯实双方合作的基础。

第四节　金砖国家与国际互联网规则制定

金砖国家由巴西、俄罗斯、印度、中国、南非五个发展中的新兴经济体组成。十多年来，金砖国家坚持机会平等、规则平等和权利平等，已经成为具有全球影响力的合作平台。当前，金砖国家合作的意义已超出五国范畴，承载着新兴市场国家和发展中国家乃至整个国际社会的期望。在国际互联网领域，以金砖国家为代表的新兴市场国家同样迸发出巨大的创造力和活力，日益成为国际互联网领域最主要的网络经济引领者和国际互联网规则制定者之一。与此同时，美国在国际互联网领域的权力日益衰落，其网络空间主导地位逐渐受到挑战。不过，美国在网络空间的内容即应用层的影响力和主导权仍然牢固。[1] 美国仍然保有世界上第二大数量的网民，并占据了世界十大网络公司中的八席。值得注意的是，即使美国最终丧失对互联网技术的垄断，但

---

① 沈本秋：《结构、关系与影响：美国网络霸权的基础》，《当代世界与社会主义》2019年第6期，第156—158页。

它在全球互联网治理领域制定并发展的规范和规则将会继续发挥作用。在当前复杂的网络政治背景下，金砖国家需要携手加强国际规则制定领域的协调与合作，推动网络空间秩序转型，加快构建网络空间命运共同体。

一、金砖国家与国际互联网治理转型

世界政治正进入网缘政治的新时代。互联网的诞生及其迅速的发展、普及和运用对世界政治产生了持续而深远的影响，互联网的快速发展同时也带来了网络犯罪等一系列全球性问题。作为除陆地、海洋、天空和太空等领域之外的第五空间领域，网络空间既是现实空间的拓展，也在塑造现实空间。当前，如何打击网络恐怖主义和网络犯罪活动，如何克服数字壁垒和推动数字经济发展，推进网络空间法治化和网络空间共享共治等是国际社会面临的共同难题。但是，网络空间全球性问题的大量涌现与问题解决的全球治理架构间存在基本的裂隙，迫切需要国际社会长期的、可持续的观念与行动。

网络空间的演进正处于新旧体系变迁的深刻转型和复杂博弈中，在这一"百年未有之大变局"的关键时期，网络空间已经表现出一些新的特征。其中，以金砖国家为代表的网络空间新政治力量的崛起及其对传统网络空间治理体系的冲击最引人注目。金砖国家不仅是世界经济治理的核心力量之一，也是网络空间的重要一极，引领国际互联网治理结构加快重塑。如果说现实权力决定了国家在全球秩序中的地位，那么网络权力则是网络空间的决定性因素。在互联网时代，网络权力具有重要的价值。近年来，金砖国家在网络空间的整体能力快速提升，其中，中国已成为世界互联网人口第一大国，印度成为世界互联网人口第三大国，金砖国家在网络技术研发、网络跨国企业增长、数字经济发展规模等方面的整体实力不断增强。总之，作为推动网络空间治理转型的主要新兴力量，金砖国家在互联网相关议题领域经济和技术实力的增强，为改革现有全球互联网治理体系提供了重要契机。

截至2022年6月，金砖国家合作已经走过16年历程，金砖国家总面积占全球的约26%，人口约占全球的42%，经济总量约占25%，代表着发展中大国群体性崛起的历史趋势。从建立新开发银行和应急储备，到"金砖+"合作模式，再到确立新工业革命伙伴关系，金砖合作正在进入高质量发展阶段。近年来，金砖五国牢牢把握第四次工业革命的机遇，在网络经济领域快速发展，在互联网相关议题领域的经济和技术实力增强，有利于在网络空间形成代表新兴市场国家和发展中国家利益的战略平台，为改革现有全球治理体系提供重要契机。在2017年金砖国家领导人厦门峰会上，金砖五国表示"根据《金砖国家确保信息通信技术安全使用务实合作路线图》推进网络空间合作的意愿，以确保建设和平、安全、开放、合作、稳定、有序、可获得、公平的信息通信技术环境"[①]。2018年金砖国家领导人约翰内斯堡峰会"重申在联合国主导下制定负责任国家行为规则、准则和原则对确保信息和通信技术的安全使用的重要性，并继续考虑制定相关政府间合作协定"[②]。同时，金砖国家还通过建立网络安全工作组和制定《金砖国家网络安全务实合作路线图》，在加强网络合作方面取得积极进展。2022年金砖国家领导人第十四次会晤，金砖国家"通过数字金砖任务组职责范围并决定举办数字金砖论坛年会，鼓励金砖国家未来网络研究院和数字金砖任务组尽快制定各自工作计划，开展新兴技术研发和应用领域合作"[③]。在这次会晤中，中国发挥了引领作用，在网络经济发展、数字基础设施建设、数字规则制定等领域推动金砖国家形成强大合力。

当前，网络空间的收益大多由西方国家或跨国网络巨头获得，数字鸿沟越来越大，而数字鸿沟构成了国际互联网治理争论的核心。对于金砖国家而言，要真正充当世界政治中的重要变革力量，推动全球发展治理和可持续发展，就不能忽视网络空间存在的鸿沟。为此，金砖国家作为一个整体发声，积极推动网络空间治理变革。当前，焦点在于互联网治理呈现出规则制定议程方面的争夺，即中国和俄罗斯等国主张对互联网治理的国家主权原则，而英美等发达国家则试图维持多利益攸关方模式。总之，金砖国家通过积极参与，主动塑造网络空间治理，积极推动了网络空间新秩序的构建。

与此同时，美国竭力维护长期以来在网络空间的霸主地位。由于网络空间主导权已经成为美国霸权的基石之一，美国对于任何可能削弱其主导权的行为均持强烈抵制态度。尽管美国放弃了互联网域名监管权，但这只是其以退为进的策略性调整。拜登政府上台以来，美国政府从"美国重新伟大"的

---

① 《金砖国家领导人厦门宣言》，《人民日报》2017年9月5日，第3版。
② 《金砖国家领导人第十次会晤约翰内斯堡宣言》，《人民日报》2018年7月27日，第3版。
③ 《金砖国家领导人第十四次会晤北京宣言》，《人民日报》2022年6月24日，第2版。

战略目标出发，重新评估网络空间在美国霸权战略中的价值，更积极地采取措施加强网络空间控制，把中俄等金砖国家作为网络空间防范的重要对象。长期以来，美国指责俄罗斯、中国频繁使用网络监控和网络犯罪策略，有损"互联网自由"和美国国家利益。① 美国与中国和俄罗斯等国在国际互联网治理中的对立，具有深刻的国际政治内涵。

应该说，金砖国家对网络空间治理的参与是应对网络空间全球性挑战、推动网络空间全球治理转型及提升网络空间规则话语权的积极影响因素。金砖国家在网络空间的重要作用与价值客观上要求金砖国家团结一致、凝聚共识，破除美国的网络霸权和不合理的国际规则，共同承担起构建和平、安全、开放、合作的网络空间新秩序的历史责任。截至目前，金砖国家合作机制已经形成了全范围、宽领域、多层次的合作架构，在深化金砖国家网络安全务实合作、推动金砖国家与其他国际组织在网络领域的交流对话中积累了不少有益经验。面对西方国家网络霸权的挑战，金砖国家具有携手同行的内在动力和不可推卸的责任。与此同时，改革现有全球互联网治理体系，建设一个安全、稳定、繁荣的网络空间还具有前所未有的现实紧迫性。现有的互联网规则和规范严重束缚了发展中国家推动数字经济发展、增强能力建设的合理诉求。金砖国家为了维护网络空间利益，摆脱西方国家施加的羁绊，迫切要求对现有治理模式进行改革。正如印度学者查察卡（Chandrakant Chellani）所言，现有互联网治理结构注定是满足了美国的利益需求，但应该服务全球南方的需求，现在是该关注全球南方的经历和呼声的时候了。② 金砖国家肩负着时代的重任，必须革故鼎新，合作共赢，积极推动全球互联网治理体系整体性变革。

二、金砖国家内部在互联网规则制定中的分歧

金砖国家在网络空间的崛起对以美国为主导的国际互联网治理体系产生了重要而积极的影响。不过，金砖国家内部存在中国和俄罗斯这样的坚持网络主权观念和联合国治理原则的国家，也存在着巴西、印度、南非这样的"摇

---

① Milton L. Mueller, "China and Global Internet Governance: A Tiger by the Tail," in Robert Deibert, et al. (ed.), *Access Contested: Security, Identity and Resistance in Asian Cyberspace* (Cambridge: MIT Press, 2011), p.188.

② Chandrakant Chellani, "Internet Governance for the Global South: Conceptualizing Inclusive Models."

摆国家"。一方面，金砖国家试图加强网络空间治理，通过成立网络工作组等措施，夯实全范围、宽领域、多层次的合作架构；另一方面，金砖国家内部在国际互联网治理中存在原则、立场等分歧。在加强合作方面，比较突出的是，在2017年于厦门举行的金砖国家领导人第九次会晤时，各国表示"根据《金砖国家确保信息通信技术安全使用务实合作路线图》推进网络空间合作的意愿，以确保建设和平、安全、开放、合作、稳定、有序、可获得、公平的信息通信技术环境"[①]。但金砖国家对网络空间的合作意愿不一致，至今未能在网络空间领域达成条约。比如，俄罗斯原本拟在2015年金砖国家乌法峰会上提交并推动达成一项新的网络安全条约，不过，这一计划最终未能实现。[②]金砖国家对互联网治理的相关议题如处理不当，不仅影响其团结应对网络安全、网络犯罪等问题，更关涉到未来网络空间国际秩序的演进方向。

随着美国与中俄之间围绕国际互联网治理的较量不断深入，巴西、印度、南非的立场态度和偏好选择不仅对金砖国家的内部凝聚力和对外团结一致产生影响，还对互联网空间秩序转型产生重要影响。为此，本节以金砖国家国际互联网治理转型中的作用为基础，详细分析金砖国家的治理分歧及其原因，尝试提出金砖国家的应对策略，打造网络空间利益共同体、命运共同体和责任共同体。

（一）金砖国家内部分歧的表现

1. 对国际互联网治理模式的争论。选择多利益攸关方模式还是多边主义模式是欧美国家和金砖国家产生争议的主要内容。西方国家坚持认为多利益攸关方模式可以保障网络空间的开放性和弹性活力，美国把互联网作为扩张美国商业利益和政治观念的平台和基本要素，全球互联网治理的多边主义模式则对美国的目标和偏好构成了威胁，多边主义只有满足美国的利益偏好才有可能避免网络帝国主义和网络空间"巴尔干化"。金砖国家为了维护网络空间利益，推动自身经济发展和能力建设，迫切要求西方国家对现有治理模式进行改革。中俄两国坚持国家主权原则和联合国主导的多边主义模式。中俄

---

① 《金砖国家领导人厦门宣言》，《人民日报》2017年9月5日，第3版。
② Wolfgang Kleinwächter, "Internet Governance Outlook 2015: Two Processes, Many Venues, Four Baskets."

两国都是联合国安理会常任理事国，在维护包括网络安全在内的国际安全中具有不可推卸的责任。长期以来，中俄认为网络主权是国家主权原则在网络空间的自然延伸和具体体现，国际互联网治理是国家治理的对外体现。各国对其边境内的互联网关键基础设施和网络犯罪依法进行管理，是国家主权在网络空间的体现，不仅不应该削弱，反而应当予以加强。近年来，中国积极推动世界互联网大会国际组织建设，而俄罗斯在《独联体成员国在信息技术领域打击犯罪活动的合作协定》制定进程发挥了积极作用。在金砖国家内部，俄罗斯提出了缔结金砖国家网络安全政府间协议的建议。

印度对于选择多边模式还是多利益攸关方模式立场模糊。印度既希望在互联网治理中享有平等治理权，同时希望维持网络空间的开放特征。有学者认为，印度的社会发展阶段和数字化演进的历程使得印度应该采取基于多边主义规则的方法，而非基于各方参与规范的方法。同时，印度互联网服务方面的私人部门和公民社会力量相对较强，印度应该在选择多边治理模式的同时，赋予私人伙伴和公民社会一定作用。[1] 但是，与中俄两国不同的是，由于不是联合国安理会常任理事国，印度对联合国在互联网相关领域的主导地位持怀疑态度。巴西和南非倾向于全球互联网治理的多利益攸关方模式。巴西是金砖国家中仅有的明确表示坚持"互联网自由"，倡导"包容性"和"开放性"原则的国家。巴西原本是联合国治理模式的倡导者，并在2013年联大会议上表示，"电信和新兴技术不能变成国家间的新战场，联合国应该在规制国家滥用不正当技术，同时推动互联网作为构建世界民主的社会网络方面发挥主导作用"[2]。但2014年以来，巴西从联合国治理模式的立场后退。2014年的NETmundial会议认为，互联网治理应构建可分配、非中心化和多利益攸关方的生态系统，发挥所有利益攸关方的作用。[3] 2018年10月28日，保守派人物博索纳罗（Jair Bolsonaro）出任巴西总统后，坚持"巴西高于一切"理念，巴西外交逐步从重视多边的全球主义转向重视双边的民族主义，这势必对金

---

① Chandrakant Chellani, "Internet Governance for the Global South: Conceptualizing Inclusive Models."

② Jeferson Fued Nacif, "Brazil Policy Statements," October 21, 2014, http://www.itu.int/en/plenipotentiary/2014/statements/file/Pages/brazil.aspx.

③ NETmundial, "NETmundial Multistakeholder Statement," p.8, April 24, 2014, http://netmundial.br/wp-content/uploads/2014/04/NETmundial-Multistakeholder-Document.pdf.

砖国家发展和国际互联网治理产生复杂影响。

2. 对国际互联网治理机制的争论。随着国际互联网治理制度的不断扩散，金砖国家面临着选择不同类型治理机制和机制碎片化的新境况，这反映出金砖国家内部不同政治力量和利益团体对互联网治理的关注存在差异。金砖国家有关网络空间治理机制的争论主要包括三个方面：其一，对多利益攸关方的看法。主权国家是网络空间的关键行为体和主导性力量，应在网络空间全球治理中发挥关键性作用，但印度、巴西和南非坚持把主权国家和其他多利益攸关方置于平等地位，这在一定程度上反映出国际互联网治理的主权性与网络空间运行的开放性之间的矛盾。本质上，传统的多利益攸关方固化了国际互联网治理中现存的权力结构，发展中国家在多利益攸关方模式下处于被动的地位，这需要金砖国家推动以联合国为主导的新型治理模式。

其二，对西方主导机制的看法。巴西不赞同由联合国取代ICANN。NETmundial会议认为，虽然有建立新治理机制的空间，但是新机制应是对当前治理结构的补充，目标是提升现有的网络安全组织的治理水平。网络安全议题应依靠不同利益攸关方合作来实现，而不是仅通过单一组织或结构就能实现。[①] 印度、巴西、南非三国原本主张建立一个新机制，取代美国主导的ICANN。2011年9月，印度巴西南非对话论坛（IBSA）全球互联网治理工作组曾在巴西召开会议，建议在联合国系统内新建机构，以便"协调和发展连贯的和综合的全球互联网公共政策"，并且呼吁确保互联网治理是"透明的、民主的、多利益攸关方的和多边参与的"。不过，随着巴西与ICANN联系日益密切，它便不再主张建立取代ICANN的替代型机制了。

在2011年10月19日召开的南非比勒陀利亚第五次印度巴西南非对话论坛上，三国发表的《茨瓦内宣言》（Tshwane Declaration）提出，三国对话论坛架构具有成为全球关键性博弈方的潜力。宣言再次强调巩固三国对话论坛及参与全球治理的原则、规范和价值的重要性，即参与民主、尊重人权和法治，《茨瓦内宣言》再次确认了三国联合推动以人为中心的、包容性的和发展导向的信息社会。[②] 在该论坛上，一方面，三国表示遵守信息社会世界峰

---

① NETmundial, "NETmundial Multistakeholder Statement," pp.10-11.

② Brazil's Foreign Ministry, "Tshwane Declaration," p.13, October 18, 2011, http://sistemas.mre.gov.br/kitweb/ datafiles/ Berlim/de/file/Tshwane%20Declaration.pdf.

会《日内瓦原则宣言》和《突尼斯议程》；另一方面，三国领导人强调要在国际层面构建新的、广泛的政治联盟，推动全球互联网治理机制的多边、民主和透明，在联合国科技促进发展委员会（UNCSTD）层面就"提升合作"进行富有成效的合作。在《茨瓦内宣言》中，印度、巴西和南非建议成立 IBSA 互联网治理和发展展望机制（IBSA Internet Governance and Development Observatory），以便监督全球互联网治理的发展并从发展中国家的视角定期提出建议和分析。[①]

其三，对金砖国家创立新峰会机制的看法。金砖国家普遍要求建立反映新兴市场国家利益的网络空间机制，并积极付诸制度实践。巴西于2014年主办了 NETmundial 会议，并于该年6月成立全球互联网治理联盟（the Global Internet Governance Alliance）。中国则创办了世界互联网大会乌镇峰会以进一步加强制度化建设，并已正式成立世界互联网大会国际组织。不过，巴西表示 NETmundial 会议不会取代现有西方治理制度。萨曼莎·布拉德肖（Samantha Bradshaw）等人认为，NETmundial 会议对政府监管的关注并没有超过对互联网治理多利益攸关方模式的强调，因此，会议是多利益攸关方的胜利，而非（主权国家）多边治理的胜利。[②] 同时，NETmundial 会议明确了由政府间多边治理转向多利益攸关方治理的新趋势。在此背景下，行使主权将变得更加复杂并需要具有更多创新性程序和更深层次的合作机制。与巴西、中国等国在国际互联网领域建章立制的实践相比，印度缺少主动建立的相关会议机制或论坛场所，其原因在于印度缺乏一个全面系统的互联网治理战略与规划。尽管印度在专利资源和强制许可等方面拥有经验，但由于缺乏互联网治理理念，导致其仅能通过联合国等现有平台，以治理个案为基础应对互联网治理相关议题。

3. 对国际互联网治理主体的争论。国际互联网治理的主体包括国家行为体和非国家行为体。中国和俄罗斯坚持认为国家是网络空间主要治理主体，主权国家对包括网络空间在内的地域空间拥有主导权。当前，无论是网络空间还是现实空间，国家都有可以施加影响的途径，这反映出网络空间的"再

[①] Brazil's Foreign Ministry, "Tshwane Declaration," p.13, October 18, 2011, http://sistemas.mre.gov.br/kitweb/datafiles/ Berlim/de/file/Tshwane%20Declaration.pdf.

[②] Samantha Bradshaw, et al. (eds.), "The Emergence of Contention in Global Internet Governance," p.3.

主权化"。路由器、服务器和传送电子数据的光缆都是在政府管辖范围内的实体资源，提供和使用国际互联网服务的企业受到主权国家的管制。政府可以利用这些实体资源向企业和个人施压，这被视为传统法律体系的标志。总之，政府基于主权管辖原则可以对互联网服务提供商及相关机构施加影响，控制并引导互联网的相关行为。

印度和巴西等国把非国家行为体置于网络空间的重要地位。早在20世纪80年代，印度互联网即向私人行为体开放，这推动了印度互联网行业和软件外包业的发展，也为印孚瑟斯（Infosys）、威普罗（Wipro）、塔塔咨询（TCS）和萨蒂扬（Satyam）等软件企业的发展奠定了基础。21世纪以来，印度对私人行为体开放了互联网服务部门许可，这些非政府组织试图影响印度的国际互联网政策。巴西坚持"互联网自由"的立场和"包容性""开放性"原则，注重非国家行为体参与全球互联网治理并保护其在国际互联网中的利益。NETmundial会议对诸如自由表达、自由结社、个人隐私、信息许可等"在线人权"的强调，就是维护其利益的明显例证。

究其原因，金砖国家在网络特征及其影响方面存在认知差异，这引发了其对治理主体的争论。开放性、隐蔽性、匿名性和不对称性是网络空间的重要特征，也是经济全球化和信息社会化时代的组成部分。不过，这些特征也增加了网络空间背后潜在威胁的不确定性。互联网发展不仅仅是由科学创新决定的技术过程，它还受到其开发者目标的影响，提供资金的人和打造网络的人都在互联网的形塑中发挥作用。[1] 比如，由于金砖国家在网络信息安全主体认知上的分歧，影响了俄罗斯试图推进的《国际信息安全协定》，导致其迟迟无法签署。[2]

总之，金砖国家在网络空间全球治理的优先选项上存在分歧，这就需要金砖各国予以协调应对。汉内斯·埃伯特（Hannes Ebert）等人指出，尽管金砖国家制度化水平不断增强，但在应对美国互联网霸权地位的建议措施方面

---

① 詹姆斯·柯兰、娜塔莉·芬顿、德斯·弗里德曼编《互联网的误读》，何道宽译，中国人民大学出版社，2014，第44页。

② "BRICS States Against Use of Internet for Military Purposes," Russia and India Report, April 3, 2015, http://in.rbth.com/news/2015/04/03/brics_states_against_use_of_internet_for_military_purposes_diplomat_42387.html.

却陷入分裂。^① 从这个意义上看，金砖国家对全球治理结构体系的塑造将是一个长期的过程。

（二）金砖国家政策分歧的缘由

金砖国家在互联网全球治理中的分歧，既有美国等外部因素的影响，也有金砖国家成员内部的因素；既有来自全球治理结构性因素的束缚，也有互联网治理独特属性方面的限制。具体而言，金砖国家在互联网全球治理中产生政策分歧的原因主要有如下几个方面：

1. 美国采取的分化政策。"斯诺登事件"后，美国受到国际舆论的一致指责，其在网络空间的主导权受到了挑战，欧美阵营也出现了比较明显的离心倾向。美国政府越来越认识到，网络空间已不再是美国独有的利器。为了维护美国网络霸权，一方面，美国巩固与西方盟国在网络空间领域的既有合作，不断深化网络空间"志同道合伙伴关系"计划，打造志愿者同盟。美国关注盟国和伙伴在防御和阻止网络攻击方面的作用并特别重视中东国家、亚太国家和北约的努力。同时，美国和欧洲盟国定期举行美欧网络安全和网络犯罪工作组会议，致力于加强北约网络防御能力建设，增强北约即时响应能力。此外，美国还与日本定期举行网络安全综合对话，并把网络安全纳入美日安全防务合作范畴。另一方面，美国还利用金砖国家内部不同成员与西方国家的历史渊源与价值观认同，采取或拉拢、或排斥的分化政策。总体而言，部分金砖国家成员与西方国家存在着韧性和弹性合作空间。印度与美国在网络安全领域具有长期合作的基础，两国在反恐对话合作机制下建立了美印网络安全论坛，该论坛在美国本土安全局与印度计算机应急响应小组（ERT-In）建立定期对话机制，旨在提升双方共享信息架构的合作。为了加深网络空间合作与交流，近年来，美印通过信息交流对话机制，拓宽双方在网络空间合作的范围。美国与巴西在网络空间的合作是双方关系的重要方面，2015年以来，美巴双方多次重申网络空间治理的"透明度""包容性"和"多利益攸关方"原则，并恢复了美巴网络工作组。^②

---

① Hannes Ebert and Tim Maurer, "Cyberspace and the Rise of the BRICS."

② Guest Blogger, "The Brazil-U.S. Cyber Relationship Is Back on Track," July 1, 2015, http://blogs.cfr.org/cyber /2015/07/01/the-brazil-u-s-cyber-relationship-is-back-on-track/.

对于中俄两国，美国更多采取了咄咄逼人的网络进攻和网络对抗姿态。近年来，美国对中国相关指责的行动就没有停止过。中美之间围绕网络空间安全的争论不断升级，美国国内有关对华实施网络报复的舆论甚嚣尘上，中美之间网络安全问题日益成为双方关注的热点。在乌克兰危机之后，美国率先对俄罗斯实施制裁，双方围绕网络入侵、网络间谍等议题的争论更趋白热化。特朗普上台后，美俄围绕俄罗斯是否通过网络袭击影响美国2016年总统选举进行了激烈较量。2022年乌克兰危机爆发后，美国对俄罗斯发动了高强度网络袭击，俄罗斯基础设施系统和公共事业部门的网络遭到了美国军方有针对性的网络攻击行动。美国执意把互联网空间和网络设施设备作为国家间全面对抗的舞台，进一步加剧了俄美之间的直接军事对抗风险。

应该说，美国的分化政策已经取得了不小的成效，构成了影响金砖国家团结协作的最重要外部挑战。正是由于美国因素的长期影响，金砖国家在国际互联网治理中才会出现分歧。于此，美国才能在自身网络空间技术能力和道德权威相对下降的同时，仍然牢牢掌控国际互联网规则制定和互联网资源的主导权。同时，美国的分化政策具有较强的隐蔽性，通过它与印度、巴西、南非的双边网络空间对话与合作，反映出其互联网国际战略出现了新的调整，即美国希望通过价值观认同、志愿者联盟等方式以退为进，继续主导网络空间。考虑到金砖国家本身就是一个内部异质性突出的新型合作机制，美国分化政策潜移默化地影响了金砖国家在网络空间的战略互信与合作共识。

2. 金砖国家互联网治理观念的差异。当前，金砖各国在互联网治理观念上存在着冲突和矛盾。各国治理观念的差异既有政治制度的原因，也有历史传统的原因。中国和俄罗斯与印度、巴西、南非之所以在网络空间治理中存在明显分歧，一个重要原因在于彼此政治制度、意识形态上存在的差异。印度、巴西、南非三国试图打造具有活力的"民主国家联盟"，对中俄提出的"信息安全"概念持谨慎态度，认为这一过于宽泛的概念提供了国家干预网络空间的机会。IBSA是三国讨论互联网相关议题的重要平台，已从一个松散的伙伴关系发展成一个功能性较强的议题联盟，也成为三国在国际权势转移背景下寄托大国梦想并寻求国际话语权的一个突破口。

南非和巴西与西方国家有着合作的历史传统。长期以来，南非与西方国家保持了密切的联系。它重视南南合作以及发展与新兴市场国家的关系并不意味着同发达国家采取对抗策略，相反，南非巧妙利用自身在非洲乃至发展中国家的特殊地位，运用长期以来同西方发达国家形成的良好关系，主张务实地通过南北对话推动全球治理进程，试图成为南北关系沟通的桥梁。① 巴西与西方国家特别是欧盟保持着价值观念的同步性，在美国监听丑闻爆发之后，巴西和德国曾在联合国大会散发一份决议草案，呼吁把联合国《公民权利和政治权利国际公约》保障个人隐私权的适用范围扩大至网络空间。

当前，网络空间治理的观念分歧更多体现在经济发展优先与社会稳定优先的选项上。由于金砖国家发展水平差异较大，印度、巴西、南非等国更关注互联网在推动经济发展中的作用。比如，印度对互联网治理采取了优先关注经济发展的策略。早在2004年，印度就颁布了《国家宽带政策》，2011年又推出新版《国家宽带计划》（National Broadband Plan），改进高速网络和无线宽带技术，以便推动印度经济发展。为了贯彻"技术无国界"理念，印度直到2013年3月才公布了《国家网络安全政策》（National Cyber Security Policy），试图加强监管框架以确保网络空间的安全。② 近年来，印度的发展受益于互联网经济，随着互联网的普及，印度互联网和移动通信业协会发布报告，印度互联网用户数量有望从2018年的4.81亿人增加至2022年的7.62亿人，印度的互联网经济规模到2022年将达到1240亿美元。③ 但总体上，印度在预防网络安全机制建设方面还处于起步阶段。巴西博索纳罗政府2019年1月执政后，把促进经济增长作为首要任务，其中，互联网经济和数字经济成为巴西新一届政府着力推进的领域。

3. 国际互联网治理结构的束缚。新兴市场国家群体性崛起构成了当前全球治理结构的新特征。但是，由于金砖国家在全球治理中的能力与意愿存在不足，全球治理结构仍处于西方国家主导之下，这种情况也反映在网络空间全球治理领域。当前，"数字鸿沟"和"数字殖民主义"不仅没有消失，反而有不断扩大的趋势。美国把确立互联网规范作为一项基本战略，这些规范包

---

① 黄海涛：《南非视野下的全球治理》，《南开学报（哲学社会科学版）》2012年第6期，第66—67页。

② Government of India, "National Cyber Security Policy-2013," July 2, 2013, http://deity.gov.in/sites/upload_files/dit/files/National%20Cyber%20Security%20Policy%20(1).pdf.

③ 胡晓明：《报告说印度互联网经济规模将显著增长》，新华网，2018年10月24日，http://www.xinhuanet.com/world/ 2018-10/24/c_1123607038.htm。

括保护个人隐私权、信息自由流动、言论开放、网络互操作性和信息完整性等，试图通过树立网络规范，传播美式价值观，把美国的技术优势转化为霸权优势。美国打造的国际互联网规则和行为准则假借"互联网自由"，维护美国等西方国家的利益。总之，美国通过设置有关国际互联网治理的全球议题，长期掌握网络相关技术标准及规章制度的主导权，这在美国放弃域名监管权之后仍旧明显。

金砖国家普遍具有积极参与网络空间治理的渴望，不过，也存在自身治理能力和治理愿望方面的差异，进而影响了一国的治理意愿。治理意愿既受制于其供给能力，也取决于该国在特定治理领域中感受到的利益攸关度。受供给能力与供给意愿的影响，金砖各国在全球治理中表现各异，具有不同程度的治理差异。比如，印度长期以来就有参与世界互联网政治的身份渴望，反对西方主导的网络空间治理秩序。不过，印度的身份渴望与实力差距相互矛盾：印度国内关注经济增长、财政赤字等议题使其在网络空间领域的政策偏好和实力差异制约了自身治理能力的发挥。印度曾提出把"互联网"改名为"平等网"（Equinet）的提议，保证各国在网络空间的平等话语权，但印度的努力和尝试受到了西方国家的强烈反对。网络空间治理的复杂性和艰巨性进而对金砖国家其他成员产生消极的影响，使得部分成员从相对激进的立场后退，转而寻求折中方案。

4. 国际互联网治理自身存在的问题。作为一种全新的全球电子数据和信息生态系统，互联网、云计算、物联网等信息技术如今已深嵌在全球政治、经济和社会的各个方面。不过，互联网的自身属性会导致全球治理存在内在的问题，并对金砖国家的政策取向产生影响。一方面，网络空间治理具有明显的数字治理特征。数字技术既推动了规范和标准的创新进程，同时也提供了相对便捷和便宜的履行规范标准的方式。数字技术允许自下而上的、非中心式的控制方式和个体行动，导致更多包容性和参与性的政策制定，技术的开放和中性特征是必要的条件，不过，这反过来也需要对网络和技术的发展进行政治监督。互联网的技术特征使得互通性、异步性和网络中立成为互联网早期治理的重要原则，为自我治理提供了机会。另一方面，互联网治理作为一个新兴的治理领域，存在着治理的技术基础和公共政策基础两个方面。长期以来，互联网治理的演进是一种基于分配的、网络化的多利益攸关方治理模式，既涉及传统的公共权威和国际协议，也涉及私人秩序和技术结构安排。

简言之，互联网领域存在自身的属性和独特性，对于金砖国家在全球治理中的理论和实践产生影响。理查德·斯皮内洛认为，互联网全球治理运用存在自身的困难：首先，网络分布式的架构和弹性设计使得治理机制难以有效控制；其次，互联网内容、数字信息传播的便捷性，可以轻易地通过网络传输并储存到接收者的硬盘上；最后，试图控制网络的政府面临一系列管辖权的难题。[①] 如果从互联网的技术和公共政策两个层面看，国际互联网治理命题不仅涉及技术水平和经济效率，也是有关网络安全、个体自由、创新政策和知识产权等社会价值的表达。因此，国际互联网治理需要在上述价值之间进行综合平衡，技术特征制约了国家间网络合作的空间。

金砖国家在网络空间的分歧，暴露出金砖国家在国际互联网治理理念、治理机制选择等领域的分歧。如果处理不当，将影响金砖国家在互联网领域的政治互信和金砖国家伙伴关系的构建，以及金砖国家在网络空间建章立制的行动力、执行力。应该看到，当前国际秩序深度调整，推动金砖国家在网络空间协调分歧、携手前行具有不少有利因素。金砖国家作为国际互联网治理的重要力量，在打击网络犯罪、维护网络安全、消除数字鸿沟等方面具有共同利益。同时，金砖国家是新兴市场国家和发展中国家的代表，加强网络空间国家合作有助于维护和增进发展中国家的整体利益，打造公正合理的国际互联网治理模式。

三、金砖国家国际互联网治理的应对措施与选择路径

全球互联网治理正处于经历动荡与转型的关键时期。在这网络空间治理变革的关键时期，金砖国家应把握历史机遇，坚持以构建和平、安全、开放、合作的网络空间新秩序为目标，推动建立基于规则的国际互联网治理秩序，加快构建网络空间命运共同体。

其一，加快构建网络空间行动共同体，不断深化金砖国家的凝聚力和向心力。行动共同体是中国对金砖合作的重要理论贡献，明确了金砖国家在新

---

① 理查德·斯皮内洛：《铁笼，还是乌托邦——网络空间的道德与法律》，第37—38页。

时期合作的目标与方向，金砖合作将超越你输我赢、赢者通吃的老观念，实践互惠互利、合作共赢的新理念。尽管金砖国家内部存在一定的分歧，但金砖国家在维护国际社会应对互联网治理时的整体利益方面具有一致性。提升在世界政治中的整体分量和话语权是金砖国家当前最大的政治利益。金砖国家要探索确立对互联网观念、议程和发展模式主导能力的路径，通过打造行动共同体，加快推动网络空间命运共同体建设。当前，西方国家正加紧在互联网治理领域谋篇布局。面对美国进攻性网络安全战略带来的严峻挑战，金砖国家围绕国际互联网治理展开有效合作是必然的选项。

其二，夯实国际互联网治理的双边基础，全面提升金砖国家整体水平。当前，网络空间治理在金砖国家组织的重要性尚未得到足够的重视。仅以中印关系而言，作为两大发展中国家和新兴经济体以及全球治理体系中的重要力量，双方还没有把网络安全相关议题置于战略对话与沟通的核心范畴，这与中印作为重要地区和世界大国的地位和责任是不符的。近年来，中印两国政府没有提及网络安全和互联网治理议题，这与双方不断关注外空、反恐和应对气候变化等新合作领域相比，显得非常明显和不协调。这或许反映出中印两国在互联网治理中存在明显待磋商的分歧。2017年中印洞朗对峙事件之后，中印的政治关系受到了严重挑战。2020年6月爆发的中印边界西段加勒万河谷冲突事件，进一步反映出双方关系极具复杂性和敏感性。相反，中俄两国在互联网治理领域不断加强协调与合作，把推动"互联网治理的国际化"作为一项战略任务，恪守尊重信息网络空间国家主权的原则，探索在联合国框架内制定普遍接受的负责任行为国际准则。

其三，重视金砖国家与其他组织合作，妥善应对网络空间机制碎片化。网络空间具有非对称性、跨国性、去中心化、匿名性等特征，迫切需要包括金砖国家在内的国际社会合作予以解决。一方面，金砖国家应致力于维护和巩固联合国在信息社会建设进程中居于主导地位；另一方面，金砖国家还要与二十国集团、上海合作组织、东盟等加强合作。在2017年9月金砖国家领导人会晤期间，中国提出"金砖+"模式并对其进行了制度创新，通过举办新兴市场国家与发展中国家对话会，为深化南南合作提供了新路径。中国对"金砖+"模式的制度创新，通过"机制+跨区域成员国"的实践路径，密切了新兴市场国家与广大发展中国家的合作，夯实了金砖国家作为新兴市场国家的集体身份认同。① 习近平主席在"金砖时间"除了出席金砖国家工商论坛闭幕式、领导人会晤闭门会议和公开会议，还出席了金砖国家领导人同金砖国家工商理事会和新开发银行对话会，推动建立国际发展融资新规则，增强金砖国家和其他发展中国家基础设施和可持续发展项目筹资能力，显示了中国不断夯实和创新"金砖+"模式的坚定立场。② 2022年6月，中国还主持召开了全球发展高层对话会，有众多新兴市场国家和发展中国家参与对话会。总之，金砖国家合作机制是一个开放包容的合作平台，"金砖+"合作模式符合广大发展中国家需求，金砖国家的"朋友圈"得以进一步扩大。为了推动全球互联网治理，需要探索把互联网、数字经济等相关议题纳入"金砖+"的开放合作模式，通过制度扩容让更多国家加入金砖大家庭，构建国际互联网治理的新平台。

目前，在金砖国家网络空间合作的具体路径上，加强行动力和执行力是中国政府的倡议，也是金砖国家的普遍共识。对于发展阶段相同和发展任务相似的金砖五国而言，加强凝聚力是客观需要，也可以通过机制建设等途径予以落实。不过，在金砖内部双边关系和"金砖+"模式方面，仍然面临着不小的挑战。特别是，部分金砖国家双边政治关系呈现动态变化，比如中印边界问题对双方政治关系的冲击等会对金砖国家作为一个整体发声产生影响。网络空间合作是金砖国家大有作为的重要拓展领域，这就需要金砖国家坚持开放包容、合作共赢的金砖精神，推动金砖国家摒弃分歧、加强协调，抓紧构建多边、民主、透明的国际互联网治理体系。

第五节　印度与国际互联网规则制定

印度是新兴市场国家的重要成员，且为世界第六大经济体，是推动全球治理体系民主化、法治化、合理化发展的重要力量。在网络空间领域，印度接触互联网历史较早，是国际互联网治理的重要成员和积极参与者。早在1955年，由英国制造的印度第一台计算机在加尔各答印度统计研究所（Indian

---

① Evandro Menezes de Carvalho, "'BRICS Plus' and the Future of the 'BRICS Agenda'," *China Today* 66, no. 9 (2017): 31.

② 《习近平出席金砖国家领导人会晤》，《人民日报》2019年6月29日，第2版。

Statistical Institute）启用，拉开了印度互联网时代的序曲。[①] 20世纪70年代之后，随着软件业在印度的兴起并蓬勃发展，印度开始极力推广本土设计、开发和制造的计算机。20世纪90年代，印度互联网加入全球互联网发展浪潮。1998年，印度网民首次突破100万。目前，印度已经成为全球第三大互联网市场，拥有4亿多宽带用户。

近年来，随着信息技术的崛起，印度已经成为国际网络政治舞台不可或缺的重要治理主体。中印同属于新兴市场国家，分析印度参与国际互联网治理的基本理念、主要路径及其面对的挑战对于推动中印合作参与国际互联网规则制定具有重要意义。此外，就未来国际互联网治理新秩序而言，随着欧美国家与中俄之间围绕网络空间较量的深入，印度的立场态度和偏好选择对美国互联网治理霸权以及传统国家与新兴市场国家之间的网络博弈将产生影响。因此，需要对印度在国际互联网规则制定进程中的作用与影响予以关注。

一、印度参与国际互联网治理的基本理念

作为新兴市场国家，印度认为国际互联网治理要实现维持正常的国际秩序与普遍的价值，并对互联网治理有着不同于西方国家的认知和解释。一方面，印度在国际互联网治理理念上主张维护各国的和平利用网络空间与合作发展，反对西方中心主义的治理价值观，这与西方国家"单边主义"和"例外主义"的治理观念有明显不同；另一方面，印度的全球治理理念又坚持实用主义，受到自身利益的驱动，而越来越缺乏理想主义。[②] 因而，印度参与国际互联网治理的基本理念、立场态度和偏好选择不仅对美国的网络霸权以及全球治理秩序转型产生影响，同时也对新兴市场国家内部凝聚力、南南合作和对外团结一致产生影响。具体而言，印度在国际互联网治理中的基本理念主要包括：坚持国家主权原则、坚持战略自主和灵活性原则的兼顾协调、重视提升网络空间规则制定权。

其一，坚守网络主权原则，同时对多利益攸关方模式立场不清晰。没有网络主权就没有国家主权，坚守网络主权原则意味着国际互联网秩序由主权

---

① V. Rajaraman, *Computer Technology in India* (Bangalore: IEEE Computer Society, 2012).

② Arpita Anant, "Global Governance and the Need for 'Pragmatic Activism' in India's Multilateralism," *Strategic Analysis* 39, no. 5 (2015): 490.

国家形成，主权国家政府在治理进程中发挥主导作用并重视政府间国际组织的地位。由于历史上长期遭受英国的殖民统治，印度独立后非常强调国家主权和政治独立，奉行不结盟和不干涉原则。在国际互联网领域，印度在维护国家利益和承担国际责任方面坚持自身底线原则，往往以维护关键性国内经济利益为核心考量。

当前，印度参与国际互联网治理的观念分歧更多体现在经济发展与社会稳定的优先选项上。印度近年来遭受网络攻击的数量暴增，数字经济和电子商务成为新的主要互联网攻击来源。为此，印度高度关注国家主权和社会稳定，在涉及国家安全议题时，认为政府应拥有至高无上的管理权和控制权。但是，印度具有利用互联网发展经济的强烈诉求，更关注互联网在推动经济发展中的作用。比如，印度对互联网治理采取了优先关注经济发展的策略。早在2004年，印度就颁布了《国家宽带政策》，积极推进高速网络和无线宽带技术，以便推动印度经济发展。近年来，印度推进"数字印度"计划，加大网络基础设施投资和建设力度，积极布局5G无线。印度经济的快速发展受益于互联网技术，特别得益于私人倡议和企业推动。与互联网技术快速推广相比，印度在预防网络安全的机制建设方面总体上还处于起步阶段。

印度在选择多边模式还是多利益攸关方模式方面存在争论。它既希望在互联网领域享有平等治理权，同时希望维持互联网领域的开放特征。有学者认为，印度的社会发展阶段和数字化演进的历程使得印度应该采取基于规则的方法，而非基于价值规范的方法。此外，印度在互联网服务方面的私人部门和公民社会力量相对较强，有助于推动印度的网络安全目标和国家利益。因此，印度应选择多边治理模式，同时赋予私人伙伴和公民社会一定的权利。早在20世纪80年代，印度的互联网即向私人行为体开放。进入21世纪以来，印度对私人行为体开放了互联网服务提供部门和移动电话部门许可。当前，印度成为全球增长最快的移动应用市场以及全球第三大互联网市场。截至2018年底，印度拥有约4.22亿宽带用户，涉透率达到32.9%，且95%以上为无线互联网用户。① 印度在国际互联网治理中立场不确定的一个例子是，在

---

① 尤升、杨晓茹：《数字丝绸之路建设与中印数字经济合作审思》，《印度洋经济体研究》2020年第4期，第127页。

2014年巴西全球多利益攸关方会议上,印度和俄罗斯一样没有在最后文件上签字。无论是选择多边模式还是多利益攸关方模式,印度总体上希望改革全球网络空间治理秩序,建立一个更为民主、包容的治理体系。

其二,坚持网络战略自主和灵活性原则的兼顾协调。印度在国际互联网治理中既坚持捍卫国家利益的底线,同时在具体问题领域又不乏灵活性和弹性空间。它出于自身战略利益和经济利益考量,既希望在网络空间享有平等治理权,同时希望维持网络空间的开放特征,其中一个重要原因在于印度把非国家行为体置于网络空间规则制定的重要地位,非政府组织能够影响印度的网络空间政策。2011年,印度曾在第66届联大会议上提交建议,要求建立联合国互联网相关政策委员会,但由于本国互联网公司的强烈反对,印度政府宣布放弃政府监管。①

此外,印度与美国、中国、俄罗斯等其他大国的双边互动明显体现出其坚持战略自主和灵活性的原则。它通常利用其务实外交和平衡外交的特点,实现谋求最优的国家利益。比如,印度对美国采取防范与合作的网络安全战略:印度长期遭受美国情报机构监听,对于美国抱有很大的警惕心理,同时,它试图依靠美国,对中国采取一种所谓的防范型网络安全战略。此外,印度近年来为了防范中国,加强了与日本在信息通信技术和网络安全方面的合作。由此可见,印度在双边关系上推行合作与制衡相协调的策略反映了其一贯务实的态度,它善于深入挖掘与其他大国的共同利益,并通过开展切实合作将其转化为可资利用的资源。同时,这样一种策略也展现了其维护自身在国际事务中的自主选择权和独立的战略空间、形成独立影响力的意愿。②

其三,重视争夺国际互联网规则制定权。近年来,印度对全球治理制度体系明显表现出从立场激进的规则破坏者到相对理性务实的规则制定者的转变。长期以来,印度追求战略自主性,在网络空间安全治理等议题上较为激进,一向被视为规则破坏者,而非规则制定者。规则制定者与规则破坏者往

---

① Shalini Singh, "On Internet Rules, India Now More Willing to Say ICANN," October 14, 2012, http://www.the hindu.com/news/national/On-Internet-rules-India-now-more-willing-to-say-ICANN/article12557693.ece?homepage=true.

② 江天骄、王蕾:《诉求变动与策略调整:印度参与全球治理的现实路径及前景》,《当代亚太》2017年第2期,第124页。

往既有联系，也有区别。一般意义上，规则制定者强调对现有国际规则的改革和新规则的建立，而规则破坏者则"只破不立"，突出破坏性后果。比如，在印度的瓦多达拉等地，当地政府出于信息安全和病毒攻击的考虑，曾一度关闭了来自美国服务器商提供的互联网数据服务，这是比较激进的网络治理策略。

近年来，随着印度自身网络实力的增强以及对国际互联网治理的认知不断加深，它逐步改变了对待国际规则的态度和立场。印度意识到要真正成为国际互联网政治中的重要变革力量，推动网络空间秩序转型，就需要提升自身的发言影响能力、话语权传播能力和规则制定能力。印度不仅通过联合国、金砖国家等多边途径发声，还积极利用与欧美国家的关系拓展网络空间影响力，参与塑造全球治理新规范，构建网络空间新秩序。鉴于印度庞大的网络人口和网络经济，印度在网络空间地缘版图的价值和地位将更为凸显。

二、印度参与国际互联网规则制定的基本路径

在参与国际互联网规则制定的具体做法上，印度以双边和多边关系为基础，以周边和南亚地区为重点，积极参与不同类型、不同层面的治理机制和论坛平台，提升规则话语权。

其一，以联合国为平台发展网络多边关系，提升规则话语权。重视多边主义是印度参与世界事务的重要路径，其积极支持"不结盟运动"和七十七国集团的政策一直延续至今。印度认为，联合国在互联网及相关治理领域理应发挥基础性作用，并积极参与联合国、国际电信联盟等机构的相关活动，支持国际电信联盟的功能扩展，提出由国际电信联盟接管并履行国际互联网治理的主要职能。在ASCII码字符改革问题上，印度支持把本地语言纳入国际化域名系统，使得本土语言文本发展为顶层域名系统成为可能。2010年5月24日，在印度海得拉巴（Hyderabad）举行的第5届世界电信发展大会上，印度作为主办国通过了《海得拉巴行动计划》。该计划明确指出，宽带接入电信和信息通信技术是世界共同经济、社会和文化发展的基础，为此应该关注宽带安全，推动全球发展议程的实现。

印度承认互联网治理论坛具有积极的作用，同时认为其需要进行必要的改革，以反映发展中国家的利益和诉求。互联网治理论坛的价值在于其开放

性和提供信息的特点，使各种意见能够得到表达，使各种经验和专长能够得到分享，从而让所有人能够继续了解如何使用、扩大并保护互联网这种重要的通信和信息资源。印度认为，互联网治理论坛存在议题泛化等方面的问题，因此，需要推进互联网治理论坛的改革进程，实现功能转型。在印度等金砖国家的共同努力下，联合国近年来推动互联网治理论坛的功能转型，通过赋予更多权力，弥合数字鸿沟，推动互联网治理生态系统的可持续性。

同时，需要注意的是，印度与中俄两国不同，它不是联合国安理会常任理事国。因此，印度对联合国推动全球治理的态度复杂微妙，对联合国在互联网领域的主导地位持怀疑态度。更多的时候，印度对现有的国际互联网治理体系持一种比较批判的态度，缺乏建设性的系统性替代方法，其立场和复杂心态在一定程度上影响了印度在联合国层面对国际互联网规则的参与力度。

其二，以周边为重点，推动南亚区域互联网治理进程。长期以来，印度深耕南亚和印度洋地区，把南亚地区作为发挥印度全球影响力的核心地区，并以此为印度全球治理战略的基础。当前，南亚地区的网络安全和网络恐怖主义风险交织叠加。近年来，印度受到的网络匿名攻击事件数量大大增加。印度和该地区其他发展中国家面临深化网络安全合作的迫切需要。为此，印度通过南亚区域合作联盟（SAARC）、环印联盟（IORA）等地区组织积极推动南亚区域网络安全治理，并试图继续维持对南亚地区网络空间的主导权。

南亚区域合作联盟和环印联盟是印度倚重的治理平台，南亚和印度洋地区成为印度的重要关注点。南亚区域合作联盟成立于1985年，是南亚区域治理的主要国际组织。该组织成立之后，规模不断扩大，机制化水平不断提升，在区域治理中采取了很多务实举措。近年来，南亚区域合作联盟把网络安全、网络反恐合作以及推动数字经济发展等作为重要议题予以推进。但长期以来，印度试图把南亚区域合作联盟变为印度控制南亚和周边地区的工具，通过该组织增强自身对南亚国家的影响，实现地缘政治目标。环印联盟是印度洋地区第一个大型区域性经济合作组织，也是唯一一个包括整个印度洋地区的经济合作组织，是继欧盟、北美自贸区和亚太经合组织之后的世界第四大经济集团。2017年3月7日，环印联盟首次领导人峰会在印度尼西亚雅加达举行，影响力逐步扩大。《环印联盟2017—2021年行动计划》把网络经济和数字基础设施建设作为重要内容，推动该地区电子商务、数字贸易的发展。此次峰会通过《关于预防和打击恐怖主义和暴力极端主义的声明》，要求成员密切协商以打击网络恐怖主义，实现"打造和平、稳定、繁荣的印度洋"的目标。

其三，积极参与小多边治理机制的网络规则制定。近年来，在印度大国梦的支配下，印度积极参与各类小多边治理机制。金砖国家领导人会晤和印巴南三边对话机制是印度实现政治诉求的典型小多边机制。2016年10月，印度在果阿举行的金砖国家领导人会晤期间推动网络空间议题的讨论，同时还举办了金砖国家领导人同环孟加拉湾多领域经济技术合作组织（BIMSTEC）成员国领导人对话会。网络安全和打击网络恐怖主义成为该次会晤重要的关注点之一，印度与其他成员一道达成《金砖国家领导人第八次会晤果阿宣言》，"主张建立一个公开、统一和安全的互联网，重申互联网是全球性资源，各国应平等参与全球网络的演进和运行，并考虑相关利益攸关方根据其各自作用和职责参与其中的必要性"[①]。2021年9月印度担任金砖国家主席国，会后通过的《金砖国家领导人第十三次会晤新德里宣言》"承诺致力于促进开放、安全、稳定、可及、和平的信息通信技术环境，重申应秉持发展和安全并重原则，全面平衡处理信息通信技术进步、经济发展、保护国家安全和社会公共利益以及尊重个人隐私权利等的关系"[②]。近年来，印度致力于在金砖国家网络安全工作组发挥自身作用并推动落实《金砖国家确保信息通信技术安全使用务实合作路线图》。

IBSA是印度参与全球治理的重要平台，这一机制把所谓民主价值观念作为机制凝聚力的来源，从关注宏观政治问题的松散伙伴关系发展成一个功能性较强、寻求讨论和解决影响发展中国家普遍性问题的联盟，也成为三国寄托大国梦想，在世界政治经济发展中获得更大参与权及话语权的一个突破口。[③]2006年9月13日，首届印度、巴西、南非对话论坛在巴西巴西利亚举行，互联网相关信息议题首次进入IBSA的讨论议题。三国签署了《IBSA信息社会框架合作协定》（IBSA Framework of Cooperation on Information Society），旨在加强三方在信息互联网领域的合作。这一协定有助于缓解三国国内存在

---

① 《金砖国家领导人第八次会晤果阿宣言》，《人民日报》2016年10月17日，第3版。
② 《金砖国家领导人第十三次会晤新德里宣言》，《人民日报》2021年9月10日，第2版。
③ 胡志勇：《21世纪初期南亚国际关系研究》，上海社会科学院出版社，2013，第381页。

的数字鸿沟,奠定国际合作的基础。[①] 2011年10月,南非比勒陀利亚举行第五届印度、巴西、南非对话论坛,此后发表的《茨瓦内宣言》提出,三国对话论坛架构具有成为全球关键性博弈方的潜力。宣言强调巩固三国对话论坛及参与全球治理的原则、规范和价值的重要性,即参与民主、尊重人权和法治。《茨瓦内宣言》指出,三国致力于推动以人为中心的、包容性的和发展导向的信息环境,并同意在信息社会世界峰会(WSIS)以及其他信息技术组织中协调立场。[②] 在这次论坛上,印度、巴西和南非建议成立IBSA互联网治理和发展展望,以便监督全球互联网治理并从发展中国家的视角定期提出建议和分析。[③]

三、印度参与国际互联网规则制定面临的挑战与不足

不过,印度在参与共建国际互联网规则方面的能力有待加强,表现在其自身治理能力和治理愿望的差距、国内政治博弈和多样化的国家利益诉求以及欧美等现有治理主体对印度参与国际互联网治理的制约与限制,这些都使得印度参与国际互联网规则制定的进程面临不小的挑战。

其一,自身的治理能力和治理愿望存在差距。印度一直有参与国际互联网政治的身份渴望,不过,其网络实力有限。网络强国的标志是国家关键基础设施具备完善的防御能力,互联网产业具备强大的全球竞争力,网络安全领域和军事领域具备足够的威慑力。[④] 网络空间治理能力是网络强国的重要标志,但印度国内网络安全治理机构设置冗杂,印度电子与信息技术部与内政部、国防部等部门在网络安全等议题职能重叠,相关法律条文单薄,政策框架简单。印度没有将国家层面的治理政策详细化、专业化,各部门沟通不畅,没有统一的治理思路,因此无法开展协作。[⑤]

印度至今未颁布网络安全战略,其《国家网络安全策略(草案)》(NCSP)迟迟没有正式颁布。总体上,印度是一个快速发展的网络大国,目前还谈不

---

① DFA, "1st IBSA Summit Declaration," September 13, 2006, http://www.dfa.gov.za/docs/2006/ibsa0920.htm.

② Brazil's Foreign Ministry, "Tshwane Declaration," p.13.

③ Ibid.

④ 方兴东、胡怀亮:《网络强国:中美网络空间大博弈》,电子工业出版社,2014,第8—9页。

⑤ 张舒君:《印度网络安全治理视域下的美印网络安全竞合》,《信息安全与通信保密》2019年第8期,第65页。

上网络强国。由于印度国内关注经济增长、研发本土化等议题，其在网络空间领域的政策偏好和实力差异显著制约了自身治理能力的发挥。印度曾在网络空间持比较激进的政治立场，谋求保证各国在网络空间的平等话语权。但是，印度的努力受到了西方国家的强烈反对。印度国内存在着经济增长减速、财政赤字、新兴网络技术基础设施薄弱等方面的问题，直接影响了其在互联网治理领域的政策立场。目前看来，在主动构建网络空间规则方面，印度与巴西、中国等国在网络空间建章立制相比，没有主动建立任何相关的会议机制或论坛场所，它仅是通过现有治理机制，以治理个案为基础应对网络空间治理相关议题。比如，印度参与互联网治理论坛、国际电信联盟等机制的人数通常较少，并缺少政府官员的参与。

其二，国内政治博弈和多样化的国家利益诉求制约印度的国际互联网政策立场。印度的立场和政策不仅受到全球治理力量变迁和国家间政治的影响，还受制于印度国内政党间的政治博弈、国内媒体的舆论导向、民众观念、国内企业、金融利益集团等多种因素的影响。特别是，印度网民数量日益庞大且私人网络企业的影响不断增长，这些都对印度政府的对外政策产生影响。莫迪政府上台后，新一届印度政府认为"自己有责任为2.432亿本国网民（年增长率为14.1%）以及活跃的私人和公共部门在互联网上的利益提供保障。因此，这些因素结合起来让印度最终认为，多方利益攸关者的治理方案才最符合自身利益"①。印度信息技术部（DIT）等政府机构和印度私营企业往往组成一个联盟，开展协同一致的研发工作，建立国内网络产业生态系统，由印度计算机应急响应小组监督网络运行。

其三，对国际互联网治理中的经济发展与社会稳定的优先选项存在分歧。相比中俄两国对于互联网治理的公共政策领域的关注，印度对互联网治理采取了优先关注经济发展的策略。2021年印度政府出台的《国家网络安全策略（草案）》认为，发展印度本土电子产品对于应对进口高科技产品可能带来的威胁至关重要。同时，"印度政府需要确认对国家而言风险最高的网络威胁类型、关键网络基础设施的漏洞和网络安全存在的问题，并在此基础上开展协

---

① 戴逸司：《乌镇峰会和印度的互联网治理》，搜狐网，2015年12月27日，https://www.sohu.com/a/50764694_115479。

同一致的研发工作，满足关键研究所需"①。但是，由于印度尚未颁布专门的网络安全战略，加之印度在预防网络安全的机制建设方面还处于起步阶段，相关配套法律不足，影响和制约了印度对国际互联网治理的参与。

其四，欧美等现有治理主体对印度参与国际互联网治理的制约与限制。欧美国家利用印度与西方国家的历史渊源关系与价值观认同程度，采取分化政策，对印度参与国际互联网治理产生负面影响。总体而言，印度对欧美国家采取了合作为主的网络战略。历史上，印度与美国在网络安全领域具有合作的基础。早在2001年，美印两国在反恐对话合作机制下建立了美印网络安全论坛，该论坛在美国国土安全部与印度计算机应急响应小组建立定期对话机制，旨在提升双方共享信息架构方面的合作。2011年7月19日，美印双方在举行信息交流对话机制期间签署了《网络安全谅解备忘录》。② 网络空间合作和网络反恐成为美印战略对话的重要支柱，同时，为了防止美国对印度的持续监听，印度要维持具有独立性的网络空间，运用自身的地缘优势和包括金砖国家在内的外交资源改变互联网治理结构，维护国家安全。

特朗普政府为实现"美国优先"，构建亚太地区新地缘政治、经济格局，维护美国在印太地区的霸主地位，对于印太地区在美国外交战略中的地位进行重新定位并把日美印澳四边同盟纳入"印太战略"的轨道。美国2017年底发布的《国家安全战略报告》用"印太"取代"亚太"，印太地区出现了"从印度的西海岸延伸到美国的西部海域的地缘政治竞争"，并指责中国在印太地区取代美国，反映出印太已成为一个凸显的地缘政治经济术语。③ 在此背景下，美印在互联网关键技术、网络安全及人工智能等领域积极开展合作。比如，美印于2018年共同筹建印度的人工智能生态系统，美国谷歌公司和印度国家研究院开展联合科研活动，进行人工智能研发。拜登政府上台后，在网络治理议题上以继承为主，进一步加大与印度在网络空间、数字科技等领域的合作，遏制打压中国，确保产业链安全，确保网络空间规则主导权。2021

---

① 《印度出台〈国家网络安全策略（草案）〉》，安全内参网，2021年7月12日，https://www.secrss.com/articles/32558。

② Department of Homeland Security, "United States and India Sign Cybersecurity Agreement," July 19, 2011, http://www.dhs.gov/news/2011/07/19/united-states-and-india-sign-cybersecurity-agreement.

③ The White House, "National Security Strategy of the United States of America," p.25.

年3月12日，在拜登上任后举行的首次"四边机制"领导人视频峰会上，美国、日本、印度、澳大利亚共同发布了联合声明，网络安全、数字基础设施互联互通成为关注的重点。同时，峰会还设立了关键和新兴技术工作组，促进在未来国际标准和创新技术方面的合作。① 欧美国家对印度的影响比较明显地体现在印度与新兴市场国家的关系上，一定程度上导致金砖国家内部异质性显现，印度与其他金砖国家在国际互联网治理的优先选项上和互联网规则制定的重点领域存在分歧，亟须进行立场协调。总之，美国对印度的网络影响力以及美国的分化政策一定程度地影响了印度与其他国家的战略互信与合作共识。

---

① The White House, "Quad Leaders' Joint Statement: The Spirit of the Quad," March 12, 2021, https://www.whitehouse.gov/briefing-room/statements-releases/2021/03/12/quad-leaders-joint-statement-the-spirit-of-the-quad/.

第九章 互联网国际制度及其改革

国际互联网治理制度是保障网络空间安全、防范网络犯罪的基础，也是构建网络空间命运共同体的物质需要。当前，国际互联网治理中的主要制度包括传统的以西方为主导的机制、联合国主导的机制以及新兴市场国家创立的新型机制，共三大类，反映出不同政治力量在保持传统的互联网治理秩序和全球网络新秩序方面激烈的碰撞。同时，这也反映出"国际互联网治理星云图"上出现了以美中为主导、发达经济体与新兴经济体两大"星云"的对立趋势，国际社会对国际互联网规则话语权的争夺日益激烈。全球互联网治理结构存在众多的机制与组织，不过，学术界对于国际互联网制度的研究在早期被严重忽视。在国际机制理论发展初期，互联网相关领域未得到斯蒂芬·克拉斯纳、罗伯特·基欧汉等制度主义代表人物的有效关注。约瑟夫·奈较早在"互联网治理全球委员会"的研究报告中运用国际机制理论对现有互联网治理机制进行了分析，探讨国际互联网治理出现的较为明显的"各自为政""政出多门"的机制碎片化状态。① 但总体而言，在《国际组织》(*International Organization*)、《国际组织评论》(*Review of International Organizations*)、《全球治理：多边主义与国际组织评论》(*Global Governance: A Review of Multilateralism and International Organizations*) 等研究国际制度和

---

① Joseph S. Nye, "The Regime Complex for Managing Global Cyber Activities."

全球治理的知名学术期刊中，有关互联网及其治理的论述匮乏，学术界需要加强互联网治理机制的运行及其改革等方面的理论分析。

第一节　联合国及其下属的互联网国际制度

随着国际组织越来越多地介入互联网治理，网络空间已经成为权力的新领域，国家不再排他性地主导网络空间。其中，国际社会对互联网治理机制的关注更多地围绕着联合国、ICANN、国际电信联盟以及互联网治理论坛等展开。同时，新兴市场国家创建的新型治理机制也备受关注，它们构成了不同治理主体施加影响的重要平台。[①]其中，最能反映双方阵营博弈程度的是欧美国家倚重的ICANN和新兴市场国家支持的联合国两个制度平台的对抗。

一、联合国大会

国际互联网涉及的全球性挑战和国际互联网规则制定是联合国的重要关注点，联合国各个层面有关网络空间安全的内容涵盖联合国大会、国际电信联盟、联合国裁军研究所（UNIDIR）、联合国信息通信技术促进发展世界联盟（UN-GAID）、信息社会世界峰会和互联网治理论坛等。同时，在联合国预防犯罪和刑事司法委员会的领导下，联合国设立了网络犯罪政府专家组，专家组是各国讨论应对网络犯罪问题的政府间进程，也是联合国框架下探讨打击网络犯罪国际规则的唯一平台。此外，联合国安理会是依照联合国的宗旨和原则维护国际和平与安全的最主要机构，不过，安理会对网络安全的介入仅限于联合国反恐任务实施力量任务组（CTITF）所属的反恐目的使用互联网的工作组，还没有涉及国际互联网安全的决议。[②]对于互联网治理的未来发展而言，联合国的作用与影响变得越来越重要了，本节先就联合国大会在国

---

① Ronald J. Deibert and R. Rohozinski, "International Organization and Cybergovernance," in Robert A. Denemark (ed.), *The International Studies Encyclopedia* (West Sussex: Wiley-Blackwell, 2010), pp. 4203-4218.

② Roxana Radu, "Power Technology and Powerful Technologies: Global Governmentality and Security in the Cyberspace," in Jan-Frederik Kremer and Benedikt Müller (eds.), *Cyberspace and International Relations: Theory, Prospects and Challenges* (London: Springer, 2014), p. 11.

际互联网规则制定中的地位与作用进行分析。

联合国大会作为讨论国际问题的独特多边机制，在互联网治理中发挥了引领作用。自1998年联合国大会第一委员会通过的决议"从国际安全角度看信息技术发展"起，联大颁布了多份有关网络安全的决议，如2002年通过的联大第二委员会决议"网络安全全球文化的形成与关键信息基础设施的保护"以及2009年联大第二委员会的决议"创建全球网络安全文化以及评估各国保护重要信息基础设施的努力"等。特别值得注意的是，2009年联大的决议对于网络主权和发展中国家的能力建设作出过专门申明，决议重申，"各国政府在国际互联网治理以及确保互联网的稳定性、安全性和连续性方面应该平等发挥作用和承担责任"。同时，决议指出，"必须加强努力，通过便利在网络安全最佳做法和培训方面向发展中国家，尤其是最不发达国家转让信息技术和能力建设，弥合数字鸿沟，普及信息和通信技术，保护重要的信息基础设施"[①]。

联大第一委员会自2003年起设立了联合国信息安全政府专家组，至今已经先后发布三份共识报告（2010年报告、2013年报告和2015年报告）。该政府专家组为网络空间全球治理提供了规范治理的基本框架，其推动的负责任的国家行为准则、现有国际法在网络空间中的适用和建立信任措施等治理领域成为国际社会约束网络空间秩序的重要方向。[②] 具体而言，政府专家组集中关注的核心议题包括：（1）网络主权原则以及主权原则是否适用于网络空间、网络主权的内涵等问题的讨论；（2）网络空间使用武力与武装冲突法在网络空间的适用问题，武装冲突法是否可以适用于网络空间；（3）国家责任议题以及如何认定网络空间不法行为和网络攻击行为；（4）国际互联网治理机制建设议题以及联合国是否或如何在国际互联网治理中发挥主导作用；（5）国家行为规范的软法制定的可能性和范围问题。上述五点共同构成了联合国信息安全政府专家组讨论的核心议题。

在五届联合国信息安全政府专家组中，2013年的政府专家组取得了比较

① United Nations General Assembly, "Creation of a Global Culture of Cybersecurity and Taking Stock of National Efforts to Protect Critical Information Infrastructures," p.2, November 20, 2009, http://www.un.org/en/ga/search/view_doc.asp?symbol=A/RES/ 64 /211&referer=http://www.un.org/en/ga/64/resolutions.shtml&Lang=E.

② 参见：鲁传颖、杨乐《论联合国信息安全政府专家组在网络空间规范制定进程中的运作机制》,《全球传媒学刊》2020年第1期，第107页。

明显和积极的工作进展，各方就互联网主权和国际法基本原则在网络空间的适用问题达成了一致，确认国际法特别是《联合国宪章》适用于网络空间，并且宣示：国家主权和源自国家主权的国际规范和原则适用于国家进行的信息通信技术活动，以及国家在其领土内对信息通信技术基础设施的管辖权。2015年，第四届政府专家组达成的最后报告进一步充实了网络主权原则，把国家主权平等原则、不干涉内政原则、禁止使用武力原则、和平解决争端原则等国际法基本原则纳入网络空间，充实和丰富了网络主权、互联网规则的内涵。联合国信息安全政府专家组还对互联网技术的能力建设给予了积极的关注，具体包括：网络安全、网络犯罪、数据规则和信息发展。[①] 同时，政府专家组也为相关国家在互联网治理领域的合作提供论坛场所和平台。比如，在2013年2月的政府专家组会议上，中俄两国就网络犯罪国际合作进行了密切接触。

2017年政府专家组谈判失败后，联合国层面的谈判和规则制定进程受挫。经过国际社会的共同努力，根据联大2018年底的决议，联合国建立了"政府专家组"和"开放式工作组"两个机制。未来，随着众多非西方国家的大力支持，联大将在网络空间进一步展现出制度化和安全化的治理模式。不过，联合国仍需健全互联网治理议题的机构设计。联合国大会作为讨论国际问题的独特多边论坛，确实发挥了作用，但到目前为止，联合国系统内部仍没有成立单一的负责互联网职责的中心。[②] 政府专家组确实具有推动价值，但是代表名额有限，且受到大国政治博弈的冲击和影响，因此，代表性和局限性也很明显。有研究者对政府专家组的未来持悲观态度，因为各国的利益和规范偏好完全不同，无法达成共识。此外，政府专家组很难制定有效的法律政策，"无法期望网络空间很快能得到统一的国际法律制度的监管"[③]。基于上述原因，"政府专家组"与"开放式工作组"已合并为"开放式工作组"。

---

① Camino Cavanagh, "The UN GGE on Cybersecurity: The Important Drudgery of Capacity Building," April 13, 2015, http://blogs.cfr.org/cyber/2015/04/13/the-un-gge-on-cybersecurity-the-important-drudgery-of-capacity-building/.

② 温柏华：《网络空间治理的政治选择》，《中国信息安全》2013年第9期，第42页。

③ Anders Henriksen, "The End of the Road for the UN GGE Process: The Future Regulation of Cyberspace," *Journal of Cybersecurity* 5, no.1 (2019): 2.

二、信息社会世界峰会及十年评估进程

（一）信息社会世界峰会

1998年在美国明尼阿波利斯召开的国际电信联盟全权代表大会最早提出了召开信息社会世界峰会的倡议，但大会并未对峰会的特征及范围作出规定。不过，这一建议受到联合国教科文组织的支持，教科文组织制订了一个比国际电信联盟全权代表大会更宏大且更精密的计划。[①] 2001年，联合国安理会批准了召开信息社会世界峰会的提议，并把国际电信联盟设置为信息社会世界峰会的主导机构，峰会由国际电信联盟在联合国其他机构的支持下举行。2002年1月31日，联合国大会第56/183号决议赞同国际电信联盟通过的信息社会世界峰会会议框架。互联网治理被纳入议题是在会议筹备过程中逐步实现的。在第一阶段会议的预备会议上，国际互联网治理并没有被提上议程，这一状况直到2003年2月召开的中东地区筹备会议才得以改变。

信息社会世界峰会分两个阶段召开，即2003年12月10日至12日的日内瓦阶段会议和2005年11月16日至18日的突尼斯阶段会议。信息社会世界峰会第一次会议共有来自176个国家、50个国际组织、50个联合国的组织和机构以及98个商业实体和481个非政府组织的1.1万多人参加。这是互联网的国际治理问题第一次在联合国层面进行全面、深入的讨论和协调。信息社会世界峰会的目标是"建设一个以人为本、具有包容性和面向发展的信息社会。在这样一个社会中，人人可以创造、获取、使用和分享信息和知识，使个人、社区和各国人民均能充分发挥各自的潜力，促进实现可持续发展并提高生活质量"。根据2002年联合国大会第56/183号决议，信息社会世界峰会确认急需利用知识和技术潜力以促进《联合国千年宣言》的各项目标，并寻求有效、创新的途径使这种潜力为全人类的发展服务。[②]

2003年12月10日—12日，信息社会世界峰会第一阶段会议在日内瓦召开，共有176个国家派出的4000余名政府代表及来自联合国等机构的6000余

---

① David Souter, "Whose Summit? Whose Information Society?" March 13, 2007, http://www.apc.org/en/pubs/books/whose-summit-whose-information-society.

② UN General Assembly Resolution 56/183, "World Summit on the Information Society," December 21, 2001, http://www.itu.int/wsis/docs/background/resolutions/56_183_unga_2002.pdf.

名观察员与会，其中包括近40位国家元首或政府首脑以及100多位部级官员。本次会议的主要成果是通过了成果文件《日内瓦原则宣言》和《日内瓦行动计划》，会议同时责成联合国秘书长成立联合国互联网治理工作组（WGIG）。《日内瓦原则宣言》明确表示，"互联网成为公众可利用的全球设施，治理应该构成信息社会议程的核心议题。互联网公共政策的决策权是各国的主权"。《日内瓦原则宣言》确定了以互联网为基础的信息社会的基本原则，互联网的国际管理应该是多边的、透明的和民主的，政府、私人团体、市民社会和国际组织均可参与治理。在日内瓦进程中，国家在互联网治理中具有最显著的地位。而《日内瓦行动计划》则明确指出，各国政府在制定和实施综合的、前瞻性的和可持续的国家信息通信战略中发挥主导作用。私营部门和民间团体通过与各国政府对话，在制定国家信息通信战略中发挥重要咨询作用。总之，从网络主权的角度分析，信息社会世界峰会的共识形成了国家、私营部门和公民社会的等级联系。其中，政府居于顶端，设置发展方向。

不过，信息社会世界峰会无法立即解决互联网治理中的诸多复杂问题，为此，会议责成时任联合国秘书长安南成立联合国互联网治理工作组，研究和讨论互联网监管问题。会议达成的《日内瓦行动计划》第13条指出，"我们请联合国秘书长成立一个互联网治理工作组，在一种确保发展中国家和发达国家各国政府、私营部门和民间团体充分和积极参与的机制的开放和包容性进程中，在相关政府间组织和国际组织与论坛的参与下，进行调查，并在2005年之前视情况就互联网治理方面的行动提出建议。该工作组应：（1）制定有关互联网治理的切实可行的工作定义；（2）确定与互联网治理有关的公共政策问题；（3）就各国政府、现有政府间国际组织、其他论坛、发展中国家和发达国家私营部门以及民间团体各自的作用和责任形成共识；（4）就此活动的结果起草一份报告，提交将于2005年在突尼斯召开的信息社会世界峰会第二阶段会议审议，并采取适当行动"①。

国际社会在此次峰会上存在着立场上的分歧与斗争。美国认为，如果要将互联网的社会和经济效益最大化，每个国家都必须在立法、管理和政策上

---

① "Geneva Plan of Action WSIS-03/GENEVA/DOC/0005," p.7, December10-12, 2003, http://www.itu.int/dms_pub/itu-s/md/03/wsis/doc/S03-WSIS-DOC-0005!!PDF-C.pdf.

鼓励私有化、竞争和自由发展，而欧盟认为互联网治理的国际化中最主要问题就是域名系统、IP地址和根服务器管理的国际化。在这次会议上，巴西等新兴市场国家认为，互联网是一种公共资源，理应由民族国家管理，在国际层面上则应该由国际电信联盟之类的政府间国际组织治理。同时，部分发展中国家提议成立一个国际性的互联网治理组织以制定国际规则。联合国互联网治理工作组由来自政府、私营部门和民间社会的40名成员组成，成员以个人身份平等参与工作。曾就职于印度规划委员会的印度经济学家、联合国副秘书长尼汀·德赛（Nitin Desai）担任联合国互联网治理工作组主席，互联网治理工作组秘书处执行协调人则由瑞典外交官马库斯·库默尔（Markus Kummer）担任。2005年7月14日，互联网治理工作组公布了一份研究报告，报告首先对互联网治理进行了界定并指出，"任何一个国家的政府都不应在国际互联网管理方面享有主导地位。管理职能的组织形式应是多元、透明和民主的，并由各国政府、私营部门、民间社会和国际组织充分参加"[1]。同时，互联网治理工作组提出了四种互联网治理制度的设想，试图取代美国对互联网治理的单边主义。其中一些建议是比较重大的变化，有些则是微调。比如，设立全球互联网理事会，承担美国政府商务部行使的国际互联网治理职能并取代ICANN政府咨询委员会。从微调的角度看，加强ICANN政府咨询委员会的作用，以减轻发展中国家对美国主导ICANN的担忧。发展中国家希望工作组最后形成的《互联网治理工作组报告》和评论能反馈至信息社会世界峰会第二阶段突尼斯议程中，不过，报告的建议并没有得到采纳，由于其忽视了互联网治理的一些基本原则，导致各方未能在基本原则方面达成共识。米尔顿·穆勒等人认为，互联网治理工作组执着于将等级制的传统治理模式运用于互联网领域，这是导致其最终失败的最主要原因。[2]

信息社会世界峰会的第二阶段会议于2005年11月16日至18日在突尼斯的突尼斯市举行。在突尼斯议程中，各国提请联合国秘书长召集一个"多利益攸关方新的对话论坛"，即互联网治理论坛。该论坛的任务是进一步讨论

---

[1] Working Group on Internet Governance, "Report from the Working Group on Internet Governance," p.10.

[2] Milton L. Mueller, John Mathiason and Hans Klein Source, "The Internet and Global Governance: Principles and Norms for a New Regime," *Global Governance: A Review of Multilateralism and International Organizations* 13, no. 2 (2007): 237-254.

设计互联网治理的主要公共政策问题，以便加强国际合作，推动互联网可持续、安全、稳定地发展。突尼斯会议迫使美国政府作出了让步：同意建立互联网治理论坛，在联合国的监督下对互联网治理提出建议。同时，美国很快与ICANN缔结《谅解备忘录》，认为ICANN到2009年可以获得独立，但并没有放弃对域名系统的单边监管权。因此，美国的表态也仅仅具有象征性，《谅解备忘录》的签署只是为美国和ICANN的关系披上了一件新外衣罢了。[①]

2006年10月30日，互联网治理论坛在希腊雅典召开第一次会议，来自各国政府、国际组织、其他实体及媒体的1500多名代表参会。这次论坛的主题定为"互联网治理促进发展"，以能力建设问题作为贯穿各方面讨论的优先事项。此次会议专门就"互联网框架公约"的形式和内容以及候选方案进行了讨论。互联网治理论坛为多边协商提供了论坛场所和协商平台，是推进各方达成共识的重要机制平台。但是，各国仅仅把论坛作为其发布意见的平台，无意以此作为新规则制定的主平台，美国此后更是通过调整策略加强了对ICANN的控制。

信息社会世界峰会在国际互联网治理进程中具有极其重要的意义和价值。首先，信息社会世界峰会的最重要影响是其改变了国际社会思考互联网治理的途径，使国际社会认清了互联网治理的主要内涵，迫使国家、国际组织和所有利益攸关方全方位审视自身的互联网政策。互联网治理被认为是跨越多种政策领域和多种国际制度的政策制定和实施过程，在此之前，互联网治理被技术组织和少部分人孤立地对待，国际互联网治理仅被狭隘地指涉ICANN这一机构，信息社会世界峰会的召开打破了这种孤立的局面，推动了不同组织间的对话。在信息社会世界峰会之后，互联网治理扩大了内涵和范围，甚至连一般数字媒体都被纳入国际互联网治理。因此，如果没有信息社会世界峰会，国际互联网治理进程将不会很快发生。

其次，各方在信息社会世界峰会就民族国家在互联网治理中的作用展开了争论。在互联网相关公共政策领域是民族国家具有权威还是ICANN具有权威，成为争论的焦点。信息社会世界峰会的推进过程为发展中国家公开挑战

---

① "ICANN's New MoU: Old Wine in a New Bottle," September 30, 2006, http://www.internetgovernance.org/news.html#ICANNoldwine_093006.

ICANN制度的合法性提供了机会。因此，峰会的召开导致了一个国际社会未曾料到的结果：各国开始围绕互联网治理，尤其是针对ICANN的问题展开讨论，并使其成为主导峰会议程的重要议题。一些发展中国家开始挑战美国主导ICANN的单边权力以及互联网领域盛行的非政府政策制定机制，从而令信息社会世界峰会更具吸引力并具有了更广泛的政治影响力。

最后，信息社会世界峰会还把政府、公民社会与其他国际组织紧密联系在一起。信息社会世界峰会鼓励公众积极参与峰会议题的讨论和相关宣传。早在2001年，信息社会中的交流权便成为国际社会关注的重要话题。发展中国家和左翼团体试图利用信息社会世界峰会提供的政治机会来分享信息社会中的交流权，信息社会世界峰会加速了国际社会对交流和通信议题的关注度，推动了交流和通信领域治理的制度变迁。信息社会世界峰会使得先前存在的、碎片化的倡议网络得以形成，在跨国市民社会行为体中建立了更强有力的个人间或组织间联系。同时，它通过推动非国家行为体的参与，使得会议更加公开和透明。[1]

当然，信息社会世界峰会也存在短板和不足。峰会本身是一种新社团主义的治理模式，在伴有商业利益的劳工组织和制定经济政策的国家之间，维护福利国家的社会均衡。[2]一方面，信息社会世界峰会并非一个强有力的机制，日内瓦会议的成果是公布了《日内瓦原则宣言》和《日内瓦行动计划》，突尼斯会议达成了《突尼斯信息社会议程》。会议本身并没有达成有约束性的国际条约，也没有对互联网服务商产生有约束性的契约，更未能把ICANN纳入联合国的监管。信息社会世界峰会致力于与联合国及其他国际组织一起，制定统一规划来解决全球数字鸿沟问题。不过，它缺乏集中性和连贯性，来自发达国家的财政担当也很脆弱。另一方面，互联网主权争论尽管开始成为国际社会争论的焦点议题，但是当时还很难撼动发达国家在国际互联网中的主导地位。有学者质疑发展中国家的主张，认为当时广大亚非拉地区甚至很难接入互联网，没有必要执着于谁来编辑域名系统的根文件。[3]总体而言，信

---

[1]　Milton L. Mueller, *Networks and States: The Global Politics of Internet Governance*, p.80.

[2]　Abu Bhuiyan, *Internet Governance and the Global South: Demand for a New Framework* (Palgrave Macmillan: Springer, 2014), p.2.

[3]　Milton L. Mueller, *Networks and States: The Global Politics of Internet Governance*, p.60.

息社会世界峰会是国际信息交流进程中的重要转折点，是新兴市场国家登上国际互联网治理舞台的重要标志性事件，对于国际层面的互联网规则制定产生了深远的影响。

（二）信息社会世界峰会十年评估进程

联合国下属政府间国际组织对互联网治理介入的重要表现是联合国与国际电信联盟共同推动信息社会世界峰会十年评估进程（简称"WSIS+10"）议程。2003年，联合国发起召开了信息社会世界峰会，其目标是通过信息技术推广推动社会进步和经济发展，缩小数字鸿沟。同时，新兴通信技术也成为落实联合国千年发展目标的重要工具，在可持续发展中会发挥重要作用。为了更好地评估信息社会世界峰会的成效，信息社会世界峰会《突尼斯议程》要求联合国大会在2015年对信息社会世界峰会成果的落实情况进行一次全面审议。2006年，联合国大会通过了第60/252号决议，确认了十年评估进程。此后，联合国在评估过程中发挥了主导作用。联合国经社理事会科学和技术促进发展委员会曾于2010年发布了信息社会世界峰会五年评估报告。[①] 此后，联合国大会下属的国际电信联盟和联合国教科文组织在2015年对信息社会世界峰会成果的落实情况进行了一次全面审议。总之，"WSIS+10"议程的初衷是为2015年5月25日—29日在日内瓦国际电信联盟总部召开的信息社会世界峰会提供保障。[②]

"WSIS+10"进程首先由联合国教科文组织和国际电信联盟分别进行自我评估。2013年2月25日—27日，联合国教科文组织发起了"WSIS+10"十年回顾会议，即"实现知识型社会、和平与可持续发展首次'WSIS+10'大型活动"；国际电信联盟在2013年发起了为期一年的公开协商进程，在此基础上，"WSIS+10"高级别会议于2014年6月在瑞士日内瓦举行。此次会议由国际电信联盟牵头，联合国教科文组织、联合国贸发会议和联合国开发计划署与会，任务是评估信息社会世界峰会举行以来国际社会在信息通信技术领域

---

① CSTD, "Implementing WSIS Outcomes: Experience to Date and Prospects for the Future," March 2011, http://unctad.org/en/Docs/dtlstict2011d3_en.pdf.

② WSIS, "Report of the Tunis Phase of the World Summit on the Information Society," p.24, November 16-18, 2005, http://www.itu.int/wsis/docs2/tunis/off/9rev1.pdf.

取得的成绩与存在的问题，规划未来发展，以便为2015年信息社会世界峰会十年审查会议做准备，建立包容性的信息社会。① 此外，与评估进程同时进行的是各方围绕多利益攸关方在峰会中的作用及成效的讨论，讨论在推动合作特设工作组（WGEC）层面激烈地展开。该工作组由联合国经社理事会科学和技术促进发展委员会赞助，是2012年建立的多利益攸关方共同参与的小组，尤其为非国家行为体提供了发言的场所。②

"WSIS+10"高级别会议达成了两项成果。其一为《有关落实信息社会世界峰会成果的"WSIS+10"声明》（WSIS+10 Statement on Implementation of WSIS Outcomes），该文件强调有必要确保将WSIS相关成果与《2015年后发展议程》（Post-2015 Development Agenda）紧密结合起来。③ 其二为《2015年后信息社会世界峰会的"WSIS+10"愿景》（WSIS+10 Vision for WSIS Beyond 2015），该文件肯定了WSIS所取得的成效，认为其"是协调多利益攸关方履行行动、交换信息、创造知识、分享最佳做法的有效机制，并为发展各国多利益攸关方和公私合作伙伴关系提供支持"。信息社会世界峰会将致力于"推动、发展和践行全球性网络安全文化，确保数据和隐私安全，提升许可和贸易水平。此外，峰会还要考虑到各国的社会和经济发展水平，尊重新兴社会的发展导向特征"。④ 总之，根据今后十年的趋势、挑战和工作重点，制定远景规划，最终实现以人为本和具有包容性的信息社会治理模式和机制，推动实现2015年后发展议程。就信息通信技术和互联网治理两个核心议题来看，在"WSIS+10"议程中，后者的受关注度远超前者；就互联网治理来看，核心关注是主权国家是否应该监管网络空间。

2015年12月15日—16日，联合国在纽约总部举行了"信息社会世界峰会成果落实十年审查进程高级别会议"，评估信息社会世界峰会成果的执行

---

① Richard Hill, "WSIS+10: The Search for Consensus," Just Net Coalition, p.16, July 1, 2014, http://justnetcoalition.org/sites/default/files/JNC_Collection_of_articles_2014-04_0.pdf#page=18.

② Julia Pohl, "Mapping the WSIS+10 Review Process on the 10-year Review Process of the World Summit on the Information Society," p.14, July 10, 2014, http://www.globalmediapolicy.net/sites/default/files/Pohle_Report%20WSIS+10_final.pdfg_the_st.

③ ITU, "WSIS +10 Outcome Documents," p. 28, June 2014, http://www.itu.int/wsis/implementation/2014/forum/inc/doc/ outcome/362828V2E.pdf.

④ Ibid.

进展，解决信息和通信技术方面的潜在差距，提出需要继续关注的领域以及面临的挑战（包括弥合数字鸿沟、合理利用信息和推进"信息通信技术促发展"议程）。[①] 具体而言，国家内部、国家之间以及男女之间的数字鸿沟正在减缓可持续发展的步伐，全球约60%的人无法上网，其中大多数是妇女。为此，需要让信息通信技术在加速人们对教育和医疗卫生、电子政务服务获取，以及促进环境监测和女性赋能等更多领域中发挥重要作用，推动实现联合国2030年可持续发展议程。同时，加强信息通信技术作为可持续发展驱动力所产生的影响，旨在确保实现以人为本的、具有包容性和面向发展的信息社会的未来行动。

总之，"WSIS+10"进程具有积极价值，是发展中国家推动国际互联网治理的重要努力，对于网络空间的可持续发展起到了重要作用。当然，欧美国家与发展中国家围绕国家主权、ICANN移交监管权等问题曾展开激烈争执，这种对立情绪不仅体现在"WSIS+10"议程中，也体现在"信息社会世界峰会成果落实十年审查进程高级别会议"中。西方国家认为议程缺乏对未来的清晰判断，缺少对信息社会世界峰会成果及其履行情况的重大修正，也没有发展出有意义的评估手段，是受到政治因素驱动的产物。十年审查进程高级别会议的进程也反映出由于东西方对立引发国际互联网治理陷入"碎片化"的状况，国际互联网规则制定面临严重的国际政治结构束缚。

三、国际电信联盟

作为联合国的专门机构，国际电信联盟致力于推动全球电信标准化、无线电通信和电信发展。1865年和1906年，国际社会先后签署《国际电报公约》和《国际无线电报公约》。1932年，马德里会议把《国际电报公约》与《国际无线电报公约》合并，制定了《国际电信公约》，并规定自1934年1月1日起，国际电信联盟正式建立。1947年，联合国决定吸纳国际电信联盟作为联合国的15个专门机构之一，总部位于日内瓦。它的核心是电信标准化局（ITU-T）、

---

① UN, "UN Member States and Stakeholders Review Development-Oriented Information Society Ahead of the High-Level WSIS+10 Meeting," October 2015, https://www.un.org/sustainabledevelopment/blog/2015/10/un-member-states-and -stakeholders-review-development-oriented-information-society-ahead-of-the-high-level-wsis10-meeting/.

无线电通信局（ITU-R）和电信发展局（BDT）三大部门。国际电信联盟至今已有150余年的历史，是联合国系统历史最为悠久的专门性国际组织。

长期以来，国际电信联盟试图在互联网治理中发挥重要作用。国际电信联盟和国际标准化组织（ISO）在20世纪70年代开发并使用了开放系统互连（OSI），通过制定国际计算机通信标准，解决不兼容系统间的互联问题。但在20世纪90年代，开放系统互连没有能够持续下去，一种更有效的、更能够适应不断增长的互联网用户需求的传输控制协议/互联网互联协议取代了开放系统互连。TCP/IP得到了IBM的支持，美国国家科学基金网于1986年采纳了TCP/IP系统，加速了其发展进程，这严重影响了国际电信联盟在国际互联网领域的技术基础。[①] 进入21世纪以来，国际电信联盟通过组织WSIS进程、举办国际电信联盟全权代表大会、世界电信发展大会、国际电信世界大会以及世界电信标准化全会（WTSA）等会议机制不断推动与国际互联网相关的治理进程，并谋求在其中的话语权。《突尼斯议程》明确规定了国际电信联盟在互联网发展议题中的地位，考虑到国际电信联盟在信息社会世界峰会进程中所展示的专业能力，"鼓励国际电信联盟继续研究国际互联网连通性（IIC）议题，并作为国际电信联盟的一项重要课题"[②]。有学者认为，在所有力图在互联网治理中发挥作用的国际组织中，ITU无疑走在最前列。比如，ITU牵头组织了WSIS进程，为其"涉足"互联网治理事务打好了前战。[③]

（一）国际电信联盟全权代表大会

全权代表大会是国际电信联盟最高水平的政策权力机构会议，每4年召开一次，主要任务是确立国际电信联盟总体政策，审议通过国际电信联盟战略规划和财务规划，并选举国际电信联盟新一届领导团队、理事国和无线电规则委员会委员等。国际电信联盟2018年全权代表大会在阿联酋迪拜举行，来自国际电信联盟各成员国、相关国际组织以及全球知名企业的约2500名代表参加了本次大会。推动数字电信发展和弥合数字鸿沟，成为国际电信联盟当

---

① Scott Shackelford and Amanda Craig, "Beyond the New 'Digital Divide': Analyzing the Evolving Role of National Governments in Internet Governance and Enhancing Cybersecurity," pp. 125-126.

② WSIS, "Report of the Tunis Phase of the World Summit on the Information Society," p.11.

③ 李艳：《对互联网治理热潮的观察与思考》，《中国信息安全》2014年第9期，第94页。

前阶段的重要使命。2022年下半年，国际电信联盟先后举办三个重要大会：世界电信标准化全会、世界电信发展大会和国际电联全权代表大会。其中，最重要的就是国际电信联盟全权代表大会。对于国际电信联盟来说，2022年代表着一个前所未有的机遇。

近年来，美国等西方国家与新兴市场国家在全球信息通信发展问题上存在严重的分歧，特别体现在釜山会议上。2014年10月20日，国际电信联盟第19届全权代表大会在韩国釜山举行，约175个国家的3500名代表与会。在釜山会议上，俄罗斯提出国际电信联盟应该分配IP地址，而在此之前，IP地址分配由其他非政府组织履行。[1]印度建议，互联网运作需进行一些主要的改变：维持国家边界内的互联网通畅、国民可以通过电话式的国际电话区号（phone-style international dialling code）获取国际互联网信息。[2]巴西国家电信管理局国际合作局局长杰斐逊·弗埃德·纳西夫（Jeferson Fued Nacif）在此次会议上指出，网络安全涉及多元行为体，国际电信联盟在其中具有明确的作用，这一作用已明确表述在2005年信息社会世界峰会《突尼斯议程》和2012年的《迪拜行动计划》（the Dubai Action Plan）中。[3]总之，巴西竭力推动互联网领域的民主治理，包括政府之间以及政府和国际组织之间的民主进程，推动建立多边、公开、透明的治理体系。其他新兴经济体也试图在互联网治理领域有所作为。比如，在本次全权代表大会上，韩国致力于打造韩、中、日和欧盟参加的多方5G网络合作体系。同时，东亚各国在会上就信息通信技术、网络安全等议题进行密切合作，以推动亚太地区信息技术、信息通信和信息基础设施均衡化发展。

美国国务院助理国务卿、国际通信和信息政策协调员丹尼尔·塞普尔韦达（Daniel A.Sepulveda）在会上表示，美国支持现有全球电信架构和网络，但美国以维护"有力、创新和多利益攸关方模式"的互联网为由，反对国际电信联盟扩大其职能领域。同时，美国坚持认为互联网治理的多利益攸关方

---

① Stephen Haber, "How Will Internet Governance Change after the ITU Conference?" The Guardian, November 7, 2014, http://www. theguardian.com/technology/2014/nov/07/how-will-internet-governance-change-after-the-itu-conference.

② Ibid.

③ Jeferson Fued Nacif, "Brazil Policy Statements," October 21, 2014, http://www.itu.int/en/plenipotentiary/2014/statements/file/Pages/brazil.aspx.

模式是有效力和包容性的。美国互联网治理的政策是既要保持目前治理互联网的可行措施，又要使互联网治理朝着增强个人权能并推动创新的、广泛的多利益攸关方治理体系的方向发展。[1]在釜山会议上，包括工程师、专家学者、软件开发人员、私营部门以及公民社会的代表等多利益攸关方被允许在大会召开前举行协商会议，理事工作组得以听取各利益攸关方的建议和意见。为了更好地宣传多利益攸关方，以便获得更多的舆论支持，美国国务院国际信息局于2014年8月29日还制作了"互联网属于每一个人"的在线视频，反复宣传基于开放、合作的多利益攸关方合作治理模式，竭力扭曲主权国家对互联网监管与控制的正当权利。[2]

此外，美国还竭力反对国际电信世界大会对《国际电信规则》的修改。2012年12月，迪拜国际电信世界大会试图对《国际电信规则》进行修改，而釜山会议上有关电信规则的修改程序也备受关注。美国坚持认为应该成立专门的专家工作组就2012年之后的电信规则进行评估，否则任何规则修改都不能纳入议事日程。专家工作组需要于2018年举行的国际电信联盟全权代表大会上提交报告，在此之后才能讨论第二届国际电信世界大会的举行。[3]美国以增设专家工作组的方式，短期内冻结了对《国际电信规则》的修改。由于美国及其盟友的反对，与会各国同意维持1992年12月22日签订的《国际电信联盟组织法》和《国际电信联盟公约》，不做任何变更。值得注意的是，与会成员认为互联网治理或网络安全领域的议题超过了国际电信联盟的管辖范畴，决定不扩大国际电信联盟在上述领域的角色和作用。同时，美国也反对国际电信联盟触及如下议题：禁止免费数据流动、规制互联网内容和服务商，削弱多利益攸关方进程，或有关国际电信联盟在监控或隐私议题方面建章立制的呼声。[4]不过，在釜山会议闭门磋商会上，由于发展中国家的反对，美国不再坚持国际电信联盟委员会工作组（ITU's Council Working Groups）需要纳入非政府组织的主张。作为对美国举措的回应，发展中国家则撤回了有关在线

---

[1] Daniel A. Sepulveda, Christopher Painter and Scott Busby, "Supporting an Inclusive and Open Internet."

[2] The U.S. Department of State, "The Internet Belongs to Everyone."

[3] The U.S. Department of State, "Outcomes from the International Telecommunication Union 2014 Plenipotentiary Conference in Busan, Republic of Korea." November 7, 2014, http://www.state.gov/r/pa/prs/ps/2014/11/233914.htm.

[4] Ibid.

隐私权、网络安全和其他互联网治理的建议。

总之，国际电信联盟第19届全权代表大会在国际互联网治理进程中具有重要的影响，一方面，会议通过的《釜山倡议》及其相关文件对国际电信联盟在互联网治理中的地位与作用进行了明确规定，"探索国际电信联盟与ICANN等相关机构在有关IP地址、互联网以及未来互联网发展方面更广泛合作的方式和路径，以便增加国际电信联盟在互联网治理中的作用，确保全球共同体的利益最大化"；[①] 另一方面，由于美国的强烈抵制，会议在推动国际电信联盟引领国际互联网治理方面的成效十分有限。

（二）世界电信发展大会

世界电信发展大会是国际电信联盟主办的以全球电信发展为主题的高级别会议，由电信发展局每4年组织一次，至今已举办8届。第6届世界电信发展大会于2014年3月30日至4月10日在阿联酋迪拜举行，137个国家的1300多名代表与会。大会通过了《迪拜行动计划》，这是一项全面的一揽子计划，规定了国际电信联盟在促进信息通信技术网络及其相关应用方面国际合作的重要地位，旨在促进信息通信技术网络及相关应用和服务公平、价格可承受、具有包容性和可持续的发展。[②] 第7届世界电信发展大会于2017年10月9日—20日在阿根廷布宜诺斯艾利斯举行，会议主题为"信息通信技术促进实现可持续发展目标"，议题涉及数字经济、网络安全、信息通信技术和应用、电信市场环境和监管、数据统计等多个领域，旨在交流各国电信政策和发展经验，制定国际电信联盟电信发展部门未来4年发展战略和工作计划，有助于推动今后一段时期全球电信行业发展、资源协调及政府间合作。第8届世界电信发展大会于2022年6月在卢旺达首都基加利举行，这是该国际会议首次在非洲大陆举办。与会期间，来自100多个国家和地区的千余名代表围绕大会主题"将未连接者连接起来，实现可持续发展"展开多层级探讨。会议期间，代表们交流各国电信政策和发展经验，制订相关战略规划和行动计划。同时，大会呼吁各方加速弥合数字鸿沟，助力可持续发展。会议通过了《基加利宣言》

---

① ITU, "Final Afinal Acts of the Plenipotentiary Conference," p.144, November 7, 2014, http://www.itu.int/en/plenipotentiary/2014/Documents/final-acts/pp14-final-acts-en.docx.

② 瑞闻：《世界电信发展大会通过〈迪拜行动计划〉》，《人民邮电报》2014年4月16日，第5版。

和《基加利行动计划》。

（三）国际电信世界大会

国际电信世界大会于2012年12月在阿联酋迪拜举行，会议审议了具有约束力的《国际电信规则》，明确要求成员国确保国际电信网络的安全和稳固。[①]以2012年的国际电信世界大会为标志，国际社会围绕互联网治理的分裂不断扩大。西方国家与发展中国家在国际电信世界大会上的对立主要表现在三个方面：第一是对表决程序的修改，表决由先前的"基于一致原则"改为"多数同意原则"。经过中国、俄罗斯、沙特等国的努力，《国际电信规则》最终以89票对55票获得通过。从这一角度看，坚持网络主权和维持国家网络利益的发展中国家在本次会议上取得了部分成功。第二是对备受关注的《国际电信规则》第5款的修改。第5款规定"成员国应积极采取必要措施，防止垃圾电子信息的传播及其对国际电信服务的影响，并吁请在此领域的国际合作"[②]。垃圾电子信息将垃圾邮件包括在内，因而《国际电信规则》的范围便可以扩展到互联网领域。这一文本语言的运用，反映出多数国家主张把主权监管纳入网络安全领域，必将引发语义风暴，而文本语言的模糊性会产生特洛伊木马效应，进而动摇西方主导的多利益攸关方模式。[③]第三是通过了《国际电信规则》的附件。经过激烈的争论，大会最终通过了包括附件在内的《国际电信规则》。国际电信世界大会在"第PLEN/3号决议"（Resolution PLEN/3）中，针对互联网快速发展的特征，重申了信息社会世界峰会的成果，强调互联网是信息社会架构的中心要素，它已从研究和学术设施发展成为公众普遍使用的全球性设施。决议既肯定了多利益攸关方在互联网治理中的作用，同时也强调指出，"各国政府在全球互联网治理和确保现有互联网的稳定性、安全性和持续性以及未来发展方面，应平等地发挥作用并履行自身职责"[④]。为了

---

① ITU, "Final Acts of the World Conference on International Telecommunications (WCIT-12) ," p.6, December 2012, http://www.itu.int/en/sama/Pages/questionnaire2.aspx?pub=S-CONF-WCIT-2012-PDF-E.

② Ibid.

③ Alexander Klimburg, "The Internet Yalta," Center for a New American Security Commentary, pp.4-5, February 5, 2013, http://mercury.ethz.ch/serviceengine/Files/ISN/169043/ipublicationdocument_singledocument/63c6d4af-956c-4e1a-a45c-90d850d31f7e/en/CNAS_WCIT_commentary+corrected+(03.27.13).pdf.

④ ITU, "Final Acts of the World Conference on International Telecommunications (WCIT-12)," p.20.

实现这一目标，国际电信联盟鼓励各国政府与各利益攸关方协商制定公共政策。应该说，尽管《国际电信规则》附件与《国际电信规则》在约束力和正式性方面存在差异，但对于国际电信联盟和互联网治理具有方向标的作用。

2012年国际电信世界大会充满争议和矛盾，国际电信联盟试图在互联网治理和程序规则制定方面发挥更大作用。互联网关联性（internet interconnection）是互联网治理生态系统中最私有化的领域，国家、私人行为体在互联网物理层处于的地位，对于不同行为体会产生不同的影响，导致这些行为体在互联网领域的收益分配方面的差异。对于国际电信世界大会，美国政府和国会坚持认为新的《国际电信规则》应继续关注传统规则，多利益攸关方治理模式应该继续存在，国际电信联盟不应该采取任何扩张其在互联网领域管辖的权威。[1]在2012年国际电信世界大会召开期间，美国国会召开听证会讨论国际电信世界大会对互联网治理的政治影响，与此同时，美国众议院通过了议员玛丽·麦克（Mary Mack）等人提交的议案，要求美国政府和国会推动互联网免受政府控制。[2]应该说，在国际电信世界大会上关于互联网治理的争议非常激烈，大会最后产生的文件明显反映了这一现象，一方面，大会希望"营造互联网的有利环境"，强调了多利益攸关方模式；但另一方面，大会承认所有国家在互联网治理中享有平等权利，以确保现有互联网的稳定、安全和持续性。[3]总之，在西方国家看来，国际电信世界大会反映出国际电信联盟试图在国际互联网治理中居于主导地位，而不仅仅只是更新了国际电信的规则。由于这次会议触及了西方国家有关"互联网自由"的原则底线，遭到西方国家的严重抵触。

（四）世界电信标准化全会

世界电信标准化全会是电信标准化局召开的专门性会议，也是国际电信联盟电信标准化工作最高层次的会议。会议致力于缩小标准化差距，推进信

---

① Lennard G. Kruger, "Internet Governance and the Domain Name System: Issues for Congress," p. 2.

② The 112th Congress (2011-2012), "H.Con.Res.127 — Expressing the Sense of Congress Regarding Actions to Preserve and Advance the Multistakeholder Governance Model under Which the Internet Has Thrived," May 30, 2012, https://www.congress.gov/bill/112th-congress/house-concurrent-resolution/127.

③ ITU, "Final Acts of the World Conference on International Telecommunications (WCIT-12)."

息通信技术标准化工作，每4年举办一届。会议往往讨论决定电信标准化局顾问组（TSAG）、词汇标准化委员会（SCV）和11个研究组管理层人选，以及重要决议修订和各研究组结构等重大事宜。当前，世界电信标准化全会在推动第五代移动通信（5G）技术标准、云网融合、人工智能前沿领域的规则制定方面发挥了积极作用。2012年11月，世界电信标准化全会（WTSA-12）在阿联酋迪拜召开，这次会议对网络安全给予了高度关注。在会议通过的《国际电信联盟世界信息标准化全会决议》（ITU WTSA Resolutions）中，与会者高度关注网络安全，反对垃圾邮件，鼓励成员国建立各自的计算机事件响应小组。① 国际电信联盟通过这次会议把互联网相关问题列为全球信息通信标准化领域今后优先发展的九大重要领域之一。随着数字通信和数字经济的发展，数字通信及其安全标准制定和信息共享将成为今后世界电信标准化全会关注的重点。

世界电信标准化全会（WTSA-16）于2016年10月25日至11月3日在突尼斯哈马马特（Hammamet）开幕，此次会议共有近千名代表与会。会议确定电信标准化局各研究组的课题，再由各研究组制定有关这些课题的建议书。本次会议恰逢联合国已经制定了2030可持续发展目标，大会认为"尽管近十年来在信息通信技术连接方面取得了很大成就，但各国之间、各国国内以及男性和女性之间依然存在诸多形式的数字鸿沟，需要通过加强建设有利的政策环境和国际合作予以弥合，以提高价格可承受性、易获取性并改善教育、能力建设、多语言、文化保护、投资和适当筹资，同时通过相关措施提高数字素养和技能并促进实现文化多样性"。

2022年3月1日—9日，世界电信标准化全会（WTSA-20）在瑞士日内瓦召开，共有来自成员国、部门成员和区域电信标准化组织的近千名代表参会。本次会议研究确定了2022—2024年研究期电信标准化局的研究组结构、工作任务、研究组主席和副主席人选等重要事项。②

---

① ITU, "Final List of WTSA-12 Documents," December 2012, http://www.itu.int/md/T09-WTSA.12-C-0128/en.

② ITU, "The ITU Telecommunication Standardization Sector's Contribution in Implementing the Outcomes of the World Summit on the Information Society, Taking into Account the 2030 Agenda for Sustainable Development," p.2, October 25-November 3, 2016, https://www.itu.int/dms_pub/itu-t/opb/res/T-RES-T.75-2016-PDF-C.pdf.

四、联合国互联网治理论坛

联合国互联网治理论坛是国际社会要求改变美国独霸互联网治理的产物，也是国际社会利益协调和妥协的产物。作为多利益攸关方论坛的尝试，互联网治理论坛为所有相关方交流对话提供了合作的空间。为了照顾国际社会特别是发展中国家的关切，互联网治理论坛举行的会议大多安排在发展中国家，但是发展中国家并没有在论坛中获取"互联网治理国家化"的目标。信息社会世界峰会突尼斯议程授权成立了互联网治理论坛，在2005年颁布的《突尼斯议程》第72条款规定，"联合国秘书长在一个开放而包容的进程中于2006年第二季度之前召集一次有关利益相关方政策对话的新论坛会议"，此论坛被称为"互联网治理论坛"，其使命如下：（1）讨论与互联网治理的关键要素相关的公共政策问题，以此提高互联网的可持续性、强健性、安全性和稳定性；（2）有些与互联网相关的国际公共政策相互交叉，（因此该论坛应）促进负责此类不同政策机构间的交流，并讨论不属于现有任何机构职责范围的问题；（3）与相关政府间组织和其他机构就其职责范围之内的问题进行沟通；（4）促进信息和最佳做法的交流，并为此充分利用学术和科技界的专业知识；（5）向所有利益相关方出谋划策，使他们能够提出加快互联网在发展中国家的普及并负担得起的方案；（6）加强和促进各利益相关方，特别是发展中国家的利益相关方参与现有和/或未来的互联网治理机制。①

同时，《突尼斯议程》第73条规定，互联网治理论坛在工作和职能方面将是一个多边的、利益相关多方参与、民主和透明的论坛。为此，建议互联网治理论坛可以：（1）以现有的互联网治理结构为基础，特别着重于参与这一进程的各国政府、工商实体、民间团体和政府间组织等所有利益相关方之间的互补性；（2）采用一种精简且权力分散的结构，并可对该结构进行定期审议；（3）必要时定期开会，原则上，互联网治理论坛会议与相关主要联合国电信大会并行召开，重点在于利用其后勤支持。该议程第77条还规定，"互联网管理论坛不得履行监督职能，不应取代现有的安排、机制、机构或组织，但应

---

① WSIS, "Tunis Agenda for the Information Society," Document WSIS-05/TUNIS/DOC/6 (Rev.1)-E, p.11, November 18, 2005, http://www.itu.int/wsis/docs2/tunis/off/6rev1.pdf.

允许它们参与并充分利用它们的专业力量。论坛可作为一种中立、无重复工作和无约束力的程序。它不应参与互联网日常工作或技术运行"①。

互联网治理论坛是一个公开的讨论与互联网相关的公共政策的场所，但却存在内在的局限性。总体上，该论坛是互联网治理领域非约束性的、多利益攸关方对话场所，被视为信息社会世界峰会摆脱僵局的一条合适的途径。但是，作为一个政府主导下的机构，互联网治理论坛并没有按照政府的组织目标、架构和行动方案来行事，相反，它更多的是采取了非政府组织的程序和架构。② 互联网治理论坛需要约束不同的参与方并吸收新成员，但总体来说其义务和承诺都不够，加入门槛很低而退出成本也不大。

联合国试图推动互联网治理论坛的功能转型，通过赋予更多权力，推动其在互联网治理中发挥更大作用。为此，联大于2010年授权联合国经社理事会起草改革互联网治理论坛的报告。同时，在联大层面建立提升互联网治理论坛能力工作组，成员包括中国、美国等22个国家和非国家的利益攸关方。近年来，联合国各会员国也纷纷建议改革互联网治理论坛。自2007年在里约热内卢互联网治理论坛上互联网治理与可持续发展成为主题以来，发展中国家对此给予高度关注。印度曾建议将原有的互联网治理论坛纳入一个新设立的联合国互联网相关政策委员会管辖，联合国互联网相关政策委员会定期向安理会报告并审议、采纳和宣传有关建议。③ 巴西在互联网治理领域发挥了重要的作用，2015年11月第10届互联网治理论坛在巴西若昂佩索阿港（Port of Joao Pessoa）举行时，巴西通过议题设置，积极推动改革互联网治理论坛。

奥巴马政府时期，美国总体上把互联网治理论坛作为体现多利益攸关方治理模式的议事场所，美国国务院网络事务协调员克里斯托弗·佩因特（Christopher Painter）在2014年第9届互联网治理论坛上督促联合国延长对互联网治理论坛的授权。④ 不过，特朗普政府对于互联网治理论坛持消极的态

---

① WSIS, "Tunis Agenda for the Information Society," Document WSIS-05/TUNIS/DOC/6 (Rev.1)-E, p.11.

② 鲁传颖：《网络空间治理与多利益攸关方理论》，第142页。

③ "India's Proposal for a United Nations Committee for Internet-Related Policies (CIRP) ," October 29, 2011, http://igfwatch.org/discussion-board/indias-proposal-for-a-un-committee-for-internet-related-policies-cirp.

④ Christopher Painter, "The Internet Governance Forum: Connecting Conversations toward a Global, Open, Secure Internet for the Next Generation," September 22, 2014, http://iipdigital.usembassy.gov/st/english/article/2014/09/20140922308724.html#axzz3QHsUvwNN.

度，美国甚至没有派员参加在巴黎举行的第13届联合国互联网治理论坛。欧盟认为，互联网治理论坛是使得互联网政策更加透明的平台。2018年、2019年和2021年，互联网治理论坛均在欧洲国家举行。2018年11月12日—14日，法国巴黎举办了第13届联合国互联网治理论坛，与会各方就网络信任等国际公共政策问题展开平等对话，并举办了"衡量一个自由、开放、基于权利和包容性的互联网"等多场公开论坛。2019年11月25日—29日，以"同一个世界、同一个互联网、同一个愿景"为主题的第14届联合国互联网治理论坛在德国柏林召开，来自161个国家的3400多名代表与会，论坛重点探讨了三个优先主题：数据治理，数字包容性，安保、安全性、稳定性和弹性。2021年12月6日—10日，第16届联合国互联网治理论坛通过线上线下结合方式在波兰卡托维茨举办，中心议题是：利用互联网的力量，应对网络空间的风险，实现所有人的数字未来。[①] 这三次会议的明显特征是，欧洲国家利用论坛在本土召开的契机加大互联网规则制定主导权的争夺。法国总统马克龙在2018年的互联网治理论坛上提出了《网络空间信任与安全巴黎倡议》，既强调网络人权，又认可联合国的地位，试图探索互联网规则制定的"第三条道路"。

中国政府认为，互联网治理论坛作为一种论坛机制，对于新兴市场国家而言是阐述立场、表达意见的重要场所。互联网治理论坛的价值在于其开放性和提供信息的特点，使各种意见能够得到表达，使各种经验和专长能够得到分享，从而让所有人能够继续了解如何使用、扩大并保护互联网这种重要的通信和信息资源。[②] 因此，中国认为，需要"加强论坛在互联网治理事务上的决策能力，推动论坛获得稳定的经费来源，在遴选相关成员、提交报告等方面制定公开透明的程序"[③]。总之，互联网治理论坛是国际社会不满美国单独主导互联网治理的产物，同时，论坛也是西方国家与发展中国家政治妥协的产物，其预期作用被削弱。今后，除非国际互联网权力体系发生结构性变迁，否则，互联网治理论坛的作用和空间仍将有限。

---

① 《互联网治理论坛使所有人享有包容性数字未来》，联合国网站，2021年12月7日，https://news.un.org/zh/story/2021/12/1095592。

② 王孔祥：《国际化的"互联网治理论坛"》，《国外理论动态》2014年第3期，第114页。

③ 《网络空间国际合作战略》，《人民日报》2017年3月2日，第17版。

第二节　西方国家主导的互联网国际制度

欧美国家在国际互联网治理中居主导地位，其中，西方国际制度是试图主导国际互联网规则制定的关键体现。当前，西方国家主导的国际互联网治理制度主要在互联网名称与数字地址分配机构、互联网架构委员会、国际互联网协会、互联网工程任务组以及新建立的全球互联网治理委员会（Global Commission on Internet Governance）、全球网络空间稳定委员会等机构中得以体现。因此，它们是欧美国家掌控互联网霸权的重要支柱。

一、互联网名称与数字地址分配机构

1998年10月成立的互联网名称与数字地址分配机构负责在全球范围内对互联网唯一标识符系统及其安全稳定的运营进行协调，包括互联网协议地址的空间分配、协议标识符的指派、域名管理以及根服务器的管理，总部位于美国加利福尼亚州。在20世纪七八十年代互联网的发展初期，相关技术标准由非政府组织负责。其中，域名的注册由斯坦福大学信息研究中心负责管理，IP地址分配由南加州大学信息科学研究所负责管理，上述机构与美国国防部通信局存在紧密的联系。域名是连接到国际互联网上的计算机地址，是为了便于人们发送和接收电子邮件或访问某个网站而设计的。20世纪90年代，域名服务体系被确定为将域名转换为IP地址的标准，并且所有互联网服务供应商都要依赖于它。全球的网络用户都受惠于共同的域名服务标准，但是这也为那些对网络管制感兴趣的人提供了机会，技术标准制定机构会利用对行业内容熟悉的优势谋求私利。[①] 1991—1993年，美国国家科学基金会开始将其对网络域名根服务管理的许多功能从教育和研究领域转移到私人商业领域。

1994年至1998年，关于网络域名根服务器的未来管理问题，国际社会进行了一场漫长又略带苦涩的争论，这场争论的参与者有政府官员、技术专家、

---

① 安德鲁·查德威克：《互联网政治学：国家、公民与新传播技术》，第317—318页。

企业公司代表、律师以及当时的国际标准制定机构代表。[①] 在这个混乱阶段，有四个主要机构试图确立在互联网治理方面的权威：国际互联网协会（包括互联网工程特别工作组）、国际电信联盟、世界知识产权组织和美国政府。尽管上述机构试图寻求一个国际解决方案，但是美国主张通过私人机构管制互联网，这一立场最后决定了问题走向。1997年7月1日，美国克林顿政府发表了《全球电子商务纲要》（the Framework for Global Electronic Commerce），要求商务部协调创建以契约为基础的互联网管理机构，通过这个机构来处理全球范围内域名使用和商标法的潜在冲突。1998年6月，美国政府公布了白皮书《互联网域名和数字地址管理办法》。在此基础上，1998年10月，互联网名称与数字地址分配机构成立，改变了以前运行在一个相对非正式的和去政治化的基础之上的互联网治理模式。

互联网名称与数字地址分配机构的多利益攸关方参与结构通过支持性组织和多元行为体参与的委员会予以组织实施，包括三个支持组织：地址支持组织（ASO）、国家和地区代码名称支持组织（ccNSO）及通用名称支持组织（GNSO）。[②] 互联网名称与数字地址分配机构还设有四个咨询委员会，它们是董事会的正式咨询机构，由来自主权国家政府、政府间国际组织以及互联网社群的代表组成，可针对特定的问题或政策领域提供建议。这四个咨询委员会包括：一般会员咨询委员会（At-Large Advisory Committee）、DNS根服务器系统咨询委员会（DNS Root Server System Advisory Committee）、政府咨询委员会（Governmental Advisory Committee）及安全性与稳定性咨询委员会（Security and Stability Advisory Committee）。[③] 其中，最受人关注的是政府咨询委员会，其成员包括各国政府和政府间国际组织。委员会向所有146个成员国开放，主要职责是针对公共政策问题提供建议，尤其针对可能会涉及国家法规或国际协议规定的互联网名称与数字地址分配机构活动或政策。不过，这些建议应基于各国的共识，而非强制性，因此不具有决策权。由于互联网名称与数字地址分配机构背离了传统的主权国家治理模式，其技术性遭到主

---

① 安德鲁·查德威克：《互联网政治学：国家、公民与新传播技术》，第320页。

② ICANN, "Beginner's Guide to Participating in ICANN," p.5, November 8, 2013, https://www.icann.org/resources/files/participating-2013-11-08-en.

③ Ibid., p. 9.

权国家质疑，该机构不得不于2010年对政府咨询委员会进行改革，增加了其职能，并同意中国和俄罗斯加入。

自1998年始，美国国家电信和信息管理局始终保留着对域名系统的控制权。由于美国之外互联网用户的不断增加，同时这些用户也试图参与互联网治理的协调，美国政府通过私人契约的方式，把互联网治理授权给了私营的、非营利的部门。[①] 互联网名称与数字地址分配机构与互联网号码分配机构的功能不能混淆，ICANN是发展政策，而IANA是履行政策。[②] 美国国家电信和信息管理局是IANA的委托者，具体而言，美国国家电信和信息管理局对IANA实施政治监护权，对由IANA提交的任何事关根区文件的变更、例外及删除，拥有最终决定权；而ICANN是IANA的代理人。此外，互联网域名采取美国信息交换标准代码字符，具有歧视性。1967年，ASCII码第一次发表规范标准的形态，这一码字符排斥中文、阿拉伯文和俄文等其他语言文本。进入21世纪以来，国际化域名系统使得本土语言文本发展为顶层域名系统成为可能。域名语言与自由表达是另一个与域名系统紧密相关的话题，互联网名称与数字地址分配机构2011年开启了域名语言的国际化进程，中、俄、日以及一些阿拉伯国家的语言先后被纳入域名语言中。

IP地址和域名是重要的战略资产，一直以来，美国维持主导了ICANN。美国商务部与ICANN在1998年签署了协议，美国对ICANN的控制由直接监管转为间接操纵。应该看到，互联网资源的管理分配权与技术的标准制定权是国际互联网治理领域最重要的权利。在新兴市场国家的呼吁下，互联网名称与数字地址分配机构出现了较明显的离心倾向。2013年"斯诺登事件"推动了国际社会进一步要求数字地址分配职能的"去美国化"。为了平息国际社会对美国监听丑闻的愤怒，奥巴马政府决定放弃互联网名称与数字地址分配机构的监管权。不过，美国放弃监管权是一系列复杂因素作用的产物。杰克·戈德史密斯认为美国权力并不是决定性的影响因素，事实应该是单一根区权威、退出成本、ICANN的历史作用以及ICANN对于政府施加压力的应

① NTIA, "Management of Internet Names and Addresses, Statement of Policy," June 5, 1998, http://www.icann.org/en/about/agreements/white-paper.

② David Johnson, "The Unanswered Questions of Netmundial," IGP Blog, April 30, 2014, http://www.internetgovernance.org/2014/04/30/the-unanswered-questions-of-netmundial/.

对措施等综合因素，决定了国家能否获取关键性根区文件。[①] 乔纳森·齐特林认为，从ICANN的职能出发，它不掌管域名且不对无视或践踏舆论负责，而美国则需要对此承担责任，为此，美国与ICANN签署的协议最终予以解除。[②] 2016年10月1日，域名监管权最终实现移交。

二、互联网架构委员会

互联网架构委员会是互联网工程任务组的顶层委员会，由十多个任务组组成，其职责是探讨与互联网结构有关的问题。具体而言，主要负责互联网协议体系结构的监管，把握互联网技术的长期演进方向，确定互联网标准的制定规则，指导互联网技术标准的编辑出版，负责互联网的编号管理，组织和协调与其他国际标准化组织的工作等。互联网架构委员会由包括互联网工程任务组主席在内的13名委员组成，每年改选其中6位。互联网架构委员会和其他负责管理互联网不同部分的重要组织，简称"I系"组织，如互联网工程任务组、万维网联盟以及国际互联网协会等。互联网架构委员会规定了谁能够组建互联网，互联网号码分配机构决定谁能够接入互联网，互联网工程任务组决定互联网如何工作，而国际互联网协会负责互联网工程任务组、互联网架构委员会等机构的组织协调工作，以便制定互联网领域的相关标准。

互联网架构委员会的前身是1986年美国政府建立的"互联网活动委员会"（Internet Activities Board），这个委员会是美国国防部高级研究计划局（DARPA）管理互联网活动的"互联网设置控制委员会"（Internet Configuration Control Board）的接替者。到20世纪70年代末，阿帕网仍是美国国防部承包的防御网络，并由一小部分精英型研究大学控制该网络，如南加州大学、马里兰大学等。1983年，互联网顾问委员会创建，该委员会由许多互联网工作小组的领导成员组成，每个工作组负责监督互联网政策的一项内容，其中最重要的一个工作组便是"互联网工程任务组"。1992年，互联网架构委员会成立，该工作组延续至今，成为互联网的最高标准制定机构。这些委员会的发

---

① Jack Goldsmith, "The Tricky Issue of Severing US 'Control' over ICANN."

② Jonathan Zittrain, "No, Barack Obama Isn't Handing Control of the Internet over to China: The Misguided Freakout over ICANN," March 24, 2014, http://www.newrepublic.com/article/117093/us-withdraws-icann-why-its-no-big-deal.

展演变与互联网的逐步商业化密切相关，但这种演化的过程始终处于欧美发达国家政府、技术人员以及公司的有效控制之下。[①]

三、国际互联网协会

国际互联网协会是互联网架构委员会的组织机构。科学研究界与主要的电信运营商、硬件制造商、软件公司、媒体公司、政府代表于1992年成立国际互联网协会，主要处理大量互联网背后开放式架构开发的问题，包括领导互联网相关的标准、教育和政策的制定，总部及秘书处设在美国弗吉尼亚州莱斯顿。当前，国际互联网协会在全球设立了80多个分会，拥有超过90个组织成员和超过2.6万名个人成员，主要办公室分别位于美国华盛顿和瑞士日内瓦。作为技术治理的重要机构，国际互联网协会的成员由商业公司、政府机构及非政府基金会组成。协会成员遍布全球，截至2019年底，成员27%来自北美，27%来自亚洲，23%来自欧洲，6%来自拉丁美洲及加勒比海地区，5%来自大洋洲。国际互联网协会成立的宗旨是为国际互联网的发展创造有益、开放的条件，并就互联网的相关技术制定相应的标准、发布信息、进行培训等。除此以外，国际互联网协会还积极致力于社会、经济、政治、道德、立法等能够影响互联网发展方向的工作。[②] 国际互联网协会具有明确的成员等级，不同级别入会的财政门槛和权力差异较大。目前，协会由白金会员、黄金会员、白银会员、行政会员、专业会员及小企业会员组成。国际互联网协会的成立标志着互联网开始真正向商用方向过渡，并在互联网经济发展进程中发挥越来越重要的作用。

需要指出的是，国际互联网协会负责互联网工程任务组、互联网架构委员会等机构的组织与协调工作，是上述机构的支持组织。互联网架构委员会开发了基础性互联网协议，并在1985年建立了互联网工程任务组。不过，互联网工程任务组的成立时间早于国际互联网协会，但是国际互联网协会最终成长并脱离了互联网工程任务组。随着互联网的快速发展，互联网工程任务组的非正式特征已经无法满足互联网标准制定的客观需求。具体而言，为了

---

① 陈志敏、苏长和主编《复旦全球治理报告2014》，第38页，复旦大学网站，2014年5月，http://www.sirpa.fudan.edu.cn/_upload/article/70/ac/b29983814e82833f4c86986f89b3/6c78f88d-59e6-437b-a508-16439086ca07.pdf。

② 参见：ISOC, "About Us," https://www.isocweb.org/。

应对互联网经济和互联网治理制度合法性的诉求，1992年，互联网工程任务组内部衍生出一个新的机构即国际互联网协会，成为当前互联网标准的制定者。国际互联网协会现在是互联网工程任务组的母公司，例如，所有互联网工程任务组的意见征询文件（RFC）版权均归属国际互联网协会所有。[①]

四、互联网工程任务组

成立于1985年底的互联网工程任务组，是全球互联网最具权威的关键技术和技术标准化组织，主要任务是负责互联网相关技术规范的研发和制定。互联网工程任务组采取了一种公开参与的方式，并且没有成员和投票权方面的问题，其主要任务是对文本进行协商。作为一个技术性组织，它与政治性组织存在很大的差异。作为互联网架构委员会的一个附属机构，互联网工程任务组基于"共识和有效代码"的原则，坚持开放性、共同参与和透明度，负责起草互联网协议和标准，并在互联网架构委员会讨论通过后成为正式的互联网标准。互联网工程任务组目前成员超过1000人，但核心的提名委员会只由15名成员构成，这15人几乎都来自发达国家。在互联网工程任务组中盛行"谨慎的深思熟虑"的组织文化，力求政策制定的科学、透明。任何人都可以建议某个标准并启动讨论程序，该程序"比较正式，足以保证所有成员都可以参与讨论；也比较透明，足以避免官僚作风"[②]。

互联网协议普遍建立在逻辑语言基础之上，具有无形和不可视特征，因而被认为是很难把握的。在互联网发展的早期，互联网工程任务组推动了协议的开放性特征，比如超文本传输协议（HTTP）和超文本标志语言（HTML）。HTML是由网页显示的代码，其主要目的是为了实现文档的简便链接，其开放性的特征推动了网页的建立及相互链接。当前，互联网工程任务组在制定互联网核心协议方面有所发展，制定了包括IPv4、IPv6、传输控制协议（Transmission Control Protocol, TCP）以及用户数据报协议（User Datagram Protocol, UDP）。当前，互联网工程任务组已经成功设计了IPv6以替代IPv4。

正式互联网标准的出台过程严格而艰辛，往往需要经历同行评议、制度

---

① 罗伯特·多曼斯基：《谁治理互联网》，第74—75页。
② 理查德·斯皮内洛：《铁笼，还是乌托邦——网络空间的道德与法律》，第41页。

规范和运行技术严谨性审查等阶段。大致流程为：互联网工程任务组提交互联网标准草案，并根据评议内容对规范进行多次修订，在此基础上，该标准将提交给互联网工程指导小组（IESG）予以审议。审议通过的草案即"提议标准"，而正式被采纳为互联网标准的规范被赋予一个额外标签——"互联网标准"（STD）。正因如此，互联网工程任务组成为全球互联网领域最具权威的关键技术标准制定组织。

五、新近建立的互联网治理制度

西方国家为适应国际互联网技术的发展并应对新兴市场国家的诉求，近年来新建立了一些互联网治理制度，如"伦敦网络空间国际会议"、全球网络空间稳定委员会和全球互联网治理委员会等。这些是西方国家在国际互联网规则制定方面的新动向，需要引起国际社会的重视。

2011年11月，"伦敦网络空间国际会议"即网络安全峰会召开，为政府、企业、网络公民社会以及个人用户提供了阐述观点的重要平台，开启了"伦敦进程"的序幕。"伦敦网络空间国际会议"分别在伦敦、布达佩斯、首尔和海牙举办了四次会议。"伦敦进程"主要通过全会和平行会议的方式，围绕网络安全、网络经济发展、网络空间国际法和规则制定等焦点议题展开讨论，成为网络空间多方对话的重要合作平台。

全球网络空间稳定委员会于2017年2月成立，由40多名国际知名人士组成，该委员会主席是爱沙尼亚前外长玛丽娜·卡尤兰德（Marina Kaljurand）。2018年，全球网络空间稳定委员会提出第一条国际互联网治理规则，名为"捍卫互联网公共核心"。它并没有禁止所有渗透活动，而是仅仅对渗透的后果做出了限定，默许了情报部门对互联网的渗透活动，具有"弱肉强食"的鲜明特征。[①] 2019年11月，全球网络空间稳定委员会在《推进网络空间稳定性》的报告中，提出建立网络稳定和防范网络空间恶意攻击的框架和规则，这些规则对国际网络安全产生了较大的影响。[②]

---

① 徐培喜：《全球网络空间稳定委员会：一个国际平台的成立和一条国际规则的萌芽》，《信息安全与通信保密》2018年第2期，第22页。

② GCSC, "Advancing Cyberstability Final Report," November 2019, https://cyberstability.org/wp-content/uploads/2019/11/Digital-GCSC-Final-Report-Nov-2019_LowRes.pdf.

全球互联网治理委员会由互联网治理倡议中心和英国查塔姆研究所（Chatham House）共同发起倡议，由瑞典前任首相卡尔·比尔特（Carl Bildt）任主席，自2014年5月成立开始，致力于推动实现"在全面协调的基础上促进未来多方利益攸关者共同治理互联网"。2015年4月14日—15日，全球互联网治理委员会在海牙召开了全球网络空间会议，呼吁公民与被选举的代表、互联网技术团队共同构建新的社会契约，以便在网络空间推动恢复信任和提升信心。全球互联网治理委员会在其发布的契约中指出，"政府和其他利益攸关方合作采取步骤，建立保护互联网领域隐私权的信任建设措施，构建互联网生态系统的整体利益"①。在具体实施路径上，全球互联网治理委员会主要通过政治手段和游说活动影响互联网规则制定。

此外，由于网络空间涉及政治、经济、社会、文化等多个维度，因此，还有一些分散的制度在互联网治理领域发挥着各自作用。国际子午线会议（International Meridian Conference）于2005年建立，致力于保护全球重要信息基础设施。1994年成立的万维网联盟是互联网领域技术标准的重要制定者，也是非国家行为体在互联网治理领域的重要体现。计算机应急响应小组则在互联网安全标准领域发挥了技术作用。

值得注意的是，当前，七国集团和经合组织等都把国际互联网治理纳入议程，均支持互联网治理的多利益攸关方模式，干涉互联网规则制定进程。2015年，经合组织发布的《互联网政策制定的原则公报》明确了多利益攸关方模式是互联网治理和关键互联网资源管理的一项核心基石，政府应该在多利益攸关方模式下实现国际公共政策目标并加强互联网治理的国际合作。② 而早在2011年，当时的八国集团就认为多利益攸关方模式有助于提升国际互联网治理的合作水平，有助于维持弹性和透明度以便实现技术和商业目标。③ 总之，西方国家通过对上述多类型、多层次、多属性互联网治理机制的主导，

---

① "Global Commission on Internet Governance Calls for New Global Social Compact to Protect Digital Privacy and Security," April 15, 2015, http://www.virtual-strategy.com/2015/04/15/global-commission-internet-governance-calls-new-global-social-compact-protect-digital-pri#axzz3XPeXqhs0#QJpudXCLtO80PYbk.99.

② OECD, "Communique on Principles for Internet Policy-Making," p. 4, June 28-29, 2015, http://www.oecd.org/dataoecd/33/12/48387430.pdf.

③ G8, "G8 Declaration, Renewed Commitment for Freedom and Democracy," May 26-27, 2011, http://www.g20-g8.com/g8-g20/g8/english/live/news/renewed-commitment-for-freedom-and-democracy.1314.html.

排他性地取得了互联网"封疆权"。在国际互联网规则制定中，我们应该对这些制度的西方属性和霸权属性给予更多的关注。

第三节 新兴市场国家创建的互联网国际制度

新兴市场国家以联合国和国际电信联盟为制度平台，倚重国际电信联盟全权代表大会、世界电信发展大会、国际电信世界大会以及世界电信标准化全会等多种新型会议机制，试图在该领域发挥重要影响。与此同时，以中国为代表的新兴市场国家还积极构建新型国际制度，有助于推动国际互联网治理体系向着更加公正合理的方向发展。其中，巴西召开的全球多利益相关方会议和中国连续举办的世界互联网大会产生了越来越大的影响。

一、全球多利益相关方会议

全球多利益相关方会议于2014年4月23日—24日在巴西圣保罗举行，为期两天的会议由巴西互联网指导委员会（the Brazilian Internet Steering Committee）和互联网治理平台"1net"共同主办。会议采取委员会模式，以公开和多利益攸关的方式探讨在ICANN功能全球化的背景下互联网治理的原则、设计互联网治理生态系统未来发展的路线图。来自97个国家的1480名代表参加了本次会议，会议最后通过了《全球互联网多利益相关方会议圣保罗声明》（NETmundial Multistakeholder Statement）。

全球多利益相关方会议支持并确认了一系列有助于包容性、多利益攸关、有效性、合法性并不断演进的互联网治理框架的共同原则和重要价值，同时确认了互联网在管理公共利益方面的全球性资源。[1] 会议确认了互联网的安全、稳定和弹性是互联网治理的核心目标，肯定了互联网在推动可持续发展、解决贫困方面发挥的重要作用，认为互联网领域安全与稳定有赖于各国和不同的利益攸关方协同合作。会议同时指出，互联网治理制度应该支持发展中

---

[1] NETmundial, "NETmundial Multistakeholder Statement," p.4, April 24, 2014, http://netmundial.br/wp-content/uploads/2014/04/NETmundial-Multistakeholder-Document.pdf.

国家的能力建设，需要尊重、保护和促进文化多样性和语言多样性。具体而言，一方面，全球多利益相关方会议坚持"互联网自由"的多利益攸关方原则。多利益攸关进程包括政府主导下的多利益攸关方进程和私人部门领导下的多利益攸关方进程。全球多利益相关方会议有一定特殊性，结合了两种政策决策的文化，即自下而上的开放参与进程和政府参与的实质决策进程。会议把多利益攸关方模式作为国际互联网治理运转的基石，认为在未来模式演进过程中，应该不断加强并提升多利益攸关方模式在互联网治理中的作用。[①]
另一方面，全球多利益相关方会议不建议由联合国主导国际互联网治理，认为有建立新的治理机制和场所的空间，但是新的机制是对当前治理结构的补充，目标是提升现有的网络安全组织的治理水平。网络安全议题应该是依靠不同利益攸关方的合作来实现，而不是仅通过一个单一的组织或结构就能实现的，这反映出全球多利益相关方会议反对联合国主导网络空间的做法。[②] 由于全球多利益相关方会议是由巴西主办的，这一表述也表明了原本属于"网络主权支持者阵营"的巴西在国际互联网治理领域的暧昧态度与摇摆立场。实际上，2014年以来，巴西与ICANN等全球治理组织之间的关系已经发生了微妙变化，彼此加强了联系。在全球多利益相关方会议召开之后，ICANN董事会主席法迪·切哈德（Fadi Chehadé）表示，全球多利益相关方会议的讨论再次确认了对多利益攸关方治理模式的支持和渴望。[③]

不过，由于全球多利益相关方会议对于诸如自由表达、自由结社、个人隐私、信息许可等"在线人权"的过分强调，导致部分发展中国家的不满。《全球互联网多利益相关方会议圣保罗声明》强调，反对未经法律允许的监管、搜集和运用私人数据，并且个人有权浏览、分享、创建和散布互联网信息。[④]
究其实质而言，全球多利益相关方会议强调互联网治理应建立在民主、多利益攸关进程基础之上，确保不同利益方的有效、平等和可信参与，这些利益方包括政府、私人行为体、公民社会、技术团体、学术团体和用户。通过不

---

① NETmundial, "NETmundial Multistakeholder Statement," pp.6-8.

② Ibid, pp.10-11.

③ "ICANN Releases Roadmap, Timeline for Future Management of Internet," PC Tech Magazine, May 21, 2014, http://pctechmag.com/2014/05/icann-releases-roadmap-timeline-for-future-management-of-internet/.

④ NETmundial, "NETmundial Multistakeholder Statement," p.4.

同利益攸关方互动的方式讨论问题、寻求共识，以多利益攸关方形式就网络安全中的司法管辖和法律履行进行国际合作，同时还关注国家内部的多利益攸关行为体的参与和政策制定，这些与不少主权国家坚持国家中心治理的立场相去甚远，因此，会议未取得显著的有意义的成果，印度、俄罗斯等国没有在最终文件上签字。总体上，全球多利益相关方会议未能在挑战美国互联网制度霸权方面作出实质性贡献。受制于美国的压力，巴西政府明确表示这一会议机制不会取代现有西方治理制度，这也反映出国际社会在推动国际互联网规则制定方面任重而道远。

二、世界互联网大会

中国是新兴市场国家的第一梯队成员，也是网络空间的重要参与者和建设者。作为新崛起的互联网大国，中国于2014年11月19日至21日成功举办以"互联互通、共享共治"为主题的世界互联网大会，体现了"中国作为"、表明了"中国主张"。世界互联网大会乌镇峰会（亦可称"乌镇峰会"）已经形成了大会定期化和机制化，是捍卫互联网国家主权、坚持联合国主导和各国平等协商的新型互联网治理制度。鉴于乌镇峰会的影响不断增加，有研究者认为，世界互联网大会乌镇峰会与ICANN、互联网治理论坛并驾齐驱，跻身全球互联网治理领域的三大会议机制之列。[①]

中国领导人对于乌镇峰会高度重视。习近平主席在首届世界互联网大会乌镇峰会贺词中指出，"中国本着相互尊重、相互信任的原则，深化国际合作，尊重网络主权，维护网络安全，共同构建和平、安全、开放、合作的网络空间，建立多边、民主、透明的国际互联网治理体系"[②]。在此次会议上，中国提出了九点倡议，具体包括：促进网络空间互联互通、尊重各国网络主权、共同维护网络安全、联合开展网络反恐、推动网络技术发展、大力发展互联网经济、广泛传播正能量、关爱青少年健康成长以及推动网络空间共享

---

① 方兴东、徐济涵：《互联网的十大发展趋势——从第三届世界互联网大会来看》，《新闻与写作》2017年第1期，第27页。

② 《共同构建和平、安全、开放、合作的网络空间 建立多边、民主、透明的国际互联网治理体系》，《人民日报》2014年11月20日，第1版。

共治。① 乌镇峰会反映出中国与西方国家在互联网制度理念、模式选择和议题设置等方面存在显著差异。同时，峰会设立永久会址及每年召开一次的机制化、常态化做法，预示着中国正在加大力度推动国际互联网治理体系的转型。

2015年12月16日—18日，来自全球120多个国家（地区）和20多个国际组织的2000多位代表，共聚第二届世界互联网大会乌镇峰会。习近平主席出席大会并提出推动全球互联网治理体系变革的"四项原则"和构建网络空间命运共同体的"五点主张"。"四项原则"是尊重网络主权，维护和平安全，促进开放合作，构建良好秩序。"四项原则"的提出集中反映了互联网时代各国共同构建网络空间命运共同体的价值取向和未来追求，是规范国际网络空间关系的重要准则，成为国际互联网治理的国际法依据。"五点主张"是指加快全球网络基础设施建设，促进互联互通；打造网上文化共享平台，促进交流互鉴；推动网络经济创新发展，促进共同繁荣；保障网络安全，促进有序发展；构建互联网治理体系，促进公平正义。② 可以说，"四项原则"和"五点主张"作为一个整体，构成了当前国际互联网治理的中国方案，是中国推动国际互联网规则制定的核心主张。

从制度演化的视角看，第二届乌镇峰会较第一届峰会有着明显的制度安排等方面的提升和突破。一方面，第二届乌镇峰会进一步加强了制度化与组织化建设，成立了高级别专家咨询委员会。会议通过了高咨委章程，产生了高咨委联合主席马云和法迪·切哈德。世界互联网大会组委会秘书处设立高级别专家咨询委员会，旨在共同推动互联网领域的国际合作交流。首届高级别专家咨询委员会共有31名委员，来自政府、企业、学术机构、技术社群等各利益相关方，具备国际知名的专业声誉并具有广泛的国际代表性。③ 另一方面，第二届乌镇峰会还以共有实践和集体发声的方式首次发布了《乌镇倡议》。《乌镇倡议》维护网络和平安全，旗帜鲜明地尊重网络空间国家主权，保护网络空间及关键信息基础设施免受威胁、干扰、攻击和破坏，保护个人

---

① 张洋：《首届世界互联网大会闭幕　中方就互联网发展提出九点倡议》，《人民日报》2014年11月22日，第4版。

② 《习近平在第二届世界互联网大会开幕式上的讲话（全文）》，2015年12月16日，新华网，http://www.xinhuanet.com/politics/2015-12/16/c_1117481089.htm。

③ 徐隽：《世界互联网大会成立高级别专家咨询委员会》，《人民日报》2015年12月18日，第4版。

隐私和知识产权，共同打击网络犯罪和恐怖活动。同时，《乌镇倡议》推动网络空间国际治理，共同推动互联网国际规则制定，维护网络空间秩序，共同构建和平、安全、开放、合作的网络空间，建立多边、民主、透明的全球互联网治理体系。[①] 除《乌镇倡议》之外，第二届乌镇峰会还发布了《互联网金融发展报告》《"互联网＋扶贫"联合倡议》《"数字丝路"建设合作宣言》等20多项成果。

截至2019年底，世界互联网大会已经成功举办六届，吸引了国际社会的广泛关注。以"智能互联　开放合作——携手共建网络空间命运共同体"为主题的第六届世界互联网大会于2019年10月20日至22日在乌镇召开，习近平主席向大会致贺信并指出，"发展好、运用好、治理好互联网，让互联网更好造福人类，是国际社会的共同责任。各国应顺应时代潮流，勇担发展责任，共迎风险挑战，共同推进网络空间全球治理，努力推动构建网络空间命运共同体"[②]。此次会议发布了《携手构建网络空间命运共同体》《网络主权：理论与实践》及《世界互联网发展报告2019》等多份文件，与国际社会共商网络空间开放合作途径。

受新冠疫情影响，2020年的世界互联网大会在乌镇举办了"小而精""新而活"的互联网发展论坛，并发布了《携手构建网络空间命运共同体行动倡议》《世界互联网发展报告2020》《中国互联网发展报告2020》等多边文件，"直通乌镇"全球互联网大赛等活动也受到了国际社会的广泛关注。2021年，世界互联网大会更进一步突出主办地所形成的品牌效应，峰会名称更进一步明确为"世界互联网大会·乌镇峰会"。2021年世界互联网大会·乌镇峰会以"迈向数字文明新时代——携手构建网络空间命运共同体"为主题，在传统特色论坛基础上聚焦新趋势新热点而设置议题，并同时举办了"互联网之光"博览会、领先科技成果发布、"直通乌镇"全球互联网大赛总决赛等多项活动，引领前沿网络技术，释放行业发展动能，适应数字经济发展新需求，推动网络空间秩序新调整。总之，通过乌镇峰会这一制度形式，"中国与世界的互联

---

① 《乌镇倡议》，《人民日报》2015年12月19日，第2版。
② 《习近平向第六届世界互联网大会致贺信》，《人民日报》2019年10月21日，第1版。

互通，有了一个国际平台，国际互联网的共享共治有了一个中国平台"①。

近年来，国际社会多次建议将世界互联网大会打造成正式的国际组织，更好助力全球互联网发展治理。在多家单位共同发起下，世界互联网大会国际组织于2022年7月在北京成立，其宗旨是搭建全球互联网共商共建共享平台，推动国际社会顺应数字化、网络化、智能化趋势，共迎安全挑战，共谋发展福祉，携手构建网络空间命运共同体。习近平主席在向世界互联网大会国际组织成立致贺信时指出，成立世界互联网大会国际组织，是顺应信息化时代发展潮流、深化网络空间国际交流合作的重要举措。

世界互联网大会国际组织是中国中央网络安全和信息化领导小组（现名中国共产党中央网络安全和信息化委员会）成立后的重要会议机制创新，世界互联网大会国际组织打上了深深的互联网全球治理中国方案的烙印。如果说人类命运共同体是新时代中国引领全球治理的最强音，也是中国对外政策的最鲜明符号，那么，网络空间命运共同体则是中国推动网络空间规则制定的基本理念和发展方向，也是国际互联网规则制定最引人瞩目的价值创新。作为新兴的互联网大国，中国通过成立世界互联网大会国际组织，试图重塑互联网全球治理规则，把网络空间建设成为造福全人类的发展共同体、安全共同体、利益共同体。具体而言，就是要坚持平等互利、包容互信、团结互助、交流互鉴，努力做网络空间发展的贡献者、网络空间开放的推动者、网络空间安全的捍卫者、网络空间治理的建设者。通过世界互联网大会国际组织，中国在互联网领域的国际治理理念（如网络空间应该相互尊重、相互信任、共享共治、合作共赢）受到了国际社会的广泛关注，特别是互联网主权的观点越来越得到国际社会的认可。中国致力于建立多边、民主、透明的国际互联网治理体系，共同构建和平、安全、开放、合作的网络空间。在网络威胁不断加深的背景下，中国反对互联网霸权，希望与各国一起积极构建和平共处、互利共赢的网络安全新秩序。

同时，世界互联网大会国际组织面临诸多挑战。今后，世界互联网大会需要在巩固发展中国家成员比例的基础上，吸引更多发达国家与会，进一步

---

① 中华人民共和国国家互联网信息办公室主编《趋势：首届世界互联网大会全纪录》，中央编译出版社，2015，第631页。

提升会议开放的广度和深度；妥善处理世界互联网大会国际组织与现有机制间的关系，构建世界互联网大会国际组织、互联网名称与数字地址分配机构、联合国互联网治理论坛三大全球性会议机制间互补型关系；进一步推动世界互联网大会国际组织的机制建设，尝试设立正式秘书处等常态化实体机构。[①]

　　此外，金砖国家互联网圆桌会议、亚洲—非洲法律协商组织（AALCO）年度会议、全球互联网治理联盟（the Global Internet Governance Alliance）等会议机制也是新兴市场国家致力于推动互联网规则制定的重要手段。2012年9月18日，金砖国家互联网圆桌会议在北京举行，这是新兴市场国家在互联网领域召开的首次政府对话机制，也是金砖国家就网络空间问题彼此交流观点、分享经验和做法的新开端。亚洲—非洲法律协商组织年度会议包括网络空间国际法的内容，该组织在中国的倡议下于2015年成立了网络空间国际法工作组，共有成员48个。网络空间国际法工作组迄今已召开3次会议，会议围绕网络空间主权、《联合国宪章》和其他国际法规则的网络空间运用、和平利用网络空间和网络军事化、平衡"互联网自由"与"网络主权"规则、打击网络犯罪和网络恐怖主义、网络安全能力建设等网络空间国际法重要问题进行了讨论。此外，全球互联网治理联盟首次全体理事会于2015年6月30日在巴西圣保罗举行。全球互联网治理联盟由巴西互联网指导委员会、世界经济论坛和互联网名称与数字地址分配机构于2014年联合发起，旨在推动互联网领域政策制定和治理进程。[②] 在此次大会上，阿里巴巴董事会主席马云、互联网名称与数字地址分配机构首席执行官法迪·切哈德和巴西科学与技术部秘书维尔吉利奥·阿尔梅达（Virgilio Almeida）三人当选为理事会联合主席。这些会议的召开使得新兴市场国家在全球互联网治理领域的地位与作用日益凸显。

[①] 参见：余丽、赵秀赞《中国贡献：国际机制理论视域下的世界互联网大会》，《河南社会科学》2019年第5期，第6—7页。

[②] Angelica Mari, "Brazil Leads Creation of Internet Governance Initiative," November 10, 2014, http://www.zdnet.com/article/brazil-leads-creation-of-internet-governance-initiative/.

第四节　互联网国际制度的改革与完善

当前，国际互联网治理面临不同类型治理机制合作与竞争并存的新境况。一方面，在互联网标准制定方面，国际电信联盟在互联网安全领域设置了相关标准，万维网联合会设置了应用层标准，电气和电子工程师协会作为国际性的电子技术与信息科学工程师的协会，在以太局域网（Ethernet LAN）等专门领域制定了多个行业标准。大量互联网制度的出现，既反映出世界不同政治力量和利益团体对互联网治理的关注，也反映出全球治理的碎片化降低了行为体的准入门槛和成本，为互联网工业和商业领域的私人行为体、利益团体参与全球治理创造了条件。另一方面，不同治理机制间在价值理念、成员构成等方面差异明显，对网络安全等具体议题的治理存在竞争性。碎片化的互联网治理机制造成了议题凝聚力下降的问题。从长远看，由于没有统一的治理机制，国际社会难以就互联网国际规则达成协议。志趣相投国家间的协议降低了达成一揽子协议的机会，进而降低了总体政策接受度和有效性。[①] 因此，互联网国际制度"在竞争中合作、在合作中竞争"的特征和趋势日益明显。为此，互联网国际制度需要适应国际形势发展的需要，不断进行改革和完善。

一、互联网国际制度改革的原因

全球互联网治理的制度建设及其重构是当前国际社会面临的重要课题，是推动全球互联网治理制度与组织转型的迫切需要。现有的互联网治理制度自身存在制度缺陷，需要解决出现的政治关切及公共秩序问题，总体制度化水平亟待提高。同时，互联网、大数据、物联网、人工智能等现代信息技术不断取得突破，数字经济蓬勃发展，现有制度需要适应互联网新技术的挑战，以维护紧密联系的国家利益。

[①] Frank Biermann et al., "The Fragmentation of Global Governance Architectures: A Framework for Analysis," *Global Environmental Politics* 9, no.4 (2009): 27.

　　网络空间治理的制度困境迫切要求对现有的全球互联网治理制度进行改革。网民人数处于不断增长中的发展中国家如何摆脱美国网络霸权，有效参与治理进程，发出自身的声音，是未来全球互联网治理制度重构需要解决的重要问题。

　　国际社会对于如何推动西方现有互联网治理制度改革进行了积极的探索。西方国家试图通过部分修订的改良方式维护自身的制度主导，比如，美国东西方研究所（EWI）于2009年发起"全球网络安全倡议"项目，至今已组织多届网络空间合作峰会，推动现有制度的改革。东西方研究所高级副总裁布鲁斯·麦康奈尔（Bruce W. McConnell）等人试图以"可理解和可控的方式"部分修改多利益攸关方协商进程，在ICANN等组织中增加多利益攸关方的监管层，授权主权国家一定的互联网管制权威，以此缓和国际社会对美国政府的批评并试图以此延续美国的霸权主导。[①] 米尔顿·穆勒和布伦登·库尔比斯提出了建立全球互联网新治理制度的构想：首先，应建立一个非营利的、私有的域名系统根区监管委员会，作为互联网号码分配机构契约的委托人，继承美国国家电信和信息管理局所发挥的作用。其次，互联网名称与数字地址分配机构应接受政府咨询委员会的权威监管。最后，互联网名称与数字地址分配机构需要具备通过竞标履行互联网号码分配机构功能的能力。[②] 不过，各种新的设想和建议均没有触及问题的症结，导致互联网治理进程进展不大。除ICANN外，互联网治理论坛等现有机制也存在约束力弱、合法性低、执行力差的问题，限制了其行动能力。

　　同时，随着国际权力结构变迁和新兴市场国家崛起，新兴市场国家对网络空间现有制度的参与力度不断加强。一方面，新兴市场国家通过联合国及其所属机构来阐述观点，表达立场；另一方面，新兴市场国家试图通过举办全球互联网治理大会等方式，充分依靠国际协商进程，创新并实践新的制度模式，推动国际互联网领域建章立制，使其最终从非正式会议制度朝着政府

---

①　John E. Savage and Bruce W. McConnell, "Exploring Multi-Stakeholder Internet Governance," p.48, Breakthrough Group Working Paper, November 20, 2014, http://www.ewi.info/sites/default/files/Exploring%20Multi-Stakeholder%20Internet%20Governance_McConnell%20and%20Savage%20BG%20Paper.pdf.

②　Milton L. Mueller and Brenden Kuerbis, "Roadmap for Globalizing IANA: Four Principles and a Proposal for Reform," pp.13-14.

间国际组织的正式制度迈进。世界互联网大会是新兴市场国家的最重要会议制度创新，但是也要看到，世界互联网大会缺乏专一的常设机构，跨国行动能力薄弱，会议宣言在落实过程中难免遇到困难，从而出现结果与预期不一致的矛盾。[1] 作为新成立的国际组织，如何健全机制设置，是否及如何设置常识性执行机构，如何更好地处理与现有机制的关系，如何与新兴市场国家现有互联网论坛机制合作以产生协同效应等议题是世界互联网大会国际组织今后改革和发展的方向。

二、互联网国际制度改革的可能路径

全球互联网治理的发展走向和具体成效与制度改革进程紧密相关，而制度改革是一个系统的多维层面。当前，互联网国际制度改革应该从观念层面、法律层面和具体组织层面进行综合性治理。其中，观念层面是基础，直接决定了国际互联网治理的法律制度和组织制度，互联网领域的公约与条约则是重要的法律保障，而政府间国际组织则具体负责互联网治理实践的开展。

其一，在观念层面上，坚持网络主权，推动构建网络空间命运共同体。国际社会需要倡导并坚持互联网治理的"主权回归"，确立国家在互联网国际制度中的行为主体地位。从互联网国际制度的发展演变历程看，非营利机构往往是主要的治理行为体，而主权国家则发挥不了决策制定的作用。但是，从一般国际规则、协议和制度达成的实践看，国际层面上正式的政策制定者往往是主权国家，协定通过国家间的共识得以分阶段达成。一旦私人部门、公民社会、设备服务商等非国家行为体参与进来，将会产生很多政治上的限制，阻碍制度设计的政策制定进程。[2] 在气候变化等全球性问题领域，治理方式和制度建设进程往往以主权国家通过谈判缔结框架公约的形式逐步推进，作为公共领域的互联网国际制度建设概莫能外。

当前，国际互联网领域出现了治理法治化的倾向，试图有效规范互联网，这提升了民族国家在互联网领域的治理权威。同时，网络空间面临着网络犯罪、网络恐怖主义、网络攻击、网络武器化、网络军备竞赛等与网络主权紧

---

① 余丽、赵秀赞：《中国贡献：国际机制理论视域下的世界互联网大会》，第6页。

② John Mathiason, *Internet Governance: The New Frontier of Global Institutions*, pp. 147-148.

密相关的新问题，网络安全的维护也需要民族国家有效履行管辖权，以便应对网络威胁和网络安全困境。在法治化形成的对内统治性和安全化形成的对外排他性的双重作用下，主权原则得以回归网络空间，并对全球互联网治理带来深刻影响。① 这些趋势的出现与中国政府倡导的网络主权观具有内在的一致性。

当前，西方的网络主权化趋势日益明显，即便是美国也不再固守把网络空间视为全球公域的传统观点。美国有学者认为，互联网作为一种共管资源更为合适，尽管缺少规则和治理平台，但仍然可以分享共同的治理结构和治理资源。况且，互联网基础设施受到民族国家的控制。② 特朗普上台后，美国加大了互联网领域政府的监管力度，通过发布《加强联邦网络和关键基础设施的网络安全》、美国《国家安全战略》报告等方式，高度关注"数字边疆"和"网络主权"，视政府为互联网发展的守门人。作为美国共和党政府具有重大影响力的智库之一，具有保守色彩的美国战略与国际问题研究中心在其报告中试图把国家安全作为有关网络安全的法律、技术和组织结构的基础，主权的延伸影响了互联网的架构、规则与治理，更重要的是，影响了塑造网络空间的价值理念。2017年1月4日，该中心网络政策小组发布了《从意识到行动——第四十五任美国总统安全议程》，旨在推动美国联邦政府实现信息网络安全强化、关注私营部门数据安全领导能力、建立攻击者追责机制，并鼓励美国国内各相关组织机构提升网络安全水平。该报告认为，在国际战略方面，"全球性网络安全保障战略一直面临严重的局限性，美国只获得了极为有限的网络规范相关协议，为此需要调整国际战略，强调与友好国家建立伙伴关系以对抗共同的敌人"③。美国企业研究所2017年提交的报告《美国特朗普行政网络安全的后续措施：主动网络防御》为特朗普政府提出了一系列加大网络主权力度、提升网络安全的建议举措。拜登政府上台后，从大国间竞争的角度实施网络空间政策具体举措，包括增强技术能力、强化供应链安全、炒作

---

① 刘杨钺、杨一心：《网络空间"再主权化"与国际网络治理的未来》，《国际论坛》2013年第6期，第5页。
② James Lewis, "Rethinking Cybersecurity: A Comprehensive Approach," pp. 2-3.
③ CSIS Cyber Policy Task Force, "From Awareness to Action — A Cybersecurity Agenda for the 45th President," pp.8-9, January 4, 2017, https://csis-prod.s3.amazonaws.com/s3fs-public/publication/170110_Lewis_CyberRecommendations NextAdministration_Web.pdf.

中国网络威胁、强化联盟关系等，将中国视为最为强劲的竞争对手，绝对化美国自身网络安全，恶化了当前的网络空间全球治理。[①]

总之，国际互联网治理领域出现了"再主权化"和"再领土化"（Re-territorialization）的趋势，网络空间对于国家安全、经济发展和文化传播的作用越来越突出，为此，在观念层面上需要进一步树立网络主权意识，这有助于建立一种国家主导的互联网国际制度体系。同时，坚持网络主权也是构建网络空间命运共同体的基本保证，平等主权原则、《联合国宪章》以及和平共处五项原则等既是互联网国际制度建设和改革应该遵循的基本方向，也是人类命运共同体应该倡导的价值取向。

其二，在立法层面上，坚持平等协商，加快互联网规则制定和国际立法进程。互联网法治化治理的核心是需要在自由与安全之间找到最佳的平衡点。互联网产生的初期，人们普遍认为网络空间只能是自由的，自由是它的本质。约翰·佩里·巴洛发表的《网络空间独立宣言》宣称，网络空间是一个完全不同的新世界和边疆网络。不过，网络空间和现实空间一样，属于法律规范和政府管制的领域。近年来，网络空间突发的众多安全事件使得网络空间法治和规制成为必然诉求。

在全球互联网治理的立法领域，明显体现了这种对立。西方国家推动《网络犯罪公约》和《塔林手册》的缔结，使得国际社会对于网络犯罪的立法有了一个共同的参考标准，有助于各国网络立法实践的开展。同时，从推动司法国际合作的角度看，《网络犯罪公约》和《塔林手册》在预防网络战、打击网络犯罪和网络反恐等方面具有积极价值。特别是在《塔林手册2.0版》的形成过程中，互联网国际规则制定出现了"有限国际化"趋势，邀请了中国等非西方专家参加国际专家组，在构成合法性方面有所提升。

不过，《网络犯罪公约》的一些偏好规定，比如对侵犯著作权的高度重视，明显反映了西方国家的利益，对包括中国在内的发展中国家而言是不友好的。同时，《网络犯罪公约》存在滞后性，该公约制定于10多年之前，鉴于当前网络技术发展的日新月异，该公约的时效性较差。至于《塔林手册》，无论是1.0版本还是2.0版本，其有限的国际化并不能掩盖其被欧美等西方国家主导规则

---

① 凌胜利：《拜登政府对华网络空间政策与中国应对》，《和平与发展》2022年第1期，第38—57页。

的事实。假设以此作为规范网络战的基础，处于发展阶段的发展中国家将在网络空间中更为被动。为此，不少国家对其持相对消极的态度。国际社会应该在国际互联网法律制定中吸取现有战争法、自卫法等法律规则有益的部分，并重点关注发展中国家的正义呼声，坚持平等协商，真正制定一部能够适应国际社会共同需求的国际互联网法律文件。

联合国是国际网络秩序的核心，也是制定国际互联网法规的权威场所。当前，国际社会迫切需要一部治理互联网的法律法规，以捍卫网络主权，反对网络霸权，规范网络竞争，推动网络经济发展。为此，联合国要发挥其在国际互联网法制定中的主导作用，以打击网络恐怖主义、倡导负责任国家行为规则等为法律制定重点，把国际互联网法制定设为联合国未来法律体系建设的优先选项，加强国际协同，制定立法规划，既要反映网络技术的新发展，同时也要维护发展中国家的利益和关切，使其真正成为全球互联网制度的法律基础。

其三，在组织层面上，坚持联合国主导，发挥国际电信联盟等联合国所属机构的作用。当前，全球层面不存在统一的互联网治理的规则和制度体系。这就需要在规则制定中厘清网络主体间的权责范畴，重视并发挥联合国及其下属机构的作用，广泛听取意见，制定出各方均能共同接受的规则。尽管ICANN在国际互联网技术治理领域发挥了主导作用，但是其合法性和有效性不足也是客观事实。与此同时，国际电信联盟是联合国重要的信息通信技术机构，作为联合国机构中历史最长的国际组织，国际电信联盟在信息通信技术、电信市场发展、基础网络建设等方面开展全球范围内的合作，在减少数字鸿沟方面发挥着重要作用。国际电信联盟成员包括190多个成员国和700多个部门成员及部门准成员和学术成员，具有成员的广泛基础性和民主合法性。

近年来，国际电信联盟试图发挥在互联网领域的治理作用，并得到了广大发展中国家的支持。2006年，时任国际电信联盟秘书长哈玛德·图埃曾表示，国际电信联盟应该作为互联网治理的主要机构之一，以便解决互联网安全、缩小数字鸿沟。2010年7月，在联合国的主导下，国际电信联盟制定了一项削减互联网风险的条约文本草案，后因各国分歧较大，条约文本的签署不得不被搁置。同时，国际电信联盟还把制定互联网领域的规则作为一项基础工作。2010年10月，在墨西哥瓜达拉哈拉国际电信联盟全权代表大会上，不少与会者就曾建议国际电信联盟设立特别机构，该机构对ICANN的决定拥有否决权。2012年，国际电信世界大会出台了新版《国际电信规则》，但美国和英国等西方国家以"网络中立"为由反对联合国专门机构对互联网的治理权，导致其迟迟无法生效。2014年以来，中国籍候选人赵厚麟高票连任两届国际电信联盟秘书长。他上台后致力于改善工作的透明度，提升工作效率，打造了一个更强有力的国际电信联盟，为全球信息通信业和信息社会提供更卓有成效的服务，带领国际电信联盟在促进全球信息通信事业发展，服务经济社会数字化转型等方面取得了积极进展。总之，近年来，国际电信联盟已经把自身从关注信息通信技术转向同时关注互联网领域的治理，在数字经济时代发挥了更大作用。不过，国际电信联盟在互联网治理制度的重构方面还面临着不小的挑战，遭到了欧美国家的反对。只有在国际社会，尤其是中国等广大发展中国家的积极支持下，国际电信联盟才能在互联网治理领域发挥更大作用。

当前，国际电信联盟应该更积极地推动自身的制度建设，以切实提升自身话语权。同时，联盟需要不断完善《国际电信规则》，拓展"电信"一词的范围，参与国际域名的分配、增加管控垃圾邮件和网络安全等方面的内容。只有通过机构设置、治理内容以及决策程序方面的改革，国际电信联盟才能在全球互联网治理领域获得更多权威，发挥更大作用。此外，国际电信联盟还需要协调好与其他互联网机构的关系，协调和平衡各方的利益诉求。当前，国际互联网治理机制具有多元、多层次的动态特征，既包括全球层面上的治理制度，也包括地区性互联网注册管理机构，同时还包括跨国互动的治理制度。因此，在国际互联网制度重构过程中，国际电信联盟应该采取渐进的方式，参与和分享国际互联网的规则制定。

与此同时，联合国要积极发挥联合国信息安全政府专家组、联合国网络犯罪政府专家组在规则制定谈判等方面的作用。针对2016—2017年度信息专家组未能达成一致意见的网络空间自卫权的行使、国际人道法在网络空间的适用等互联网规则制定的焦点议题，为了推动各方继续探讨关键议题，联合国于2019年新设立了政府专家组和开放式工作组，开启了新一轮的协商谈判，这展现出了国际社会试图推动网络空间规则制定的意愿。2022年以来，联合国政府专家组和开放式工作组已经结束了"双轨制"的局面，开放式工作组对话会议也已经召开。在此背景下，一方面，国际社会需要认真落实联合国有关建立信任措施和提升能力建设方面的共识和成果；另一方面，国际社会需要积极推动进一步制定国家负责任行为的规则、规范和原则及其实施方式。

三、各类规则的冲突以及协调

其一，不同行为体制定的网络犯罪规则的差异性明显，需要妥善协调。网络犯罪高发态势一直是国际社会和各国政府关注的核心议题。随着云存储、云服务、云传播等新技术的兴起，网络犯罪呈现跨国性增强和地域性削弱的特征，而新冠疫情持续蔓延和乌克兰危机的不断升级进一步滋生了网络犯罪。各国刑事定罪方面的差异、电子证据的跨国取证和司法协助难度增加等因素都会影响打击网络犯罪的国际司法合作，特别是不同国家对犯罪主客观要件的规定都存在差异性或存在不同的要求。一些犯罪分子专门利用各国在刑事定罪方面的差异流动作案，并逍遥法外。跨国取证涉及大量文书往来和调查国的审查程序，现有的国际司法协助导致程序取证效率低下与电子证据不稳定。特别是，近年来欧美等国通过云法案等法令，在电子证据提取和留存等方面具有侵害他国主权的可能性。《布达佩斯公约》《阿拉伯国家联盟打击信息技术犯罪公约》《上海合作组织成员国保障国际信息安全政府间合作协定》《非洲联盟网络安全和个人数据保护公约》在成员范围和加入程序等方面存在很大差异，无法将地区性经验上升为整体性经验。2019年5月15日，新西兰和法国在巴黎共同主持对抗网上恐怖主义和暴力极端主义的会议，共有17个国家签署了"基督城呼吁"（Christchurch Call）。当前，西方国家试图把《布达佩斯公约》作为国际层面应对网络犯罪的一致性国际规则和刑事定罪的国际标准，而中国和俄罗斯等国反对这一做法。

截至2022年9月，联合国层面已经召开了七次联合国网络犯罪问题政府间专家组会议，就打击网络犯罪立法、定罪、调查、电子证据、国际合作等实质问题进行讨论，是交流打击网络犯罪经验和实践的重要平台。2019年12月，第74届联大全会通过决议，联合国大会将设立一个代表所有区域的不限成员名额的特设政府间专家委员会，以拟定打击网络犯罪全球性公约，这标志着联合国将首次主持网络问题国际条约谈判。2022年2月28日—3月11日，联合国打击网络犯罪公约特委会第一次谈判会议以线上线下混合方式在纽约举行。会议以协商一致方式通过了公约框架和谈判安排，计划于2024年2月完成《联合国网络犯罪公约》谈判。一旦《联合国网络犯罪公约》出台，将能够发挥如下四个方面的协调作用：一是协调定罪，明确各国应当将哪些行为规定为网络犯罪并予以处罚；二是协调管辖权，即对特定类型跨国网络犯罪的管辖权做出原则划分，确立一些缓解管辖权冲突的指导原则；三是协调国际合作，为打击网络犯罪的跨国执法合作、司法协助、引渡和追回犯罪资产合作等提供基本框架；四是协调其他事项，主要包括立法和执法措施、预防、国际交流和技术援助等。这四方面事项互相衔接配合，共同构成打击跨国网络犯罪的国际规则体系。[①] 总之，世界各国有打击网络犯罪的共同需求，国际社会应在联合国层面积极推动构建全方位、更立体和更具弹性的打击网络犯罪规则体系。

其二，国际数字治理规则与机制的冲突明显。在数字治理领域，数据本地化、ICT供应链的碎片化已经成为国际数字治理的议题，数字空间国际规则体系的重塑将对国际政治、经济和安全产生深远影响，现有的国际体系该如何应对数字空间出现的新情况是全球治理面临的新挑战。当前，联合国和其他多边机制关于数据安全和数字治理的讨论仍然进展缓慢，无论是联合国层面的开放式工作组，还是G20框架下的数据治理"大阪轨道"，以及APEC跨境隐私保护规则框架下的数据流动规则讨论，目前均处于起步阶段，而欧盟《通用数据保护条例》本质上仍属区域性规则，涵盖面和适用性有限。[②]

2020年，中国提出了《全球数据安全倡议》，成为全球首个系统提出数据安全治理倡议的国家。中国倡导制定数据安全全球规则，维护数字供应链安全，促进数字经济快速发展，重点关注信息基础设施和个人信息保护、企业跨境数字存储和流动等热点问题。《全球数据安全倡议》是中国在全球治理领域的新理念，为全球数字治理注入新智慧，有助于全球数字技术发展和全球层面的数字社会建设。与西方国家《云法案》中的"长臂管辖权"不同的是，

---

① 张鹏：《积极参与联合国打击网络犯罪公约谈判　构建网络空间命运共同体》，《中国信息安全》2020年第9期，第70—71页。

② 齐治平：《制定全球数据安全规则》，《中国信息安全》2020年第9期，第69页。

《全球数据安全倡议》主张"尊重他国主权、司法管辖权和对数据的管理权，不得直接向企业或个人调取位于他国的数据"，同时主张"应通过司法协助等渠道解决执法跨境数据调取需求"①。

这些不同的数字规则很可能产生竞争，其原因是各国数字治理理念和立场存在较大分歧，其实质是数字多边主义和数字霸权主义之间的较量。为了克服数字治理机制之间的潜在冲突，沟通协调立场观点，围绕数字空间治理议题建立机制间的对话构建渠道已经成为一种趋势。越来越多的双边、多边和全球性的数字对话机制被建立起来。例如，中国与欧盟之间建立了多个有关数字经济治理的对话机制：中欧信息技术、电信和信息化对话，中欧网络工作组，中欧网络安全与数字经济专家组等。中欧双方的多个政府部门、企业和研究机构参与其中，开展多个合作项目。②欧盟的"单一数字市场"建设与中国的"数字中国"建设具有相互支持、交流合作的广泛可能性。在数字经济、工业互联网、物联网、5G、人工智能、智慧城市等领域，双方各自具有优势，可以进行技术交流与标准化合作、促进产业间合作。但是，在隐私保护、数据安全、贸易投资等方面，双方仍存在诸多分歧，尤其是欧盟通过实施《通用数据保护条例》《外资安全审查条例》等，以保护自身战略性产业并参与技术标准制定的国际竞争，这对相关互联网企业提出了更高的要求，可能会影响双方的正常商业往来。

其三，非国家行为体制定的网络空间规则与现有网络空间规则的兼容适配。当前，非国家行为体在网络空间国际规则制定中的作用突出。比如，2020年5月，美国谷歌、微软等30多家科技企业成立了Open RAN政策联盟（Open RAN Policy Coalition），这些企业合作开发，通过推广开放接口标准化和开发5G无线系统的政策，确保不同参与者之间的互操作性和安全性，降低进入门槛；明确政府对开放和可互操作解决方案的支持；利用政府采购来支持供应商多元化；对研发进行资助。③ 2020年10月，美国电信行业解决方案

---

① 《全球数据安全倡议（全文）》，新华网，2020年9月8日，http://www.xinhuanet.com/world/2020-09/08/c_1126466972.htm。

② 鲁传颖：《数字外交面临的机遇与挑战》，《人民论坛》2020年第35期，第99页。

③ RAN（Radio Access Network），即无线接入网。在Open RAN模式下，软件与硬件分离，专用硬件被通用硬件代替。

联盟（ATIS）宣布成立"6G联盟"（Next G Alliance，即"下一个G联盟"），高通（Qualcomm）、微软、苹果、脸书等21家企业纷纷加入，提前制定6G政策和标准，抢占6G网络的先机，上述企业联盟均把中国企业华为、中兴等排除在外。

国家主导原则和非国家行为体参与网络空间规则制定并不冲突，而是相辅相成的。一方面，网络空间应坚持国家主导模式，在管理关键互联网资源、维护网络空间安全、打击网络恐怖主义和网络犯罪等领域的规则制定进程中，各国政府应发挥主导作用；另一方面，坚持主权国家的多边主义治理模式并不意味着非国家行为体没有作用空间。在技术发明、标准制定、业务创新等规则制定领域，应发挥非国家行为体的作用，尤其应当发挥市场配置资金、人才等资源的主体作用，让技术接受市场的选择和检验。[1] 比如，作为非营利性公益机构，ICANN向来在互联网域名地址管理中居主导地位，为了应对新冠疫情引发的网络安全议题，ICANN把应对利用疫情的域名滥用行为的工作作为重点议题，筛查利用域文件创建的清单，审核现有通用顶级域名文件，查找采用如"新冠""冠状病毒""肺炎病毒""大流行"等字眼的各种恶意域名，评估这类域名是否参与了网络钓鱼或恶意软件分发等行为。"新冠肺炎网络威胁情报队"（CTI League）于2020年3月成立，是全球第一个保护与疫情相关医疗机构、处理其安全漏洞的志愿者应急响应团体，成员包括网络威胁情报专家、事故响应队员、行业专家与执法机构代表，主要工作包括网络攻击的处理、网络攻击的预防、对医疗相关部门网络的支持以及对潜在网络危险的监控。[2]

---

[1] Jean-Jacques Sahe, "Multi-stakeholder Governance: A Necessity and A Challenge for Global Governance in the Twenty-first Century," *Journal of Cyber Policy* 1, no.2 (2016): 157-175.

[2] 杨逸夫:《全球疫情下的网络安全：警惕"趁火打劫"的线上攻击》,《光明日报》2020年9月24日，第14版。

第十章　中美在国际互联网规则制定中的合作与竞争

国际制度历来是美国政府确保霸权地位和维护国家利益的重要工具，而规则制定、议题设置等则是美国维持规则话语权的重要体现。美国企图构建以"互联网自由"为核心的网络空间治理制度，通过话语和制度规约将中国纳入美国缔造的国际互联网秩序，以"不战"而"屈人之兵"。[1] 尽管网络空间在国际政治演进过程中发挥了重要作用，但是互联网的政治经济关系仍从属于大国关系，为此，大国别无选择，只有合作方能应对网络空间的脆弱性。[2] 拜登政府上台后，美国坚持霸权主义和单边主义，竭力维护国际互联网霸权地位，把中国视为网络空间最为强劲的竞争对手，鼓吹中国网络威胁论，加大了对华施压的力度，挑拨制造"5G供应链安全"等议题，对中国在网络空间的活动进行压制和约束，严重影响了中美关系的健康发展。美国一贯的网络霸权给全球互联网治理带来了巨大的不稳定性。

互联网风险的增加意味着对其管控的升级，同时也意味着开展国际对话与合作的可能性。面对网络犯罪、网络恐怖主义以及在线隐私保护等全球性问题，包括中国和美国在内的国际社会只有坚持合作才是唯一的应对之道。

---

[1]　陈侠、郝晓伟：《美国对华网络空间战略解析——基于观念的分析视角》，《当代世界与社会主义》2015年第4期，第132页。

[2]　James Wood Forsyth and Maj Billy E. Pope, "Structural Causes and Cyber Effects: Why International Order Is Inevitable in Cyberspace," *Strategic Studies Quarterly* 8, no.4 (2014): 123.

多边主义是通过国际组织协商并采取行动的一系列原则和处理国际事务的方针指南，这就要求各方摒弃相对收益和暂时好处，抵御利益的诱惑，避免依据紧急形势和瞬息的利益格局制定政策。① 多边主义、多边决策、所有国家对多边外交的参与，以及参与国中的大多数对协议的支持，是美国所无法改变的，也是无力改变的。因此，美国网络战略违背了国际社会的共同利益和美国人民的根本利益。美国只有抛弃利己政策和短期自利行为，重回多边主义，共同构建网络空间命运共同体，才是正确的选择。

第一节　中美在国际互联网规则制定中的合作

一、中美在国际互联网领域合作的原因

21世纪国际互联网政治生态的一个重要特征是网络空间大国的关系决定了网络空间的发展走向。目前网络空间大国关系的主要特点是，传统竞争已延伸至网络空间，政治博弈的加剧导致网络安全困境。无论是网络空间秩序转型还是网络空间规则制定，都烙下了中美博弈的印记。可以说，国际互联网治理需要构建以中美网络关系为核心的合适的大国互动机制。

首先，网络空间全球性问题的出现迫切要求中美加强合作。互联网的产生是国际合作的产物，互联网发展的成就也是国际合作的产物，同时，互联网国际治理也需要国际合作。近年来，国际互联网领域面临网络病毒愈演愈烈、网络犯罪不断加剧、网络恐怖主义纵深扩展等问题。比如，2017年5月12日全球范围内爆发的瓦纳克里（WannaCry）勒索病毒蔓延，造成大量用户严重的经济损失。2017年6月27日，乌克兰遭受了Petya勒索病毒大规模的攻击，根据用户的反映，该勒索病毒至今仍出现在被感染的电脑上，它给美国和欧洲国家造成了数十亿美元的损失。根据赛门铁克发布的报告，网络犯罪以每年26%的速度增长，使得2019年全球经济至少损失2.1万亿美元，占全球GDP的2%。此外，互联网的相关攻击事件在2016年至2017年间增加了

---

① 詹姆斯·A.卡帕拉索：《国际关系理论和多边主义：根本原则之探寻》，载约翰·鲁杰主编《多边主义》，苏长和等译，浙江人民出版社，2003，第61—62页。

600%，很大程度上是因为相关人员易于利用网络设备。[①]

美国对网络安全的担忧在近年来不断增强，互联网已经不再是美国的利器，而是国家间博弈的舞台。[②] 但是，中美共同面临互联网挑战，合作才是优先的选项。奥巴马政府首任美国国家网络安全司令部司令基思·亚历山大在首届中国互联网安全领袖峰会上指出，中美两国面临相似的来自安全方面的挑战和威胁，在面临网络安全挑战以及恐怖主义挑战的时候，中美必须通力合作。更为重要的是，双方可以通过建立伙伴关系、通过互信进而增进友谊，这对中美两国和世界来说会更有建设性。[③]

其次，人工智能、大数据、物联网等的不断发展加剧了国际社会面临的复杂情况，客观上需要国际社会予以积极应对。近年来，新技术、新应用、新业态方兴未艾，互联网迎来了更加强劲的发展动能和更加广阔的发展空间。人工智能、大数据、互联网、云计算深度融合，已经改变了人类社会生活的方方面面，并对全球政治、经济、军事等产生深远的影响。与此同时，人工智能等新技术也带来了前所未有的挑战。人工智能既是人类社会不断发展的加速器，也是国际社会争相竞争的新领域。人工智能产生的危害既有可能逐步发生，也有可能因为技术上的突然进展和不可预期而瞬间产生危害，导致人类无法应对。与此同时，人工智能技术带来的政治、经济、法律等安全问题也是中国亟待解决的重要课题。国际社会应在防止人工智能武器扩散，避免人工智能武器被滥用等方面尽快出台相应的国际法规则。新技术的不确定性和匿名性特征，使得中美两国在面临匿名网络攻击时可能产生战略误判，而这样的情况在中美两国互联网治理观念和行为差异明显的背景下，极有可能发生，而网络具有的信息流动灵活性和快速性则加剧了谈判发生的频率。当国家间关系存在物理对抗或政治危机时，不明来历或是伪装来历的网络攻击很可能造成对峙双方的错误判断，本可避免的武装冲突甚至战争行为有可

---

① Symantec, "Internet Security Threat Report," March 2018, https://www.symantec.com/content/dam/symantec/docs/reports/istr-23-2018-en.pdf.

② James A. Lewis, "Sovereignty and the Role of Government in Cyberspace," *Brown Journal of World Affairs* 16, no.2 (2010): 56.

③ 基思·亚历山大：《网络空间威胁对世界安全的新挑战》，《信息安全与通信保密》2015年第10期，第52—53页。

能就此点燃。① 为此，中美两国有必要深化在网络空间规则制定、负责任国家行为规范和关键信息基础设施保护等不同领域的国际合作，推动国际互联网治理的进程。

最后，中美在国际互联网领域的合作可以实现优势互补。美国是互联网的诞生地，凭借着网络规则的主导权、网络企业的竞争优势，美国取得了对网络空间的主导权，控制了大数据时代最有价值的信息资源，并通过数字殖民主义和网络霸权主义干预其他主权国家的互联网国家治理行为。美国政府在网络空间致力于追求"通信和商务开放的网络通道"，这是美国维持自由经济秩序的关键，也是巩固美国霸权的基础。实际上，在网络恐怖主义等全球性问题勃发的背景下，只有中美加强合作，才能有效维护两国本土安全和世界各国的利益。但可惜的是，美国政府坚持单边霸权，恣意妄为。比如，特朗普政府2018年9月18日颁布的《美国国防部网络空间战略》把前置防御（defense forward）和持续交手（persistent engagement）理念作为应对网络安全的主要手段，把中俄置于战略对手的地位。② 同时，美国以遭受网络攻击为由对朝鲜、伊朗进行了先发制人的网络打击行为，严重恶化了网络空间的政治生态。

中国拥有世界上最多的网民，近年来，中国在全球网络空间政治影响不断增强。2021年9月，中国互联网络信息中心（CNNIC）发布第48次《中国互联网络发展状况统计报告》。截至2021年6月，中国网民规模为10.11亿，较2020年12月新增网民2175万，互联网普及率达71.6%，较2020年12月提升了1.2个百分点；移动电话基站总数达948万个，较2020年12月净增17万个。固定宽带接入情况方面，截至2021年6月，三家基础电信企业的固定互联网宽带接入用户总数达5.1亿户，较2020年12月净增2606万户。③ 因此，中美之间在互联网及其相关领域的合作具有很大的互补性，在应对共同网络威胁及在互联网技术分享与市场拓展方面具有相互依赖性。

---

① 刘杨钺：《国际政治中的网络安全：理论视角与观点争鸣》，《外交评论》2015年第5期，第117页。

② U.S. Department of Defense, "Summary of DoD Cyber Strategy," p.4, September 2018, https://media.Defense. gov/2018/Sep//2002041658/-1/-1/1/CYBER_STRATEGY_SUMMARY_FINAL.pdf.

③ 《全国网民规模超10亿》，《光明日报》2021年8月28日，第3版。

二、中美在国际互联网领域合作的表现

进入21世纪以来，网络安全问题开始成为中美关系的新议题，并日益占据重要的地位。在特朗普上台之前，奥巴马政府执行了一种接触、融入与"利益攸关方"的对华政策，中美致力于构建不冲突、不对抗、相互尊重、合作共赢的新型大国关系。这是一个崛起大国和守成大国对未来彼此关系的战略定位，它们共同作出了历史抉择，即以合作而非对抗、和平而非战争的方式共存共处。在此背景下，中美网络空间的对话与合作成为中美新型大国关系构建的重要内容，两国在联合国等网络空间国际制度平台上进行了卓有成效的合作。

中美两国在联合国层面就国际互联网规则制定进行有效的沟通与合作。中美双方都是联合国信息安全问题政府专家组成员，共同支持了联合国有关网络主权的论述。2013年，包括中美在内的联合国信息安全政府专家组对网络主权给予了肯定性论述。2013年6月24日，专家组报告首次指出，"国家主权和源自主权的国际规范和原则适用于国家进行的信息通信技术活动及国家在其领土内对信息通信基础设施的管辖权"，并进一步认可"《联合国宪章》在网络空间的适用性"。[1] 2015年7月，第四届联合国信息安全政府专家组进一步倡导网络空间国际合作原则，"建议各国进行合作，防止有害的信息通信技术行为，并且不应故意允许他人利用其领土实施对国际有害的信息通信技术行为。尤为重要的是，专家组强调各国拥有采取与国际法相符并得到《联合国宪章》承认的措施的固有权利"[2]。中美双方在联合国范围内加强沟通，在互联网关键基础设施保护、建立信任措施、网络反恐以及网络威胁信息共享等领域试图探索一套具有指导性的合作机制。总之，联合国政府专家组至今已提出3份关于网络空间国家行为准则的报告，就网络空间的行为规范、建立信任措施、能力建设等达成诸多共识和规范。在专家组磋商的进程中，中

---

① United Nations General Assembly, "Group of Governmental Experts on Developments in the Field of Information and Telecommunications in the Context of International Security," June 24, 2013, http://www.unidir.org/files/medias/pdfs/developments-in-the-international-security-2012-2013-a-68-98-eng-0-578.pdf.

② UN, "Group of Governmental Experts on Developments in the Field of Information and Telecommunications in the Context of International Security," UN Doc A/70/174, pp.2-3, July 22, 2015, http://www.un.org/ga/search/view_doc.asp?symbol=A/70/174&referer=/english/&Lang=E.

美围绕网络空间国际规范和国家行为准则进行了多层面、多渠道的沟通、交流和对话。正是中美两国围绕着专家组层面的接触，使得专家组的磋商成果被大多数国家所认可。但是，2017年由于特朗普政府固执坚持国家在网络空间的自卫权导致了专家组谈判失败，联合国层面的国际互联网规则制定陷入困境和低潮。①

奥巴马政府时期，中美双方在联合国专家组等多边层面的合作，为两国消除分歧、扩大共识创造了条件，也为2015年9月达成的中美网络安全共识奠定了基础。2015年9月习近平主席访美期间，中美双方承诺，共同继续制定和推动国际社会网络空间合适的国家行为准则，两国就共同打击网络犯罪达成六项具体成果。中美双方"欢迎2015年7月联合国'从国际安全角度看信息和通信领域的发展'政府专家组报告，该报告旨在处理网络空间的行为准则和其他涉及国际安全的重要问题；同意就此话题建立一个高级专家小组继续展开讨论；同意建立两国打击网络犯罪及相关事项高级别联合对话机制，并计划于2015年底召开首次会议"②。与此同时，中国政府于2015年9月21日发布了《中国关于联合国成立70周年的立场文件》，捍卫在联合国中的国际合作原则。文件指出，"网络安全已成为事关国家主权、安全和发展的重大战略问题。中方主张国际社会在相互尊重、平等互利的基础上加强合作，共同构建和平、安全、开放、合作的网络空间。应在联合国框架下制定相关国际规则，推进多边、民主和透明的互联网国际治理机制"③。同样在2015年，奥巴马政府公布的2015年美国《国家安全战略》也认为，美国不具有单独解决全球性问题的能力。美国网络安全战略旨在提升美国网络能力，以便判断、证实、防卫以威慑网络攻击。其中，网络威慑和集体威慑已经跨越了美国的范畴，属于更大范围的国际网络安全议题。这一全球性特征注定了美国在网络空间需要国际合作政策。④ 除了现有多边治理制度，中美双方还探索建立了双边网络安全制度，如中美执法合作联合联络小组等，这为建立常态性的中美

① François Delerue, "The Codification of the International Law Applicable to Cyber Operations: A Matter for the ILC?" *European Society of International Law* 7, no.4 (2018): 2-4.

② 《习近平主席对美国进行国事访问中方成果清单》，《人民日报》2015年9月26日，第3版。

③ 《中国关于联合国成立70周年的立场文件》，《人民日报》2015年9月22日，第22版。

④ The White House, "National Security Strategy," February 2015, http://www.whitehouse.gov/sites/default/files/docs/2015_national_security_strategy_2.pdf.

网络安全沟通机制创造了制度平台。应该说，在奥巴马政府时期，中美在国际互联网治理制度上的合作为新型大国关系注入和赋予了新的时代内涵，为全球互联网规则制定提供了新的启示。

特朗普上台后，美国政府对国际互联网合作的热情降低，中美互联网交流合作受到较大冲击。但应该看到，在美国总体实力相对衰落的大背景下，美国参与国际互联网治理具有内在的需求，中美在国际互联网治理和规则制定领域具有合作的潜力和空间。美国在服务贸易方面有贸易顺差，这不仅仅是因为谷歌、亚马逊、脸书和苹果等互联网巨头在全球占据主导地位，它们对全球经济的重要性给监管机构带来了挑战，它们的商业模式也与保护主义背道而驰。[①] 总之，全球网络经济飞速发展并不断融合，以互联网为核心、以新技术为依托，中美已经成为网络空间利益共同体和命运共同体。只要中美两国坚持协调对话，网络安全、网络反恐等核心领域都可以成为中美合作的优先领域。中美两国通过扩大合作、管控竞争，可以形成"以互信带动合作、以合作增进互信"的良性循环。

第二节　中美在国际互联网规则制定中的竞争

近年来，随着中国快速崛起，美国国内有关中国的敌对论调不断出现，如"中国威胁论""中国阴谋论"和"中国崩溃论"。[②] 在网络空间，中美有关网络空间的话语权之争也不断凸显，显示出中美两国在互联网监管的理念、措施和后果上的巨大差异，并在政治、经济和外交等层面不断放大。本质上，中美两国在网络空间的分歧与冲突是两国长期战略互信缺失和现实政治结构性冲突在网络空间的反映与延伸。

① Caroline Fehl and Johannes Thimm, "Dispensing with the Indispensable Nation? Multilateralism Minus One in the Trump Era," *Global Governance* 25, no.1 (2019): 38.

② Evan Osnos, *Age of Ambition: Chasing Fortune, Truth, and Faith in the New China* (New York: Farrar Straus and Giroux, 2015).

一、中美在国际互联网领域竞争的原因

中美两国在国际互联网领域的竞争具有复杂的原因。中美在网络空间的结构性矛盾必然折射到国际互联网领域。此外，全球互联网治理具有自身的特殊性，而各国都坚持互联网主权，互联网治理的主权特征与网络空间运行的开放特征之间的矛盾成为中美网络冲突的重要根源。

（一）美国试图维持互联网霸权，遏制中国在网络空间的崛起

维持互联网国际霸权是美国网络战略的核心。2009年，谷歌公司等美国互联网企业受到匿名攻击，这是美国改变其网络空间安全战略的重要转折点。美国在关键性基础设施等方面面临的挑战及其维持网络霸权的考量是其网络战略形成的根本原因。2015年2月6日，美国政府发布2015年美国《国家安全战略》，在这份长达2.7万余字的报告中，美国把网络霸权作为维持自身全球领导力的最重要战略要素之一。特朗普上台后，"全面竞争"成为特朗普政府对华战略调整的基本着力点。2017年12月，特朗普政府出台的美国《国家安全战略》竭力维护美国互联网霸权，对网络空间特别是互联网治理的内容涉及较少，单边色彩浓厚。美国《国家安全战略》称中国为"修正主义"和"战略竞争者"，试图依照美国自身的利益重塑国际政治秩序。报告明确指出，"中国正在利用经济诱因和惩罚、影响军事行动以及暗示的军事威胁来说服其他国家注意其政治立场"[①]。报告同时指出，中国和俄罗斯等所谓威权主义国家渴望在美国退出外交和关闭前哨的地区取代美国。为此，美国将以实力为出发点，首先确保美国的军事力量在世界上处于无人能敌的地位，并将军事力量、盟友和美国全部权力机构充分整合。[②]

特朗普政府不断加大对网络战和主动网络攻击的投入力度。2018年3月，美军网络作战司令部发布了题为《美军网络司令部愿景：实现并维持网络空间优势》的战略文件，明确提出，"美国物理领域的优势在很大程度上取决于网络空间的优越性，网络空间行动可以为美国外交、信息、军事和经济权力

---

① The White House, "National Security Strategy of the United States of America," p.26, December 2017, https://www.whitehouse.gov/wp-content/uploads/2017/12/NSS-Final-12-18-2017-0905-2.pdf.

② The White House, "National Security Strategy of the United States of America," p.26.

杠杆作出积极贡献"。[①] 依据美国《国家安全战略》和《2018美国国防战略报告》，特朗普政府对网络行动和战略思想进行了重新规划和设计，提出了"网络空间持久战"的概念，"通过增强弹性、前置防御和不断与对手交战来保持战略优势"[②]。作为美国网络司令部的政策纲领，国防文件通过先发制人的前置防御，使得对手放弃进攻行动，旨在维持美军在网络空间的战略优势。从2018年9月颁布的《美国网络空间战略》等文件可以看出，特朗普一面在国内加强关键基础设施防御能力、打击网络犯罪和网络恐怖行为，一面在国际层面强调"美国优先"和国际竞争，强化网络空间的军事化色彩和冲突化氛围，遏制中国在国际互联网空间的崛起。

与此同时，特朗普政府还加速对中国的全面科技遏制，在人工智能等领域发动对华全面竞争。2019年2月7日，美国政府发布了《美国主导未来产业》（America Will Dominate the Industries of the Future），这份描绘美国未来产业的发展战略坚持"促进美国繁荣、改善国土安全"两大基本原则，涵盖了美国政府重点关注的四项关键技术：人工智能、先进制造业、量子信息科学和5G移动通信。[③] 在此基础上，美国科技政策办公室（OSTP）陆续出台《加速美国在人工智能领域的领导地位》等配套文件，遏制中国在人工智能领域的快速发展步伐，巩固美国霸权的技术基础。在科技出口管制方面，特朗普政府通过拨款法案，限制美国部分政府部门购买中国信息技术设备。同时，美国政府干预中国互联网企业在美运营，指责中国政府支持商业网络窃密，阻止其盟友伙伴采购和部署中国企业提供的5G网络设备，直至全面封杀华为。2018年4月16日，美国商务部发布禁令，在未来7年内禁止美国企业向中兴公司出售零部件、商品、软件和技术，引爆了"中兴事件"。[④] 2018年5月15日，特朗普签署行政令，把华为及其非美国附属68家公司纳入"实体清单"，

---

① U.S. Cyber Command, "Achieve and Maintain Cyberspace Superiority: Command Vision for U.S. Cyber Command," p.4, April 2018, https://www.cybercom.mil/Portals/56/Documents/USCYBERCOM%20Vision20.

② Ibid., p.6.

③ The White House, "America Will Dominate the Industries of the Future," February 7, 2019, https://www.whitehouse.gov/briefings-statements/americawill-dominate-industries-future/.

④ Department of Commerce, "Secretary Ross Announces Activation of ZTE Denial Order in Response to Repeated False Statements to the U.S. Government," April 16, 2018,https://www.commerce.gov/news/press- releases/2018/04/secretary-ross-announces-activation-zte-denial-order-response-repeated.

限制美国供应商向华为供货。^① 2020年新冠疫情暴发后，美国加速对华"科技脱钩"，对华遏制不断升级。2020年5月16日，美国商务部发布阻止华为公司绕过美国出口管制的新规则，使用美国芯片设计和制造设备的外国公司需获得美国许可。^②

拜登执政后延续了特朗普政府在网络安全问题上的对华强硬路线。2021年2月4日，拜登发表了上任后的首次外交政策演讲，要"提升政府内部网络问题的地位，包括任命第一位国家副安全顾问负责网络和新兴技术。同时正在发起一项紧急行动，以提高美国在网络空间的能力、准备和应变能力"^③。根据美国2021财年《国防授权法案》，拜登政府新设国家网络总监（National Cyber Director）一职，作为总统在网络安全及相关新兴技术领域的首席顾问，负责监督和协调联邦政府提出网络威胁应对方案。同时，政府也挑选75人组建了国家网络总监办公室。^④ 2021年1月16日，美国网络空间日光浴委员会（Cyberspace Solarium Commission）^⑤ 发布白皮书《对拜登政府的网络安全建议》（Transition Book for the Incoming Biden Administration），这份白皮书旨在为即将上任的拜登政府提供网络空间安全方面的指导，明确提出新政府要尽早在网络空间采取策略，"把网络安全提升为政府的当务之急，降低美国遭受网络攻击的可能性并减轻影响力"。具体而言，该报告建议制定并颁布国家网络战略，通过分层网络威慑成功地瓦解和阻止美国的对手进行重大网络攻击；强化网络安全与基础设施安全局（CISA）职能，内部新设联合网络规划办公

① The White House, "Executive Order on Securing the Information and Communications Technology and Services Supply Chain," May 15, 2019, https://www.whitehouse.gov/presidential-actions/executive-order-securing-Information-communications-technology-services-supply-chain/.

② "Trump Administration Moves to Cripple Huawei as China May Retaliate," May 16, 2020, https://www.tmtpost.com/4383387.html.

③ The White House, "Remarks by President Biden on America's Place in the World," February 4, 2021, https://www.whitehouse.gov/briefing-room/speeches-remarks/2021/02/04/remarks-by-president-biden-on-americas-place-in-the-world/.

④ The 116th Congress, "H.R.6395 — National Defense Authorization Act for Fiscal Year 2021," March 26, 2020, https://www. congress.gov/116/bills/hr6395/BILLS-116hr6395enr.pdf.

⑤ 美国网络空间日光浴委员会是根据2019财年《国防授权法案》由议员约翰·麦凯恩领导成立的。该委员会相继发布了《疫情中吸取的关于网络安全的教训》《网络安全劳动力发展战略框架》《如何确保美国信息和通信技术供应链安全》等多份白皮书，进而提出"分层网络威慑"的概念，整合所有传统威慑机制和工具，建立整个国家的威慑理念。

室，保护美国关键基础设施安全；组建网络空间政策与新兴技术局（CPET），倡导负责任的网络空间国家行为规范，扩大美国政府在能力建设、规范和互信措施的支持范围；制定和颁布通信技术产业基础战略，保护美国的高科技供应链；对网络任务部队进行部队结构评估，更新网络使用武力的交战规则和指南，维护美国的军事网络优势；重新安排国际网络合作的优先顺序，以有意义地提升国际网络合作并使其制度化；在国务院设立网络政策局，倡导网络空间中负责任的国家行为规范和制定互信措施；与国际社会一道以外交方式应对网络威胁；倡导互联网自由；确保安全的数字经济。[①]

拜登政府执政以来，把中国作为网络空间的最大竞争对手，通过颁布《临时国家安全战略指南》（Interim National Security Strategic Guidance）、《关于加强国家网络安全的行政命令》等文件，逐渐形成了以意识形态、地缘政治、技术和外交等要素为支柱，以对华战略竞争为主要目标的网络空间国际战略。拜登政府的所作所为说明，美国已抛弃特朗普政府时期相对孤立的状态，转而依靠自身实力和盟友体系推进美国的网络空间国际战略。[②] 在此背景下，中美网络空间较量将呈现更为激烈的状态。总之，美国政府执行单边主义的利己政策，进一步加剧了中美在国际互联网领域的竞争与对抗，使得国际互联网治理和规则制定的生态体系亦进一步恶化。

（二）中国在网络空间的崛起引发美国的极度恐慌和地位焦虑，终结了其接触与融入的对华战略

进入21世纪以来，中国实力的增强和美国自身实力的衰弱，引发了美国国内的极度恐慌。2017年12月18日，特朗普任期内第一份美国《国家安全战略》认为，过去40年，美国对华政策的基本理念是"支持中国的崛起并将其融入战后的国际秩序且使中国自由化"[③]。但是，中国的发展现状与美国的愿望背道而驰，令华盛顿失望至极。美国对其相对于中国的财富缩水表示担忧，

---

① Cyberspace Solarium Commission, "Transition Book for the Incoming Biden Administration," January 19, 2021, https://www. solarium.gov/public-communications/transition-book.

② 王天禅：《美国拜登政府网络空间国际战略动向及其影响》，《中国信息安全》2021年第6期，第72页。

③ The White House, "National Security Strategy of the United States of America," p.25, December 18, 2017, https://www. whitehouse.gov/wp-content/uploads/2017/12/NSS-Final-12-18-2017-0905-2.pdf.

对于现有贸易协定提出质疑。美国认为，尽管这些协定对美国有价值，但让它们的竞争对手在不断做大的蛋糕中分得了太大的份额。① 奥巴马政府时期负责东亚和太平洋事务的助理国务卿库尔特·坎贝尔（Kurt M. Campbell）和美国前副国家安全顾问埃利·拉特纳（Ely Ratner）认为中国辜负了美国的期许，建立在"愿望思维"之上的对华政策并不合适，而这种想改变而没有能成功的失落情绪激起了美国对华政策的全面强硬。② 特朗普认为对华全面接触战略失败，因此彻底背离了前任"自由霸权"的战略，转而追求非自由霸权（illiberal hegemony）的国家大战略。③

美国的"地位焦虑"（status anxiety）导致其试图全力阻止新兴市场国家的崛起。一般而言，经济、军事能力以及声望的跨地位维度焦虑越明显，冲突的可能性就越高。④ 为了维持美国的霸主地位，美国实际上比崛起国更需要承担风险，崛起中国家则更愿意规避风险。但是，面临国际纷争和全球性问题的挑战，美国更愿意单枪匹马，或者强加给其他国家美国式解决方案。对帝国成本的不断升值可能导致对多边主义长期成本和利益的重新计算，美国在安全、经贸领域的协调成本已经极大地超出合作的收益。因此，美国从基于规则的多边主义出发，选择对其最有利的单一、双边或多边行动方式，从而在不同政策领域支持特定的制度论坛。⑤

美国迫切需要调整对华战略和国际合作形式。美国对外关系委员会研究员米拉·拉普-胡珀（Mira Rapp-Hooper）等人提出基于公开的对华战略，维持国际秩序公开和独立，维持竞争对手间的有限合作。⑥ 而美国企业研究所史剑道（Derek Scissors）和卜大年（Daniel Blumenthal）认为，中国将处于美国

---

① Harlan Grant Cohen, "Multilateralism's Life Cycle," *American Journal of International Law* 112, no.1 (2018): 49.

② Kurt M. Campbell and Ely Ratner, "The China Reckoning: How Beijing Defied American Expectations," *Foreign Affairs* 97, no.2 (2018): 60-70.

③ Barry R. Posen, "The Rise of Illiberal Hegemony Trump's Surprising Grand Strategy," *Foreign Affairs* 97, no.2 (2018): 20-21.

④ Tudor A. Onea, "Between Dominance and Decline: Status Anxiety and Great Power Rivalry," *Review of International Studies* 40, no.1 (2014): 125-136.

⑤ Christian D. Falkowski, "Multilateralism as a Basis for Global Governance," in Christoph Herrmann, Bruno Simma and Rudolf Streinz (eds.), *Trade Policy between Law, Diplomacy and Scholarship* (London: Springer, 2015), pp.64-65.

⑥ Mira Rapp-Hooper and Rebecca Friedman Lissner, "The Open World: What America Can Achieve after Trump," *Foreign Affairs* 98, no.3 (2019): 19.

国际经济优先事项的首位，并将保持多年，美国应该对与中国的经济关系作出重大调整。"经过多年徒劳的对话和口头协议，美国应该改变路线，开始切断与中国的一些经济联系，这种分割可以阻止知识产权被盗并对涉及中国侵犯人权行为的企业问责。"①总体上，随着中国网络实力的增强特别是网络跨国企业的壮大，美国政府对华政策滑向全面强硬，接触与融入的国际制度战略已经终结，这同样在国际互联网制度中得以体现。

（三）美国在网络空间坚持双重标准，致使国际互联网治理体系恶化

美国在网络空间领域实施歧视性的双重标准，严重动摇了国际互联网政治合作的基础。一方面，美国指责中国对其实施网络攻击与黑客攻击，但同时又对中国进行数据窃取和网络监听；另一方面，美国鼓吹"互联网自由"与"网络人权"，但它却是世界上第一个把互联网治理纳入国家治理范畴并予以管控的国家。

为了维持自身的霸权，美国提出了"美国特殊论"，即美国作为互联网的诞生地，对于网络安全负有特殊的责任。为应对信息共享带来的不法网络空间威胁，美国通过打造网军等措施不断增强自身的国防力量。与此同时，在全球范围内，美国认为网络安全需要国家、私人机构、公民社会及世界互联网用户等多利益攸关方共同承担维护的责任。因此，美国通过多利益攸关方治理模式和打造志愿者联盟以实现自身的网络霸权。拜登政府重视网络空间国际制度领导权，通过选择性多边主义和捆绑美国盟友的方式，谋求继续掌握制定网络空间国际规则的走向。美国在反恐、隐私保护等领域坚持双重标准，对于美国的盟友和亲美国家搞一套标准，对其他国家又搞一套标准。特朗普政府制定了《国防部网络空间战略》和《美国网络空间战略》，明确把中国作为美国在网络空间中防范和打压的重点，并对朝鲜和伊朗进行网络攻击。2021年3月，拜登政府发表的《临时国家安全战略指南》明确提出"把网络安全作为重中之重，加强我们在网络空间的能力、准备和应变能力"，并将"把网络安全提升为政府的当务之急"，通过加强与盟友合作，增加对网络

---

① Derek Scissors and Daniel Blumenthal, "China Is a Dangerous Rival, and America Should Treat It Like One," *The New York Times*, January 14, 2019.

基础设施的投资,加大对中俄实施进一步网络遏制的力度。① 在这份文件中,共有15处提到中国,对中国的打压对抗色彩浓厚。美国国务卿安东尼·布林肯(Antony Blinken)则大肆鼓吹网络空间竞争是"民主国家与威权主义国家之间的一场战争",通过意识形态叫嚣对华实施网络打压。②

二、中美在国际互联网领域竞争的主要表现

2011年10月,美国情报和反情报办公室(OICI)公布了一份长达31页的文件《外国间谍通过网络窃取美国商业秘密》(Foreign Spies Stealing U.S. Economic Secrets in Cyberspace),公开把中国列为最具有网络攻击性的主要国家之一。③ 不过,当时中国政府采取了克制和容忍的态度,希望尽量减少网络入侵给中美关系带来负面影响。但是,随着中美两国网络安全争端的升级,美国采取了积极主动的网络进攻态势。2012年,美国司法部负责网络安全的助理部长约翰·卡林(John Carlin)在接受采访时就曾表示,美国有可能起诉一家中国公司的员工,"无论是中国国有企业还是受国家扶持的企业,如被确认犯有窃取美国商业机密的罪行并被起诉,将无法在美国或欧洲从事经贸活动"④。2012年11月7日,美国指责中国军方人员长期入侵德国光伏企业太阳能世界(Solar World)美洲分公司,窃取机密,损害了美国光伏企业的利益。2013年2月,美国网络公司曼迪昂特发布《中国网络部队》报告,指控中国军方指使黑客攻击美企。一时间,美国国内有关对华实施网络报复的舆论甚嚣尘上。此外,还有美国国防部的《"工业间谍"调查报告》以及美国政府的《抵消窃取美国贸易机密威胁的行政战略》报告陆续公布。2013年3月,白宫国家安全事务助理汤姆·多尼隆(Tom Donilon)在纽约亚洲协会发表演讲,指责中国的网络监控对美中经济构成挑战,并要求北京采取严厉措施进行调

---

① The White House, "Interim National Security Strategic Guidance," March 3, 2021, https://www.whitehouse.gov/wp-content/uploads/2021/03/NSC-1v2.pdf.

② Elise Labott, "Biden Wants to Compete with China. Here's How," Foreign Policy, February 2021, https://foreignpolicy.com/2021/02/22/biden-can-compete-with-china-democratic-values/.

③ NCSC, "Foreign Spies Stealing U.S. Economic Secrets in Cyberspace : Report to Congress on Foreign Economic Collection and Industrial Espionage," p.5, October 2011, http://www.ncsc.gov/publications/reports/fecie_all/Foreign_Economic_Collection_2011.pdf.

④ Shane Harris, "Exclusive: Inside the FBI's Fight against Chinese Cyber-Espionage," Foreign Policy, May 27, 2014, http://foreignpolicy.com/2014/05/27/exclusive-inside-the-fbis-fight-against-chinese-cyber-espionage/.

查和取缔。①

2013年6月曝光的"斯诺登事件"显示出美国曾为获取情报而入侵了中国网络系统，使得美国政府搬起石头砸了自己的脚，严重削弱了美国在网络空间的道义制高点。在此背景下，美国对华网络间谍的"黑客威胁论"指责被舆论称之为是转移视线的虚伪行为，为此，美国不得不暂停了对华指责。但不久，2013年12月，美国火眼（FireEye）公司发表了《世界网络大战：理解攻击背后的国家意图》，指责中国入侵欧洲五国政府部门的电脑。2014年5月19日，时任美国司法部长埃里克·霍尔德（Eric Holder）捏造了31项罪行，宣布以网络间谍罪起诉中国5名军人，指责其以辐射状的方式入侵美国联合制钢、美铝公司、西屋电器、阿勒格尼技术公司等机构的电脑系统，这是美国政府首次以对美国公司网络犯罪的名义指控国家行为体。② 作为回应，中国终止了中美网络工作组对话并要求美国取消指控，同时指出，美方这种执迷不悟的"点名羞辱"战略伤害了美中总体关系。③

2020年2月10日，美国司法部宣布对4名中国军人提起诉讼，指控其涉嫌入侵美国信用评级机构艾可飞（Equifax）计算机系统并"窃取美国公民的个人数据和商业秘密"，从事"经济间谍活动"，"窃取了近1.5亿美国人的敏感个人信息"。④ 对此，中国外交部表示，"中国政府在网络安全问题上的立场是一贯的、明确的，中国历来坚决反对并依法打击一切形式的网络黑客攻击行为。中国是网络安全的坚定维护者，中国政府和军队及其相关人员从来不从事或参与通过网络窃取商业秘密活动。……从'维基解密'到'斯诺登事件'，美方在网络安全问题上的虚伪性和双重标准早已昭然若揭。根据公开披露的大量信息，美方有关机构一直对包括其盟国在内的多国政府部门、机构、企业、大学、个人进行网络侵入和监听、监控。中国也是美方网络窃密和监

---

① David Sanger, David Barboza and Nicole Perlroth, "Chinese Army Unit Is Seen as Tied to Hacking against U.S.," *The New York Times*, February 18, 2013.

② "U.S. Justice Department Charges Chinese with Hacking," BBC, May 19, 2014, http://www.bbc.com/news/world-us-canada-27475324.

③ Robert Daly, "Is This the Best Response to China's Cyber-Attacks? A China File Conversation," May 19, 2014, http://www.chinafile.com/conversation/best-response-chinas-cyber-attacks.

④ "Chinese Military Personnel Charged with Computer Fraud, Economic Espionage and Wire Fraud for Hacking into Credit Reporting Agency Equifax," February 10, 2020, https://www.justice.gov/opa/pr/chinese-military-personnel-charged-computer-fraud-economic-espionage-and-wire-fraud-hacking.

听、监控的严重受害者"①。

与此同时，特朗普政府对中国的网络企业的遏制力度不断增强。美国政府抛开现有国际制度和规则，动辄诉诸单边措施，采取经济封锁、金融制裁等霸凌行径打压中国华为、中兴等科技企业。上述行为的背后都反映出美国政府坚持冷战思维，鼓吹"中国威胁论"，无视中美科技合作的互利共赢，试图通过"科技脱钩"巩固美国在高科技领域的优势地位。

2020年1月以来，新冠疫情成为国际社会面临的紧迫的全球性问题，而与疫情相关的网络分歧成为中美冲突的一个焦点。可以说，新冠疫情的暴发使得美国对华网络攻击的态势进一步升级。同时，与疫情相关的虚假信息和诈骗活动时常出现，中美两国围绕疫情的政府间博弈更加剧了网络空间的政治对抗。特朗普政府利用网络对华无端指责，试图转移视线、推卸防疫不力的责任，大肆"甩锅"，并进行污名化、种族化和歧视化操作。特朗普在推特上把新冠病毒称为"China Virus"（"中国病毒"），并对中国政府的抗疫进行指责，试图煽动对中国的仇恨，导致亚裔人群成为在脸书、推特等网络平台上被仇恨、恶意中伤和种族主义攻击的目标。如此的恶劣行径反映出新冠疫情被严重意识形态化，凸显了美国根深蒂固的冷战思维。

总体而言，中美网络空间竞争是两国在现实政治中结构性矛盾、战略互信不足以及意识形态冲突的反映。一方面，中美在网络空间存在价值观冲突。中美两国的网络纷争突出体现在价值观念上的冲突。中国希望国际组织获得更多的话语权，实现国家在网络安全治理中的主导作用。另一方面，中美在网络空间的制度竞争与冲突凸显。国际制度竞争既包括原则、规范方面的博弈，也涉及意识形态、理念方面的竞争，同时还涉及不同的具体操作程序。特朗普政府不仅采取政治、经济、意识形态等战略把中国压缩"推回"（pushback）②，还精心挑起中美互联网领域的制度竞争。中美围绕网络治理的多边互动角力正在展开，包括网络空间基础资源的控制、网络治理规则的制定、现有国际法在网络空间的适用以及负责任国家行为准则等，中美两个大

---

① 《外交部发言人：中国是网络安全的坚定维护者》，中国政府网，2020年2月11日，http://www.gov.cn/xinwen/2020-02/11/content_5477514.htm。

② Robert Sutter, "Pushback: America's New China Strategy," The Diplomat, November 2, 2018, https://thediplomat.com/2018/11/pushback-americas-new-china-strategy/.

国的网络空间战略和原则立场的差异以及引发的国际社会阵营分化将对全球互联网治理走向产生决定性影响。从深层次看，中美在网络空间中的竞争本质是由两国网络空间结构性矛盾所决定的。美国抹黑中国旨在进一步牵制中国，以削弱中国在未来网络空间规则制定时对美产生的冲击力，便于美国制定对自身有利的网络规则。

三、中美5G博弈及其应对

当前，中国等新兴市场国家的科技实力不断增强，中美科技之间以及中国与世界其他科技强国之间的差距正不断缩小。中国已成为继美国之后的又一个"科技超级大国"，双方在科技、创新等领域的较量已是必然，这也深刻影响了中美科技格局的走向。为了从高科技角度限制中国对美长期竞争优势，牵制中国制造升级和科技创新，美国极其关注中国在智能制造、"互联网+"、量子科学等高科技领域的技术发展。中美不同领域的技术竞争日趋激烈，其中最典型的就是中美的5G博弈。

（一）美国对中国5G产业打压的过程及原因

特朗普政府为维护美国霸权，通过拨款法案限制美国部分政府部门购买中国信息技术设备并干预中国互联网企业在美运营，指责中国政府支持商业网络窃密，阻止其盟友伙伴采购和部署中国企业提供的5G网络设备，直至全面封杀中国5G产业核心企业华为。中美围绕着对华技术出口、军售禁令、贸易壁垒的争论历来都是焦点议题，而特朗普上台后，争论集中体现在中美有关高技术出口限制领域。凡是美国认为可能威胁到自身安全的国家，美国在转让和出售技术、工艺乃至跨国收购时，并不严格遵循市场经济法则，而是采用强制行政干预。[①] 拜登政府在5G议题上态度强硬，把5G产业封杀作为继续打压中国的核心领域。据此，美国试图建立严格的出口管制措施，以阻止某些"新兴和基础技术"向中国转移。

华为公司是全球最大的无线设备和光伏逆变器提供商，也是美国对华科技打压的重要对象。美国对华为的打压包括市场打压和技术打压两个方面：

---

① Richard P. Suttmeier, "Listening to China," *Issues in Science and Technology* 5, no.1 (1988): 42-51.

市场打压体现在美国不仅全面狙击华为产品和服务在本国市场的销售，还不惜通过各种外交手段阻遏华为在其他国际市场的扩张；而技术打压则体现在美国政府阻止华为对美国企业的技术并购，并以行政命令的方式对华为实施应用服务和芯片的断供。[①] 2018年5月15日，美国总统特朗普签署行政令，把华为及其非美国附属68家公司纳入"实体清单"，限制美国供应商向华为供货。[②] 2018年12月，美国直接要求加拿大政府逮捕华为高管、首席财务官孟晚舟。2019年5月2日—3日，美国牵头召开了布拉格"5G安全会议"，与会成员包括德国、日本、澳大利亚等国，中国被排挤在外。美国试图通过5G领域的同盟体系，确立排他性的5G网络安全标准，遏制中国崛起。2020年5月16日，美国商务部发布了阻止华为公司绕过美国出口管制的新规则。根据这项规则，使用美国芯片设计和制造设备的外国公司需获得美国许可，才能向华为及华为子公司提供某些种类的芯片。这一歧视性规则具有严重的产业破坏力，给全球通信等相关产业带来了严重冲击。最终，2020年6月30日，美国联邦通信委员会以保护美国通信网络，防范安全风险为由，正式把华为列入"威胁美国国家安全"的黑名单，禁止美国企业利用普遍服务基金（Universal Service Fund）购买华为的设备或服务。[③] 同时，时任美国国务卿蓬佩奥极力渲染华为的技术威胁，无限放大技术政治化威胁。全面封杀华为是特朗普政府科技政策深度调整背景下，因所谓"修昔底德陷阱"而产生的焦虑感和消极预期的产物，是中美关系严重倒退的重要例证。除了华为，特朗普政府还打压中兴等其他中国高科技企业。2018年4月16日，美国商务部发布禁令，在未来7年内禁止美国企业向中兴出售零部件、商品、软件和技术，引爆了"中兴事件"。[④] 拜登上台后仍采取强制措施对待中国高科技企业，扬

---

① 李巍、李玥译：《解析美国对华为的"战争"——跨国供应链的政治经济学》，《当代亚太》2021年第1期，第5页。

② The White House, "Executive Order on Securing the Information and Communications Technology and Services Supply Chain," May 15, 2019, https://www.whitehouse.gov/presidential-actions/executive-order-securing-Information-communications-technology-services-supply-chain/.

③ "FCC Designates Huawei and ZTE as National Security Threats," June 30, 2020, https://docs.fcc.gov/public/attachments/DOC-365255A1.pdf.

④ Department of Commerce, "Secretary Ross Announces Activation of ZTE Denial Order in Response to Repeated False Statements to the U.S. Government," April 16, 2018, https://www.commerce.gov/news/press-releases/2018/04/secretary-ross-announces-activation-zte-denial-order-response-repeated.

言要进一步延长对中国高科技企业禁令的时间，不断诋毁、抹黑华为和其他中国电信企业。

5G博弈已经成为中美关系中极其敏感的重要话题，5G被泛国家安全化和意识形态化。简而言之，美国就是要遏制中国在5G高科技领域的快速崛起。近年来，得益于政府引导和企业配合，中国在5G领域的标准设置、科技研发、基站建设和市场布局等方面快速发展，在5G专利方面和国际市场占有率方面居世界前列。拥有国际专利的数量是衡量高技术创新的关键性指标。在5G专利的数量上，2020年，华为凭借5464件已公布的《专利合作条约》（PCT）申请量，连续4年夺得全球冠军，位居其后的是韩国三星电子（3093件），而美国高通专利申请量仅为2173件。在马德里顶级申报者（Top Madrid Filers）中，华为技术公司以197份马德里申请排名第二。[①] 在市场占有率方面，华为虽然无法再从美国供应商处获得关键芯片，但是仍然占据了相当大的市场份额。2020年，华为在全球市场的份额突破了30%，比诺基亚和爱立信的市场份额之和还要多。

但是，美国在5G研发投资，核心专利上具有优势。5G的最关键部分核心芯片仍由美国为首的西方国家所垄断，比如在微基站芯片组、微基站功放、数据转换芯片、网络处理器等芯片的设计制造方面，美国高通、德州仪器（Texas Instruments）、博通（Broadcom）和英特尔（Intel）等公司具有绝对优势，5G设备芯片仍然被以美国为主的西方传统厂商垄断。[②] 美国对华5G遏制不断升级，产生了极其严重的后果，从国际体系层面破坏了国际市场竞争的基本规则和知识产权保护的国际惯例，从国家间层面严重恶化了中美关系，严重阻碍了中美科技交流。

（二）中美5G博弈的中国应对策略

5G已经成为当前中美关系的热点议题。中美两国需要破解分歧，避免冲突。2022年11月14日，国家主席习近平在印度尼西亚巴厘岛同美国总统拜登举行会晤时指出，"当前中美关系面临的局面不符合两国和两国人民根本利益，

---

① WIPO, "Annex 2: Top PCT Applicants," p.7, March 2, 2021, https://www.wipo.int/export/sites/www/ pressroom/en/documents/pr_2021_874_annexes.pdf#page=4.

② 傅新亮：《从移动通信产业发展看中美5G博弈》，《中国信息安全》2019年第7期，第61页。

也不符合国际社会期待。中美双方需要本着对历史、对世界、对人民负责的态度，探讨新时期两国正确相处之道，找到两国关系发展的正确方向，推动中美关系重回健康稳定发展轨道，造福两国，惠及世界"①。为了打破僵局，中国需要把5G议题作为对美对话的重要内容，在科学分析国际形势和判断美国国内政治走势的基础上，加强顶层设计和统筹规划，从重点供应链科技企业寻求突破，寻求新办法。具体建议如下：

其一，加强政治层面对话，降低5G合作政治化风险。中美围绕对华高技术出口的争端一直是中美科技外交关注的核心。历史地来看，凡是美国认为可能威胁到自身安全的国家，它在对其进行转让和出售技术乃至跨国收购时并不严格遵循市场经济法则，而是采用行政干预。拜登政府上台后，虽然朝着多边主义有限回归并作出适度调整，但中美的结构性矛盾仍旧存在。两国需要客观、理性看待中美关系，增强战略互信。中国应加强对美舆论宣传，阐明中国人民发展5G具有正当权益的立场。5G对于中美而言其本质既是平等的，也是互利的，两国需要的是互利共赢而不是零和博弈。5G的高科技技术属性使其具有国际合作的需求，中美两国有义务有责任共同保障5G生产链、供应链有序和稳定地运行，实现"在竞争中增进合作、在合作中规范竞争"的目标。

其二，利用买方权利，广泛开展5G领域"第二轨道"外交。"第二轨道"外交是指政府间合作之外的行为体（如企业家、科学家等）围绕相关议题进行的协商或调解过程，是围绕官方外交政策开展的民间对话形式。李巍等从跨国供应链的政治经济学角度提出，"华为作为中国在市场需求端的采购方，具有一定的买方权利"，这种权利直接体现在美国政府对华为的断供也会招致美国国内反对。② 比如，美国高通是全球知名的无线科技创新企业，一直在积极申请对华为的高通芯片供货许可证，曾多次游说美国政府取消对华为出售安卓（Android）高端芯片的限制，继续成为华为的核心供应商。鉴于这种买方权利的存在，中国可以利用中美双方在买方卖方已经建立的高科技合作交流关系，准确研判信息技术产业的供应端和需求端的动态关系，特别是重视

---

① 杜尚泽、王云松：《习近平同美国总统拜登在巴厘岛举行会晤》，《人民日报》2022年11月15日，第1版。
② 李巍、李玙译：《解析美国对华为的"战争"——跨国供应链的政治经济学》，《当代亚太》2021年第1期，第43页。

对提供设备与原材料的美国上游企业进行沟通，推动美方解除对华的遏制与封锁。

其三，重视国际组织层面5G标准和规则话语权的建设。国际组织与非政府组织介入科技外交领域，是科技外交发展的新趋势。目前，中国已加入1000多个国际科技合作组织，在自然科学领域几乎所有重要的国际科技组织中都占有一席之地，如核聚变能源计划、伽利略计划、国际对地观测等。近年来，美国加大了对5G规则标准主导权的争夺。2020年1月8日，美国众议院投票通过了《促进美国在5G领域的国际领导地位法案》（Promoting United States International Leadership in 5G Act）及《促进美国在无线领域的领导地位法案》（Promoting United States Wireless Leadership Act）。法案明确了美国及其盟国、合作伙伴应在第五代及下一代移动通信系统和基础设施的国际标准制定机构中保持参与和领导地位，以维护美国国家安全利益。这些标准制定机构包括国际标准化组织、第三代合作伙伴计划（3GPP）和电气电子工程师协会等全球互联网治理的重要机构。[①] 这就需要中国政府和中国高科技企业更重视国际组织在制定技术标准中的作用，更关注发挥企业在这些国际组织中的潜在影响力，以提升自身在第五代及下一代移动通信系统和基础设施相关设备的国际规则制定中的主导权。

其四，企业个体加强研发和舆论宣传。一方面，中国的下一代移动通信企业需要进一步夯实科技研发基础，提升产品安全性能，不断提升中国在5G领域的发展能力和创新能力。作为全球最大的5G设备供应商，华为可以利用价格和经验等方面的优势，积极拓展在全球特别是共建"一带一路"国家的业务。当前，随着"数字丝绸之路"不断深入推进，中国可以通过增加市场订单并扩大市场占有率，发展壮大5G产业。另一方面，面对美国的诽谤，中国企业应主动出击，积极通过国际媒体特别是美国媒体，揭露事实真相，以正视听。我们在看到中美网络空间存在竞争与冲突的同时，也要看到中美在应对网络威胁及在技术资金和市场上的相互依赖性。当前，中美在网络空间的博弈保持着"竞争中有合作，合作中有竞争"的关系，并向着"竞争为主、

---

① 贾宝国：《美国通过〈促进美国在5G领域的国际领导地位法案〉》，《人民邮电报》2020年2月25日，第5版。

合作为辅"的趋势发展，且具有全面"脱钩"的可能。尽管拜登政府试图继续加大对华全面遏制力度，但网络空间自身的特点决定了中美网络空间未来将呈现合作、竞争和冲突共存的混合特点，这三种情况之间的平衡取决于中美对自身国家利益的定义和优先考量、寻求共同目标并推进这些目标的能力以及处理国家利益和价值观分歧的水平。新冠疫情暴发以来，美国对华网络施压不断加剧，更加凸显了中美在国际互联网治理中的结构性矛盾。但是，中国从国际合作大局出发，妥善处理对美关系，反映出中国继续秉持携手各国共同推进国际互联网治理，维护网络空间的和平与稳定，共同构建网络空间命运共同体的坚定立场。

第十一章　中国参与互联网规则制定的国际实践

对于新兴市场国家之中国而言，40多年的改革开放实践和2008年金融危机以来的国际实践为其参与全球互联网治理奠定了坚实的基础。国际互联网治理是全球治理的新兴领域，是中国与全球治理互动的重要领域。同时，现有互联网制度改革和新制度建设是全球互联网治理的中心环节，受到了学界的持续关注。[①] 打造网络空间命运共同体的主张和弘扬共商共建共享的全球治理理念是当前中国在国际互联网治理领域的重要实践。无论是从国际规则制定与创新，还是中国特色外交理论形成来看，国际实践研究都具有重要的意义。中国与国际制度规则的关系出现了从遵规到立规、从参与实践到制度实践的显著变化过程。当前，中国在国际互联网领域的实践进程已经超越了单纯的参与实践，中国的制度实践反映出在新的历史背景之下，中国正以联合国、世界互联网大会国际组织等组织作为依托平台，以转移性制度实践作为调整方向，通过制度改革和新建国际制度，开展积极主动和全方位的网络空间制度实践。基于上述事实，本章通过国际实践研究，对国际制度理论和国际规则制定现实进行分析，在此基础上提出了一种新的实践类型：制度实践，

---

① 参见：李彦、曾润喜《中国参与国际互联网治理制度建构的路径比较》，《当代传播》2019年第5期，第97—102页；沈逸《后斯诺登时代的全球网络空间治理》，《世界经济与政治》2014年第5期，第144—155页；李艳《当前国际互联网治理改革新动向探析》，《现代国际关系》2015年第4期，第44—50页；汪晓风《美国网络安全战略调整与中美新型大国关系的构建》，《现代国际关系》2015年第6期，第17—24页。

并通过制度实践与参与实践的比较分析，探讨中国参与国际互联网治理的制度实践和规则制定的基本特征及其未来发展。

第一节　国际实践与国际规则

实践理论是当前社会思想的重要组成。20世纪下半叶，社会科学研究领域出现了当代理论的实践转向，其中最突出的是社会学的实践转向。受到社会学的影响，国际关系研究领域近年来也出现了实践转向，这一转向强调实践是国际关系的核心研究命题。国际实践转向把实践作为分析核心单元，提供了研究世界政治的另一条路径。[①]

一、国际实践的基本概念

立足实践，根据实践的本性——从主观和客观的辩证统一来认识社会现象，是当代社会理论著述中的一个普遍现象。在社会学中，实践是指一种"惯例化类型的行为和开放式的话语"。[②] 具体而言，实践包括身体行为形式、精神行为形式、物及其用途、一种理解形式的背景知识、专业知识、情绪状况和动机知识等的若干联结。[③] 实践不仅包括话语行动，也包含了物质行为。就研究内容而言，实践与社会秩序、实践与话语、实践主体与客体等内容是重要的研究领域，尤其以实践与社会秩序为重点。从实践与社会秩序的关系看，实践可以划分为作为活动的实践和作为场所的实践。厄内斯托·拉克劳（Ernesto Laclau）与查塔尔·莫菲（Chantal Mouffe）认为，实践是改变社会秩序的活动，行动与社会秩序间具有因果关联。查尔斯·泰勒（Charles Taylor）则认为实践是行动产生的场所和语境，语言是实践和社会秩序之间的

---

① Christian Bueger and Frank Gadinger, "The Play of International Practice," *International Studies Quarterly* 59, no. 3 (2015): 449.

② Theodore R. Schatzki, *Social Practices: A Wittgensteinian Approach to Human Activity and the Social* (Cambridge: Cambridge University Press, 1996), p.89.

③ Andreas Reckwitz, "Theory of Social Practices: A Development in Culturalist Theorizing," *European Journal of Social Theory* 5, no.2 (2001): 249.

基本纬度。[①]

在国际关系学中，伊曼纽尔·阿德勒（Emanuel Adler）、文森特·波略特（Vincent Poulit）是积极把实践理论引入国际关系理论的倡导者，他们于2002年率先把实践引入国际关系学。他们提出了一个跨范式的研究议程，认为实践是适当绩效行动的实施（competent performances），并把作为适当绩效行动实施的实践作为研究国际关系的切入点。具体而言，实践是具有社会意义的有规律的行动，这类行动程度不同地表现出行动者的适当绩效，同时包含并展现背景知识和话语，并可能物化这样的知识和话语。[②] 对于国际实践是否可以纳入国际关系研究领域，多数学者持肯定开放的态度。

社会学的实践转向促使国际关系学者关注自身所具有的实践性传统。在久负盛名的《牛津国际关系手册》（*The Oxford Handbook of International Relations*）中，克里斯蒂安·罗伊–斯米特（Christian Reus-Smit）和邓肯·斯尼达尔（Duncan Snidal）开篇就明确指出，"从最初起，国际关系理论一直是实践性话语，所有的国际关系理论，不论其形式如何，在某种程度上指涉'我们应该如何行为'这一问题"，同时，"这一不变的本质解释了为何所有的理论都兼具经验性和规范性，如果对于我们行为（经验性）所处的世界不加审视，对于我们试图实现的目标（规范性）不加了解，我们则无法回答'该如何行为'这一问题"[③]。对于现实主义、自由主义和建构主义来说，它们具有实践性和经验性的内在属性，对于批判理论、后现代主义和女性主义来说，它们同样具有实践性和经验性的内在要求。

国际实践研究能够在国际关系理论兴起，其重要原因在于当前西方国际关系理论的大争辩已经趋于沉寂，实证主义和理论验证在各理论流派中处于支配地位。三大主流学派之间的对话缺失也直接导致了国际关系理论研究的式微。在国际关系理论中，物质、理念的二元对立实际上是社会学和哲学领

---

① Ernesto Laclau and Chantal Mouffe, *Hegemony and Socialist Strategy* (London: Verso, 1985); Charles Taylor, *Philosophy and the Human Sciences: Collected Papers* (Cambridge: Cambridge University Press, 1985).

② 伊曼纽尔·阿德勒、文森特·波略特：《国际实践：导论与理论框架》，载伊曼纽尔·阿德勒、文森特·波略特主编《国际实践》，秦亚青、孙吉胜、魏玲等译，上海人民出版社，2015，第6页。

③ 克里斯蒂安·罗伊–斯米特、邓肯·斯尼达尔：《乌托邦与现实之间：国际关系的实践性话语》，载克里斯蒂安·罗伊–斯米特、邓肯·斯尼达尔主编《牛津国际关系手册》，方芳、范鹏、詹朱宁译，译林出版社，2019，第7页。

域出现的逻辑实证主义和社会建构主义纷争的延伸。逻辑实证主义是从"自然极"来说明社会科学，其方法论是绝对主义，而社会建构主义却偏重于从"社会极"（利益和权力）来解释社会现象，其方法论是相对主义。① 这种争论日益陷入没有结果的循环。加拿大学者伊恩·哈金（Ian Hacking）就曾指出，实证主义的实在论和建构主义的建构论之争使得社会科学日益沦为"知识的旁观者理论"（spectator theory）。② 国际实践有助于减轻国际关系理论的结构性偏见，预防实践者行动的理智化，可以推动理论多元主义的深入。③ 总之，国际实践研究之所以被引入国际关系学，皆因其既有物质又有意识、既有主体又有客体的特征，不仅提供了分析国际问题的新颖视角，同时还架起了一座跨学派对话的桥梁。④ 因此，国际实践对于包括互联网治理在内的国际规则研究提供了有意义的启示。

二、国际实践与国际规则

在国际制度与国际规则研究中，已经出现了或明显或隐含的国际实践研究。从国际机制的概念看，奥兰·扬（Oran R. Yong）指出，国际机制与其他社会制度类似，是广被承认的、汇聚预期的行为模式或实践模式。⑤ 同时，他也认为，作为实践的制度与斯蒂芬·克拉斯纳给出的机制概念是兼容的，作为观念的制度并不脱离实践行为。⑥ 罗伯特·基欧汉认为，对于"制度"概念的界定需要审视"专门制度"（specific institution）与嵌入其中的基本实践的

---

① 孟强：《当代社会理论的实践转向：起源、问题与出路》，《浙江社会科学》2010年第10期，第47页。

② Ian Hacking, *Representing and Intervening: Introductory Topics in the Philosophy of Natural Science* (London: Cambridge University Press, 1983).

③ Christian Büger and Frank Gadinger, "Reassembling and Dissecting: International Relations Practice from a Science Studies Perspective," *International Studies Perspectives* 8, no. 1 (2007): 99.

④ Sebastian Schindler and Tobias Wille, "How Can We Criticize International Practices?" *International Studies Quarterly* 63, no.4 (2019): 1014.

⑤ Oran R. Young, "Regime Dynamics: The Rise and Fall of International Regimes," *International Organizations* 36, no.2 (1982): 277.

⑥ 众所周知，克拉斯纳有关"机制"的经典定义涉及一套明示或隐含的原则、规范、规则和决策程序。其中，决策程序是制定和执行共同选择时通行的实践，它将国际机制与实践有机地联系起来。具体参见：Stephen D. Krasner (ed.), *International Regimes* (Ithaca, NY: Cornell University Press, 1983), p.2.

区别。① 专门制度是处于特定时空的、可识别的实体，而实践是指制度卷入其中可以通过自身规则修正的行为。因此，从社会认知的角度看，实践深深嵌入并被高度制度化。② 尽管实践或相互关联行为的模式不能等同于制度，但国际制度与国际实践有着紧密的关系，国际实践既孕育着国际原则、规则等制度要素，还深嵌于国际制度，而国际规则和制度构成了国际实践的基础。

国际制度的运转构成了世界政治的一个通行原则。实践理论之所以能够成为国际制度理论的研究议题，核心在于实践理论不仅具有观念性，还具有物质性。实践由物质支撑，在物质世界中发生并形塑背景知识，进而通过适当绩效行动并对物质世界和观念世界产生影响。同时，器物、资源等物质性力量是引发实践变化的重要动力。在社会学的实践研究中，物质因素是实践行动的基础，思想和文化是通过物质实践构成的，作为结构的意识形态本身是社会秩序的结合与构成。③ 奥兰·扬也认为，制度是人类的产物，无法脱离个体行为或人类群体，因此制度属于社会系统而非自然系统。④ 当然，物质具有决定行动的重要能量，这并不是否认思想指导和塑造行动产生的价值。由于实践本身的变化导致了国际秩序中的国际组织机构与进程的变化，因此，在探讨制度议题和挑战时，国际实践研究提供了一条可行的路径。国际实践转向之所以能够运用于国际制度研究并对国际制度规则产生重要影响，具有实践内涵、集体共识和实践空间等多方面的原因。

首先，实践蕴含着国际规则。实践为实践者提供了应该遵守的各组规则，构成实践的行动是通过他们所遵守的规则而联系在一起的。⑤ 由于国际实践往往将原则、规范、惯例、条约和法律等置于国际实践的更大范围之下，国际规则与国际实践、社会规范与社会实践实际上共同塑造了国际政治的复杂局面。国际实践是国际规则得以建立的重要前提，也是国际制度的基本理论前

① Robert O. Keohane, "International Institutions: Two Approaches," *International Studies Quarterly* 32, no. 4 (1988): 382.

② Ibid., pp. 383-384.

③ William H. Sewell, "Ideologies and Social Revolutions: Reflections on the French Case," *Journal of Modern History* 57, no.1 (1985): 84.

④ Oran R. Young, "Regime Dynamics: The Rise and Fall of International Regimes," *International Organizations* 36, no.2 (1982): 279.

⑤ 西奥多·夏兹金：《精神化秩序的实践》，载西奥多·夏兹金、卡琳·诺尔·塞蒂纳、埃克·冯·萨维尼编《当代理论的实践转向》，柯文、石诚译，苏州大学出版社，2010，第58—59页。

提。比如，互惠与国际实践存在密切的关系，在实践共同体中，互惠通过集体实践得以创立并维持，改变成本收益观并推动进一步的相互依赖。国际制度的成员必须参与到实践共同体中，才能形成共识和规范。通过互动和交流，行为体能够形成共享知识和共享观念，这些共享观念对于参与实践非常重要，构成了行动过程中持续互动的基础。

其次，集体共识是国际规则与国际实践的共同要求。规则的达成需要集体共识，需要消除误解和错误知觉，推动国际合作。社会实践以共识为基础，国际共识是集体所坚持的背景知识，因此，国际共识是背景知识的重要组成部分。从这个角度看，行为体的国际实践包含了背景知识并使其具体化。共识一旦存在，它们将成为一种"制度结构"，这种"结构"影响行为体对自己和对世界的认识，影响行为体如何形成利益并设定优先次序，以及影响立论和评价他人的论点。[①] 瑞士学者埃蒂纳·温格（Etienne Wenger）、理查德·麦克德马（Richard McDerment）、威廉姆·M. 施奈德（William M. Snyder）认为，所谓实践是指共同体成员分享的一套构架、想法、工具、信息、风格、言语、故事和文件。[②] 社会实践要求主动参与学习及与专家进行互动，而行为体通过实践和学习过程有效维持了集体共识。集体共识推动了实践共同体和行动共同体的产生。共同体一般是指具有关系和情感的生活有机体，共同体一方面具有"直接、共同关怀"的意涵；另一方面，它意指各种不同形式的共同组织。[③] 行动共同体是超国家政治共同体的一部分，"共同利益"是结成共同体的内生动力，也是维系共同体稳定的纽带。[④] 实践共同体涉及集体共识与社会规范，而社会规范又可以细化为实质性规范和程序性规范。程序性规范构筑了实践的基本框架，比如国家交往的对等原则与互派使节原则、应对全球性问题的合作原则等；而实质性规范关涉核心原则，比如国家交往的不干涉内政原则、气候变化领域的"共同但有区别"原则等。实践共同体成员间联系

---

① 尤塔·布伦尼、斯蒂芬·图普：《互动国际法和法律性实践》，载伊曼纽尔·阿德勒、文森特·波略特主编《国际实践》，秦亚青、孙吉胜、魏玲等译，上海人民出版社，2015，第127—128页。

② 埃蒂纳·温格、理查德·麦克德马、威廉姆·M. 施奈德：《实践社团：学习型组织知识管理指南》，边婧译，机械工业出版社，2003。

③ 雷蒙·威廉斯：《关键词：文化与社会的词汇》，刘建基译，生活·读书·新知三联书店，2005，第79—81页。

④ 陈曙光：《人类命运与超国家政治共同体》，《政治学研究》2016年第6期，第50页。

的增强和互动的增加，推动了集体共识的扩散并为实践共同体注入了实质性规范。

最后，国际实践拓展了国际制度理论忽视的一个重要领域，即独立于国际制度与国家行为的国际实践空间与进程。通过研究实践，关注国际实践空间的等级关系和国际实践特别是主导性实践，有助于理解在行动中如何进行组织、改变方向，并确定国际组织的规则和参与制定的话语如何发挥作用。[①]同时，国际协议的缔结和国际规则的制定都需要把握其产生的过程。瑞士日内瓦大学学者沙维尔·纪尧姆（Xavier Guillaume）甚至认为，实践进程甚于物质，关系甚于个体，主动甚于被动。[②]对国际规则制定实践进程的强调，有助于突破施动者—结构、主体与客体的静态观念。简言之，国际实践使国际制度得以具体化和过程化。

三、从参与实践到规则实践

（一）实践模式中的参与实践

实践的划分具有不同的标准。美国威斯里安大学哲学教授约瑟夫·劳斯（Joseph Rouse）认为，实践分为两种类型：一种是作为行为或信念的规制性的实践，一种是对行为的规范作出回答的各种系列活动的实践。[③]从实践的聚合角度看，实践包括个体实践和集体实践（共有实践）。个体实践是实践的基本单元，集体实践由个体实践及其习惯构成；集体实践是实践共同体构建并实施的适当绩效行动，实践的共性反映出集体的特征。从实践结果的评估看，实践包括最佳实践和不当实践、例外实践和边缘实践。实践作为被社会认可的活动形式，存在适当绩效的行动和不当绩效的行动两种情况。从实践合成的程度看，实践可以分为具体实践和一般性实践。不过，一般性实践和具体实践之间存在紧密关系，彼此是相互关联的。同时，在一般性实践中，需要

---

① 奥利·雅各布·森丁、艾弗·诺伊曼：《依托权力：国际组织的某些实践是如何主导其他实践的》，载伊曼纽尔·阿德勒、文森特·波略特主编《国际实践》，秦亚青、孙吉胜、魏玲等译，上海人民出版社，2015，第258页。

② Xavier Guillaume, "Unveiling the 'International': Process, Identity and Alterity," *Millennium: Journal of International Studies* 35, no.3 (2007): 741-758.

③ 约瑟夫·劳斯：《实践的两种概念》，载西奥多·夏兹金、卡琳·诺尔·塞蒂纳、埃克·冯·萨维尼编《当代理论的实践转向》，柯文、石诚译，苏州大学出版社，2010，第216—227页。

关注重要的具体实践。①

　　伊弗·诺伊曼（Iver B. Neumann）认为，建构主义国际关系学出现了实践转向，特别是话语与实践之间存在广泛的互动。② 其中，参与实践是建构主义在国际实践研究中的重要概念，也是中国参与全球互联网治理的实践支撑。参与实践与话语实践存在重要的联系，话语实践是具有社会意义的话语行动，话语即实践。话语实践的出现源于实践的不稳定性和动态特征。当然，话语与实践之间存在着明显的区别，围绕着话语源于实践还是实践源于话语出现了两种观点：一是话语是存在，而实践是生成，话语从实践中导出，并最终服从于实践；二是话语具有不稳定性，而实践只有在它出自现有的话语时才存在。

　　参与实践是近年来建构主义实践模式中阐述国际体系和全球治理转型的重要变量。中国参与国际体系是一个连续不断的参与实践过程，在"参与实践""身份承认"和"秩序变革"之间可以建立一个因果作用机制，用于解释中国积极参与国际体系的进程。③ 在此基础上，对参与实践可以进行再划分，包括话语实践、联盟实践、学习实践、遵约实践和创新实践五个类型。④ 由于参与实践为中国与全球治理体系互动提供了重要的分析视角，因而受到了较多关注。当前，实践理论在实践过程中仍处于再解释和重建过程，且实践本身就是一个动态的进程而非静态结果。克里斯蒂安·鲍埃尔（Christian Bueger）与弗兰克·加丁格（Frank Gadinger）认为，国际实践研究存在六个方面的共识，它们共同构成了实践的基本内涵：突出实践进程甚于修辞（话语）；强调实践不能简约为背景知识；认为实践是学习知识与获取知识的集体性进程；实践具有物质性属性；社会秩序具有多重性；实践理论包含对世界的绩效理解。⑤ 总之，实践是一种解释进程的概念，阐述了世界事务治理中的

---

①　Lene Hansen, *Security as Practice: Discourse Analysis and the Bosnian War* (London: Routledge, 2006), pp. 20-21.

②　Iver B. Neumann, "Returning Practice to the Linguistic Turn: The Case of Diplomacy," *Millennium: Journal of International Studies* 31, no.3 (2002): 627-651.

③　朱立群：《中国参与国际体系的实践解释模式》，《外交评论》2011年第1期，第19—33页。

④　朱立群等：《中国与国际体系进程与实践》，世界知识出版社，2012，第11页；高尚涛：《实践理论与实践模式：中国参与金砖国家机制进程分析》，《外交评论》2015年第1期，第56页。

⑤　Christian Büger and Frank Gadinger, "The Play of International Practice," *International Studies Quarterly* 59, no.3 (2015): 453.

行动。同时，实践也是处理世界事务的方式，但实践并非结果，而是一种活动或行动。[1] 参与实践是从行动角度的分析类型，但参与实践并非实践模式的主导，这为规则与实践研究架构联系提供了可能。

（二）规则实践的理论内涵

从国际实践对国际规则研究的机遇、影响和挑战出发，本节提出了规则实践，据此分析中国与国际互联网规则制定的复杂关系。中国正在从参与实践转向规则实践，从被动的、分散零乱的、话语权较小的参与实践阶段到主动的、谋篇布局的、话语权显著提升的规则实践阶段。本书认为，所谓规则实践是以规则优位为特征，强调实践过程而非国际规则本身是国际体系变迁的动力，以此构成公正合理的全球治理秩序。规则实践具有如下内涵特征：

其一，坚持规则优位。规则实践认为，规则本身是实践进程的基础，但规则只有在实践进程中才能把握与理解。长期以来，国际制度研究均坚持理论研究先导、日常实践居后的思路，试图通过规则在前、实践在后理解国际规则的作用。比如，在国际制度理论中，遵约是重要的研究领域。在遵循规则的过程中，理论明显地优于实践，命题的内容与意义先于并决定着遵循规则的行动。[2] 但是，规则也是在实践中产生并发展完善的。英国学者安德鲁·皮克林（Andrew Pickering）认为科学理论产生于实践过程，他用"冲撞"一词来描述自然物、科学仪器、地域因素和传统技术等因素之间的辩证性、动态的实践过程，在这些行为体"冲撞的阻抗与适应"中产生了科学理论。[3] 国际关系理论的实践转向意味着实践优先的本位，实践在前，规则在后。[4] 这可能导致人们会对规则制定等研究议程进行适时调整，即国际规则及其制定过程只有通过实践才能予以把握。

---

[1]　Vincent Pouliot and Jérémie Cornut, "Practice Theory and the Study of Diplomacy: A Research Agenda," *Cooperation and Conflict* 50, no.3 (2015): 301-302.

[2]　在社会学领域，常常存在实践优于理论还是理论优于实践的争论，前者称为"理性主义"，而后者则被冠以"保守主义"。参见：大卫·布鲁尔《维特根斯坦与实践的优位性》，载西奥多·夏兹金、卡琳·诺尔·塞蒂纳、埃克·冯·萨维尼编《当代理论的实践转向》，第107—108页。

[3]　Andrew Pickering, *The Mangle of Practice: Time, Agency, and Science* (Chicago: University of Chicago Press, 1995), p.6.

[4]　迈克尔·林奇：《科学实践与日常活动：常人方法论与对科学的社会研究》，邢冬梅译，苏州大学出版社，2010。

其二，坚持物质性实践。尽管规则实践并不否认实践中的观念（话语）属性，但更认为物质性是规则实践的最基本属性。从实践的基本载体看，实践包括物质实践和话语实践两个方面。[1] 从20世纪末开始，实践研究开始引入物质第一性的唯物论观点，突出表现在"后人类主义"（post-humanism）的实践唯物论转向。实践理论突出实践的物质特征，实体、行事和器具对社会生活的影响不仅仅局限于物质方面，更重要的是体现了世界的本体性特征。身体是实践的主要载体，但并非是唯一的，物质器物或技术也是实践的载体。[2] 安德鲁·皮克林认为，世界不是由智力存在而是由物质存在构成的持续性行事。[3] 规则实践坚持物质性，原因在于实践理论具有唯物主义的特征和进路，实践理论强调各类活动的联结如何与有序化的非人类实体交织在一起。比如，物质语境的意义是如何依赖于人类实践，实践和意义的稳定性如何反映出物质分布的稳定化惯性，这需要把物质因素纳入实践范畴。

其三，坚持实践融合。规则实践认为，国际实践是连接主体和客体的中间环节和推动因素，制度事实和规则事实可以被对等地纳入其中，是自然与社会、体系与结构共同作用的产物。当然，规则实践与参与实践并非是冲突和对立的，参与实践是参与主体与客体的意义、身份和认同的重构，它们之间的互动并非是单向的，而是相互影响的。因此，参与者不仅接受国际规则，被规则所塑造，它也不同程度地以自身的特点和方式改造着国际规则。[4] 换言之，规则实践关注行为体的参与进程，而参与实践的重要主体和客体便是各类国际组织。规则实践强调实践融合，源于规则实践的物质性立场以及制度主义包容开放的理论取向。物质性反映出国际实践在物质世界和话语世界两个方面的相互协调，包容开放突破了既有国际关系理论的二元对立。实践理论虽然最初是由建构主义引入国际关系理论的，但是它并非建构主义之一部分。实践从某种程度上是对建构主义的一种扬弃。比如，实践对建构主义的核心概念"构成性规则"提出了挑战，实践研究认为实践本身具有决定性意

---

① Andreas Reckwitz, "Theory of Social Practices: A Development in Culturalist Theorizing," *European Journal of Social Theory* 5, no.2 (2001): 243-263.有关话语实践的论述参见：John R. Searle, *Speech Acts* (New York: Cambridge University Press, 1969).

② Christian Büger and Frank Gadinger, "The Play of International Practice," p.453.

③ Andrew Pickering, *The Mangle of Practice: Time, Agency, and Science*, p.6.

④ 参见：朱立群等《中国与国际体系进程与实践》，第11页。

义，而非构成性规则及其话语体系。总之，实践可以改变物质世界，同时也可以改变个体观念和话语，这为理性制度主义与建构主义的对话和更大范围的范式合作创造了条件。

其四，坚持平等性实践。规则实践认为，国际实践存在着支配性实践的可能性，通过规则能够有效约束支配性实践，推动平等性实践的开展。从实践的等级看，实践包括支配性实践和从属性实践。在安·史威德勒（Ann Swidle）和威廉·休厄尔（William H. Sewell）看来，某些结构及其相联系的实践比其他实践更为深刻、更为基础、更为有力，即支配性实践能够定义社会行为的构成性规则，反映在塑造或约束人们的行动方面更加持久、更加普遍、更加有影响力。支配性实践决定了其他实践形式，是一种深层次的实践类型。[①]不同于支配性实践，规则实践则认为作为处理事务的方式，实践并非结果而是一种活动，本身并不获取价值判断。尽管主观经验是实践的起点，但这并非最终目的。[②]规则实践认为，相关研究应该关注实践运作的现实意义、实践构成的可能性、为什么实践由其构成，以及实践如何构成等具体意义，而不是给予实践以先入为主的规范性判断。规则实践通过落实世界事务运作的具体层面，为全球层面的平等性实践提供了可能。

总之，规则实践的提出既是实践转向对国际规则及其制定进程面临的挑战的产物，也是国际制度研究能够兼收并蓄的重要体现。国际实践对国际规则产生了重要影响，需要国际规则研究关注这一重要事实。同时，规则实践与参与实践存在比较明显的分歧，主要表现在如下几个方面：规则优位还是实践优位，物质性实践还是观念性实践，支配性实践还是平等性实践。从参与实践到规则实践，是一个从比较被动到全面主动、从侧重参与到主动构建规则的过程。从这个角度讲，规则实践是对参与实践的发展。

[①]　安·史威德勒：《什么支配着文化实践》，载西奥多·夏兹金、卡琳·诺尔·塞蒂纳、埃克·冯·萨维尼编《当代理论的实践转向》，第 92 页。

[②]　Davide Nicolini, *Practice Theory, Work, and Organization: An Introduction* (Oxford: Oxford University Press, 2012), p. 13.

第二节　中国参与国际互联网规则制定的实践历程

2003年12月，联合国在瑞士日内瓦举行了信息社会世界峰会第一阶段会议，这次峰会开启了中国与全球互联网治理的第一个互动阶段，表现为一种对全球互联网事务的参与实践。2014年11月，中国创办了世界互联网大会乌镇峰会并将其定期化、机制化，这标志着中国与全球互联网治理的第二个发展阶段，表现在全面、系统、主动的规则实践。从参与实践到规则实践，中国与国际互联网治理之间的互动日益紧密并体现出各自不同的特征。

一、中国与国际互联网治理：参与实践（2002—2013年）

中国是国际互联网治理的后来者。中国对国际互联网治理和规则制定的参与以联合国为核心，并尝试与互联网名称与数字地址分配机构、互联网工程任务组等技术机构开展互动，提升技术治理能力。

中国积极参与联合国框架下的信息社会世界峰会及由其产生的互联网治理工作组、互联网治理论坛。2002年1月31日，联合国大会第56/183号决议赞同国际电信联盟有关召开信息社会世界峰会的建议，在2002年7月1日的日内瓦阶段会议筹备会议上，中国代表团团长沙祖康大使强调指出，"峰会是为全球信息社会发展制定政策方向和目标，各国政府理应在筹备进程中发挥主导作用，只有这样，筹备活动才能达到预期目标"[1]。信息社会世界峰会分两个阶段举行，第一阶段于2003年12月10日至12日在瑞士日内瓦举行。会议围绕缩小数字鸿沟和互联网治理议题展开讨论，这是互联网治理问题第一次在联合国层面进行全面、深入的讨论。作为联合国安理会的成员国，中国参与了此次峰会整个进程。信息产业部副部长王旭东率中国政府代表团出席了日内瓦阶段峰会，并在会上发表了题为"加强合作、促进发展、共同迈向信息社会"的主题发言，阐述了中国建设信息社会的基本观点，介绍了中国信

---

[1] 沙祖康：《在信息社会世界峰会第一次政府间筹备会议上的发言》，国际电信联盟官方网站，2002年7月1日，http://www.itu.int/wsis/docs/pc1/statements_general/china-zh.doc。

息通信发展的政策和成就，并就互联网治理、人权保护与言论自由以及缩小数字鸿沟等问题阐明了中国政府的立场。① 本次峰会是中国参与全球互联网治理实践的首秀，开启了中国与全球互联网治理的互动进程。信息社会世界峰会第二阶段会议于2005年11月16日至18日在突尼斯举行，本次会议规模进一步扩大。中国政府代表团出席了本次峰会并明确提出了在全球互联网治理中应该坚持的基本原则。中国认为，"互联网的管理，应遵循政府主导、多方参与、民主决策、透明高效的原则，建立有效的沟通、协商机制，加强各国及相关国际组织、民间机构在这一领域的合作，防范、打击利用信息技术和资源进行经济欺诈、暴力、恐怖，以及危害国家安全等犯罪活动，以保障信息社会建设健康发展"②。

　　信息社会世界峰会第二阶段会议成立了互联网治理论坛。中国政府对这一组织持一种比较开放的参与态度。2006年10月30日—11月2日，互联网治理论坛在希腊雅典召开第一次会议，会议讨论了与互联网治理有关的开放性、多样性、安全性和接入等问题。中国工业和信息化部外事司司长陈因率中国政府代表团参加了会议，中国互联网协会、中国科协等也组成民间团体代表团与会。③ 互联网治理论坛既是国际社会不满美国单独主导根区文件等行为的产物，也是西方国家与发展中国家妥协的产物，必然与发展中国家的期望差距较大。因此，中国代表团曾在互联网治理论坛2009年会议筹备阶段主张应终止互联网治理论坛并代之以联合国框架下的政府间组织（如国际电信联盟），以解决美国控制全球互联网技术治理的问题。

　　联合国是最重要的政府间国际组织，其地位毋庸置疑。当前，网络空间中的低烈度冲突不断，军事和情报活动难以区分、军用与民用技术不分、国家与非国家行为体发动的攻击难以界定，国际社会面临的挑战要求联合国承担起互联网规则制定的重任。④ 联合国系统内涉及互联网治理的机构众多，其

---

① 王旭东：《加强合作、促进发展、共同迈向信息社会》，《世界电信》2014年第1期，第4页。

② 《黄菊在信息社会世界峰会突尼斯阶段会议上的讲话》，中国政府网，2005年11月17日，http://gov.cn/ldhd/2005-11/17/content_101716_2.htm。

③ 《陈因司长率团出席联合国互联网治理论坛第一次会议》，中华人民共和国工业和信息化部网站，2006年11月13日，http://www.miit.gov.cn/n1146285/n1146352/n3054355/n3057800/n3057805/c3578456/content.html。

④ 鲁传颖、杨乐：《论联合国信息安全政府专家组在网络空间规范制定进程中的运作机制》，第110—111页。

中，信息安全政府专家组在规则制定中事实上起到了引领作用，在反对网络犯罪和网络恐怖主义等领域的立法进程已经起步。国际电信联盟是主管信息通信技术事务的联合国专门机构，积极关注互联网相关领域国际规则制定，中国历来是国际电信联盟的积极参与者。中国在国际舞台上坚定地支持基于主权的信息通信治理机制，倾向于建立一个以国际条约为基础的政府间组织，依靠一国一票的权力分配。①

随着中国逐渐融入国际互联网体系，与各国政府和准政府组织以及与全球互联网治理不同参与者的互动逐渐增加，中国与全球互联网的关系进一步复杂化。②一方面，中国认识到这些西方主导的制度对于中国推动技术进步与经济发展非常重要；另一方面，中国对于西方主导的国际互联网制度持一种怀疑和警惕的立场。域名监管的功能和关键性互联网资源管理是国际互联网治理的核心，该领域由ICANN主导。在ICANN成立之前，中国就已经参与其工作，吴建平、李星等中国的计算机科学家积极参与到域名管理组织并担任了重要职务。③不过，中国的正式参与是ICANN于1998年正式成立后。1999年3月2日，在ICANN新加坡会议上，中国正式加入政府咨询委员会。自此之后，中国信息产业部、中国科学院和中国互联网络信息中心积极参与历届会议，在推动互联网关键资源管理的政策制定和ICANN国际化等方面发挥了积极作用。2000年5月，中国互联网络信息中心联合港澳台地区互联网络信息中心发起成立了中文域名协调联合会，旨在协调汉语地区的中文域名管理。2006年，中国增设了中文顶级域名。由于ICANN允许台湾当局代表公开参与其活动，并在其政府咨询委员会任职，因此，在与ICANN进行了一些早期接触之后，中国曾一度停止派代表参加会议。④2009年，中国重返ICANN政府咨询委员会，这反映了拥有世界1/5互联网用户的中国已经成为ICANN不可或缺的重要参与方。"斯诺登事件"后，ICANN第50次大会高级别政府会议于2014年6月23日在伦敦举行，中国政府代表出席了会议并于会

---

① Milton L. Mueller, "China and Global Internet Governance: A Tiger by the Tail," p.181.

② Hong Shen, "China and Global Internet Governance: Toward an Alternative Analytical Framework," *Chinese Journal of Communication* 9, no. 3 (2016): 12.

③ 方兴东、陈帅：《中国参与ICANN的演进历程、经验总结和对策建议》，《新闻与写作》2017年第6期，第28页。

④ Milton L. Mueller, "China and Global Internet Governance: A Tiger by the Tail," pp.182-183.

上阐述了中国关于 ICANN 国际化的观点：主张平等开放、多方参与、安全可信与合作共赢。不过，美国在 ICANN 中控制着互联网的核心职能，中国在该机构中的规则制定权和国际话语权都明显不足。一方面，现有制度框架限制了中国表情达意的活动空间，根据 ICANN 的章程，政府咨询委员会内部需要在达成"大多数共识"的基础上才能向 ICANN 董事会提交建议。这无疑限制了中国等国在该委员会内部话语权空间，影响了中国的参与积极性。另一方面，中国对 ICANN 组织特性和内在规律缺乏深入了解。因此，在这一阶段，中国缺乏一个参与 ICANN 的全面战略。

除 ICANN 外，其他负责管理互联网不同部分的重要组织，如前文所述的国际互联网工程任务组、万维网联盟、国际互联网协会以及互联网架构委员会等均由西方主导。其中，国际互联网工程任务组是开发和制定互联网标准的专业组织，承担了全球 90% 的互联网标准制定任务，在技术标准制定方面具有权威性。中国参与国际互联网工程任务组的过程分为零参与、有限参与、全面参与三个阶段。就早期接触而言，诺基亚公司曾派出 1 名中国员工参加了1999 年举行的国际互联网工程任务组第 45 次会议。2000 年 8 月，中国互联网络信息中心首次参加了国际互联网工程任务组匹兹堡会议，标志着中国正式加入了互联网标准化制定的竞争行列。[①] 自此，中国开始积极参与该组织的技术标准和规则制定。中国互联网技术社群积极推动中文国际域名的标准制定，2004 年 4 月 14 日，CNNIC 推动制定的《中日韩多语种域名注册标准》由国际互联网工程任务组正式发布为 RFC3743，这是中国参与互联网国际标准制定的一次突破。自从 2013 年国际互联网工程任务组第 88 次会议以来，中国保持了参会人数第二的态势，华为等中国企业成为该组织的赞助商，在规则制定方面的话语权和影响力开始提升。总体上，中国在国际互联网工程任务组中的任职层级和数量、互联网技术标准通过率以及合作方式等方面取得了长足进展。不过，中国参与国际互联网工程任务组的人数虽有很大提高，但与美国等发达国家相比，仍有较大差距；参与编写的互联网技术标准仍存在层次较低，普及性不够；参与主体虽然呈现多元化倾向，但从相对国家体量来看，

---

① 黄旭：《我国参与全球互联网治理组织的过程和动力分析——以互联网工程任务组为例》，《湖南科技大学学报（社会科学版）》2016 年第 5 期，第 129—130 页。

科研院所的科技人员以及国有企业的参与度仍不够高。①

这一时期，中国对国际互联网治理的参与实践发生在西方主导互联网治理实践的大背景下。互联网领域处于美国霸权之下，尽管中国已经参与到互联网规则制定的国际实践中，但国际互联网规则制定权和议题引导力体现了明显的西方霸权特征。由于这一时期中国参与实践时间较短、经验不足及网络核心技术受限等原因，尚无法有效解决发展中国家日益关切的网络主权、数字鸿沟及网络秩序问题。中国不得不接受和适应现有国际社会的游戏规则，短期内很难改变西方独大的局面，在消除数字鸿沟和推动互联网制度公正合理方面进展有限。总之，中国在国际互联网治理领域的参与实践是一个渐进的过程。受制于全球互联网权力版图和体系结构的羁绊，中国的参与实践是被动的、消极的、间接的、部分的和有限度的。参与实践聚焦于追踪演进的模式，但是参与实践本身难以增加认知创新以及可能发生的独特的社会变革进程的可能性。② 因此，通过参与实践的视角探讨全球互联网治理新旧力量对比和治理结构转型存在不足。

二、中国与国际互联网治理：规则实践（2014年至今）

以世界互联网大会乌镇峰会的成立为标志，中国与国际互联网治理进入了规则实践的新阶段。这一实践围绕中国主动建立的新型制度组织，以及开展的全面的、系统的规则制定行动。可以说，作为基于实践的论坛场所（practice-based forum）和制度规则平台，世界互联网大会是中国有意识在网络空间谋篇布局的规则实践和战略举措。习近平主席旗帜鲜明地提出"网络空间命运共同体"的重大理念，推动了网络空间互联互通、共享共治，这是中国对互联网国际规则建设的主动引领和重大创新。

（一）多边层面的规则实践

世界互联网大会是中国引领全球互联网规则制定的重要标志，是中国主动构建网络空间国际规则的开启。2014年11月19日—21日，中国倡导并成功

---

① 黄旭：《我国参与全球互联网治理组织的过程和动力分析——以互联网工程任务组为例》，第133页。

② Andrew F. Cooper and Vincent Pouliot, "How Much Is Global Governance Changing? The G20 as International Practice," *Cooperation and Conflict* 50, no.3 (2015): 334-335.

举办以"互联互通·共享共治"为主题的首届世界互联网大会。中国以全新形象展现在世界面前，改变了因发声较少而造成外界对中国互联网产生误解的情况。

2015年12月16日—18日，中国举办了以"互联互通·共享共治——构建网络空间命运共同体"为主题的第二届世界互联网大会。习近平主席出席本届大会，并提出了推动全球互联网治理体系变革的"四项原则"和构建网络空间命运共同体的"五点主张"。如前文所述，"四项原则"和"五点主张"作为一个整体，构成了当前全球互联网治理的中国方案。从首届世界互联网大会发出的"九点倡议"，到第二届世界互联网大会倡导构建"网络空间命运共同体"，提出全球互联网发展治理的"四项原则"和"五点主张"；从第三届世界互联网大会提出的"四个目标"，到第四届世界互联网大会重申"四项原则"和"五点主张"，倡导"共商共建共享"全球治理观，再到第五届世界互联网大会提出的创造"互信共治的数字世界"，共同推动全球数字化发展，构建可持续发展的数字世界，中国在国际互联网领域新建制度和推动国际规则的实践受到了国际社会广泛关注。2019年10月20日—22日，第六届世界互联网大会在中国浙江乌镇召开，大会围绕"智能互联开放合作——携手共建网络空间命运共同体"的主题分享实践经验，贡献思想智慧。大会高级别咨询委员会发布《乌镇展望2019》等文件，加强网络安全综合防护能力建设，构建数字经济的监管规则，提升治理责任，完善治理规则，重建开放合作的信任体系，协力构建网络空间命运共同体。[①] 此外，中国现代国际关系研究院、上海社会科学院和武汉大学在此次大会上共同发布了《网络主权：理论与实践》，文件认为"为推动全球互联网治理朝着更加公正合理的方向迈进，构建网络空间命运共同体，国际社会应坚持以人类共同福祉为根本，维护以联合国为核心的国际体系，秉持网络主权理念，平等协商、求同存异、积极实践"[②]。

2020年11月23日—24日，2020年"世界互联网大会·互联网发展论坛"

[①] 《乌镇展望2019》，世界互联网大会网站，2019年10月20日，http://www.wicwuzhen.cn/web19/release/information/201910/ t20191020_11222772.shtml。

[②] 中国现代国际关系研究院、上海社会科学院、武汉大学：《网络主权：理论与实践》，世界互联网大会网站，2019年10月21日，https://2019.wicwuzhen.cn/web19/release/201910/t20191021_11229796.shtml。

在浙江乌镇举行，在疫情防控常态化背景下，本次论坛以线上线下相结合的形式开展，围绕疫情科学防控、助推数字经济与科技创新、助力复工复产等主题，引领数字技术创新趋势。论坛发布了世界互联网大会蓝皮书《中国互联网发展报告2020》《世界互联网发展报告2020》，蓝皮书就中国与世界互联网发展态势进行全面研究和分析，为全球互联网发展与治理提供思想借鉴和智力支撑。① 蓝皮书内容涵盖信息基础设施、网络信息技术、数字经济、数字政府和电子政务、网络媒体建设、网络安全、网络空间法治建设、网络空间国际治理等重点领域。此外，世界互联网大会组委会还发布了《携手构建网络空间命运共同体行动倡议》，秉持"发展共同推进、安全共同维护、治理共同参与、成果共同分享"的理念，把网络空间建设成为造福全人类的发展共同体、安全共同体、责任共同体和利益共同体。② 2022年7月12日，世界互联网大会国际组织在北京正式成立。世界互联网大会国际组织机构包括会员大会、理事会、秘书处、高级别咨询委员会和专业委员会等。2022年11月，国务院新闻办公室发布《携手构建网络空间命运共同体》白皮书，全面介绍新时代中国互联网发展和治理理念与实践，分享中国推动构建网络空间命运共同体的积极成果，展望网络空间国际合作前景。③ 白皮书的发布表达了中国同世界各国加强互联网发展和治理合作的真诚愿望。2022年世界互联网大会乌镇峰会于2022年11月9日—11日举行，主题为"共建网络世界 共创数字未来——携手构建网络空间命运共同体"，峰会共设置19个分论坛，首次举办会员代表座谈会；峰会推出数字经济产业合作大会、数字赋能共同富裕示范区建设展示活动、长三角一体化数字文明共建研讨会等3项"永久举办地"特色活动。作为全球互联网共享共治和数字经济交流合作的重要平台，连续9年举办的世界互联网大会不断凝聚各方智慧共识，成为中国促进互联网普惠包容发展的生动见证，与国际社会携手构建更加公平合理、开放包容、安全稳定、富有生机活力的网络空间。今后，中国将在网络空间命运共同体理念的

---

① 张璁：《"世界互联网大会·互联网发展论坛"开幕》，《人民日报》2020年11月24日，第4版。

② 中华人民共和国国家互联网信息办公室：《携手构建网络空间命运共同体行动倡议》，中国网信网，2020年11月18日，http://www.cac.gov.cn/2020-11/18/c_1607269080744230.htm。

③ 中华人民共和国国务院新闻办公室：《携手构建网络空间命运共同体》，《人民日报》2022年11月8日，第14版。

引领下，致力于共同推进网络空间规则治理，积极发挥自身的作用。

长期以来，中国支持国际电信联盟在全球信息通信事业中发挥关键作用，在确定5G国际标准等方面，中国一直积极与国际电信联盟合作。面对新冠疫情的挑战，信息通信技术已成为抗击病毒并提供预防、检测和诊断疾病的关键力量。中国认为，信息通信技术需要进一步提升，应研究解决接入方面的严重不平等问题并且采取具体而紧急的措施，加速横跨所有行业的数字化转型，并且使全球所有公民均能享受到数字化服务。

中国高度重视在二十国集团、金砖国家、亚太经合组织等国际机制平台上开展网络空间国际治理对话与协商，共同构建网络空间命运共同体以及多边、民主、透明的网络空间国际治理体系。在中国和发展中成员的一致努力下，2015年G20安塔利亚峰会首次将网络问题纳入议题并在公报中提及反对网络商业窃密、确认国际法可适用于网络空间，以及联合国在网络规则制定方面的重要作用等内容，对于引领网络空间国际规则制定发挥了积极作用。在2016年G20杭州峰会上，中国作为东道主提出把数字经济列为峰会重要议题，推动通过了峰会的核心成果《二十国集团数字经济发展与合作倡议》，把数字经济作为核心内容，为世界经济注入强劲动力。该倡议是以中国国家互联网信息办公室为牵头单位，本着开放、透明、包容的精神与各成员方密切协作，在半年的时间内，组织召开了30多场多、双边国际视频会议及面对面会议。[1]《二十国集团数字经济发展与合作倡议》的很多内容由中国主导并确定，包括数字经济内涵，发展数字经济的创新、伙伴、协同、包容等原则，以促进创业创新和数字转型。近年来，中国积极推动G20各成员一道缔结《二十国集团迈向数字经济测量通用框架路线图》，推动制定《二十国集团数字经济安全相关实践案例》和《推动二十国集团人工智能原则国家政策案例》。随着数字经济在抗击疫情中的作用凸显，中国积极推动G20建立网络互联互通。2020年11月23日，二十国集团领导人发布《利雅得峰会宣言》，致力于建立"普遍、安全、可负担的互联互通，是数字经济发展的根本动力，也是推动包容增长、创新和可持续发展的催化剂"[2]。二十国集团领导人第十七次

---

① 中国网信办：《G20杭州峰会通过〈G20数字经济发展与合作倡议〉为世界经济创新发展注入新动力》，中国网信网，2016年9月29日，http://www.cac.gov.cn/2016-09/29/c_1119648535.htm。

② 《二十国集团领导人利雅得峰会宣言》，《人民日报》2020年11月23日，第3版。

峰会2022年11月15日至16日在印度尼西亚巴厘岛举行。中国与各方共同支持峰会通过《二十国集团领导人巴厘岛峰会宣言》，各国认识到"数字互联互通以及打造有利、包容、开放、公平和非歧视的数字经济的重要性。致力于进一步实现基于信任的数据自由流动和跨境数据流动，推进更加包容、以人民为中心、赋能和可持续的数字转型。鼓励就发展数字技能和数字素养、数字基础设施互联互通开展国际合作。继续完善跨境支付合作"①。总之，中国积极推动G20规范数字经济发展规则，在共建强劲、可持续、平衡、包容的后疫情时代方面发挥着引领作用。

中国积极推动金砖国家建立健全网络空间相关机制建设，先后成立网络安全工作组和金砖国家电子商务工作组，积极落实《金砖国家确保信息通信技术安全使用务实合作路线图》，推动缔结金砖国家网络安全政府间协议和相关双边协议。2020年11月18日，金砖国家领导人第十二次会晤发布了《莫斯科宣言》，其中网络安全和信息技术发展是重要内容。宣言明确了对现有国际社会缺乏打击将信息通信技术用于犯罪目的的多边框架表示关切，同时还认识到，数字革命的新挑战和新威胁需要各国合作应对，并探讨制定法律框架，包括在联合国主持下商定关于打击将信息通信技术用于犯罪目的的全面国际公约。②特别是，2022年6月23日，中国担任金砖国家领导人第十四次会晤主席国，会后发表的《北京宣言》"强调加强对信息通信技术和互联网使用的共识与合作的重要性。支持联合国在推动关于信息通信技术安全的建设性对话中发挥领导作用，包括在2021—2025年联合国开放式工作组框架下就信息通信技术的安全和使用开展的讨论，并在此领域制定全球性法律框架。强调建立金砖国家关于确保信息通信技术使用安全的合作法律框架的重要性，认为应通过落实《金砖国家网络安全务实合作路线图》以及网络安全工作组工作，继续推进金砖国家务实合作"③。中国在此次领导人会晤期间还倡导举行了全球发展高层对话会，习近平主席进一步提出共创普惠平衡、协调包容、合作共赢、共同繁荣的发展格局，数字经济、数字时代互联互通成为全球发展倡议的重要组成部分，为加速落实联合国2030年可持续发展议程注入强劲

---

① 《二十国集团领导人巴厘岛峰会宣言（摘要）》，《人民日报》2022年11月17日，第2版。
② 《金砖国家领导人第十二次会晤莫斯科宣言》，《人民日报》2020年11月18日，第2版。
③ 《金砖国家领导人第十四次会晤北京宣言》，《人民日报》2022年6月24日，第2版。

动力。

此外，中国积极推动上海合作组织共建网络空间国际规则。中国、俄罗斯、乌兹别克斯坦、吉尔吉斯斯坦、塔吉克斯坦、哈萨克斯坦于2015年1月向联合国大会共同提交了新版"信息安全国际行为准则"。与先前版本相比，新版准则叙述更为清晰，内容更为平衡。[①]准则明确指出，"重申与互联网有关的公共政策问题的决策权是各国的主权。对于与互联网有关的国际公共政策问题，各国拥有权力并负有责任"[②]。在坚持网络主权的同时，准则强调互联网安全性、连续性和稳定性的重要意义，以及保护互联网及其他信息通信技术网络免受威胁与攻击的必要性，重申必须在国家和国际层面就互联网安全问题达成共识并加强合作。准则对于发展中国家在国际互联网治理中加强国际合作、密切配合，规范各国在信息和网络空间行为的国际准则具有指导意义。

作为APEC最大的发展中成员，中方高度重视APEC在网络空间和数字经济中的重要作用，新时期的亚太区域经济合作进程把网络经济作为新的顶层设计和整体规划的重要组成部分，在推动亚太地区数字经济、智慧城市等规则制定中发挥明显的作用，积极落实2017年通过的亚太经合组织《互联网和数字经济路线图》。近年来，中国支持APEC建立"开放、活力、强韧、和平的亚太共同体"，维护亚太经合组织作为亚太区域重要经济合作论坛的作用，推动达成和落实《2040年亚太经合组织布特拉加亚愿景》，"加强数字基础设施建设，加快数字转型，消弭数字鸿沟，促进数据流动，加强数字交易中消费者和商业信任"[③]。2020年11月20日，习近平主席在亚太经合组织第二十七次领导人非正式会议上指出，"我们要全面落实亚太经合组织互联网和数字经济路线图，促进新技术传播和运用，加强数字基础设施建设，消除数字鸿沟"。他同时指出，中方要"开展智慧城市案例研究，将推动制定智慧城市指

---

① 2015年的版本是在充分顾及所有方面的意见和建议基础上形成的。2011年，中国与上海合作组织成员国一道就国际互联网规则制定提出发展中国家的主张，明确提出把网络主权放在首要位置，倡导通过双边、区域和国际合作的方式构建多边、透明和民主的全球互联网管理体制，发挥联合国在制定信息安全国际规则中的重要作用。不少发展中国家对此予以积极回应，并提出了不少有益的建议。

② UN, "International Code of Conduct for Information Security," p.3.

③ 《2040年亚太经合组织布特拉加亚愿景》，《人民日报》2020年11月21日，第2版。

导原则，为亚太创新城市发展提供样板"①。当前，数字贸易和跨境数据流等"边界后"措施的规则制定是 APEC 关注的重点。今后，中国应着眼于长远、整体和大局，以开放的姿态积极参与 APEC 数字经济相关新规则的制定。

与此同时，中国也参与西方国家近年来新建的互联网国际制度（比如全球互联网治理委员会、全球互联网合作与治理机制论坛等），试图加强沟通，共同推动规则制定，这是中国参与互联网治理国际实践的重要组成部分。这些举措反映了中国作为负责任大国的担当和责任，以及共建网络空间命运共同体的追求。不过，中国的互联网国际制度行为面临欧美国家的结构性束缚，中国在某种程度上是西方国家打压和防范的对象。因此，在西方网络空间制度体系中，中国无法分享具有实质性的决策，且网络空间话语权明显不足。

（二）双边层面的规则实践

中国创造性地与美国、俄罗斯等大国建立有关互联网治理的双边对话机制。为有效管控中美网络空间冲突，中美建立了网络空间对话机制，稳定网络空间关系。2013 年 6 月，两国元首商定在中美战略安全对话框架下成立"网络安全工作组"。2015 年 9 月习近平主席访美期间，中美在应对恶意网络活动、制定网络空间国家行为准则等方面达成一致，决定建立打击网络犯罪及相关事项高级别联合对话机制。根据成果清单，"中美双方承诺，共同继续制定和推动国际社会网络空间合适的国家行为准则。双方也同意就网络空间行为准则和涉及国际安全的问题建立一个高级专家小组来继续展开讨论。中美双方同意，建立两国打击网络犯罪及相关事项高级别联合对话机制。该机制对任一方关注和发现的恶意网络行为所请求的反馈信息和协助的时效性和质量进行评估。作为机制的一部分，双方同意建立热线，以处理在响应这些请求过程中可能出现的问题升级。最后，双方同意对话第一次会议于 2015 年内举行，之后每年两次"②。首次中美打击网络犯罪及相关事项高级别联合对话于 2015 年 12 月 1 日在华盛顿举行。本着"依法、对等、坦诚、务实"的原则，

---

① 习近平：《携手构建亚太命运共同体——在亚太经合组织第二十七次领导人非正式会议上的发言》，《人民日报》2020 年 11 月 21 日，第 2 版。

② 储信艳：《中美达成 6 项互联网成果 中美网络问题实现构建共识目标》，人民网，2015 年 9 月 28 日，http://media.people.com.cn/n/2015/0928/c40606-27640323.html。

中美双方就打击网络犯罪合作、加强机制建设、侦破重点个案、网络反恐、执法培训等达成一系列共识和具体成果，有助于双方加强交流合作，建设性地管控分歧。

在互联网安全领域，中俄两国均面临巨大的信息安全威胁，都有积极参与网络空间规则制定的政治意愿。因此，双方在网络空间规则制定等问题上不断凝聚共识，推动两国合作关系升级。2015年5月8日，中俄签署了《中华人民共和国政府和俄罗斯联邦政府关于在保障国际信息安全领域合作协定》。中俄建立共同应对国际信息安全威胁的交流和沟通渠道，承诺不对彼此进行黑客攻击，并同意共同应对可能"破坏国内政治和经济社会稳定""扰乱公共秩序"或"干涉国家内政"的技术。中俄还同意交换执法部门的信息和技术，并确保信息基础设施的安全。中俄致力于构建和平、安全、开放、合作的国际信息环境，建设多边、民主、透明的国际互联网治理体系，保障各国参与国际互联网治理的平等权利，协定的签署体现了中俄在国际信息安全领域的高水平互信与合作，为两国在国际信息安全领域深化合作提供了法律和机制保障。① 2016年6月25日，习近平主席与普京总统就两国合作推进信息网络空间发展的问题发表了《中华人民共和国主席和俄罗斯联邦总统关于协作推进信息网络空间发展的联合声明》，声明指出，中俄两国"尊重信息网络空间国家主权的原则，支持各国维护自身安全和发展的合理诉求，倡导构建和平、安全、开放、合作的信息网络空间新秩序，探索在联合国框架内制定普遍接受的负责任行为国际准则"。在打击网络恐怖主义和网络犯罪领域，要"加大工作力度，预防和打击利用网络进行恐怖及犯罪活动，倡议在联合国框架下研究建立应对合作机制，包括研究制定全球性法律文书"② 。上述协定和声明表明中俄已就保障信息网络空间安全、推进信息网络空间发展的议题，开展了全面实质性的对话与合作。

2019年6月习近平主席访俄期间，两国签署了《中俄关于发展新时代全面战略协作伙伴关系的联合声明》，将中俄关系提升至"新时代中俄全面战略

① 《中俄签署国际信息安全合作协定》，新华网，2015年5月12日，http://www.xinhuanet.com/world/2015-05/12/c_127791418.htm。
② 《中华人民共和国主席和俄罗斯联邦总统关于协作推进信息网络空间发展的联合声明》，《人民日报》2016年6月26日，第3版。

协作伙伴关系"。声明具体规定了中俄在网络空间的合作事宜,"扩大网络安全领域交流,进一步采取措施维护双方关键信息基础设施的安全和稳定;加强网络空间立法领域交流,共同推动遵照国际法和国内法规进行互联网治理的原则;在各国平等参与基础上维护网络空间和平与安全,推动构建全球信息网络空间治理秩序;继续开展工作,进一步推动在联合国框架下制定网络空间国家负责任行为准则,并推动制定具有普遍法律约束力的法律文件,打击将信息通信技术用于犯罪目的的行为"[①]。此外,中俄双方重视在联合国信息安全政府专家组、上海合作组织、金砖国家合作机制、亚太经合组织、二十国集团、亚信峰会等多边机制内的双边网络协调与合作。中俄积极参与全球网络空间规则治理并不仅仅是代表中国和俄罗斯,还代表了包括上海合作组织、金砖国家成员国等在内的众多网络新兴国家的诉求,这对于促进全球网络空间治理的有效性、规范性与公平性意义重大。[②]

中欧在网络空间合作空间广阔。中国与欧盟作为网络空间的重要行为体,是构建网络空间全球治理体系的重要力量,前者是网络空间中发展最快的新兴力量,后者拥有最高的互联网普及率并在积极推进数字单一市场建设。[③] 当前,中欧都面临严峻的网络空间安全威胁和美国施加的网络竞争影响,双方都重视维护网络空间主权,在数字主权、网络规则制定等领域具有政治共识。中欧拥有涵盖20亿用户的庞大互联网市场,在数字经济发展等领域合作空间巨大。2014年,中国政府发布了《深化互利共赢的中欧全面战略伙伴关系——中国对欧盟政策文件》,提出"加强网络安全对话与合作,推动构建和平、安全、开放、合作的网络空间。通过中欧网络工作小组等平台,促进中欧在打击网络犯罪、网络安全事件应急响应和网络能力建设等领域务实合作,共同推动在联合国框架下制定网络空间国家行为规范"[④]。根据《中国对欧盟政策文件》的指引,中欧建立健全了中欧信息技术、电信和信息化对话、中欧网络工作组和中欧网络安全与数字经济专家组等多个网络对话机制,双方在产

---

① 《中华人民共和国和俄罗斯联邦关于发展新时代全面战略协作伙伴关系的联合声明》,《人民日报》2019年6月6日,第2版。

② 黎雷:《网络空间大国互动关系对战略稳定的影响》,《信息安全与通信保密》2020年第9期,第27页。

③ 鲁传颖:《试析中欧网络对话合作的现状与未来》,《太平洋学报》2019年第11期,第79页。

④ 《深化互利共赢的中欧全面战略伙伴关系——中国对欧盟政策文件》,新华网,2014年4月2日,http://www.xinhuanet.com//world/2014-04/02/c_1110054550.htm。

业和技术领域不断深化合作。2016年，双方在中欧信息技术、电信和信息化对话框架下开展了"中欧物联网与5G"联合研究项目，就物联网与5G领域的技术、产业和政策展开深入研究。2016年7月第十八次中国欧盟领导人会晤期间，"中欧网络安全与数字经济专家组"成立，专家组围绕中国与欧盟在网络安全和数字经济领域的法律法规、制度建设以及如何进一步推动双方在产业发展、人才培养和科学研究等方面的合作开展对话。中欧双方在该对话机制中曾多次就数据安全政策方面的问题进行及时沟通和协商，妥善回应了对方的关切，促进了双方互信。① 不过，中欧战略对话机制缺乏战略目标、缺少深度互信，双方在网络空间的主要政策立场差异仍然较大，务实的合作成果有限。

此外，中国还与英国建立了互联网圆桌会议，在网络行为、网络设施、网络信息、网络治理等方面加强沟通合作。中英互联网圆桌会议是中英两国政府在互联网领域的重要交流机制，由中国国家互联网信息办公室与英国文化、媒体和体育部联合举办。截至2019年，中英互联网圆桌会议已经举办7届，在数字经济、网络安全、儿童在线保护、数据和人工智能等领域达成多项合作共识。慕尼黑安全会议是中德等国网络安全对话的有效平台，该会议于1963年创办，是历史悠久的知名安全政策论坛，德国在慕尼黑安全会议平台上专门设立了网络安全会议或网络安全相关主题演讲，网络危害和安全议题已经成为会议最关心的问题。中德等国利用慕尼黑安全会议机制中的年度网络安全对话，阐明立场、进行沟通与协商。比如，德国西门子公司在2018年慕尼黑安全会议上，发布了关于安全数字未来的信任宪章，为中国准确了解西方网络空间规则制定的走向提供了观察的渠道。②

中国积极支持发展中国家建立互联网治理机制和规则，包括新兴市场国家互联网圆桌会议、巴西的全球多利益相关方会议以及亚洲—非洲法律协商组织（简称"亚非法协"）网络工作组。新兴市场国家互联网圆桌会议于2012年9月18日在北京举行，来自中国、俄罗斯、巴西、南非等国政府有关部门、

---

① 鲁传颖、范郑杰：《欧盟网络空间战略调整与中欧网络空间合作的机遇》，《当代世界》2020年第8期，第56页。

② "Munich Security Conference: Cybersecurity Takes Centre Stage," February 18, 2018, https://www.thenationalnews.com/world/europe/munich-security-conference-cybersecurity-takes-centre-stage-1.705756.

学术机构和知名互联网企业的代表出席了会议，这是新兴市场国家间首次就互联网问题开展的对话交流。与会代表就"互联网发展及治理""网络空间安全""新兴市场国家互联网领域的交流与合作"等议题进行深入交流。中国积极参与了巴西于2014年召开的"互联网治理的未来——全球多利益相关方会议"。2015年6月在巴西成立的全球互联网治理联盟大会上，阿里巴巴创始人马云被选为该委员会的五位联合主席之一。大会致力于推动互联网创新发展，使年轻人和小企业更多从中受益。亚洲—非洲法律协商组织是亚非两大洲在国际法领域唯一的政府间国际组织，中国在2014年亚非法协年会上率先提出在法协年会中纳入"网络空间的国际法问题"。2015年举行的亚非法协第54届年会就"网络空间国际法问题"举行了特别会议。在中国倡议下，此次会议决定设立网络空间国际法工作组，讨论网络主权、和平利用网络空间、预防网络恐怖主义、打击网络犯罪等国际法议题，在一定程度上增强了发展中国家在网络空间国际规则制定中的话语权，体现了中国在网络空间设置议题和引导国际立法进程方面的努力。

实践转向的理论研究最重要的贡献也许是将注意力从反思性的深思熟虑和有意识的工具性和规范性决策转移到习惯性言行的日常实践中。[1] 实践具有因果性力量和生成性力量，推动社会和政治的形成，并对世界产生非常具体的影响。[2] 因此，实践是变化的重要因素，国际实践在世界政治和全球治理变迁过程中具有重要的价值。[3] 国际互联网治理规则是网络空间秩序的主要支柱，是维系国际秩序有效运转和整体有序的重要保障。透过实际行动和具体实践，中国为世界互联网大会乌镇峰会及其之后的一系列规则倡议和规则实践提供了一条新型的规则治理路径，这与西方国家在网络空间基本原则、模式选择和议题设置等方面存在显著差异，为有效的互联网治理提供了重要的实践知识。

---

[1] Ted Hopf, "Change in International Practices," *European Journal of International Relations* 24, no.3 (2018): 687.

[2] Andrew F. Cooper and Vincent Pouliot, "How Much is Global Governance Changing? The G20 as International Practice," pp.336-337.

[3] Sebastian Schmidt, "Foreign Military Presence and the Changing Practice of Sovereignty: A Pragmatist Explanation of Norm Change," *American Political Science Review* 108, no.4 (2014): 817-829.

第三节　中国参与国际互联网规则实践的主要特征

一、中国的规则实践是对参与实践的继承与发展

规则实践和参与实践都是国际互联网实践的一部分。规则实践既有变迁的因素，也有延续性的因子，但从本体论来看，实践倾向于变迁甚于稳定。[①] 中国参与全球互联网治理的国际实践首先从参与实践开始并通过实践演进不断发展，表现为从被动参与到主动参与，从消极参与到积极参与，从间接参与到直接参与，从外围到中心，从有限参与到深度参与以及从部分参与到全面参与的一个不断发展的过程。

长期以来，参与国际制度和国际规则已经成为中国融入国际社会的重要途径和参考指标。中国在与西方国家主导的互联网国际制度的互动中不仅学习了西方先进的网络技术，还加深了中国对国际互联网规则的认知，并深刻认识到西方主导的网络空间规则的局限性。随着中国网络空间力量的增长，中国积极主动地推动网络空间国际规则朝着有利于发展中国家的方向演进。近年来，中国在网络空间的物质基础和实力不断增长。在美国《财富》杂志公布的2020年世界500强企业中上榜的7家全球互联网相关公司中，除了美国的亚马逊、谷歌、脸书，其余4家分别是中国的京东、阿里巴巴、腾讯和小米。[②] 在此基础上，中国主动制定新型互联网规则，推动新兴市场国家和发展中国家在网络空间加强规则协调，提升以上国家在网络空间的规则话语权和影响力，这就是基于网络空间治理实践的一种规则实践。

规则实践已经超越了单纯的对西方主导的国际互联网规则的参与，其根源是西方国家对网络权利让渡的空间非常有限。在此背景下，中国以新建制度组织作为依托资源，通过开拓网络空间规则制定的新路径，推动全方位的规则实践。正是在参与实践的成功经验和吸取教训的基础上，中国才开始了全面的互联网规则实践创新和具体实践进程。可以说，规则实践的运用既是

[①] Jorg Kustermans, "Parsing the Practice Turn: Practice, Practical Knowledge, Practices," *Millennium: Journal of International Studies* 44, no.2 (2016): 181.

[②] 李艳：《美国强化网络空间主导权的新动向》，《现代国际关系》2020年第9期，第4页。

中国在国际互联网治理领域的地位与作用日益凸显的结果，也是中国在国际互联网领域实力与地位提升的标志。

二、中国的规则实践是不断探索、逐步增强规则影响力的渐进过程

如何在网络空间提出中国方案，如何有效应对西方主导的国际规则，如何捍卫中国和广大发展中国家网络主权和网络发展权，是中国推动国际互联网规则制定面临的挑战。中国遵循不断摸索、不断实践的做法，探索把政府、国际组织、互联网企业、技术社群、民间机构、公民个人等主体都包括在内的有效路径，尝试为发展中国家与发达国家对话搭建合适的制度平台，探索把以国家中心治理模式为主导与多利益攸关方治理模式相包容的有效方式。在此基础上，中国逐步尝试设立并推动世界互联网大会乌镇峰会的机制化、固定化，设立高级别专家咨询委员会，通过发布《乌镇宣言》《乌镇展望》，设置互联网发展论坛等方式加强乌镇峰会制度化、一体化程度，推动国际互联网规则制定的可持续发展。可以说，世界互联网大会影响力的凸显是中国在互联网领域有效规则实践的产物。2022年7月，世界互联网大会国际组织建立。今后，世界互联网大会国际组织应细化议题设置、进一步在常设化等方面做实做强，这些都需要中国在实践探索中加强制度建设。

同时，我们也要看到，当前网络空间的全球动荡源和风险点显著增多。随着世界互联网大会制度化程度不断提高，该组织与现有西式互联网制度围绕基本原则和价值规范方面的制度竞争将会不断凸显。国际制度竞争试图分析制度互动背景下制度间的博弈，特别是主导国围绕规则制定和伙伴争夺而开展的竞争。[①] 国际制度竞争既包括原则、规范方面的博弈，也涉及意识、理念方面的竞争，同时还涉及不同的具体操作程序，即通过作为过程的实践来落实。世界互联网大会国际组织越来越成为与 ICANN 具有相同政治影响的国际会议机制，如何协调二者的关系，需要在实践中不断摸索、不断总结。对于中国的互联网国际规则实践而言，要把世界互联网大会国际组织作为共建网络空间命运共同体的主要载体之一，同时也尽量避免出现它与美式互联网

---

① 李巍、罗仪馥：《从规则到秩序——国际制度竞争的逻辑》，《世界经济与政治》2019年第4期，第28—57页。

制度形成对立的制度局面。

三、中国的规则实践具有包容开放的平等特征

中国在互联网规则实践中通过平等协商、权责共担的务实精神解决治理失灵和治理赤字的顽疾，代表了当前国际社会特别是广大发展中国家的普遍共识，反映了各国的诉求和心声。中国在规则制定中充分照顾广大发展中国家在网络空间所呈现的非同步性、非一致性和差异化特征，在网络空间同样倡导"民胞物与、立己达人、协和万邦、天下大同"等中华优秀传统文化理念，反对搞技术封锁和数字霸权，反对制造科技鸿沟和发展脱钩。

中国坚持灵活渐进、调适弹性的原则，这与构建开放包容、合作共赢的新型国际关系具有内在逻辑的一致性。同时，中国致力于打造政治互信、经济融合、文化包容的网络空间命运共同体。中国在世界互联网大会国际组织的议题设置、议题讨论、形成动议和推进方式等方面充分兼顾各方舒适度和参与性。应该说，中国在互联网治理领域的制度行动和规则实践采取了一种包容性的开放立场，与美国政府的单边霸权、志愿者同盟、不仁不义、无道无德形成了明显的差异。一方面，中国在联合国、上海合作组织、金砖国家等机制内部就全球互联网治理制度建设提出了积极的、主动的倡议，把互联网相关议题作为重点讨论，推动相关国际组织对互联网治理的关注和投入；另一方面，中国吸取巴西举办的全球多利益相关方会议机制的经验和教训。全球多利益相关方会议通过不同利益攸关方探寻互动的方式讨论问题、寻求共识，具有很大的退让和妥协且没有取得积极进展。中国深知"徒法不足以自行"，任何国际规则都是靠人去制定和执行的，世界互联网大会的议题设置、制度框架和机构安排，始终坚持平等协商，坦率沟通，推动国际社会特别是新兴市场国家内部凝聚共识，极力避免巴西曾出现的情况。世界互联网大会国际组织的建立反映出中国致力于在网络空间形成目标清晰、要素匹配、力量配合和态势有利的局面，具有深邃的大战略视野，是中国加强网络强国战略与实现网络空间国际战略之间良性互动的具体体现。

中国参与国际互联网治理的成功实践具有重要的意义和价值，其中，规则实践是新时期中国与国际互联网治理深层互动的重要体现。作为一个有解释力的理论分析概念和框架，规则实践既是中国参与国际互联网治理的经验

总结，同时也对推动有中国特色全球治理理念和大国外交战略的实施具有重要指导意义。打造人类命运共同体理念，从国际关系实践中产生，又在实践中不断丰富发展，闪耀着辩证唯物主义和历史唯物主义科学精神的光芒。①打造网络空间命运共同体和弘扬共商共建共享的互联网治理理念是新时期中国在全球互联网治理领域的重要实践目标。中国的国际互联网治理规则实践以坚持和平发展为战略选择、以寻求合作共赢为基本原则、以建设伙伴关系为主要路径、以践行正确义利观为价值取向，必将推动中国与网络空间体系的深入互动，推动全球互联网治理体系向着更加公正合理的方向发展，协力构建网络空间命运共同体。

① 王毅:《携手打造人类命运共同体（人民要论）》,《人民日报》2016年5月31日,第7版。

第十二章 中国参与国际互联网规则制定的路径选择

网络空间规则话语权事关中国在全球治理制度体系中的地位和作用，中国需要在国际互联网规则制定中发挥应有的作用，占得规则制定、议题设置与过程协调的先机，从规则的适应者、遵循者转向制定者、引领者。在网络空间命运共同体理念的引领下，中国将积极参与国际互联网治理，与国际社会一起维护网络空间和平与安全，促进形成开放与合作的网络空间。

第一节 中国参与国际互联网规则制定的指导原则与特征

一、中国参与国际互联网规则制定的指导原则与基本特征

（一）中国参与国际互联网规则制定的指导原则

共建网络空间命运共同体是中国推动国际互联网规则制定的基本原则，网络空间命运共同体秉持利益相关、责任相通、命运相连的理念，不涉及意识形态和政治制度优劣判断，不排斥文明形态和文化差异。如果说人类命运共同体是新时代中国引领全球治理的最强音，那么网络空间命运共同体则是中国参与国际互联网规则制定的最鲜明符号。

习近平主席提出的"四项原则"和"五点主张"为国际社会指明了全球互联网治理发展演进的方向。2015年12月，习近平主席提出了推动全球互联

网治理体系变革的"四项原则"和构建网络空间命运共同体的"五点主张"。具体而言,"四项原则"是指尊重网络主权,维护和平安全,促进开放合作,构建良好秩序。"五点主张"的具体内容是指加快全球网络基础设施建设,促进互联互通;打造网上文化共享平台,促进交流互鉴;推动网络经济创新发展,促进共同繁荣;保障网络安全,促进有序发展;构建互联网治理体系,促进公平正义。其中,"四项原则"是规范国际网络空间秩序的重要准则,集中反映了互联网时代各国共同构建网络空间命运共同体的价值取向,将成为全球治理互联网秩序和规范网络空间行为的国际法准则。"四项原则"和"五点主张"作为一个整体,构成了当前全球互联网治理的中国方案,已经在国际社会得到广泛关注和普遍认同,成为世界互联网大会议题设置的核心主题。

网络空间命运共同体是新时期中国参与和引领全球互联网治理的中国方案。在网络空间命运共同体理念的指引下,2017年3月1日中国政府颁布的《网络空间国际合作战略》明确提出了中国参与网络空间治理的基本原则,"以和平发展为主题,以合作共赢为核心,倡导和平、主权、共治、普惠作为网络空间国际交流与合作的基本原则"。战略把和平原则、主权原则、共治原则和普惠原则作为中国参与互联网治理的基本原则,其中,主权原则是最基本的行为准则。在此基础上,中国与世界各国共同构建和平、安全、开放、合作、有序的网络空间,建立多边、民主、透明的全球互联网治理体系。

(二)中国参与国际互联网规则制定的基本特征

在不到20年的时间里,中国从互联网治理的边缘走向舞台的中央,坚持国家主权、发展导向、联合国主导和灵活渐近原则已经成为中国网络空间规则制定的鲜明特征。其中,世界互联网大会国际组织体现了中国主动构建国际互联网治理体系的系统性、全局性和前瞻性。

其一,坚持恪守主权、平等协商。中国不谋求在国际互联网规则制定和制度建设中的领导权和主导权,在乌镇峰会、上海合作组织、金砖国家集团等国际机制中的议题设置、规则制定、权力平衡、过程协调、争端解决等方面坚持平等性原则,汇聚各方观点,协调不同利益关系,提升规则运行的服务功能,进而实现集体最优化方案。中国致力于推动平等、公开的网络空间,反对借现有国际制度谋求非对称性利益。同时，对于西方国家的无理指责，中国坚持并捍卫国家主权原则，不退让。中国连续9年召开世界互联网大会，取得了巨大成功，引起美国的关注和警惕。2015年12月，在中国举办第二届世界互联网大会时，美国有智库指责中国政府主导的互联网管理方式与当今多利益攸关方模式冲突。2017年12月，布鲁金斯学会发布了题为《美国不能再不顾中国这个全球网络参与者》的文章，提出中国政府正在借世界互联网大会吸引国际社会对其全球互联网规则制定和管理看法的支持。对于这些言论，中国应该积极予以驳斥，维护来之不易的乌镇峰会成果。

其二，坚持发展导向、双边多层并进。目前，全球治理面临严重的发展缺位，国际互联网领域面临严重的"网络鸿沟"和"数字鸿沟"。中国推动国际和地区层面的互联网治理机制建设，在促进互联网与经济社会深度融合、促进共同繁荣方面发挥了一定作用。在多边层面，中国不仅积极推动联合国、金砖国家和上海合作组织探讨和制定规范网络空间行为的文件，同时还特别关注互联网推动经济的相关议题，落实联合国2030年可持续发展议程，落实联合国信息社会世界峰会确定的建设以人为本、面向发展、包容性的信息社会发展目标。在地区层面，中国积极推动与东盟地区论坛、中非合作论坛、中阿合作论坛、中拉论坛、亚信会议及亚洲—非洲法律协商组织等地区性国际组织就网络安全、网络经济合作进行交流对话。中国在世界互联网大会乌镇峰会上坚持发展导向，把共同发展置于核心地位，坚持双边多层并进，把发展网络经济、消除贫困和改善民生放在开展国际合作的优先位置，有效对接各国发展战略和全球发展议程。世界互联网大会国际组织通过中国与相关国家、国际组织、技术社群、互联网企业和个人等多行为体构建双边多层的立体性制度框架，为各国特别是网络技术和经济力量薄弱的发展中国家在网络空间的国际合作提供了参与全球互联网治理的重要制度平台。

其三，坚持联合国主导、多元包容。联合国在国际互联网治理中具有最高的权威与合法性，中国一直支持联合国在国际互联网规则制定中发挥主导作用，在信息安全政府专家组、网络犯罪政府专家组中积极发挥作用。同时，中国积极参与联合国下属的国际电信联盟和互联网治理论坛，提出互联网治理的中国方案，增加国际社会的理解和共识。乌镇峰会是实现网络互联互通和共同发展机制化建设的中国方案，也是中国与世界各国特别是发展中国家的共同愿望，各国通过乌镇峰会可以坦诚交流、集思广益、阐述立场、凝聚共识，摆脱西方话语权的羁绊，享受充分的话语权。此外，政府间国际组织、非政府组织、跨国公司、企业及专业人士等在峰会及各个分论坛中都可以发挥重要的作用。在乌镇峰会举办的众多论坛中，相关国际组织、企业家、专家学者等都积极建言献策，规划合作愿景。

其四，坚持灵活渐进、调适弹性。在规则制定中，中国坚持灵活立场与严肃规范的有机结合，客观看待互联网不同于传统空间的差异性和特殊性。中国在规则制定的过程中，提供了政策协商的灵活空间。网络空间在新技术、新应用、新业态方面不断出现相互交融的特征，需要世界各国凝聚更大共识，形成更大合力，付出不懈努力。比如，世界互联网大会国际组织在合作理念、合作空间、合作领域和合作方式上充分关切各国的实际情况，超越西方国家俱乐部制度模式的排他性和歧视性所带来的局限性。在议题讨论、形成动议、发布报告和推进方式等方面充分兼顾各方合理关切、舒适度和参与性，受到了国际社会特别是广大发展中国家的认可。近年来，中国遵循灵活渐进原则，审时度势，适时提出"网上丝绸之路"新倡议，把网络经济、数字经济发展与"一带一路"国际合作紧密结合起来，积极打造"网上丝绸之路"，与"空中丝绸之路""陆上丝绸之路""海上丝绸之路"一起构筑立体化、多层次的合作体系。

二、中国参与国际互联网规则制定的启示

从国际制度理论的大视角分析，规则制定是国际制度改革的重要组成部分。互联网国际制度的改革可以从两个方面入手：一是在规则制定方面，可以显性地修改规则；二是在规则执行方面，可以对规则进行重新解释和执行，隐性地修改规则，这两点均可纳入国际互联网规则制定的进程。目前，中国对国际互联网规则治理的参与主要集中在规则制定方面。2014年2月，中央网络安全和信息化领导小组提出了从网络大国向网络强国迈进的目标。中国参与国际互联网规则制定面临中国网络经济迅猛发展的难得机遇，同时也面临西方国家遏制中国在网络空间崛起的挑战。"中国网络威胁论"在西方国家很有市场，中国从战略层面规划并立足国内治理，在国际层面坚持网络空间多边合作，有效维护了中国网络空间的主权和利益。

其一，进行战略规划，夯实顶层设计。早在1993年12月10日，中国便成立了经济信息化联席会议，统一领导和组织协调政府经济领域信息化建设工作。1996年4月，在原国家经济信息化联席会议基础上，成立了"国务院信息化工作领导小组"，2001年，基本形成了由国家信息化领导小组、国务院信息化工作办公室、国家信息化专家咨询委员会组成的"一体、两个支撑机构"的格局。2003年，为了应对日益严峻的网络与信息安全形势，中国政府在国家信息化领导小组下成立了国家网络与信息安全协调小组。此外，中国还同时成立了国家互联网应急中心（CNCERT），该机构为非政府非营利的网络安全技术中心，是中国网络安全应急体系的核心协调机构。该中心主要使命是开展互联网网络安全事件的预防、发现、预警和协调处置等工作，维护国家公共互联网安全，保障基础信息网络和重要信息系统的安全运行。自2004年起，国家互联网应急中心根据在工作中受理、监测和处置的网络攻击事件和安全威胁信息，每年撰写和分布《CNCERT网络安全工作报告》，并于2010年起每年发布年度互联网网络安全态势综述报告。

党的十八大以来，中国进一步健全了网络空间治理机制的顶层设置。2014年，成立了中共中央网络安全和信息化委员会办公室、国家互联网信息办公室，通过制定网络安全国家政策，指导参与国际互联网治理。2015年，中国政府颁布的《中华人民共和国国家安全法》将网络安全列为国家安全的重要组成部分，直接推动了《中华人民共和国网络安全法》的制定和颁布。以2017年6月颁布的该法为基础框架，中国已初步形成了由法律、行政法规、司法解释、部门规章及一系列规范性文件组成的立体的、全方位的网络信息内容治理规范体系，网络法治化进程不断提速。此外，2017年3月，中国发布了《网络空间国际合作战略》，明确提出以和平发展、合作共赢为主题，构建网络空间命运共同体。

其二，立足国内治理，构建中国特色的国家互联网治理体系。没有网络安全，就没有国家安全；没有国家安全，就没有国际安全。当前，以互联网为核心的网络空间已成为继陆、海、空、天之后的第五大战略空间，各国均高度重视网络空间治理议题。在此方面，中国坚持立足国内治理，构建具有中国特色的国家互联网治理体系。《中华人民共和国网络安全法》《网络信息内容生态治理规定》《网络安全审查办法》等高质量立法的出台有效提升了中国网络生态治理效能。为了确保关键信息基础设施供应链安全，维护国家安全，2020年4月27日，国家互联网信息办公室等机构联合颁布了《网络安全审查办法》，明确规定"网络安全审查坚持防范网络安全风险与促进先进技术应用相结合、过程公正透明与知识产权保护相结合、事前审查与持续监管相结合、企业承诺与社会监督相结合，从产品和服务安全性、可能带来的国家安全风险等方面进行审查"①。通过网络安全审查，为关键信息基础设施保护等提供了安全保障。上述法律和规定在立足国内治理的同时，也为网络空间国际治理提供了有重要参考价值的中国方案。

近年来，中国在互联网国家治理方面积极聚焦信息基础设施、网络信息技术、数字经济、数字政府和电子政务、互联网媒体、网络安全、网络空间法治建设等重点领域，推动形成中国互联网发展的新理论、新实践、新做法和新进展。当前，中国正以协同推进IPv6规模部署为主线，以典型应用改造和特色应用创新为主攻方向，加快网络基础设施和应用基础设施升级步伐，积极构建具有完全自主技术的互联网体系和网络产业生态，实现互联网向IPv6演进升级，构建高速、移动、安全、泛在的新一代信息基础设施，促进互联网与经济社会深度融合，构筑未来发展新优势，为网络强国建设奠定坚实基础。

其三，坚持规则导向，推动构建以规则为基础的网络空间秩序。互联网全球治理不应仅仅关注一国政府的互联网政策与公民社会参与的政策决策过程，还需要关注不断凸显的国际层面的规则话语权与制度建设进程。网络空间是一个新疆域，但并非法外之地。一方面，中国确认《联合国宪章》对网络空间的适用，主权平等、不干涉内政、和平解决国际争端等国际法基本原则同样适用于网络空间；另一方面，中国支持联合国与时俱进，根据网络空间自身特征制定负责任的国家行为准则和国际法律文书，如源自主权的国际规范适用于网络空间，各国享有网络司法管辖权以及近年来提出的建立信任措施等。

总之，中国政府把国际规则作为参与国际互联网治理的基本导向和切入

---

① 国家互联网信息办公室等：《网络安全审查办法》，中国网信网，2020年4月27日，http://www.cac.gov.cn/2020-04/27/c_1589535450769077.htm。

点，在构建国内规则的基础上，积极推动构建以规则为基础的网络空间秩序，包括国内网络空间规则和国际网络空间规则。国际规则是国际互联网秩序的主要组成要素，在网络空间秩序转型的关键时期，中国全力支持并积极参与国际社会在平等基础上围绕网络议题的国际谈判，推动基于规则的国际互联网治理进程。

第二节　中国参与国际互联网规则制定的路径选择

当前，百年未有之大变局与新冠疫情叠加影响，共同塑造着互联网全球治理新态势。中国在互联网全球治理中将发挥负责任大国的作用，积极研判网络空间国际形势的发展动态，多管齐下，与各国一道共同推动制定网络空间国际规则，加快构建网络空间命运共同体。

一、坚持网络主权原则，妥善应对西方的多利益攸关方模式

主权原则是一个国家生存与发展的核心原则，在国际互联网规则制定中必须坚持网络主权原则。2014年7月16日，习近平主席在巴西国会发表演讲时详细阐述了中国政府有关网络主权的原则立场，他强调，"当今世界，互联网发展对国家主权、安全、发展利益提出了新的挑战，必须认真应对。虽然互联网具有高度全球化的特征，但每一个国家在信息领域的主权权益都不应受到侵犯，互联网技术再发展也不能侵犯他国的信息主权。在信息领域没有双重标准，各国都有权维护自己的信息安全，不能一个国家安全而其他国家不安全，一部分国家安全而另一部分国家不安全，更不能牺牲别国安全谋求自身所谓绝对安全"①。在2015年第二届世界互联网大会上，习近平主席更是把网络主权作为参与全球互联网治理的基本原则。②在中共中央政治局第三十六次集体学习时，习近平总书记强调，"要理直气壮维护我国网络空间主

---

① 习近平：《弘扬传统友好，共谱合作新篇》，《人民日报》2014年7月18日，第3版。
② 《习近平在第二届世界互联网大会开幕式上的讲话（全文）》，新华网，2015年12月16日，http://www.xinhuanet.com/politics/2015-12/16/c_1117481089.htm。

权，明确宣示我们的主张"①。那么，如何看待多利益攸关方模式？如何在坚持网络主权的同时，妥善应对网络空间的多利益攸关方模式？本书认为，核心是把握多利益攸关方模式的实质。

其一，多利益攸关方模式没有把国家网络主权置于治理的中心。欧美主张的多利益攸关方治理模式强调国家、公民社会、私营部门、非政府组织和个人共同参与治理国际互联网，坚持"自下而上""透明公开"的基本原则，以最大程度地发挥各种力量的作用。但是，多利益攸关方模式的实质是限制国家行使主权，由市场和网络社会对网络空间的形成、运营和监管进行负责。应该看到，网络空间多利益攸关方模式的形成有着客观历史原因和技术基础，也得到了一些发展中国家的赞同，对于多利益攸关方模式需要辩证地分析和看待。目前为止，中国对于多利益攸关方模式持包容、开放的态度，但值得注意的是，多利益攸关方模式明显没有把国家主权置于治理的中心。有学者指出，多利益攸关方模式导致其运用领域过于宽泛，运用对象过于多元，也就是说，多利益攸关方的提法会冲击国家网络主体。当前，中国和西方处于阵营化的对立，多利益攸关方已经成为西方指摘中国的代名词。②对此，中国等发展中国家需要予以高度警惕，不要被所谓多利益攸关方的表象所蒙蔽，有关各方在参与国际互联网规则制定时不能过于夸大网络社群的作用。

其二，推动网络空间国际规则制定的西方非政府组织在国际制度内部占据主导和优势地位。多利益攸关方模式鼓吹各个参与者都平等参与规则制定，分享主导权，但这背离了国际社会的客观事实。需要注意的是，西方国家掌握了互联网核心规则的制定权，推动互联网规则制定的西方非政府组织在网络空间国际制度内部占据优势地位，且欧美国家垄断了国际互联网发展的核心技术与关键环节，无论是硬设施还是软规则都处于绝对优势。非政府组织往往成为美国的挡箭牌，目的是为了掩盖美国网络霸权的本质。美国往往利用自身占优势的网络权力把自身的网络权延伸到弱国境内。拜登上台后，美国再次对包括华为、中兴在内的中国高科技企业在供货和技术许可等方面施

---

① 习近平：《习近平在中共中央政治局第三十六次集体学习时强调：加快推进网络信息技术自主创新　朝着建设网络强国目标不懈努力》，《人民日报》2016年10月10日，第1版。

② 参见：鲁传颖《网络空间大国关系面临的安全困境、错误知觉和路径选择》，《欧洲研究》2019年第2期，第115页。

加更为严格、广泛、常态化的限制，以维护美国在人工智能、量子计算和5G通信技术等领域的主导地位。为此，国际社会需要警惕和防止欧美网络强国凭借技术实力暗地操纵多利益攸关方模式以维持其网络霸权等现象的发生。

其三，当前，西方国家对国际互联网非政府组织的主导更加强烈，形式更为隐蔽。ICANN坚持所谓的开放性、非中心化原则，但其被西方操纵的实质没有改变。2016年移交监管权之后，ICANN在其新章程中规定：政府咨询委员会要向董事会提出建议，必须事先在委员会内部达成"全体共识"，而非旧章程规定的达到"大多数共识"，董事会只需要60%的票数就能否决这一建议，这一规定进一步强化了多方治理原则。① 此外，移交监管权并不能改变ICANN位于美国加州且是注册在美国的一个非政府组织的事实。很显然，在当前的ICANN中，主权国家的权威、利益和关切并不能从根本上得到有效保证。拜登上台后，美国进一步加强了对于国际制度的控制，视其为维护自身领导地位的制度基础，拜登政府必将更加重视ICANN等非政府组织维护美国利益的价值，把其作为美国维护网络霸权的重要工具。鉴于多利益攸关方模式在西方社会存在的深层影响，在中国已经明确提出坚持网络主权原则的背景下，中国需要在治理实践中慎重应对多利益攸关方模式。

二、依托联合国主体平台，推动网络空间规则制定进程

联合国是最具普遍性、代表性、权威性的政府间国际组织，以联合国为核心的国际体系是网络空间健康发展的基础。国际社会需要维护联合国在网络空间规则制定中的权威和《联合国宪章》宗旨原则的核心地位，积极推进国际互联网规则制定进程，深度引导互联网全球治理体系变革和建设。同时，我们也要看到，联合国未能就新冠疫情引发的网络安全问题与国际社会进行有效合作，乌克兰危机爆发后，联合国也难有作为，现有联合国层面的网络空间国际制度面临严峻挑战。

2018年以来，在发展中国家的共同努力下，网络空间国际规则的制定在联合国谈判框架下艰难重启，但各国在网络空间军事化、传统军事手段与网

---

① ICANN, "Bylaws for Internet Corporation for Assigned Names and Numbers," October 2016, https://www.icann. org/ resources/pages/governance/bylawsen/#article12.

络攻击之间的关系等方面仍然存在严重分歧。2018年12月，联合国大会通过了俄罗斯提出的第73/27号决议草案，并决定设立一个开放式工作组。同时，联合国大会通过了美国提出的第73/266号决议草案，决定于2019年继续成立新一届政府信息安全专家组。至此，联合国网络规则制定进入了一个谈判"双轨制"运行的新阶段：即在信息安全政府专家组和信息安全开放式工作组两种机制下开展规则制定工作。二者的核心任务都是讨论和制定网络空间国际规范，通过对话协商会议形成共识文件，为会员国提供行为指南，但成果报告对于会员国而言都不具强制约束力。欧美国家希望设立新的信息安全政府专家组，而中俄等发展中国家希望推动设立更加具有民主和透明的机制。第一届联合国信息安全开放式工作组于2020年12月2日至4日召开多利益攸关方咨询会议，这一平台的最大特点是向所有联合国会员国开放。联合国网络空间"双轨制"涵盖网络空间不同类型的行为体，包括政府、政府间组织、非政府组织和企业等，能够发挥众多行为体的作用，调动多方智慧共同就各自关注的问题进行协商。网络空间的问题众多且具有隐蔽性、分散性和匿名性特征，在"双轨制"下，各方应就应对网络威胁，现行国际法的地位与作用，制定负责任国家行为的规则、规范和原则，建立网络空间信任措施以及发展中国家关注的网络空间发展技能和能力建设等展开讨论，这样可以最大程度还原网络空间所掩盖的问题，增信释疑，有针对性地解决问题。不过，"双轨制"不论是在议题设置还是在参与成员方面都高度重合，具有制度重叠的复杂性，重叠不仅可能造成"新平台讨论旧问题"的现象，信息安全开放式工作组进程甚至可能成为同期信息安全政府专家组进程的"非正式会议"和"游说场所"。① 面对联合国层面网络规则谈判的"双轨制"，各方需增强参与网络空间治理的政治意愿，加强网络空间信任建设。

为了解决"双轨制"的负面影响，联合国从2022年开始已经把信息安全政府专家组和信息安全开放式工作组进行合并，依托后者进行谈判。不过，信息安全开放式工作组在关于国际法如何适用于信息通信技术使用，是否需要制定一部具有法律约束力的国际文书，网络空间国家责任以及现有平台双

---

① 戴丽娜、郑乐锋：《联合国网络安全规则进程的新进展及其变革与前景》，《国外社会科学前沿》2020年第4期，第41—42页。

轨制互动等方面产生了分歧。很多国家认为，包括《联合国宪章》在内的国际法对于维护和平稳定的信息通信技术环境是不可或缺的，但是"一些西方国家认为现有国际法，加上反映各国共识的自愿、不具约束力的规范，目前就足以解决国家使用信息通信技术的问题。还有国家提议，应该重点努力通过制定补充指导意见，使各国就如何适用已经商定的规范框架达成共识，并通过所有国家加强执行工作而付诸实施。与此同时，一些国家认为，由于构成威胁的环境迅速演变，而且风险严重，因此需要有一个国际商定的具有法律约束力的信息通信技术框架"①。这些分歧必然影响信息安全开放式工作组的规则制定谈判进程，因此，各国应增强网络空间的战略互信，围绕"进一步制定国家负责任行为的规则、规范和原则，国际法如何适用于国家使用信息通信技术的问题，建立信任措施，能力建设"等内容加强对话沟通。

　　网络空间负责任国家行为是网络空间健康发展的需求，目前，不同行为体对于网络空间国家责任的认识并不一致，有待澄清。比如，美国主张把网络空间人为分为"和平时期"和"非和平时期"，将在网络空间开展进攻性军事行动合法化，美英等西方国家坚持依赖主权国家自主解释国际法适用路径，而发展中国家主张对于主权原则在网络空间的适用性及其具体操作进行研究，在达成共识的基础上，制定负责任的国家行为准则。明确的网络空间国家责任有助于震慑潜在的恶意网络行动，平衡各国在网络空间的权利与义务，实现公平合理的国际秩序。②各国有必要遵守以《联合国宪章》为基础的国际法，在联合国框架下制定各方普遍接受的网络空间国家行为准则，杜绝不负责任的网络空间行为，反对网络攻击、网络威慑与网络讹诈，维持网络空间的和平与合作。

　　综上所述，联合国在打击虚假信息传播，增强网络信息的可信度及推动在线经济等方面发挥了积极作用，其在网络空间国际疫情治理中的作用愈发突出。今后，联合国需要更进一步推动与网络安全等相关的网络空间规则制

---

①　Open-ended Working Group on Developments in the Field of Information and Telecommunications in the Context of International Security, "Draft Substantive Report (Zero Draft)," January 19, 2021, https://undocs.org/A/AC.290/2021/L.2.

②　刘碧琦：《联合国"双轨制"下网络空间国家责任认定的困境与出路》，《电子政务》2021年第2期，第99—100页。

定，维护网络空间的稳定。

三、聚焦重点领域，积极推动"一带一路"网络空间国际合作和相关规则建设

"一带一路"网络空间国际合作是"一带一路"国际合作的核心领域和发展方向，也是中国当前参与网络空间国际规则制定的关键领域。"一带一路"网络空间国际合作也称"网上丝绸之路"建设，是中国与共建"一带一路"国家加强网络互联、数字互通、信息共享所形成的宽领域、多层次、立体化的网络数字信息经济带。新冠疫情暴发以来，以云办公、在线文娱、跨境电商、数字金融、新零售、智慧城市、互联网医疗等为代表的网络数字信息经济新业态、新模式迅速兴起。大力开展网络空间国际合作成为共建"一带一路"，抵御新冠疫情冲击，促进世界经济发展，维护地区和平与稳定的重要路径。利用数字技术阻止疫情蔓延、达成网络空间治理共识、推动全球数字经济可持续发展，已成为共建"一带一路"国家普遍关心的问题。建设"网上丝绸之路"，综合运用大数据、人工智能、5G、云计算等新兴技术在推进共建国家防控疫情、促进经济复苏、维护社会稳定等方面将发挥巨大作用。"网上丝绸之路"有助于缩小不同国家、地区和人群间的网络鸿沟，释放数据红利，全面助力共建"一带一路"高质量发展。[1]

2021年12月颁布的《"十四五"国家信息化规划》，把基础能力、战略前沿、民生保障等摆在了优先位置，把"一带一路"网络空间国际合作作为关键性领域和优先发展项目，通过信息化驱动现代化，缩小共建各国的网络鸿沟和数字壁垒，实现互联互通，为各国人民贡献网络经济和数字经济的便利。[2]《推动共建丝绸之路经济带和21世纪海上丝绸之路的愿景与行动》明确提出，要"共同推进跨境光缆等通信干线网络建设，提高国际通信互联互通水平，畅通网上丝绸之路"[3]。网络空间是"一带一路"国际合作的重要载体，

---

① 杨绍亮、陈月华、陈发强：《"网上丝绸之路"安全态势分析、评估与应对》，《产业经济评论》2020年第1期，第73页。

② 《中央网络安全和信息化委员会印发〈"十四五"国家信息化规划〉》，中国政府网，2021年12月28日，http://www.gov.cn/xinwen/2021-12/28/content_5664872.htm。

③ 《推动共建丝绸之路经济带和21世纪海上丝绸之路的愿景与行动》，新华网，2015年3月28日，http://www.xinhuanet.com/world/2015-03/28/c_1114793986.htm。

发挥着经济发展的新引擎的关键作用。为此，共建"一带一路"国家需要共同把握网络化、数字化、信息化、智能化发展新机遇，打造多层次、立体化、系统化"一带一路"网络空间合作平台体系，共同探索新技术、新业态、新模式，携手共建"政治互信、经济融合、文化包容的网络空间命运共同体"。本书具体从制度法规、标准规范、对外合作和支撑技术等方面综合考虑、多管齐下，分层次、多维度地提出推进"一带一路"网络空间国际合作的对策和建议。

（一）加强"一带一路"网络空间合作顶层设计

鉴于网络经济在后疫情时代的重要价值，需要将"一带一路"网络空间国际合作提升到国家战略层面，做好国家信息网络安全顶层设计、整体布局和项目规划，构建关键信息基础设施安全保障体系，全面排查网络安全风险，构筑全天候感知网络安全态势，强化网络安全创新能力。推进战略、规划、机制对接，加强政策、规则、标准联通，推动实现"一带一路"网络空间的和平、安全、开放、合作、有序。顺应网络化、信息化、数据化、智能化发展趋势，用好共建国家市场规模优势，推动共建各国在"互联网+"、大数据、物联网、电子商务、5G、人工智能、智慧城市等领域的合作，为共建"一带一路"国家各企业合作营造公平公正、非歧视、可预期的营商环境。要精准判断国际形势新特点新趋势，谋划好"一带一路"网络空间合作的推进工作，进一步加强网络安全相关国内法规和体制机制建设的力度。加强"一带一路"网络空间国际合作的国内法规建设，抓紧制定《"十四五"国家信息化规划》，进一步明确基本目标、主要任务、战略举措和实施蓝图。既注重与现有的《网络安全法》等法律法规相衔接，同时也要专门制定适应"一带一路"网络空间合作的配套法律法规并前瞻预留今后接口。一方面，通过加强网络执法解释，提高在华外国企业对《中华人民共和国网络安全法》相关法律条文的理解力，降低其涉华经营的不确定性和不稳定性；另一方面，《数据出境安全评估办法》已于2022年7月颁布，在关键信息基础设施保护方面，积极落实已出台的《关键信息基础设施安全保护条例》，加强共建国家关键信息基础设施保护及落实网络安全等级保护制度，治理网络违法有害信息。在数据安全方面，针对数据出境日益增多的新形势，批判地参考欧盟等的经验，加紧制定

《网络数据安全管理条例》等法律法规，推动数据出境安全评估，维护数据主
体合法权益。

在监管体制机制建设方面，以中共中央网络安全和信息化委员会为主，
协调国家发展改革委员会、商务部、外交部、科技部、中国人民银行等相关
监管职能部门，推动"网上丝绸之路"机制化建设，适时建立常设性的"一
带一路"网络安全快速响应和应急处置机制，通过机制化程序化应对措施，
提升共建"一带一路"国家网络安全防御能力、网络信息复原能力、网络技
术创新能力、突发事件预警应对能力和网络舆情控制能力。

（二）统筹推进"一带一路"网络空间不同类型国际合作

其一，以信息网络基础设施为核心，推动共建"一带一路"国家的互联
互通。关键信息基础设施是国家经济社会运行的神经中枢，是网络安全工作
的重中之重。当前，新基建以新发展理念为引领，以技术创新为驱动、数字
信息网络为基础，面向高质量发展新需要，聚焦关键领域，薄弱环节锻长板、
补短板，最终实现数字转型、智能升级、融合创新。[①] 其中，信息网络基础设
施是新基建的重要组成，需要把网络信息设施建设作为"一带一路"复合型
基础设施网络的组成部分，加快共建地区信息基础设施统筹布局，加强信息
高速公路、大数据中心和云平台建设。需要以整体视角和风险管理为基本思
路，对于关键信息基础设施保护工作给予全面、科学的统筹设计，对共建"一
带一路"国家规划、建设、运营和维护关键信息基础设施进行有效规范，明
确监管职责和运营者保护义务，根据资产重要程度确定不同等级的网络安全
应对措施，通过多边合作、多方联动，进行风险预防、评估、预警和应对。
在共建"一带一路"国家互联互通方面，利用好各国国际传输网络和服务提
供节点，拓展跨境陆缆、海缆等通信系统，推动骨干网互联，快速增强互通
能力。带头深入大数据、物联网、人工智能、区块链等领域的技术研发，依
靠技术革新不断带动共建"一带一路"国家信息化发展。推动共建"一带一路"
国家已建和在建铁路、公路、港口、机场、电力和通信等领域网络空间互联
互通合作，采取措施保护关键信息基础设施及其重要数据不被破坏和非法窃

① 沈坤荣：《加快新型基础设施建设》，《人民日报》2020年8月26日，第9版。

取。坚持技术和管理并重、保护和威慑并举，着眼于识别、防护、检测、预警、响应、处置等环节，建立实施关键信息基础设施保护制度，从管理、技术、人才、资金等方面加大投入，依法综合施策，切实加强关键信息基础设施安全防护。① 探索在自愿基础上设立"一带一路"基础设施投资数字平台，不断积累已有基础设施投资项目国别的数据并建立国别数字数据库，为共建"一带一路"国家互联互通保驾护航。

其二，以疫情防控为优先领域，共建网络空间"健康丝绸之路"。"一带一路"网络空间国际合作是应对疫情威胁、维护公共卫生安全的国际公共产品。"一带一路"卫生健康共同体将健康置于核心地位，坚持发展理念，是公共卫生领域中国方案的世界性贡献，彰显推动人类卫生与健康的大国担当，有助于克服卫生与健康领域暴露的治理困境、供给不足和应对薄弱等急迫问题，也有助于改进发展失衡、卫生鸿沟和分配差距等结构性问题。"一带一路"倡议本身包含了实现全民健康所需的各项基本要素，包括公共卫生基础设施、药品疫苗供应、供各国分享经验和推广最佳做法的平台。共建网络空间"健康丝绸之路"反映出中国坚持以发展为途径的手段协同、战略合作伙伴的关系协同，推动全球公共卫生治理深入发展。共建网络空间"健康丝绸之路"将网络空间合作、网络化数字化信息化智能化建设纳入中国—东盟卫生合作论坛、中国—中东欧国家卫生部长论坛和中阿卫生合作论坛等"一带一路"卫生合作平台，在传染病防控、能力建设和人才培养、卫生应急和紧急医疗援助、传统医药等重点领域与共建"一带一路"国家开展项目合作；重点建立与"一带一路"周边及共建国家的常见和突发急性传染病信息沟通机制，强化传染病跨境联防联控机制，构建重大传染病疫情通报制度和卫生应急处置协调机制，加强传染病防治技术交流合作，提高传染病防控快速响应能力。

其三，拓展网络经济和数字经济合作范围，共促新产业、新业态发展。当前，应适时地把智慧城市、北斗导航卫星系统、车联网和智能交通建设等中国具有优势的科技成果用于共建"一带一路"。同时，重视远程医疗、线上教育在共建国家人民社会生活中的运用前景。智慧城市是今后中国推动"一

① 国家互联网信息办公室：《〈国家网络空间安全战略〉全文》，中国网信网，2016年12月27日，http://www.cac.gov.cn/2016-12/27/c_1120195926.htm。

带一路"网络空间国际合作的重要组成部分,应积极贯彻智慧社会战略,加大投入建设智能化的社会公共基础设施和大数据治理体系,造福共建各国人民。应发挥北斗导航卫星系统在成像、通信和地理定位服务方面的优势,积极转让太空技术、知识和设备。根据已有北斗卫星合作经验,完善若干北斗海外应用示范工程,提升北斗导航国际化综合服务能力。推动中国与阿拉伯国家、中国与东盟等的网络合作和卫星应用服务。尝试在共建"一带一路"国家建立"车联网先导区",丰富应用场景并完善商业模式,促进"5G+车联网"协同发展,推动共建国家智能交通通信标准和协议的制定。[①] 在部分共建国家,远程医疗和线上教育落后,当地民众广泛关注医疗教育,应发挥中国在"互联网+"领域的比较优势,通过人文交流,夯实民意基础,与共建"一带一路"国家形成更为紧密的数字经济发展共同体。

其四,打造和实施好一批指向明确、重点明晰、效果明显的"网上丝绸之路"项目。应抓住共建"一带一路"契机,全面深化与共建国家和地区在关键基础设施和软性互联互通方面的务实合作。选择5个左右重点行业,打造10个左右网络安全公共服务平台、样板工程,坚持"早日启动、早见成效",显著提升工业互联网产业基础支撑能力。具体内容可包括:建设若干"网上丝绸之路"经济合作先导试验区,坚持"大胆试、大胆闯、自主改";统筹规划海底和陆上光缆建设,在条件成熟的国家和地区共建跨境直达光缆和移动基站,作为通信网络互联互通的重点建设项目,大幅缩短互联网通信延时,确保信息传输的高效畅通;推动基础电信运营商和重点网信企业积极构建新型国际化产业联盟,和第三方合作共同参与共建国家的信息化发展工程,进一步优化网络基础资源配置。[②] 当前,一些共建国家加大力度发展电子商务,不少企业入驻中国电商平台,利用电商平台扩大对华进出口力度,而中国电商在售前、售后、支付和物流系统方面具有合作的优势。因此,应继续做大做强一些大型跨国电子商务企业,助力共建"一带一路"高质量发展。

---

① 工业和信息化部:《关于推动5G加快发展的通知》,中国网信网,2020年3月24日,http://www.cac.gov.cn/2020-03/24/ c_1586598820488869.htm。

② 方芳、杨剑:《网络空间国际规则:问题、态势与中国角色》,《厦门大学学报(哲学社会科学版)》2018年第1期,第30页。

（三）积极推进"一带一路"网络空间国际规则制定

其一，推动"一带一路"网络空间国际合作机制化和制度化建设。构建以政府为主导、企业为主体，社会组织和公众共同参与的"一带一路"网络空间国际合作体系。不断优化互利共赢的"一带一路"合作模式，增强网络安全防护意识，共筑网络安全防线，让"网上丝绸之路"建设成果更好地惠及相关国家民众，为各方务实合作构筑强有力的社会环境和民意基础。加强与新兴市场国家创立的峰会机制的合作，加强与联合国主导机制的合作，加强与传统的以西方为主导的机制间的沟通。在金砖国家互联网圆桌会议、亚洲—非洲法律协商组织年度会议和世界互联网大会国际组织专门讨论"一带一路"网络空间国际合作议题。在议题设计上，在"一带一路"国际合作高峰论坛中设置网络空间平行主题会议。积极落实与国际电信联盟签署的《关于加强"一带一路"框架下电信和信息网络领域的合作意向书》和《关于加强"一带一路"倡议项下数字领域合作以促进联合国2030年可持续发展议程的谅解备忘录》，创新合作模式，拓展合作领域，充实合作内涵。建立与ICANN、互联网架构委员会、国际互联网协会、互联网工程任务组及全球互联网治理委员会、全球网络空间稳定委员会等欧美国家互联网平台的沟通机制，消除西方国家对"一带一路"网络空间国际合作的误解。

充分利用已有的中国—东盟、中阿、中欧、中非、中国—中东欧、中国—中亚五国合作等合作框架，重点聚焦中国—东盟数字部长会议、中国—东盟信息港、中国—阿拉伯国家网上丝绸之路和中非经贸博览会等现有网络合作机制平台，积极落实《全球数据安全倡议》《东盟数字总体规划2025》《中国—东盟关于建立数字经济合作伙伴关系的倡议》和《中阿卫星导航领域合作谅解备忘录》等文件精神，有效开展对话交流。进一步深化网络安全政策交流，积累并推进中国—东盟数字经济合作年的有益经验，继续支持非洲国家改善基础设施、推进"三网一化"建设，在数字经济和技术创新领域共同分享信息，联合开展能力建设、加快工业化发展进程。探索建立"一带一路"网络事务对话机制，积极开展在网络安全、数字治理等领域的经验交流和能力建设合作。比如，对接"一带一路"网络空间国际合作与东盟地区发展规划，降低新冠疫情对其造成的影响，提升网络信息基础设施质量并扩大覆盖范围，提供可信赖的网络数字服务，创建具有竞争力的数字服务市场，增强沿线企业和民众参与数字经济的能力，建成具有包容性的数字社会。①

其二，夯实网络空间命运共同体的双边合作基础。政策沟通是开展双边务实合作的基础，也是共建"网上丝绸之路"的重要保障。做好双边政策沟通，重点要加强机制建设、战略规划、议题设置等层面的工作对接。在共建"一带一路"国家中，欧盟各国、以色列、新加坡、俄罗斯等国凭借先进的网络技术和防护体系已经成为全球网络安全领域的引领者，可以做到优势互补、互通有无。比如，以中欧数字合作圆桌会议机制为引领，以中欧互联网论坛和中欧互联网政策战略研究中心等机制化建设为路径，落实中欧打造"网上丝绸之路"和数字丝绸之路的合作意向书，在大数据、物联网、云计算、电子商务等领域进一步落实"一带一路"倡议与欧盟"容克计划"的对接。欧盟于2020年12月出台了针对社交媒体、在线市场和在线平台等数字服务的《数字服务法案》（the Digital Services Act）与《数字市场法案》（the Digital Markets Act），有必要对其可取之处予以研判借鉴，加强数字市场监管，厘清数字服务提供者的责任，搭建中国在共建"一带一路"地区大型在线平台反垄断监管领域的发展路径，从双边层面推动构建网络空间命运共同体。

其三，探索"一带一路"网络空间第三方市场发展的空间领域和实施路径。依据自愿、平等、开放原则，坚持共同参与、共同受益、共同发展、互利共赢，坚持透明性和可持续性，共同开拓第三方市场，搭建全球互联互通、共享共治的新平台，共同推动互联网的健康发展。比如，中国与欧盟间的数字贸易合作紧密，可尝试共建境外经贸合作区，提升项目收益率。中日韩三国的信息产业联系紧密，产业链供应链价值链高度融合，可以依托"中日韩+X"，夯实"一带一路"网络空间合作的内容与形式。在"一带一路"网络空间第三方合作带来的收益将是多方面的，可以发挥各自比较优势并提高国际竞争力，提供稳定、透明、可预见的政策框架和营商环境，推动规制互认、企业互信和产业互融。同时，磋商协作也可以有效避免恶性竞争，提高各自国家的产品竞争力。

---

① 林昊、郁玮：《东盟通过〈东盟数字总体规划2025〉》，新华网，2021年1月22日，http://www.xinhuanet.com/world/ 2021-01/22/c_1127015257.htm。

其四，适时制定适应共建"一带一路"国家国情的网络空间国际规则。在"一带一路"网络空间国际规则制定方面，立足共建"一带一路"国家实际，开展网络安全、数字经济、电子商务、知识产权等网络空间领域的建章立制和规则制定，推动建立"一带一路"网络空间规则体系建设。安全领域的规则制定包括打击网络犯罪司法协助机制、网络反恐协定等，经济领域的规则制定包括制定电子商务规则、世界海关跨境电商国际规则、数字产品规则等。对安全领域而言，应探索各国在网络反恐、网络犯罪防范等领域的共同立场和行为准则，切实落实网络空间负责任国家行为，避免网络空间威胁和军事化趋势的增长，提升共建国家对网络空间安全合作的信心。与此同时，我们应警惕西方国家把数据安全问题政治化，反对欧美国家的跨境数据自由化主张，妥善处理数字规则分歧，维护国家数字主权和数据安全。网络经济规则重点包括电子商务、网上跨境交易、金融监管和网上自由贸易区建设，因此需制定或修订税收标准、海关检疫、数据流通、跨境电商等领域国际规则。比如，在跨境电商领域，中国的一些企业已成为当前共建国家的主要跨境电商，可以通过"网上丝绸之路"搭建跨境电商的产业联盟与合作网络，推动跨境开放性和跨境集聚性，打通线上自贸区和线下自贸区，推动制定全产业链跨境电商国际规则，助力新经济形态发展。此外，还需要积极制定并出台与共建"一带一路"国家相适应的连接技术与协议标准，加强标准互认的交流探索和本地化的标准应用，总结在网络空间和网络技术推广解决方案方面的最佳实践，加强"一带一路"网络安全标准体系和标准资料库建设。

四、聚焦全球数字治理，扩大数字经济国际合作倡议的多层次合作范围

当前，信息化、网络化向数字化、智能化转型升级加剧，实体经济和数字经济并驱发展态势明显。数字经济以现代网络信息、数字知识和信息通信技术为核心，推动经济基础改善、经济效率提升和经济结构优化，已成为全球经济未来的发展方向。为有效推动和落实2017年达成的《"一带一路"数字经济国际合作倡议》，应坚持互联互通、创新发展、开放合作、和谐包容、互利共赢的原则，建立和扩大数字经济国际合作倡议合作范围的多层次政策建议体系，包括多层次议题合作领域、多层次制度合作领域、多行为体参与领域、多层次数字治理体系、多层次交流体系、多层次人才培养体系等方面；

破解数字治理滞后于"网上丝绸之路"合作的现实需要，扩大双边数字经贸联系的合作范围，推动数字经济国际合作朝着"全方位、多层次、宽领域"方向发展。新冠疫情的暴发催生了"非接触经济""线上经济""低碳经济"，中国与共建"一带一路"国家在数字经济领域正迎来新发展机遇，可以加速开拓新合作空间。

（一）拓宽多层次议题合作领域

数字经济国际合作既包括大数据、区块链、人工智能等数字技术，也包括5G网络、数据中心、人工智能平台、物联网、ICT产业等新型数字关键基础设施。其中，新基建相关设施，依托可信的计算、网络和存储能力，提供便捷数字化服务，促进数字要素资源创新集聚和高效配置，助力全领域数字化转型。当前，共建国家既需要在基础设施建设、平台建设和数字市场开发方面坐实做强，更需要加强在数字化防疫抗疫、人工智能、数字支付、在线教育、工业互联网等新领域的密切合作。此外，需要重视跨区域、跨领域项目的有效衔接与统筹协调，强化双方在通信、互联网、卫星导航等各领域的合作，探索以可负担价格扩大高速互联网接入和连接。扩大地区贸易和畅通地区市场，推动"线上经济"和"线下经济"融合发展。

（二）发展多层次制度合作领域

数字经济国际合作可以纳入现有多边、区域和双边制度安排与沟通协作机制，数字经济、信息网络互联互通赋予这些现有合作渠道新内涵与新使命。不过，共建"一带一路"国家的跨境支付、数据流动、海关监管的规则缺位严重，无法适应数字经济的发展需求。为此，需要加强规则对接。比如，在东亚地区，与《东盟互联互通总体规划2025》《东盟数字经济框架协议》《东盟电子商务协议》等现有多边机制对接，深化与泰国建立的"数字经济合作部级对话机制"、与越南签订的"电子商务合作谅解备忘录"等双边对话合作机制。遵循差异性、务实性对接原则，针对共建各国实际，加强数字经济的高层沟通，推动战略对接，明确共建国家的发展定位。对于数字经济较强的国家，侧重加强5G网络、智慧城市对接；对于大多数数字经济较弱的国家，则应有效推动关键数字基础设施对接。在双边层面，设置数字经济合作年，加强电子商务、5G网络、智慧城市等领域合作。推广中国东盟信息港、数字产业联盟、智慧城市博览会的成功经验与示范价值，探索设立数字自由贸易服务区、跨境电商综合试验区。此外，及时总结上海自贸区临港新片区、海南自贸港等地互联网数据跨境流动的经验，创新数据流动和数据安全制度设计，在改进国内网络治理的基础上将经验推广至共建"一带一路"国家。

（三）加强多层次数字治理体系

"一带一路"数字经济合作存在数字治理滞后、法律缺失的问题，主要表现在数据隐私、数据安全、互联网支付、互联网物流等诸多方面尚未形成统一的标准、规范和指南。因此，中国需要坚持数字技术与治理相结合的思路，加强区域协同治理能力和治理体系建设。一方面重视建立专门性的数字经济治理机制；另一方面，也可在现有多边平台中纳入数字治理议题。从长远看，相关的软硬件能够相互配合形成制度化治理体系，把共建"一带一路"国家均纳入这一平台，改变以美国为首的西方国家在现有国际互联网和数据平台占据主导地位的现状。美国的谷歌、思科、IBM、亚马逊等互联网企业掌握着网络空间的大部分核心软硬件技术，"网上丝绸之路"的建立有助于打破西方国家对网络空间软硬件的垄断，提升中国互联网跨界服务的辐射范围。中国要注重各项政策措施的衔接配合与项目落地，为企业"走出去"提供指导，同时，妥善处理数字贸易摩擦、个人隐私数据保护、知识产权保护、网络有害信息、网络犯罪和网络恐怖主义等问题，共同把握数字化、网络化和智能化的发展机遇，构建公正合理的数字治理体系，建设"数字丝绸之路""创新丝绸之路"。

（四）推动构建多行为体参与格局

数字经济具有资本、技术和数据三重密集性特征，客观上要求政府、国际组织、互联网企业、技术社群、民间机构、公民社会和个体精英等各个行为体积极参与。通过实施更多的多边、双边和第三方市场数字经济合作项目，打造数字经济发展的示范项目，中国企业在数字经济国际合作领域发挥了越来越大的主观能动性，通过坚持创新驱动发展，担当起"一带一路"数字经济国际合作引领者的角色，在数字经济、人工智能、纳米技术、量子计算机等前沿领域加强与共建国家的合作,推动数字经济这一新兴经济形态与实体经济深度融合,推动数字经济发展与"一带一路"倡议深度嵌入,推动创新链、产业链、供应链、价值链在网络空间和数字空间的深度融合。通过新技术在共建国家的传播和运用,加强数字基础设施建设,推动创新增长。利用数字化力量,将新技术快速大规模应用和迭代升级,加速科技成果向提升共建国家现实生产力方向转化,提升"一带一路"区域经济圈的产业链水平,维护产业链安全。在有条件的共建国家和地区,探索5G与工业互联网的融合,智慧城市与智慧社区的有机联合,通过加速数字"一带一路"建设,推动相关国家新型工业化和数字化进程。

(五)拓展多层次交流体系

人文交流既开放包容,又兼收并蓄;既无形,又细微,更能体现数字人文外交双向性、平等性和互补性的特征,适应了当前丝路文明交流互动的需求。加强数字人文交流,倚重新媒介技术,创新网络人文交流的新方式,发挥以微博、维基、微信、标签(TAG)和聚合内容(RSS)等应用为核心的社会化媒介在开展人文交流方面具有的独特作用。深入研究互联网等新型媒体在人文交流过程中的运行规律及行为方式,提高对数字经济领域人文交流的有效性、覆盖度和针对性。推动中国人民与共建国家人民的心灵沟通与良性互动,最大程度消弭对华负面认知和疑虑,破解"中国网络威胁论"等丑化中国国家形象的错误言论,增强共建国家对华认同感,更好地诠释和平发展、合作共赢的"网上丝绸之路"精神。把"一带一路"打造成团结应对挑战的合作之路、维护人民健康安全的健康之路、促进经济社会恢复的复苏之路、释放发展潜力的增长之路。①

五、寻求中美破局,防范和化解意识形态和大国政治因素的干扰

(一)加强沟通协调,妥善应对西方国家的破坏与抹黑

对于某些西方国家从意识形态的角度出发对中国技术和中国公司进行无

---

① 《习近平向"一带一路"国际合作高级别视频会议发表书面致辞》,新华网,2020年6月18日,http://www.xinhuanet.com/politics/leaders/2020-06/18/c_1126132341.htm。

理抹黑和污蔑的情况，需要从共建网络空间命运共同体的高度有效应对。同时，中国也应积极回应发展中国家的合理诉求和正当利益关切。具体而言，一方面，中国需要保持战略定力和战略耐性，避免与西方发达国家发生战略对抗与恶性竞争，集中精力办好自己的事情，深度挖掘国内市场潜力，有效抵御外部风险的冲击。另一方面，中国应利用各种平台和契机，采取"软硬"结合等策略，切实维护自身利益；应立足于自身优势，鼓励本国的网络技术公司以质量和技术服务赢得各国青睐，通过实际行动造福各国人民。总之，中国应因时制宜地推动网络空间多边合作，实现良性互动与多边共赢，通过行业、领域和国际协调，政府间、企业间、个体间以及国际组织间的交流互动，共同开拓网络空间国际合作。

当前，网络空间集团化对立趋势明显，美国通过与盟友抱团对抗新兴市场国家。2019年9月23日，美国与荷兰等27国在纽约召开"促进网络空间负责任国家行为"部长级会议并发布联合声明，呼吁各方遵守网络空间国家行为规范，加大对"不负责任的网空行为"的问责力度，通过G7和双边同盟体系占据网络空间话语权。2020年5月，以美国为首的七国集团（G7）表示将发起"全球人工智能伙伴关系"倡议，承诺以符合人权、基本自由和我们共同的民主价值观的方式，以负责任的、以人为本的方式开发和使用人工智能。[①] 拜登上台后，把修补伤痕累累的盟友体系，重新组建和恢复美国的盟友作为优先事项，与其盟友和伙伴合作，动员以集体行动应对全球威胁。[②] 拜登认为，想要恢复美国的伙伴关系，重心是重新强调北约的价值。他认为，北约是美国国家安全的核心，是现代历史上最有效的政治军事联盟，美国不仅要恢复这种"历史性的伙伴关系"，还要对其进行重塑。[③] 鉴于此，拜登进一步加强同北约的关系，试图通过同盟体系重塑后疫情时代国际秩序。与此同时，脱欧后的英国频繁在网络空间国际治理热点问题上发声，推动组建"D10" 5G国际俱乐部，成员包括七国集团成员、澳大利亚、韩国和印度。该

① Joseph R.Biden, "Why American Must Lead Again: Recusing U.S. Foreign Policy after Trump Essays," *Foreign Affairs* 99 (2020): 13.

② Gaby Arancibia, "Biden: 'I've Done Something Good for the Country' by Preventing Another Trump Term," December 2, 2020, https://sputniknews.com/us/202012021081340689-biden-ive-done-something-good-for-the-country-by-preventing-another-trump-term/.

③ Joseph R. Biden, "Why American Must Lead Again: Recusing U.S. Foreign Policy after Trump Essays," p.10.

同盟试图通过加强与美国、日本等国的网络安全合作，开发5G技术，以减少对中国企业华为的依赖。纵观历史，英国曾通过推动"伦敦议程"意图打造意愿同盟、强加西方规则，因此，此举值得引起国际社会的高度重视。

针对欧美国家引发的网络空间博弈，中国与新兴市场国家在网络空间彼此支持，共同推动网络空间规则制定，共同维护发展中国家网络空间利益。特别是，中国与上合组织成员国已经在网络空间议题方面形成了机制化建设的新局面。2019年6月14日，上合组织比什凯克峰会通过了《上合组织成员国关于数字化和信息通信技术领域合作的构想》，制定并通过构想落实行动计划，在现代电信和通信技术工作组框架内进一步开展对话。此外，在上海合作组织成员国元首理事会第二十次会议上，乌兹别克斯坦共和国提出了关于建立上合组织成员国信息技术发展主管部门负责人定期会晤机制的倡议。2020年11月10日，上海合作组织成员国元首理事会第二十次会议通过的《上海合作组织成员国元首理事会莫斯科宣言》明确反对以任何借口采取歧视性做法，阻碍数字经济和通信技术发展。该宣言认为，有必要在联合国主导下制定各方普遍接受的信息空间负责任国家行为规则、原则和规范，促进数字经济和通信技术发展，防止利用信息技术威胁世界和平、安全和稳定。[①] 上合组织成员国元首理事会同时发布了关于保障国际信息安全领域合作的声明，呼吁在联合国主导下制定维护国际信息安全和打击信息犯罪的通用法律文书，如制定关于反对将信息通信技术用于犯罪目的的全面国际公约。[②] 今后，上合组织成员还需要积极推进数字化转型，开展工业、交通、农业、卫生、教育、旅游、能源、贸易、金融和海关领域数字化和信息通信技术合作；研究在尖端数字技术、人工智能、机器人、物联网、创新集群和科技园区开发、初创企业孵化和发展、国家治理和政府服务等方面应用现代信息通信技术领域开展科研和规划合作的可能性。[③]

此外，中国还发起了《全球数据安全倡议》，呼吁各方共同构建和平、安

---

① 《上海合作组织成员国元首理事会莫斯科宣言》，《人民日报》2020年11月11日，第2版。

② 《上海合作组织成员国元首理事会关于保障国际信息安全领域合作的声明》，《人民日报》2020年11月11日，第3版。

③ 《上海合作组织成员国元首理事会关于数字经济领域合作的声明》，《人民日报》2020年11月11日，第3版。

全、开放、合作、有序的网络空间，受到国际社会特别是发展中国家的广泛关注。中国的倡议得到东盟的重视与认可。2020年9月9日，国务委员兼外交部长王毅在出席中国—东盟外长视频会时表示，中国提出的《全球数据安全倡议》反映了各国的共同关切，引起东盟各国高度重视，信息安全对包括东盟在内的各国未来发展至关重要。[①]2020年11月12日，中国与东盟发布《中国—东盟关于建立数字经济合作伙伴关系的倡议》，共同抓住数字机遇，打造互信、互利、包容、创新、共赢的数字经济合作伙伴关系。[②]今后，中国与东盟要稳步推进落实倡议，继续加强双方在数字经济、电子商务、人工智能、智慧城市等重点信息安全领域的合作，共同打击网络犯罪、净化网络空间，切实维护中国及东盟各国的信息安全和信息主权。

当前，欧美等国的网络空间国家负责任行为规范和现有国际法在网络空间适应、信任与能力建设等热点领域通过协调立场、集团化和结盟方式提升影响力。有鉴于此，中国在推进规则制定时也应该不仅限于上合组织等传统框架，而是根据实际情况，协调其他发展中国家共同参与，有效对冲来自美国等西方国家的压力。同时，在推进网络空间国际合作规则供给中，可以按"先易后难、分步实施"的思路，先达成双边或小范围的网络规则，再以此为基础，寻求与更多国家达成共识性规则。

（二）重启中美网络对话协商机制，有效规避网络空间激烈竞争

在新冠疫情持续蔓延之际，美国一些政客试图转移视线、推卸责任，以"国家安全"为借口，发动对华技术出口管制、知识产权保护以及技术贸易壁垒、技术遏制性并购等行为，给两国网络合作带来严重冲击和影响。在技术出口管制方面，特朗普政府通过《拨款法案》，限制美国部分政府部门购买中国信息技术设备。同时，干预中国互联网企业在美运营，指责中国政府支持商业网络窃密，阻止其盟友和共建"一带一路"国家采购和部署中国企业提供的5G网络设备，直至全面封杀华为。美国商务部发布阻止华为公司绕过

---

① 《东盟高度重视中方提出的〈全球数据安全倡议〉》，中华人民共和国外交部网站，2020年9月9日，http://new.fmprc.gov.cn/ web/wjbzhd/t1813585.shtml。

② 《中国—东盟关于建立数字经济合作伙伴关系的倡议》，中华人民共和国外交部网站，2020年11月12日，https://www.fmprc.gov.cn/ web/ziliao_674904/1179_674909/t1831836.shtml。

美国出口管制的新规则，使用美国芯片设计和制造设备的外国公司需获得美国许可。2020年5月23日，美国商务部宣布把33家总部位于中国的企业列入实体清单，称其在支持采购用于中国军事最终用途的项目方面存在重大风险。同时，美国借知识产权保护对华打压，长期以来，知识产权问题都是美国为了技术垄断和经济利益对中国企业进行打压的一张牌。美国置中国知识产权保护取得的成就于不顾，指责中国在科技合作中存在知识产权侵权，执意以"知识产权保护"为题恣意指责、打压中国。2020年4月29日，美国贸易代表办公室发布有关知识产权的《2020特别301报告》（2020 Special 301 Report），无端指责中国科技创新，再次升级知识产权较量。[1]

针对中国提出的"一带一路"网络空间国际合作，美国国内质疑声不断，竭力抹黑打压中国。美国智库"欧亚集团"（Eurasia Group）认为中国将新冠疫情视作其利用产业链和供应链上的优势推进"数字丝绸之路"的抓手，以谋求海外商业扩张。[2] 为遏制"一带一路"网络空间国际合作，美国不断向共建"一带一路"国家施压，以所谓"安全问题"为由，频频抹黑和打压中国。美国政府通过组建国际发展金融公司与中国在共建"一带一路"国家展开竞争，通过支持亚非增长走廊，形成了与"一带一路"机制的对抗。在次区域合作中，美国构建了"湄公河—美国伙伴关系"（Mekong-US Partnership），并以美日印澳四国联盟为核心机制打造并构筑"自由国家联盟"。[3] 中美围绕数字标准制定权、基础设施投资原则、数据流通标准和规则制定等方面的竞争与较量不断加剧。

拜登于2021年1月20日入主白宫后，执行了一种不同于特朗普政府的新全球治理战略，选择性回归多边主义成为此届美国政府的全球治理主张，可能会对包括网络空间治理在内的一系列国际多边合作进程产生显著影响和冲

---

① USTR, "2020 Special 301 Report," April 29, 2020, https://ustr.gov/issue-areas/intellectual-property/special-301/2020-special-30-review.

② Paul Triolo et al., "The Digital Silk Road: Expanding China's Digital Footprint," April 29, 2020, https://www.eurasiagroup.net/live-post/digital-silk-road-expanding-china- digital-footprint.

③ VNP, "First Mekong-US Partnership Ministerial Meeting Held Virtually," September 11, 2020, https://en.vietnamplus.vn/first-mekongus-partnership-ministerial-meeting-held-virtually/182851.vnp.

击。① 拜登强调美国要主导形成开放的互联网全球规则和价值。他在竞选纲领中重申"美国对开放互联网的原则",明确提出美国要在5G和人工智能等互联网未来技术方面加大投入并确保这些技术被用于促进美国价值观。在数字流动规则制定方面,拜登提出美国要与盟友合作"发展安全的、由私营部门主导的5G网络",主导书写数字时代的全球互联网规则,强调美国在网络空间应发挥领导作用,"应该由美国来打造一个高科技的未来"。拜登利用民主党与科技企业亲近的天然优势,扭转特朗普政府时期的疏远政策,拉拢科技巨头,加强网络安全公私合作,重塑互联网公私联盟。② 此外,拜登还提出反对互联网垄断巨头企业对于网络空间的控制,认为应加强对网络平台的责任监管。美国副总统卡玛拉·哈里斯(Kamala Harris)在竞选时期便认为,"全球最大社交媒体公司脸书本质上未受管制,为此应认真考虑拆分脸书,并加强联邦隐私监管"。③

2022年9月以来,中国西北工业大学遭受美国网络攻击的案例被曝光。美国先后使用41种专用网络攻击武器装备,对西北工业大学发起攻击窃密行动上千次,窃取了一批核心技术数据。美国的行径严重危害中国国家安全和公民个人信息安全。中国进行了强烈谴责,要求美方作出解释并立即停止不法行为。美国试图对中国关键基础设施进行渗透控制,充分暴露了美国实施网络攻击的丑恶面目。

应该看到,拜登政府网络空间战略对特朗普政府的政策既有继承延续,也有重要变化。中美是网络空间的两个大国,一举一动对全球网络空间秩序都将产生重要影响。拜登政府适度回归了奥巴马政府的网络空间战略,指责中国发展数字经济和制定数字规则是"数字威权主义"(digital authoritarianism);对中国倡导的"网上丝绸之路"的政策和立场以强硬继承性和敌对警惕性为主,在共建"一带一路"国家开展更高强度和激烈的竞争,联合西方盟友抵制中

---

① The White House, "Inaugural Address by President Joseph R. Biden, Jr.," January 20, 2021, https://www.whitehouse.gov/briefing-room/speeches-remarks/2021/01/20/inaugural-address-by-president-joseph-r-biden-jr/.

② Joseph R. Biden, "Statement by President-elect Joe Biden on Cyber Security," December 17, 2020, https://buildbackbetter.gov/press releases/statement by president elect joe biden on cybersecurity/.

③ J. Fingas, "Kamala Harris Sees Facebook as a 'Utility' That might Need Breaking up," May 12, 2019, https:// www.engadget.com/2019-05-12-kamala-harris-on-facebook-as-utility.html?utm_source=spotim&utm_medium=spotim_recirculation.

国出口5G互联网设备和收购网络科技公司。尽管中美网络空间竞争主基调将持续下去，但也有合作的意愿与空间。[①] 中美两国共同利益远大于分歧，为此，面对拜登上台后网络空间全球治理的新变化，中国需要加强研判，坚定推动全球层面的多边主义，寻求对美合作新机遇新空间新办法。

其一，寻求重启网络对话机制。在数字经贸、数据跨境流动、打击网络犯罪、规范网络空间国家行为等涉及两国共同关切和利益的领域，双方需恢复并加强多层次的沟通对话机制，尝试重启数字信息基础设施建设、数字经贸和数据跨境流动以及规范网络空间负责任国家行为等重要议题的商谈。

其二，重建网络空间的军事信任措施和网络战略稳定措施，包括重建和强化一系列的危机预防、管控、降低风险沟通和信任建设机制。自奥巴马政府始，美国大力发展网络武装部队，逐步推动网络攻击实战化，其对华网络攻击风险日益增加。近年来，中美网络空间实力显著接近，根据哈佛大学贝尔福科学与国际事务中心（Belfer Center for Science and International Affairs）推出的"国家网络实力指数2020"（National Cyber Power Index 2020），在政府战略、防御和进攻能力、资源分配、私营部门、劳动力和创新等方面，美国、中国、英国、俄罗斯、荷兰分列前五名且美中两国的优势明显。[②] 美国网络空间日光浴委员会于2020年3月推出以靠前防御为基础的"分层网络威慑"战略，鼓吹在网络空间使用军事力量，以"应对重大网络安全事件的缓解、遏制、响应和恢复准备工作"[③]。美国把网络空间作为作战空间和行动空间，中美因网络议题发生碰撞和冲突的可能性不断增加。为此，中美双方需要寻求建立网络冲突军事信任机制，采取网络空间军事信任措施和网络战略稳定措施，维持中美网络关系的稳定。

其三，谋求双方在联合国层面推动网络空间规则制定，有序展开新一轮的推进工作。在联合国层面，中美双方应寻求讨论和制定网络空间国际规范，

---

① 陈东晓等：《竞争但不失控：共建中美网络安全新议程》，上海国际问题研究院网站，2021年2月6日，http://www.siis.org.cn/Research/ Info/5258。

② "国家网络实力指数2020"试图全面综合反映一国总体网络空间实力，反映出网络空间实力成为政府实现多重目标的重要工具，具有一定参考价值，参见：Julia Voo et al., "National Cyber Power Index 2020," September 2020, https://www.belfercenter.org/ publication/national-cyber-power-index-2020。

③ "The Cyberspace Solarium Commission: Illuminating Options for Layered Deterrence," March 11, 2020, https://crsreports.congress.gov/product/pdf/IF/IF11469?_。

通过对话协商会议的方式形成共识文件。尽管双方在很多重要原则性问题上分歧严重，但是中美两国仍然可以就网络空间的一些共同问题展开对话，表明立场。中美双方在防范网络空间致命自主武器和武器级网络病毒扩散，制定网络安全国际规则，推动联合国在制定网络犯罪公约中发挥主导作用等方面具有共同攸关利益。总之，中美双方在联合国层面的双边信任与多边合作，应该成为中美关系的新常态。

其四，寻求在数字基建等数字经济领域的合作共赢。当前，以数字化供应链为代表的"新一代基础设施建设"迅速崛起，跨境电商合作服务作为沟通货物交流的重要桥梁上升到了一个新的高度。鉴于数字化在经济社会发展中的基础性、战略性和先导性，拜登政府把打造"数字伙伴关系"作为重建跨大西洋伙伴关系的重要内容，加大了对外数字基础设施建设。这些建设不仅包括硬件方面的网络基础设施投资，还包括对美国先进技术研发和数字市场培育方面的投入。数字经济全球化发展客观要求中美通力合作，延伸产业链、提升价值链、融通供应链，打造广泛联结、紧密互动、深度融合的现代化产业链条。中美在信息产品供应链方面具有合作空间，可以围绕防范供应链风险开展磋商并共同设计一套能够推而广之的供应链风险防控解决方案。中美可强化对信息技术产品的采购商、运营商和供应商的安全保障、透明度以及问责机制，将供应链风险切实纳入企业风险管理。采购方可以组建安全评估联盟，供应商则可以积极参与国际标准制定，并通过设立漏洞赏金计划来鼓励全球安全专家发现其产品的漏洞。[①] 在中国高质量推进"数字丝绸之路"、智慧社会与智慧城市建设融合的过程中，中美完全可以在数字技术创新、数字市场培育和共建"一带一路"国家数字信息基础设施建设方面寻求合作，中国也可以加入由美国主导的数字基建项目，这样做有助于释放数字红利，实现互利共赢。

六、关注规则互动，妥善协调各国以及国际组织之间在网络空间的规则冲突

世界各国主张的国际规则具有一定的一致性，也存在着较大的差异性。

---

① 鲁传颖：《网络空间大国关系演进与战略稳定机制构建》，第96—105页。

当前，网络空间国际规则的构建进程进入僵局，其中一个重要原因是各国以及国际组织之间在互联网国际规则制定的态度和立场存在分歧，对于网络反恐、负责任国家行为认定等一些关键性议题的分歧一直无法弥合。具体而言，各国及国际组织在网络空间的规则冲突主要表现在如下几个方面：一是规则形式之争，即网络空间的国际规则是沿用国际法在网络空间的适用，还是制定新的国际法规则、达成新的国际条约；二是规则内容之争，即应当主要通过哪些领域、何种内容的国际规则来确立网络空间的国际秩序；三是规则制定场所之争，即应当通过西方国家力推的"多利益攸关方"模式来澄清和发展网络空间国际规则，还是以国家主导的政府间国际组织作为主渠道；四是国家在网络空间治理中的地位和作用之争，包括如何界定网络空间主权及如何平衡网络主权与人权保护等。[1]

当前的网络空间国际规则具有由西方主导、发展不平衡和日益僵化的特征，现有网络空间规则建立在美国不成比例地获益而发展中国家受到管制与监控的基础上。美国一方面试图固化对其有利的既得利益和相对利益，另一方面又在网络空间治理上采取双重标准。而发展中国家在网络空间的合法诉求得不到实现，正当利益得不到维护。为此，有必要妥善协调各国以及国际组织在网络空间的规则冲突，推动制定各方普遍接受的网络空间国际规则，构建网络空间命运共同体。

（一）坚持联合国主导

联合国是协调各国发生网络空间规则冲突的最重要沟通平台。联合国根据2018年12月5日联大会议A/73/505号决议设立了联合国信息安全开放式工作组，其目的便是使"联合国发挥主导作用，促进会员国之间的对话，就信通技术的安全和使用达成共识，并就国际法与规范、规则和原则适用于这一领域负责任的国家行为问题达成共识，鼓励区域努力，促进建立信任和透明度措施，支持能力建设和传播最佳做法"[2]。为此，工作组于2019年9月和2020年2月先后举行了第一次实质性会议和第二次实质性会议，就实质性网

---

① 黄志雄：《网络空间国际规则博弈态势与因应》，《中国信息安全》2018年第2期，第31页。

② United Nations General Assembly, "Developments in the Field of Information and Telecommunications in the Context of International Security," November 19, 2018, https://undocs.org/en/A/73/505.

络空间议题协调各方立场，开启网络空间国际规则谈判历程，推动联合国成员公开参与议题讨论。第三次实质性会议于2021年3月8日至12日在纽约举行。[①] 信息安全开放式工作组还于2019年12月与工业界、非政府组织和学术界举行过闭会期间的协商会议。根据2021年1月19日发布的信息安全开放式工作组实质性报告零草案（Zero Draft of the OEWG Substantive Report），该工作组讨论了如下内容：信息安全领域的现有和潜在威胁以及合作应对这些威胁的可能措施；进一步制定国家负责任行为的规则、规范和原则；国际法如何适用于国家使用信通技术；建立信任措施；能力建设；在联合国主持下定期开展广泛参与的机构对话的可能性。[②] 联合国层面的信息安全开放式工作组的规制进程显示了国际社会的集体决心：携手创造一个开放、安全、稳定、无障碍、和平、造福所有国家和人民的信通技术环境。

不过，在联合国层面的规则博弈中，各方立场和分歧仍然严重，一些国家对违背维护国际和平与安全的宗旨为军事目的开发或使用信通技术表示关切，一些国家对信通技术环境的特点鼓励采取单方面措施而非通过和平手段解决争端表示关切，一些国家关切囤积漏洞以及缺乏透明度和明确的披露程序、利用有害的隐藏功能、全球信通技术供应链的诚信以及确保数据安全的问题。此外，还有国家担心信通技术可被用来干涉内政，包括通过信息行动和造谣运动等手段进行干涉。[③] 2020年4月，中国向联合国信息安全开放式工作组递交了提案，内容涵盖网络主权、关键基础设施保护、数据安全、供应链安全和反对恐怖主义。该提案同时兼顾了各方立场和各自规范多向发展的需要。中国认为，"现有的国际法，加上反映国家间共识的自愿的、不具约束力的规范，目前已经足够了"的观点显然不符合目前的情况和现有的共识。[④] 负责任国家行为规范的发展和执行是在为未来制定有约束力的国际法文件积累共识，中国的

---

① UN, "Open-Ended Working Group on Developments in the Field of Information and Telecommunications in the Context of International Security Draft Final Report," January 7, 2021, https://undocs.org/A/AC.290/2021/L.1.

② UN, "Open-Ended Working Group on Developments in the Field of Information and Telecommunications in the Context of International Security Draft Substantive Report (Zero Draft)," p.3, January 19, 2021, https://undocs.org/A/AC.290/2021/L.2.

③ UN, "Open-Ended Working Group on Developments in the Field of Information and Telecommunications in the Context of International Security Draft Substantive Report (Zero Draft) ," p.4.

④ UN, "China's Contribution to the Initial Pre-Draft of OEWG Report," p.5, April 2020, https://front.un-arm.org/wp- content/uploads/2020/04/china-contribution-to-oewg-pre-draft-report-final.pdf.

这一立场为行为规范与国际法之间的良性互动创造了条件。

（二）丰富可依托平台

　　积极开展网络空间规则制定的对话沟通与合作，不仅要重视金砖国家、上海合作组织等在协调网络空间规则制定分歧中所起的作用，还需要借助国际电信联盟、七十七国集团等的力量，加强与互联网国际非政府组织的协调、对话与合作。当前，金砖国家积极参与网络空间全球治理规则制定，强调应秉持发展和安全并重原则，全面平衡处理信息通信技术进步、经济发展、保护国家安全和社会公共利益以及尊重个人隐私权利等的关系。金砖国家网络安全工作组积极探索缔结金砖国家网络安全政府间协议和相关双边协议，提出相关倡议和落实《金砖国家网络安全务实合作路线图》，在国际互联网规则制定中发挥了积极的作用。上合组织很早就成立了国际信息安全专家组，其2015年提交的"信息安全国际行为准则"在联大通过，有效推动了负责任国家行为准则的推广。近年来，上合组织成员国携手打击网络恐怖主义，对网上宣扬恐怖主义和极端主义的信息进行清除。中国还成功举办了上合组织网络反恐联合演习，增强了各成员国打击恐怖主义、分裂主义和极端主义的行动能力。上海合作组织把打击网络恐怖主义和维护网络安全作为合作重点，通过搭建以网络反恐为核心的信息情报交流网络和网络安全合作平台，为其他地区打造网络安全治理模式提供了有益启示。

　　在国际电信联盟、七十七国集团中，主权国家往往具有重要的影响力。尽管这些机构有各自不同的主导力量，各行为体在其中所关注的领域和议题均不相同，但主权国家总体上是非常重要的参与方。中国可以把互联网规则制定融入相关组织议事日程，交流各自在网络安全领域的发展状况、技术情况和管理经验，深入开展网络经济和网络安全应急合作，扩大网络主权的国际共识，相互尊重、加强合作、求同存异、协调分歧、实现共赢。此外，中国应加强与互联网国际非政府组织、技术组织的合作。在互联网治理生态子系统中，存在着种类繁多、不计其数的机制，其范围从单一政府或政府间控制下的统治结构到基于非政府组织的自我监管机制的非层级网络。中国需要与这些非国家行为体加强合作，比如，需要加强与国际标准化组织的合作，积极参与下一代互联网相关标准制定，扩大中国标准国际影响力，共同推进国际标准化进程。中国的相关机构在ICANN等网络基础资源管理组织中应发挥更大作用，增进政府间、企业间的交流，建立更加科学合理的IPv6地址分配和域名管理机制，推动构建面向下一代互联网的国际治理新秩序。应该看到，在短期内，中国尚无法改变国际互联网治理以多利益攸关方模式主导的事实，也无法扭转西方对国际互联网领域的控制。这就需要中国坚持"练定力、练魄力、补短板、长本领"的基本原则和思路，在危机中育新机、于变局中开新局。在坚持国际合作和多边主义的原则下，深入分析现有国际制度平台运作状况，积极研判西方规则话语及其支撑体系，适时提出议题建议，积极推动传统议题修正和既有制度改革。

（三）提出破解规则冲突的中国方案

中国于2020年发布《携手构建网络空间命运共同体行动倡议》，重申在疫情背景下构建网络空间命运共同体的"中国担当"；提出《网络主权：理论与实践（2.0版）》，持续深化维护网络空间主权的"中国理念"；在联合国、G20等网信议题中给出"中国方案"，推动全球网络空间向更加包容、平衡、共赢方向发展。中国的上述举动进一步树立了其作为负责任网络大国的国际形象，是对西方国家抹黑中国国际形象的有力回击，用实际行动驳斥了西方国家对中国的无端指责。中国的网络空间政策主张是破解各国和国际组织间分歧的中国方案。中国要坚持平等互利、包容互信、团结互助、交流互鉴，努力做网络空间发展的贡献者、网络空间开放的推动者、网络空间安全的捍卫者、国际网络空间治理的建设者。加强与联合国及其所属机构，ICANN等西方主导的机制，金砖国家、上合组织等新兴市场国家主导的机制以及其他全球性和地区性机制的合作，加强国际对话与协商，把网络空间建设成造福全人类的发展共同体、安全共同体、利益共同体。

七、妥善应对新冠疫情挑战，推动网络空间防疫规则制定

在新冠疫情常态化背景下，黑客针对政府机构、医疗机构、医疗信息系统等关键基础设施和医护人员的专门性网络攻击行为大幅度增加，针对公共卫生的网络空间安全问题会造成疫情失控、医疗系统瘫痪等严重后果。疫情暴发后，对高度脆弱和敏感的国家卫生机构和健康医疗信息的网络攻击频率

和数量激增。2020年3月20日，美国卫生和公共服务部遭受黑客网络攻击而被迫中断，引发全球关注。同时，假冒防疫物资、新冠疫苗、医疗产品和药品等网络诈骗事件爆炸式增长，威胁全球共同抗疫的效果。随着"远程办公""在线教学""远程会议""远程医疗"等的大规模运用，针对家庭网络的攻击行为数量也不断增长，个人数据泄露风险不断增加，包括企业虚拟专用网（VPN）服务器在内的关键设施屡受攻击。总之，网络犯罪集团、黑客组织利用新冠疫情大肆实施网络犯罪，对各国控制疫情蔓延、维护社会稳定、恢复经济运行等都造成严重威胁。

2020年以来，新技术加持下的网络攻击更具针对性、网络化与协作性，挖矿劫持和物联网攻击等新型攻击手法层出不穷，同时，人脸识别、深度伪造、强加密技术的滥用助推了新型网络犯罪。[①] 2020年12月，美国等国爆发了"太阳风"网络攻击事件，美国国务院、五角大楼、国土安全部等机构均受到攻击，给美国联邦网络的安全带来了不可忽视的风险，美国由此开始了调整网空防御与进攻的举措，加大了供应链安全投入力度。拜登将"太阳风"事件描述为对"国家安全的致命威胁"，宣称美国需要"创新和重新设想面对网络空间等新领域新兴威胁的防御措施"。与此同时，各国纷纷重视本国供应链安全，积极构建高效稳定的供应链体系，采取测评认证、供应商安全评估、安全审查等手段加强本国供应链安全。美国政府于2020年颁布《安全可信通信网络法》和"清洁网络"倡议等多份行政令，加强针对中国实体及涉华投资的审查和出口管控。2021年1月24日，拜登签署行政令，指示农业部、国防部、能源部、卫生部、公共服务部等联邦机构对包括信息技术在内的各行业供应链安全风险进行强制性审查，一方面，防止黑客利用联邦承包商的权限从美国政府收集敏感信息；另一方面，减少制造业下滑导致依赖海外制造半导体的局面，解决美国供应链的脆弱性和风险问题。[②] 2021年8月，正式版的美国"零信任架构"标准出炉，试图以零信任办公平台，助力企业数据安全管理。

以世界卫生组织为核心的多种制度运作是国际公共卫生秩序的结构性特

---

① 桂畅旎：《2020年国际网络空间发展与安全态势》，《中国信息安全》2020年第12期，第42页。

② Tim Starks, "Biden Signs Executive Order Demanding Supply Chain Security Review," February 24, 2021, https://www.cyberscoop.com/biden-executive-order-supply-chain-security/.

征，国际多边制度聚焦疫情防控，在一定程度上为陷入停滞的国际网络治理注入新动力。新兴国际制度越来越赋予公共卫生治理新的内涵与诉求，其中G20 在网络空间防疫规则制定中的作用日益受到重视。比如，G20 领导人峰会通过了《G20 数字经济部长宣言》。宣言秉承合作共赢、共同发展的理念，增进理解包容，增强合作互信，推动国际社会形成共同抗击疫情的政治呼声，并通过发布全球防疫倡议和推进疫苗融资机制建设，被国际社会寄予更多期待。2021 年 5 月 21 日罗马全球健康峰会明确提出，"对进一步开发、加强和完善符合'同一健康'方针的可互操作的预警信息、监测和触发系统进行投入。按照《国际卫生条例》相关规定，继续努力提高潜在疫情暴发数据的监测和分析能力，包括快速、透明地进行跨部门和跨国界的信息和数据共享"[1]。中国需要与其他国家一道积极推动网络空间防疫规则制定，抵制错误信息、虚假信息，提升防范和应对措施的有效性。

八、夯实多层次人才培养体系、培育网络空间治理领域的专门人才

培养网络空间治理和规则制定的相关人才是中国参与全球治理的人才储备的重要组成部分。2016 年 9 月 28 日，中共中央政治局就二十国集团领导人峰会和全球治理体系变革进行第三十五次集体学习，习近平总书记高屋建瓴地指出：参与全球治理需要一大批熟悉党和国家方针政策、了解我国国情、具有全球视野、熟练运用外语、通晓国际规则、精通国际谈判的专业人才。[2]在 2018 年 9 月召开的全国教育工作会议上，习近平总书记进一步明确指出，我国要大力培养掌握党和国家方针政策、具有全球视野、通晓国际规则、熟练运用外语、精通中外谈判和沟通的国际化人才，有针对性地培养"一带一路"等对外战略急需的懂外语的各类专业技术和管理人才，有计划地培养选拔优秀人才到国际组织任职。[3]这就要求高校必须加强全球治理人才队伍建设，做好人才储备。在互联网全球治理领域，同样需要加大培养力度，为中

---

① 《全球健康峰会罗马宣言》，《人民日报》2021 年 5 月 22 日，第 2 版。

② 《习近平：加强合作推动全球治理体系变革　共同促进人类和平与发展崇高事业》，人民网，2016 年 9 月 28 日，http://politics.people.com.cn/n1/2016/0928/c1024-28747885.html。

③ 《习近平在全国教育大会上强调　坚持中国特色社会主义教育发展道路　培养德智体美劳全面发展的社会主义建设者和接班人》，《人民日报》2018 年 9 月 11 日，第 1 版。

国参与互联网全球治理提供有力人才支撑。

　　同时，中国需要加强企业、非政府组织等网络空间技术人才的培养力度。网络空间的参与主体多元，不仅涉及国家行为体，还涉及企业和网络用户等非国家行为体，为此，需要加强互联网企业等机构的网络人才储备建设，鼓励打造复合型网络技术人才。应该看到，非政府组织在国际互联网规则制定中发挥了重要作用，而这些非政府组织往往是从互联网社群中选拔高级管理人才，根据选拔对象对互联网技术、治理所作出的贡献来任命其可以承担的高级管理职务。为此，中国应积极向非政府组织输送人才，鼓励互联网企业、行业组织和科研机构积极参与由西方主导的各类非政府组织。[①] 中国的人才参与上述非政府组织工作将有助于降低国际社会对所谓的互联网领域"国家中心治理模式"的担忧，从而使互联网规则制定能更好地为中国和发展中国家服务。

　　中国参与"网上丝绸之路"建设的企业要加强大数据、"互联网+"、人工智能、物联网等新兴领域的人才培养力度。中国的阿里巴巴、百度等公司已经逐步成长为具有世界影响力的互联网巨头，但也面临着不小的挑战，需要提供技术安全、技术研发等方面的保障服务。大部分共建"一带一路"国家在推动数字经济发展过程中面临人才资源短缺困境，大数据、人工智能和金融科技等领域的人才缺失严重，复合型、高端型和核心新技术创新型人才尤为缺乏。为此，中国需要加强网络化、数字化、专业化学科建设和人才培养，坚持网络化、数字化、专业化技能培训，通过共同设立职业培训基地、开办培训机构，因地制宜地建立网络课程体系；通过互访、培训、交流、研修班、研讨会、视频会等方式提升相关人员的网络知识、技术和素养。中国要根据共建国家的需求，做好软件、芯片与集成电路关键人才培训基地建设，储备软件和集成电路产业合作人才。同时，通过开设跨境科技园区和研发中心等方式，开展联合研发和科技攻关。设立"网络安全交流培训中心"，加强网络科技对话和培养交流力度。强化人才结构与数字经济的合理匹配，推动人才链与数字链的协同匹配，提升数字人才覆盖度，促进公众数字技能提升、企业数字技术创新，为企业数字基础设施提供人才保障。此外，中国还需要

---

　　① 鲁传颖：《网络空间治理与多利益攸关方理论》，第231页。

向广大发展中国家特别是共建"一带一路"国家大力提供网络安全援助，包括技术转让和人员培训，让共建各国共享发展成果。总之，中国今后应加强国内协调，不拘一格选拔人才，着力培养既懂政策又精通网络前沿技术的综合型、复合型全球治理人才。